大学计算机

——计算机应用的视角

郝兴伟　编著

山东大学出版社

内容简介

本书是为高等学校非计算机类专业学生编写的大学计算机基础教学教材。以计算机应用为主线，全书共分为六章，介绍了信息社会与信息素养的概念、人类思维和逻辑等跨学科范畴的通识性知识、计算科学和其他学科的融合以及计算机科学在科学研究和知识创新中的重要性，讲解了现代电子计算机的发明、数据及其编码、计算机的基本组成及工作原理以及计算机应用，讲解了计算机操作系统的概念、发展历程以及操作系统的功能，以办公业务需求和问题求解为主线讲解了文字处理、电子表格和演示文稿等办公软件的应用，讲解了图形图像、音频视频等多媒体处理技术，介绍了计算机网络的概念、网络的起源和发展历程，讲解了OSI网络分层的思想、网络协议的智慧，讲解了信息安全的概念、目标和主要安全威胁，讲解了数据加密模型及密码体制。

图书在版编目(CIP)数据

大学计算机:计算机应用的视角/郝兴伟编著. —
济南:山东大学出版社,2018.2
 ISBN 978-7-5607-6039-1

Ⅰ. ①大⋯　Ⅱ. ①郝⋯　Ⅲ. ①电子计算机－高等学校
－教材　Ⅳ. ①TP3

中国版本图书馆 CIP 数据核字(2018)第 051477 号

责任策划:刘旭东　　责任编辑:李　港　　封面设计:张　荔
出版发行:山东大学出版社
　　　　社　　址　山东省济南市山大南路 20 号
　　　　邮　　编　250100
　　　　电　　话　市场部(0531)88364466
经　　销:山东省新华书店
印　　刷:泰安金彩印务有限公司
规　　格:787 毫米×1092 毫米　1/16　26.75 印张　617 千字
版　　次:2018 年 2 月第 1 版
印　　次:2018 年 2 月第 1 次印刷
定　　价:40.00 元

前　言

在高等学校人才培养中,关于计算机基础教学的质疑和争论持续了若干年。直到2010年前后,从国内"985"高校开始,掀起了一轮"面向计算思维(Computational Thinking)培养的计算机基础教学改革",新时期计算机基础课程的定位、课程的必要性和重要性的争论逐渐平息,计算机基础教学进入了一个以培养学生计算思维、加强学科融合为目标的新阶段,其在学科融合和创新人才培养中的地位和重要性更加突出。

在信息社会,以计算机技术、计算机网络技术和多媒体技术为核心的信息技术已经渗透到我们工作和生活的方方面面,计算机和各个学科的融合越来越广泛,也越来越深入,掌握计算机知识和应用已经成为每一个人基本的能力素质。计算机的普及和易用性降低了人们使用计算机的难度,甚至做到了"无师自通"。但是在应用过程中,这种只会操作、不懂原理的简单应用已经暴露出了严重问题,限制和制约了应用水平的提高、问题求解能力的增强以及创新思想的产生。

因此,我们在改革课程定位、教学内容和教学目标的同时,对教学理念和教学方法进行反思是非常必要的,它直接关乎到课程教学目标的实现和人才培养的质量。考虑到各个学校的教学层次不同、人才培养目标不同,完全统一的教学内容是不科学的。在2014年版《大学计算机——计算思维的视角》基础上,经过3年多的教学实践,我们觉得出版一本以培养学生应用能力为主的大学计算机基础教材是很有必要的。

在新教材的编写中,必须改变传统的以软件功能为主线的讲解模式。这种模式只讲功能,不谈需求,学生在学习时会不知所云,这也是传统计算机应用教材的主流模式,造成学生学习兴趣普遍下降,是课程产生必要性质疑的主要原因。我们必须清楚地认识到,所有的软件都是要解决业务问题的,离开业务需求,软件将毫无意义。因此,无论是办公软件还是多媒体处理,在讲解软件系统之前,首先需要讲清楚软件要解决的问题,梳理问题求解的基本业务流程,软件系统的各项功能都是为业务流程服务的。

本书分为6章,主要内容介绍如下:

第1章导论,介绍了信息社会、信息素养的概念,讲解了思维、逻辑等跨学科范畴的通识性知识,阐明了计算科学在科学研究和知识创新中的重要性,讲解了计算机技术在问题求解中的重要性,介绍了计算思维的概念及主要方法。

第2章计算与计算机,从人类的记数讲起,简要介绍了计算工具的演化过程,讲解了现代电子计算机的发明、数据及其编码、电子计算机的基本组成及其工作原理,对计算机的应用进行了分类介绍。

第3章计算机操作系统,介绍了操作系统的概念、操作系统的发展以及操作系统的基本功能。以 Windows 7 系统为例,介绍了操作系统的使用、基本配置与管理。

第 4 章办公软件,讲解了办公业务中最常用的文字处理、电子表格和演示文稿制作软件的应用。对于每一种工具软件,首先讲解相关业务、凝练业务流程,然后介绍实现这些业务的软件功能。

第 5 章多媒体处理,除了传统的办公软件,多媒体处理需求也越来越多,讲解了图形图像、音频视频、相关业务流程以及常用工具软件的使用。

第 6 章计算机网络,介绍了计算机网络的概念、网络的起源和发展历程,对计算机网络技术进行了总结,讲解了 OSI 网络分层的思想、网络协议的智慧,介绍了 TCP/IP 网络模型,介绍了互联网的发展历史,讲解了互联网中的主要服务及其思想,讲解了信息安全的概念、目标和主要的安全威胁,讲解了数据加密模型及密码体制,最后介绍了网络通信、电子商务、社交网络、网络生态等互联网应用。

虽然本书的章节目录看上去和传统的以工具软件讲解为主的教材相似,但在写作理念、内容组织和写作方法上与传统教材有很大的不同,主要表现在 3 个方面。

(1)在写作理念上,以培养学生计算思维和意识、思想和方法,激发学生学习兴趣为出发点,目的是提高学生的科学修养和信息素养,培养学生利用计算机技术分析问题、解决问题的能力。同时,纠正人们关于计算机传统的"狭隘工具论"的认识,以利于计算机与其他学科的交叉和融合,推动科学创新。

(2)在内容组织上,以培养信息素养和计算机应用能力为主线,并兼顾计算思维培养。同时,为了扩展学生的科学视野,对于涉及的科学人物,将其科学贡献进行简单的注解,目的是感悟科学家在科学探索中的精神和方法,提高学生的学习兴趣。

(3)在写作方法上,从领域问题、问题求解、业务流程和系统开发的不同视角进行讲解,避免传统的以软件功能为主的讲解,使学生可以对软件功能有更加清晰的认识,提高计算机应用水平。

在本书的酝酿、策划、目录设计过程中,得到了山东大学本科生院、山东大学在线教育研究院、计算机科学与技术学院、数学学院、物理学院、化学与化工学院、生命科学学院、经济学院、管理学院、文学院、哲学与社会发展学院、医学院、机械工程学院、材料科学与工程学院等许多学院老师的帮助,他们参与了本书目录的研讨,并提出了许多好的建议。山东大学高等教育研究中心龙世立研究员也给予了许多建议,并多次参与研讨。全书内容由郝兴伟编写,巩裕伟、杨兴强、焦文江、李蕴、贾晓毅、张立新等提供了大量素材。

虽然我们的初衷是要写一本侧重培养大学生信息素养和计算机应用能力的大学计算机教材,以适应高校计算机基础教学改革的需要,但是由于水平所限,对有些知识的研究、认识和理解还不够深入,甚至有偏差,这必然影响对内容的讲解,恳请各位读者和同学批评指正。

作者 E-mail:hxw@sdu.edu.cn。

郝兴伟

2017 年春于济南山东大学

目　录

第1章 导 论

 本章导读

从1946年第一台电子计算机诞生起,人类社会就进入了以微电子技术、通信技术、计算机及网络技术、多媒体技术等为主要特征的信息社会。社会形态的改变带来了社会生产力和生产关系的变革,技术的进步推动了人类文明和人类思维的变化。今天,随着互联网、大数据、高性能计算技术的快速发展,人类正在进入智能时代。在当今社会,学科交叉、学科融合越来越紧密,从自然科学到社会科学,生硬的界限正在被打破,计算机和各个学科的融合越来越广泛,也越来越深入。计算机应和数学、物理、化学、生物等一样,成为一门基础学科,成为人类科技发展、文明进步的中坚力量。科学和技术已逐渐成为和文学修养、艺术修养一样的一种科学修养,成为信息社会中每个人都应具备的基本能力和素质。

本章从宏观上介绍信息社会的发展和主要特征,以及信息社会中人的能力需求与信息素养。从传统地推动人类进步的自然科学特征出发,介绍计算机技术在科学技术中的地位和作用。从人类思维的角度出发,介绍人类思维的基本形态及特征。本章介绍计算机技术在问题求解中的基本思想和方法,介绍计算思维的概念、表现和方法学,并给出了自己的研究和观点。本章分析计算思维在学科交叉、知识创新、问题求解及人们日常工作和生活中的作用,还给出了一幅简略的计算机学科科学知识图谱,从而为本课程知识结构设计的理解和后续章节的学习给出了一个指引。

知识要点

1.1:信息社会,数据,信息,信息化,信息技术,信息产业,信息社会的特征,能力素质,信息素养,信息意识,知识社会。

1.2:感觉,思维,形象思维,逻辑思维,灵感(顿悟),概念,判断,命题,推理,归纳推理,演绎推理,三段论,假言推理,选言推理,思维规律。

1.3:计算数学,计算机科学,计算机科学知识图谱,计算科学,计算思维,抽象,分解,简约,递归,算法,程序,仿真,计算机应用系统,网络。

1.4:学科融合,交叉学科,计算物理,计算化学,计算生物学,社会计算。

1.5:图灵奖,诺贝尔奖,微积分,经典力学,原子论,电磁学,量子力学,相对论,理论创新,应用创新。

1.1 信息社会与信息素养

在社会学中,社会学家通常根据生产力的发展水平,将人类社会的发展分成 5 个阶段,即古代社会、原始社会、农业社会、工业社会和信息社会。

古代社会通常是从人类出现算起,在距今 700 万～500 万年之间。原始社会则大约始于 5 万年前,即原始人狩猎捕鱼的初始时期。农业社会大约始于公元前 4000 年,是一种以农牧业为主的开垦荒地、种植谷物的农业经济,人类社会基本上是一种封建专制的农业国家。进入 18 世纪中叶,欧洲开始了一轮产业革命(又称"工业革命"①)。它是以机器取代人力、以大规模工厂化生产取代个体工场手工生产的一场生产与科技革命。1765 年,英国工人詹姆斯·哈格里夫斯发明了珍妮纺纱机,揭开了工业革命的序幕。1769 年,英国人瓦特改良了蒸汽机。从此,一系列技术革命引起了从手工劳动向动力机器生产转变的重大飞跃,出现了现代纺织、轻工、钢铁、汽车、化工和建筑等主要产业,劳动分工专业化和城市化不断发展,产生了相应的教育、医疗、保险、服务等现代社会机构与制度,人类社会迈入工业现代社会。20 世纪,人类爆发了两次世界大战。第二次世界大战(1939 年 9 月 1 日～1945 年 9 月 2 日)后的 1946 年,电子计算机问世,标志着计算机时代的来临。生物克隆技术、航天技术等现代科技的快速发展,又称为"第三次工业革命",人类社会进入后工业社会。后工业社会的主要特征是自动化和信息化,这也预示着信息社会的到来。

1.1.1 计算机与信息社会

1946 年,人类历史上第一台电子多用途计算机埃尼亚克(ENIAC)在美国宾夕法尼亚大学诞生。1947 年 12 月 16 日,美国贝尔实验室发明了晶体管,推动了以半导体技术、集成电路技术为代表的微电子技术的快速发展。人类社会开始进入一种不同于工业社会特征的新社会。1964 年,日本人梅棹忠夫第一次使用了"信息社会"这一概念。

关于信息社会,并没有一个统一的定义。几种比较典型的说法:信息社会是指以信息技术为基础,以信息产业为支柱,以信息价值的生产为中心,以信息产品为标志的社会;信息社会是指信息产业高度发展并在产业结构中占优势的社会。

在信息社会的表述中,信息社会又称为"信息化社会"。那么,什么是信息,什么是信息化呢? 在很多情况下,数据、信息和信号三个概念容易令人混淆和迷惑。这给问题的描

---

① 工业革命(The Industrial Revolution)开始于 18 世纪 60 年代,通常认为发源于英格兰中部地区,是资本主义工业化的早期历程,即资本主义生产完成了从工场手工业向机器大工业过渡的阶段。工业革命是以机器取代人力、以大规模工厂化生产取代个体工场手工生产的一场生产与科技革命,一般将这一时期称为"第一次工业革命"(18 世纪 60 年代～19 世纪 50 年代),又称"蒸汽时代"。1870 年前后,科学技术快速发展,新的发明不断出现,特别是电力和电器的发明和广泛应用,传统的以蒸汽动力为代表的工业生产被电力设备所改造、取代,人类社会进入电气时代,这一时期称为"第二次工业革命"(19 世纪 60 年代～20 世纪 40 年代)。

述带来了麻烦。在这里,我们对它们的含义做一个简单的区分。其实,这是3个不同范畴的概念。数据(Data)是用来承载或记录信息的、按一定规则排列组合的符号,可以是字母、数字、文字、图形、图像等内容。数据是信息的载体,对信息的接收始于对数据的接收,对信息的获取只能通过对数据背景的解读,即将数据转化为信息。信息(Information)是加工后的数据,是数据所承载的含义。信息通过数据来表达,对接收者有价值。如文字本身可看作数据,而文字表达的含义则是信息。对于信号(Signal),则是通信系统中的概念,属于物理层的概念,是指数据在媒体中的传播形式,如数字信号、模拟信号等。

从含义上讲,信息是一个抽象名词,而"信息化"则具有动名词的性质。它不仅描述了信息本身,而且强调了一种信息的产生、表示、存储、传递、加工和利用的过程,如工业信息化、农业信息化、教育信息化等。信息社会正是人类脱离工业化社会后,信息起主要作用的社会。在农业社会和工业社会中,物质和能源是主要的资源,所从事的是大规模的物质生产。而在信息社会中,信息成为比物质和能源更为重要的资源,以开发和利用信息资源为目的的信息经济活动迅速扩大,逐渐取代工业生产活动而成为国民经济活动的主要内容。以计算机、微电子和通信技术为主的信息技术革命是社会信息化的动力源泉。

在许多时候,信息社会也常常被称为"知识社会",但两个概念的侧重点略有不同。信息社会的概念建立在信息技术进步的基础之上,而知识社会的核心是知识和创新。知识社会包括更加广泛的社会、伦理和政治方面的内容,信息社会仅仅是实现知识社会的手段。在知识社会里,每个人都应具备必要的信息技术能力,从浩如烟海的信息海洋中获取知识。信息技术又推动着知识共享、知识创新的全球化,成为人类社会可持续发展的源泉。

1.1.2 信息社会的特征

信息社会是建立在信息技术基础上的,随着信息技术的发展,信息社会的内涵也在不断发展。在20世纪60年代提出初期,信息社会主要指通信技术、微电子技术和计算机技术。在20世纪80年代,关于信息社会的较为流行的说法是"3C"社会(通信化、计算机化和自动控制化)、3A社会(工厂自动化、办公室自动化和家庭自动化)。到了20世纪90年代,随着互联网技术的快速发展,关于信息社会的说法又加上了多媒体技术和计算机网络技术等特征。不管技术如何发展,作为一种社会形态,我们可以从以下三个方面来描述信息社会的基本特征。

1. 经济领域的特征

在信息社会,信息、知识成为重要的生产力要素,和物质、能源一起构成社会赖以生存的三大资源。信息技术革命催生了一大批新兴产业,信息产业迅速发展壮大,信息部门产值在全社会总产值中的比重迅速上升,并成为整个社会最重要的支柱产业。传统产业普遍实行技术改造,降低生产成本,提高劳动效率,而通过信息技术对传统能量转换工具的改造,使传统产业与信息产业之间的边界越来越模糊,使整个社会的产业结构处在不断地变化过程中。在信息社会,智能工具的广泛使用进一步提高了整个社会的劳动生产率,物质生产部门效率的提高进一步加快了整个产业结构向服务业的转型,所以,信息社会将是一个服务型经济的社会。

工业社会所形成的各种生产设备将会被信息技术所改造,成为一种智能化的设备。信息社会的农业生产和工业生产将建立在基于信息技术的智能化设备的基础之上。信息社会的私人服务和公众服务将或多或少地建立在智能化设备之上,电信、银行、物流、电视、医疗、商业、保险等服务将依赖于信息设备。信息技术的广泛应用,智能化设备的广泛普及,使政府、企业组织结构进行了重组,行为模式发生了新的变化,电子商务等新型交易手段快速发展。

当人类迈向信息社会时,新的就业方式开始形成,就业结构发生了新的变化。从宏观层面讲,现在的社会经济活动可以划分为四大产业部门,即农业、工业、服务业和信息业。随着社会经济形态的演进,劳动力人口依次从农业部门流动到工业部门;在工业化后期,农业人口和工业人口又流向服务业部门;在工业社会向信息社会转型的过程中,信息技术的发展催生了一大批新的就业形态和就业方式,劳动力人口主要向信息部门集中。

传统雇佣方式受到挑战,全日制工作方式朝着弹性工作方式转变。信息劳动者的增长是社会形态由工业社会向信息社会转变的重要特征。

2. 社会、文化、生活领域的特征

在信息社会,数字化的生产工具在生产和服务领域广泛普及和应用。互联网成为重要的通信媒体,智能化的综合网络遍布社会的各个角落,固定电话、移动电话、计算机等各种信息化的终端设备无处不在。各种电子设备和家庭电子类消费产品都具有上网能力,无线网络快速发展,人们随时随地均可获取信息。

人们的生活模式、文化模式更加多样化,个性化不断加强,可供个人自由支配的时间和活动的空间大幅提高。城市化发展出现新的特点,高速发展的信息交换促使中心城市出现郊区化发展趋向,使城市从传统的单中心向多中心发展。

3. 社会观念领域的特征

在信息社会,由于信息技术在社会生产、市场经营、科研教育、医疗保健、社会服务、生活娱乐以及家庭中的广泛应用,信息社会对人们的世界观、价值观、人生观以及社会道德观等也会产生影响和变革。在信息社会,人们尊重知识的价值观念成为社会风尚,具有更积极地创造未来的意识倾向,价值取向、行为方式都在默默地发生变化。

1.1.3 个人素质与信息素养

不同的社会发展阶段和生产力发展水平,对劳动者有不同的能力要求,要求劳动者应具有不同的能力素质。能力素质可简称为"素质"。所谓"素质",是指决定一个人行为习惯和思维方式的内在特质,在广义上还可包括技能和知识。素质是一个人"能做什么"(技能、知识)、"想做什么"(角色定位、自我认知)和"会怎么做"(价值观、品质、动机)的内在特质的组合。

能力素质模型广泛运用于人力资源管理的各项业务中,如员工招聘、员工发展、工作调配、绩效评估和员工晋升等。能力素质模型包含知识、技能和素质3个大的类别。不同企业由于所从事的行业、特定的发展时期、业务重点、经营战略等的差异,对人才素质的要求是不同的。即使同一个企业里,不同职务、不同岗位对人才素质的要求也是不同的。

1. 21世纪的能力结构

美国21世纪劳动委员会、美国教育技术CEO论坛、美国21世纪素质能力伙伴组织等,都对信息社会人的能力素质进行了研究,认为在当今的信息社会,人们应具备如下几个方面的能力素质:

①基本学习技能。熟练地进行听、说、读、写、算的能力,是信息社会对人的基本要求。只有具备这样的能力,才能在世界领域内进行科学、文化的沟通与交流。

②终身学习能力。除了具备有效的听、说、读、写、算等基本学习技能外,还应具有继续学习和终身学习的能力。

③信息素养。熟练掌握与运用信息技术,能够有效地对信息进行获取、分析、加工、利用、评价以及问题求解、信息创造和发布。

④创新思维能力。具有发散思维、批判思维、联想以及抽象概括与逻辑推理等方面的创新型思维能力。

⑤人际交往与合作能力。人际交往是彼此传播信息、沟通知识和经验、交流思想和情感的过程。良好的人际关系是获得信息的重要途径,是保证身心健康、事业成功的重要因素。

2. 信息素养

所谓"信息素养"(Information Literacy),是指人们利用网络、各种软件工具来确定、查找、评估、组织和有效地生产、使用和交流信息,来解决实际问题或进行信息创造的能力。基本的信息素养已经成为适应信息社会的基本条件,以及适应日常生活、学习和工作环境的要求,并更好地参与社会组织和其他与人交往的活动所需要的基本技能。

我们可以从4个方面来理解信息素养。

(1)信息意识

所谓"信息意识",就是指人的信息敏感程度,是人们在生产和生活中自觉和自发地识别、获取和使用信息的一种心理状态。个体获取和利用信息的能力与信息意识有密切的关系。一个获取和利用信息能力强的人,必然是一个拥有高度信息意识的人。

(2)信息知识

所谓"信息知识",就是指人们为了获取信息和利用信息而应该掌握和具有的、与信息技术相关的知识,可包括现代通信技术、计算机技术、网络技术、数据库技术、多媒体技术,代表了与计算机科学相关的学科基本概念、知识和技能。掌握其中的主要概念和基础知识,可以为学习信息技术、使用信息技术和终身学习提供知识和能力上的储备。

(3)信息能力

信息能力是指利用信息技术来解决领域实际问题或进行信息创造的能力,可以分成两个方面。一是掌握计算机操作系统、常用工具软件等的使用能力,包括操作系统、常用办公软件、简单的多媒体制作工具、简单的编程环境和工具,特别是一些常用的软件工具包,以及利用计算机解决领域问题的能力。二是运用互联网等现代信息基础设施的能力,了解网络基本知识,熟悉互联网的使用,能够利用互联网进行信息获取、分析、评价、加工、利用、创新和传播等。

(4)信息道德

信息素养不仅仅包括信息技术,还应该包括信息伦理道德、法律、文化等许多社会人文因素。加强互联网法律和道德意识,自觉抵制不健康的内容,不组织和参与非法活动,不利用计算机网络从事危害他人信息系统和网络安全、侵犯他人合法权益的活动等,做有知识、有责任感、有贡献的信息的消费者和创造者。

1.2 人类思维与逻辑学

人类是一种高级动物,除了可以通过眼、耳、鼻、舌、皮肤等感觉器官与外界环境发生联系,对周围事物的变化进行感知,还可以通过大脑的思维对外部世界发生间接的反应。感觉和知觉通常是人类感官对客观世界的一种直接反应,反应的是事物的个别属性或外部特征,属于感性认识。思维是人类的高级心理活动,是人的大脑利用已有知识和经验对具体事物进行分析、综合、判断、推理等认识活动的过程。

人类的一切行为和活动,如知识学习、问题求解、科学研究、发明创造等都与人的思维有关。思维不仅与具体内容有关,通常还表现出特定的形式,这就是逻辑。逻辑是抽象掉具体内容后的思维形式,是人类思维的形式化,对于人类思维的训练至关重要。

1.2.1 人类思维

思维(Thinking)是一项更加复杂的活动,是人的大脑利用已有知识和经验对具体事物进行分析、综合、判断、推理等认识活动的过程,是人脑对客观现实概括的和间接的反应,反应的是事物的本质和事物间规律性的联系,属于理性认识。

思维和感觉、知觉有着本质的不同。如我们经常遇到的刮风下雨等自然现象,这是对自然现象的感觉、知觉。如果从雨的形成原因来看待下雨现象,建立因果关系,则就是思维。可见,在认识过程中,思维实现着从现象到本质、从感性到理性的转化,使人达到对客观事物的理性认识,从而构成人类认识的高级阶段。

1. 思维的特性

在人类的各种活动中,思维有着独特的性质。

①概括性。思维的前提是人们已经形成或掌握概念。掌握概念,就是对一类事物加以分析、综合、比较,从中抽象出共同的、本质的属性或特征并加以归纳。概括是思维活动

的速度、灵活迁移程度、广度和深度、创造程序等智力品质的基础。

②间接性。间接性是思维凭借知识、经验对客观事物进行的间接反应。具体表现为：第一，思维凭借知识经验，能对没有直接作用于感觉器官的事物及其属性或联系加以反映。如清早起来发现院子里的地面湿了，可以判定昨天夜里下雨了。第二，思维凭借知识经验，能对不能直接感知的事物及其属性进行反映。思维的间接性使人能够揭示不能感知的事物的本质和内在规律。第三，思维凭借知识经验，能在对现实事物认识的基础上进行蔓延式的无止境的扩展。假设、想象和理解，都是以这种思维的间接性为基础的，如制订计划、预计未来等。思维的这种间接性，使思维能够反作用于实践，并指导实践。

③逻辑性。思维具有逻辑性，即思维就是在表象、概念的基础上进行分析、综合、判断、推理等认识活动的过程，在这个过程中，思维遵循特定的思维规则。

2. 思维的分类

根据思维主体和客体的不同特点，人类的思维活动通常分为形象思维、逻辑思维和灵感三种类型，其中，形象思维与逻辑思维是人类思维的两种基本形态。

①形象思维（Imaginal Thinking）。"形象"一词开始时仅指人的面貌形状特征。在文学创作中，形象通常是指利用语言、文字、绘画等来刻画和描写的人物或事物，如文学形象、艺术形象等。从心理学上讲，形象是人们通过视觉、听觉、触觉、味觉等各种感觉器官，在大脑中形成的关于某种事物的整体印象。形象不是事物本身，而是人们对事物的感知，不同的人对同一事物的感知不会完全相同，其正确性受到人的意识和认知过程的影响。

形象思维是指人们在认识世界的过程中，对事物表象，在进行感受和认识的基础上，结合主观的认识和情感进行识别，并用一定的形式、手段和工具创造和描述形象的一种基本的思维形式。形象思维常常表现为以下几种方法：模仿法，以某种模仿原型为参照，在此基础之上加以变化产生新事物的方法。想象法，在脑中抛开某事物的实际情况，而构成深刻反映该事物本质的简单化、理想化的形象。直接想象是现代科学研究中广泛运用的进行思想实验的主要手段。组合法，从两种或两种以上事物或产品中抽取合适的要素重新组合，构成新的事物或产品的创造技法。移植法，将一个领域中的原理、方法、结构、材料、用途等移植到另一个领域中去，从而产生新事物的方法。

②逻辑思维（Logical Thinking），是在表象、概念的基础上进行分析、综合、判断、推理等认识活动的过程，又称"理论思维""抽象思维"或"闭上眼睛的思维"。逻辑思维更多的是理性的理解，而不多用感受或体验。逻辑思维是一种确定的、而不是模棱两可的思维，是一种有条理、有根据的思维。在逻辑思维中，要用到概念、判断、推理等思维形式和分析、比较、综合、抽象、概括等方法，掌握和运用这些思维形式和方法的程度称为"逻辑思维能力"。在逻辑思维中，概念是思维的基本单位，推理是思维的主要形式。

③灵感（Inspiration），是一种特殊的思维，是在不知不觉中突然迅速发生的，又称"顿悟"。灵感与人的潜意识密切相关。

在人类的思维活动中，形象思维与逻辑思维是两种基本的思维形态，两者不是对立的关系。无论是科学研究还是艺术创作，逻辑思维和形象思维的结合将使我们的工作更加完美。此外，人的思维往往具有惰性，当一种新事物、新理论刚出现时，总会受到各个方面的挑剔和反对。但是,许多已经流行的观点,即使有弊病,也很难纠正。这种对新事物、新理论、新设想的抗拒心理即为思维惰性,因循守旧、看问题片面、迷信权威等都是思维惰性的表现。

3. 思维方法与过程

思维是一个复杂的、高级的认识过程,是人们运用存储在长时记忆中的知识、经验,对外界输入的信息进行分析、综合、比较、抽象、概括、判断和推理的过程。虽然思维存在着个体差异,但思维的基本过程和所采用的基本方法都是相似的。

①分析,用于把握事物的基本结构、属性和特征,就是把客观事物分解为各个部分分别加以研究。分析的方法有定性分析、定量分析、结构分析、功能分析、信息分析、模式分析以及流程分析等。没有分析,思维就不能具体深入。

②综合,是把事物各个部分、侧面或属性等统一为整体的思维方法,旨在从整体上把握事物的本质和规律。没有综合,思维的信息材料是零碎、片段的,不能统一为整体,难以对各个部分、侧面和属性有确切的了解。

③比较,是将几种有关事物加以对照,确定它们之间相同和不同的地方。

④抽象,是将事物的本质属性抽取出来,舍弃事物的非本质属性。

⑤概括,是形成概念的一种思维过程和方法。把从某些具有一些相同属性的事物中抽取出来的本质属性,推广到具有这些属性的一切事物,形成关于这类事物的普遍概念。

概括和抽象有联系,没有抽象就不能进行概括。在进行抽象和概括时,要注意舍弃次要的、非本质的属性,把主要的、本质的属性抽取出来,再通过概括代表同类事物的全体。

在人类的思维活动中,对思维对象通过分析、综合、比较、抽象和概括,借助于词的作用,形成概念。在概念的基础上,反映事物关系的、概念之间的联系构成判断。然后根据已知判断和逻辑思维规则,可以推出新的判断,即为推理。通过推理,获得事物的现象和本质、原因和结果之间的内在联系。

1.2.2 逻辑学

狭义地讲,心理学上的人类思维即是逻辑思维,是在表象、概念的基础上进行分析、综合、判断、推理等认识活动的过程。虽然因思维的主体和思维的客体(思维对象)不同会有思维差异,但逻辑思维的形式具有一定的规律性。在对思维规律研究的基础上,古希腊哲学家亚里士多德(公元前384~前322年)创立了逻辑学,这是一门探索、阐述和确立有效推理原则的学问,是关于思维形式及其规律的学说。

亚里士多德的逻辑又叫"传统逻辑"(Traditional Logic),其逻辑的研究重点是研究思想的形式,所以又叫"形式逻辑"。传统逻辑主要的推理是演绎推理,因此也称"演绎逻辑"。随着思维规律研究的不断深入,辩证思维得到了广泛研究,以辩证思维为特征的现代逻辑也得到了快速发展。同时,逻辑也超越了哲学的范畴,成为数学和计算机科学的重要研究内容。

1. 逻辑形式及其表示

逻辑(Logic)就是思维的规律,逻辑学就是关于思维规律的学说,重点研究的内容是思维的逻辑形式。逻辑通常表现为各种概念、判断、命题①、因果关系等,它们是逻辑推理的基础。对逻辑的描述分为自然语言描述和数学描述。自然语言来描述逻辑,充分使用了人类的语言工具,便于人类阅读、理解和交流,但自然语言容易产生歧义和二义性,因而影响了逻辑的严谨性。用数学语言描述逻辑,称为"数理逻辑",具有严谨、便于演算和推理的优点,还便于机器实现,缺点是对人的可读性较差,需要具有较好的数学基础。

①概念(Concept),是人们对外部环境感知、经历和学习的产物。人类在认识事物的过程中,从感性认识上升到理性认识,把所感知的事物的共同本质特点抽象出来,加以概括,就成为概念。表达概念的语言形式是词或词组,用以反映事物的本质属性。

概念都有内涵和外延两个方面。内涵是指概念的含义、性质;外延是指概念包含事物的范围大小,即适用范围。在日常用语中,概念就是一个词或词组。从哲学层面讲,概念是思维的基本单位。在概念的基础上,进一步构成判断和推理。

②判断(Judgement),是反映事物关系的、概念之间的联系。判断是对于思维客体所做的肯定或否定,或指明思维对象是否具有某种属性的思维过程,以语句形式表达。从质上分,判断分为肯定判断和否定判断;从量上分,判断分为全称判断、特称判断和单称判断。

全称判断是断定一类事物的全部都具有或都不具有某种属性的判断,其形式是:"所有 A 都是(都不是)B"。如:"所有计算机都有操作系统"。特称判断是反映某类事物中至少有一个对象具有或不具有某种性质的判断。如:"有些课程不是必修课"。单称判断是反映某个独一无二的事物是否具有某种性质的判断。如:"张三是三好学生"。

③推理(Reasoning),是思维的基本形式之一,是由一个或几个已知的判断(前提)推出新判断(结论)的过程,可分为直接推理、间接推理等。图 1-1 为逻辑推理概念图。

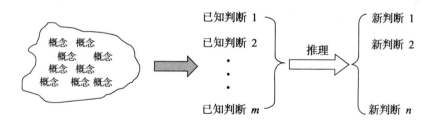

图 1-1　逻辑推理概念图

---

①　在现代哲学、数学、逻辑学、语言学中,命题是指一个判断(陈述)的语义(实际表达的概念),这个概念是可以被定义并观察的现象。命题不是指判断(陈述)本身,而是指所表达的语义。当相异判断(陈述)具有相同语义的时候,它们表达相同的命题。在逻辑学上,命题指表达判断的语言形式,由系词把主词和宾词联系而成。在数学中,一般把判断某一件事情的陈述句叫"命题",或把判断真假的陈述句叫"命题",判断为真的句子叫"真命题",判断为假的句子叫"假命题"。

推理也可分为归纳推理和演绎推理两种主要推理形式。归纳推理就是从事实出发，加以概括，从而解释观察到的事物之间的关系，得出一般结论。从一般到个别，将理论、原则运用于具体对象则是演绎推理。

2. 逻辑推理形式及规则

逻辑推理分为归纳推理和演绎推理两种。归纳推理分为完全归纳法和不完全归纳法，其中不完全归纳法又分为简单枚举法(或然性推理)、科学归纳法(必然性推理)。演绎推理包括三段论、假言推理、选言推理等形式。归纳推理相对简单、易于理解，下面重点介绍演绎推理的主要形式及相应的推理规则。

(1)三段论(Syllogism)

三段论是传统逻辑中的一类主要推理，又称"直言三段论"。亚里士多德首先提出了关于三段论的系统理论。三段论由大前提和小前提推出结论。如："凡金属都能导电"(大前提)，"铜是金属"(小前提)，"所以铜能导电"(结论)。三段论属于一种演绎逻辑，不同于归纳逻辑，具有较强的说服力。

(2)假言推理(Modus Ponens,Hypothetical Reasoning)

假言推理也称为"条件推理"(Conditional Reasoning)，是根据假言命题的逻辑性质进行的推理，分为充分条件假言推理、必要条件假言推理和充分必要条件假言推理三种。

①充分条件假言推理，是根据充分条件假言命题的逻辑性质进行的推理。充分条件假言命题的一般形式是：如果 p，那么 q。根据对 p 和 q 的肯定和否定，可以组合四种不同形式的推理，其中两种是逻辑正确的，两种是逻辑错误的。

逻辑正确的推理规则：

规则1：肯定前件，肯定后件，即：如果 p，那么 q。p，所以，q。

例如，如果谁违法，他就要受到法律制裁。张某违法，所以，张某必会受到法律制裁。

规则2：否定后件，否定前件，即：如果 p，那么 q。非 q，所以，非 p。

例如，如果谁得了感冒，他就一定要发烧。小李没发烧，所以，小李没感冒。

根据规则，充分条件假言推理的否定前件式和肯定后件式都是无效的。下列两个推理都是错误的：

如果降落的物体不受外力的影响，那么，它不会改变降落的方向；这个物体受到了外力的影响，所以，它会改变降落的方向。

如果开车闯红灯，就属于交通违法行为；小张交通违法了，所以，小张开车闯红灯了。

②必要条件假言推理，是根据必要条件假言命题的逻辑性质进行的推理。必要条件假言命题的一般形式是：只有 p，才 q。

逻辑正确的推理规则：

规则1：否定前件，否定后件，即：只有 p，才 q；非 p，所以，非 q。

例如，只有年满十八岁，才有选举权。小王不到十八岁，所以，小王没有选举权。

规则2：肯定后件，肯定前件；即：只有 p，才 q；q，所以，p。

例如，只有勤奋用功，才能取得好成绩。小张取得了好成绩，所以，小张学习很勤奋。

根据规则，必要条件假言推理的肯定前件式和否定后件式都是逻辑错误的。

下列两个推理都是错误的：

只有学习成绩好，才能评三好学生；小王学习成绩好，所以，小王一定是三好学生。

只有学习成绩好，才能评三好学生；小王不是三好学生，所以，小王学习成绩不好。

③充分必要条件假言推理，是根据充分必要条件假言命题的逻辑性质进行的推理。充分必要条件假言命题的一般形式是：p 当且仅当 q。

根据规则，充分必要条件假言推理的四个逻辑形式，都是逻辑正确的。

规则 1：肯定前件式，一般形式是：p 当且仅当 q；p，所以，q。

规则 2：肯定后件式，一般形式是：p 当且仅当 q；q，所以，p。

规则 3：否定前件式，一般形式是：p 当且仅当 q；非 p，所以，非 q

规则 4：否定后件式，一般形式是：p 当且仅当 q；非 q，所以，非 p

下述推理都是正确的：

一个数是偶数当且仅当它能被 2 整除；这个数是偶数，所以，这个数能被 2 整除。

一个数是偶数当且仅当它能被 2 整除；这个数能被 2 整除，所以，这个数是偶数。

一个数是偶数当且仅当它能被 2 整除；这个数不是偶数，所以，这个数不能被 2 整除。

一个数是偶数当且仅当它能被 2 整除；这个数不能被 2 整除，所以，这个数不是偶数。

（3）选言推理（Disjunctive Syllogism）

选言推理是根据选言命题的逻辑性质而进行的推理。选言命题有相容与不相容之分，相应地，选言推理分为相容选言推理和不相容选言推理两种。

①相容选言推理，就是以相容选言命题为前提，根据相容选言命题的逻辑性质进行的推理。相容选言命题的一般形式是：p 或 q，p 和 q 称为"选言支"。

规则 1：否定一部分选言支，就要肯定另一部分选言支。

规则 2：肯定一部分选言支，不能否定另一部分选言支。

根据规则，相容选言推理只有一个逻辑正确的形式，即否定肯定式：

p 或 q；非 p，所以，q。

或

p 或 q；非 q，所以，p。

例如，小张出差了或去开会了。小张没出差，所以，小张去开会了。

②不相容选言推理，就是以不相容选言命题为前提，根据不相容选言命题的逻辑性质进行的推理。不相容选言命题的一般形式是：要么 p，要么 q。

不相容选言推理有两条规则：

规则 1：肯定一部分选言支，就要否定另一部分选言支。肯定否定式的一般形式是：要么 p，要么 q；p，所以，非 q。

规则 2：否定一部分选言支，就要肯定另一部分选言支。否定肯定式的一般形式是：要么 p，要么 q；非 p，所以，q。

例如，大学毕业，要么考研，要么就业。小张考研了，所以没就业。

3.逻辑思维规律

在思维过程中，可以将思维分为普通逻辑思维阶段和辩证逻辑思维阶段。普通逻辑思维阶段遵循传统逻辑基本规律,又称思维的"基本规律"或"思维规律",即同一律、矛盾律和排中律。矛盾律和排中律是由亚里士多德首先提出的。亚里士多德虽未曾明确提出同一律,但在他的某些言论中已有关于同一律的思想。

(1)同一律

同一律就是在同一思维过程中,必须在同一意义上使用概念和判断,不能混淆不相同的概念和判断,包括:思维对象的同一、概念的同一和判断的同一。同一律的一般形式是:A 是 A,A 可以是任何思想,任何一个概念或命题。同一律要求在思维和论证过程中,概念的一致性,不能偷换、混淆概念或命题。

例如,某人擅长诡辩。一日,他去饭馆吃饭,先要了一盘包子。服务员端上后,此人说不要包子了,要服务员换了一碗面条。此人吃完面条后,未付款就走。服务员说:您的面条还没付钱呢?此人说:面条是包子换的。服务员说:包子也没付钱呢。此人诡辩道:包子没吃,当然不能付钱了。服务员一时语塞。这位"白吃"先生逻辑似乎有道理,那问题出在哪儿呢?其实,他用"面条是包子换的"这句话作掩护,偷换了包子的所有权这个概念。因为,此人开始要的包子,他并未付钱,所以包子还是属于餐馆的。后来,包子换成了面条,面条当然也是餐馆的,他吃了面条,就应该付钱。

(2)矛盾律

矛盾律又称"不矛盾律",要求在同一思维过程中,对同一对象不能同时做出两个自相矛盾的判断,即:不能既肯定它,又否定它。作为思维规律,矛盾律是指任一命题不能既真又不真。矛盾律即是要保证思想的无矛盾性,避免犯"自相矛盾"的错误。历史上有许多违背矛盾律的经典例子,如罗素悖论、国王悖论、理发师悖论等。

国王悖论:唐·吉诃德的仆人桑乔·潘萨跑到一个小岛上,成了这个岛的国王。他颁布了一条奇怪的法律:每一个到达这个岛的人都必须回答一个问题:"你到这里来做什么?"如果回答对了,就允许他在岛上游玩,而如果回答错了,就要把他绞死。一天,有一个胆大包天的人来了,他照例被问了这个问题,而这个人的回答是:"我到这里来是要被绞死的。"请问桑乔·潘萨是让他在岛上玩,还是把他绞死呢?如果让他在岛上游玩,那他说的"要被绞死"的话就是错话。既然他说错了,就应该被处绞刑。但如果把他绞死呢?这时他说的"要被绞死"的话就是对的,既然他答对了,就不该被绞死,而应该让他在岛上玩。桑乔·潘萨发现,他的法律无法执行,因为不管怎么执行,都使法律受到破坏。他思索再三,最后让卫兵把这个人放了,并且宣布这条法律作废。

(3)排中律

在思维过程中,排中律是指任一事物在同一时间里具有某属性或不具有某属性,而没有其他可能。通常被表述为 A 是 B 或不是 B。在现代逻辑中,表示为 A∨¬A(A 或非 A)。排中律要求,对于两个自相矛盾的命题,不能同时肯定也不能同时否定,否则将犯模棱两可的错误,这是一种常见的违反排中律规则的逻辑错误。

矛盾律和排中律有时候不容易辨别,看下面的例子:

有一块空地可以种庄稼,甲、乙两人讨论这块地种什么庄稼好。甲一会儿说应该种小麦,一会儿又说不应该种小麦。针对甲的说法,乙说:"你的两种意见,我都不同意"。分析甲、乙两人的说法,看看他们犯了什么逻辑错误。

甲的说法违反了矛盾律的要求,犯了"自相矛盾"的错误,因为他同时断定了这块空地"应该种小麦"和"不应该种小麦"这两个相互矛盾的判断。针对甲的说法,乙的说法违反了排中律的要求,因为排中律认为两个互相矛盾的判断不能同真,也不能同假,而乙恰好断定上述两个判断都是假的。

1.3　计算科学与计算思维

在自然科学中,理论科学和实验科学被认为是创造知识的主要途径。理论科学强调学科的基本理论,从学科基本科学知识和基本理论出发,以演绎推理为主要手段来创造新知识,主要代表就是数学学科,数学也成为理论科学研究的主要工具。实验科学则以观察和总结自然规律为主要科学方法来创造新知识,其代表学科如物理学、化学等。

在科学研究中,总会伴随着大量的计算问题,有些计算任务从数学上证明是费时或难解的。计算机的出现和发展正在不断地改变着这种状况,许多过去的难解问题得以解决。计算机已经成为科学研究不可或缺的重要工具,计算科学也逐渐从它的数学母体中分离出来,成为一门重要的基础学科,且不断地渗透到各个学科中去,在人类追求真理、探索未知世界的过程中展现出其独特的科学价值和魅力。

1.3.1　计算与计算科学

谈到计算,自然会想到数学,因为最早的数学就是从记数和算术开始的。每个人从孩童时代开始就接触到数,从对数字0～9的认知,到学会算术的加减法,可以说,数学伴随了我们的一生。但是,数学很抽象,数学是理论的,数学令人心生畏惧。很多人,特别是许多非理工科的学生常常会问这样的问题——数学有什么用? 数学不仅仅是简单的算数,它培养了我们的表达能力,培养了我们的判断能力和逻辑思维。数学不是一个个简单的具体应用,它的智慧已经融入我们的血液和灵魂中了。

1. 计算与数学应用

传统的数学主要以纯粹数学研究为主,那些深奥抽象的数学理论让普通人望而却步,在许多人的眼里,存在数学无用论的观念。进入20世纪,计算工具的发展使得数学和应用有了更多的结合,使数学的发展出现了新的生机。20世纪40年代,我国著名数学家华罗庚(1910年11月12日～1985年6月12日)就把数学分成三个部分,即纯粹数学、应用数学和计算技术(计算数学和计算机)。这些思想的来源和演变过程与华罗庚的国际视野有关。1936年,华罗庚访问英国,他看到并学习了英国剑桥学派是如何搞纯粹数学理论研究的;1946年访苏,看到苏联除了重视纯粹数学,还高度重视发展应用数学以及培养人才;后来到美国普林斯顿研究所工作,有机会结识了爱因斯坦与其他大师,特别是向冯·诺依曼学习,了解了如何发展计算机及相关学科。1956年,华罗庚被任命为中国科学院计算技术研究所筹备组组长,直接领导、发展我国的计算数学和计算技术,开始为数学和应用之间搭桥铺路。

计算是数学的主要问题,计算问题不仅仅是简单的数字加减乘除。在现代社会,大量的工程问题都是用计算来完成的,从建筑工程设计、机械设计、天气预报到导弹发射的各项参数计算、卫星发射运行轨迹计算等,都包含着巨大的数据计算量。也正是这些客观需求,才导致了计算机的产生和发展,使数值计算成为计算机的主流应用。作为机器,其运算速度、运算精度及可靠性都是人工所无法比拟的。

计算机的发明,极大地推动了数学在实践中的应用,应用数学得到了快速发展。随着数学的工程化应用日益广泛,计算所要解决的问题越来越多,也越来越复杂。以研究计算为核心的数学分支——计算数学得到了发展壮大。计算数学又叫"数值计算方法"或"数值分析",主要内容包括代数方程、线性代数方程组、微分方程的数值解法,函数的数值逼近问题,矩阵特征值的求法,最优化计算问题,概率统计计算问题等,还包括解的存在性、唯一性、收敛性和误差分析等理论问题。计算机的出现是 20 世纪数学发展的重大成就,同时极大地推动了数学理论的深化和数学在社会和生产力第一线的直接应用。数学计算离不开计算机,是计算机建起了数学和应用之间的桥梁。

2.计算机科学和计算科学

计算机的发明推动了计算机科学的产生和发展。计算机科学是一门包含各种各样与计算和信息处理相关的系统学科。学科早期的研究主要围绕计算数学的一些理论问题,如计算复杂性理论、形式语言与自动机、形式语义学等。目前,计算机科学已经发展成为一门研究计算及相关理论、计算机硬件、软件及相关应用的学科。计算机科学研究的领域包括计算机体系结构、计算机操作系统、计算平台、计算机网络、计算环境、数据与数据结构、算法、程序设计、数值计算、数据库系统、信息处理、图形图像处理、信息安全、人工智能以及不同层面的各类计算机应用。

一个简略的计算机科学学科知识图谱如图 1-2 所示。

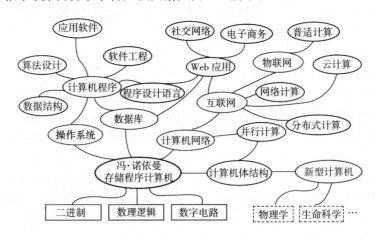

图 1-2　计算机学科知识图谱

计算机技术的发展和应用,也推动了计算科学(科学计算)的研究。和计算机科学需要研究计算机的硬件系统相比,计算科学的研究领域相对集中,主要关注构建数学模型和量化分析技术,同时通过计算机算法和程序来分析和解决科学问题。计算科学已广泛渗透到各个科学的学科问题求解中,是继理论科学和实验科学后的一种新的科学形态,它拓展了理论和实验无法验证的问题。在量子物理、量子化学、生物计算、社会计算等众多学科领域,计算科学表现出强大的发展和应用潜力。

1.3.2　计算思维

计算机是人类 20 世纪最伟大的发明之一。从电子计算机诞生之日起,还没有哪一项技术能和计算机技术一样迅速发展。今天,计算机技术已经渗透到人类工作和生活的方方面面。历史上,每一项巨大的技术发明,对人类的影响都不会局限于技术本身,还会影响人们的道德价值观念和思维方式。

1.计算思维的概念

在科学发展中,学科总是在不断地分化和融合。进入 21 世纪,计算机技术已经越来越深入地渗透到各个学科,不仅为其他学科的研究提供了新的手段和工具,其方法论特性也直接渗透和影响到其他学科,并延伸到各个基础研究领域。例如,计算数学用计算机解决各种数学问题,提出和研究求解各种数学问题的高效而稳定的算法,设计和研究用数值模拟方法来代替某些耗资巨大甚至是难以实现的试验。计算数学与其他领域交叉渗透,形成了诸如计算物理、计算化学、计算生物学、计算经济学、计算社会学等一批新兴的交叉学科。

人类的思维与工具有关,计算机技术的发展和应用的普及,正在影响和改变着我们对世界的认识,也影响着我们的思维方式。2006 年 3 月,美国卡内基·梅隆大学计算机科学系主任周以真教授在美国计算机权威期刊《*Communications of the ACM*》杂志第 49 卷第 3 期上发表了题为 *Computational Thinking and Thinking about Computing* 的文章,提出了"计算思维"的概念,指出计算思维是运用计算机科学的基础概念进行问题求解、系统设计以及人类行为理解等涵盖计算机科学之广度的一系列思维活动。计算思维最根本的内容,即其本质是抽象(Abstract)和自动化(Automation)。

为了让人们更易于理解,周以真又将"计算思维"更进一步地定义为:通过约简、嵌入、转化和仿真等方法,把一个看似困难的问题重新阐释成一个我们知道问题怎样解决的问题;是一种递归思维,是一种并行处理,是一种把代码译成数据又能把数据译成代码,是一种多维分析推广的类型检查方法;是一种采用抽象和分解来控制庞杂的任务或进行巨大复杂系统设计的方法,是基于关注分离的方法(SoC 方法);是一种选择合适的方式去陈述一个问题,或对一个问题的相关方面建模使其易于处理的思维方法;是按照预防、保护及通过冗余、容错、纠错的方式,并从最坏情况进行系统恢复的一种思维方法;是利用启发式推理寻求解答,也即在不确定情况下的规划、学习和调度的思维方法;是利用海量数据来加快计算,在时间和空间之间,在处理能力和存储容量之间进行折中的思维方法。

人类思维本身是一个思维科学和逻辑学的概念,每个学科有每个学科思维的特点,因此,不能把计算思维和形象思维与逻辑思维对等起来看待。确切地讲,计算思维还算不上一种新的思维形态,它只是形象思维和逻辑思维在计算科学中的应用和表现。但是,计算思维比其他学科的思维又具有更广的普适性,它是从概念到逻辑、从逻辑到物理实现的重要手段。从自然科学中的计算机模拟、仿真和计算机辅助,到社会科学中的大数据收集、处理和分析,社会问题的风险评估、预测和控制,无不与计算机技术有关。

计算思维是计算科学及计算机技术发展和广泛应用的产物,计算思维吸取了问题解决所采用的一般数学思维方法,现实世界中复杂系统的设计与评估的一般工程思维方法,以及复杂性、智能、心理、人类行为的理解等一般科学思维方法。我们可以通俗的理解,在问题求解中,借助于计算机与否,人的思维是有差异的,这种借助于计算能力进行问题求解的思维和意识就是计算思维。计算思维通常表现为人们在问题求解时对计算、算法、数据及其组织、程序、自动化等概念的潜意识的应用中。

计算思维正在影响人们传统的思考方式。例如:计算生物学正在改变着生物学家的思考方式;计算博弈理论正在改变着经济学家的思考方式;纳米计算正在改变着化学家的思考方式;量子计算正在改变着物理学家的思考方式;计算机网络正在改变着社会学家和政治家的思维广度等。因此,开展计算思维的训练对于各学科的发展、知识创新,以及解决各类自然和社会问题都具有重要的作用。

2. 计算思维中的主要方法

问题求解是一项复杂的思维活动,无论是一种什么样的思维形式,都是由一系列的、实践中可操作的方法来构成的。在问题求解中,相对于逻辑思维形态上普遍意义下的利用概念、判断和推理来思考问题不同,计算思维的最终目的就是利用计算机解决问题。因此,计算思维更具体、更实际,更像一个工程问题。

利用计算的手段求解问题的基本过程可描述为:问题定义及形式化,即首先要正确地领悟问题及用户需求,明确涉及的对象,然后对问题进行形式化描述;建立问题的逻辑模型,根据问题定义,建立 IPO(Input-Process-Output)问题求解模型,确立输入输出关系;算法设计,即设计输入数据进行处理的算法,对应 IPO 中的 Process;编程,根据算法设计,编写程序代码,并进行调试;运行和维护,对开发完成的计算机系统上线运行,并对运行中发现的问题或用户新的需求进行系统维护。这是一个基本的计算机问题求解过程模型,其中包含了许多共性的方法,即构成计算思维的基本方法。这些典型的方法有 9 种。

①抽象。在自然语言中,通常把凡是不能被人们的感官所直接把握的东西,即所谓的"看不见、摸不着"的东西,叫"抽象"。在科学研究中,抽象是从许多事物中,舍弃个别的、非本质的属性,抽取共同的、本质的属性的过程。共同属性是指那些能把一类事物与他类事物区分开来的特征,这些具有区分作用的属性又称"本质属性"。不同的研究目的,抽象的特点也不相同。科学抽象通常包含分离、提纯和简略 3 个环节。

在计算机问题求解中,其前两步的问题定义和形式化以及建立问题逻辑模型就是对问题的抽象过程,它给问题求解提供了一个信息化的逻辑视图,是计算机求解问题的第一步。抽象是计算思维的基本方法。可见,在计算机问题求解中,问题抽象的基本方法是问题定义、数据定义及业务流程的形式化描述(IPO),其结果是系统需求报告。

美国学者理查德·卡普(Richard Karp)教授认为,任何自然系统和社会系统都可视为一个动态演化系统,演化伴随着物质、能量和信息的交换,这种交换可映射为符号变换,使之能利用计算机进行离散的符号处理。这是物理世界和计算机软件世界的一种逻辑影射,计算机及其运行的软件系统实现了自然系统的观念,成了问题求解的手段和工具。

②分解。在一般的科学思维中,抽象包含了分离、提纯和约简3个环节。在工程思维中,解决复杂系统问题,也存在分解问题。计算机求解问题作为自然世界到软件世界的映射,分解也是最常用的设计复杂系统的方法。当面临一个庞杂的任务或要设计一个复杂的系统时,计算机工程采用任务分解和模块化的思想,把一个复杂的任务或系统分解成相对简单的若干子系统。如果某个子系统还比较复杂,则需要进一步细分,直到每个部分是相对简单的为止。问题分解需遵循各子系统相对独立的原则,即要保证高内聚、低耦合。

③约简。在一些自然或社会问题中,我们所面对的问题或数据有时候会过于复杂,约简就是要在保证问题或数据特征能反映甚至更能揭示原问题或数据的本质特征的前提下,对问题或数据等进行简化。例如,高维数据空间的降维处理,从而把一个看似困难的问题重新阐释成一个我们知道怎样解决的问题。

④递归。递归就是用自身定义自身的方法。在数学上,有很多的概念是由递归定义的。例如,求一个自然数 n 的阶乘,可定义为:$n! = n \times (n-1)!$,$0! = 1$。这是一个递归的定义。在复杂问题求解中,递归通常可以把一个复杂的问题通过层层转化,转化为一个与原问题相似的规模较小的问题。在计算机程序中,递归算法不仅能够更好地证明算法的正确性,而且只需少量的程序代码就可描述出解题过程所需要的多次重复计算,极大地减少了程序的代码量。

⑤算法。在人的一般思维中,做任何事情,首先要想的问题是如何做,然后再进一步规划做事的具体步骤,这就是算法的概念。也就是说,算法是解决问题的方法和求解问题的步骤描述。当我们把一个复杂的系统分解为一系列的相对独立的子系统或功能模块后,我们就要完成每一个模块了,即把它的输入变成输出。这和我们的逻辑思维如出一辙,是一个概念、判断和推理的思考过程。可以说,计算思维中的算法刻画了我们一般的逻辑思维过程,是逻辑思维的形式化描述。

⑥程序。在我们的日常生活中,程序本是指"做事程序"的意思,即做事的具体步骤。随着计算机的诞生,程序被赋予了新的含义,即程序(Program)是为实现特定目标或解决特定问题而用计算机语言编写的命令序列的集合。程序是算法的计算机语言实现。在系统的IPO模型中,算法是问题求解的方法描述,而程序则是该方法的实现,使得该功能在计算机上是可执行的。

⑦仿真。利用模型复现实际系统中发生的本质过程,并通过对系统模型的实验来研究存在的或设计中的系统,又称"模拟"。仿真模型是被仿真对象的相似物或其结构形式,可以是物理模型或数学模型。不是所有对象都能建立物理模型,如为了研究飞行器的动力学特性,在地面上只能用计算机来仿真。为此,首先要建立对象的数学模型,然后将它转换成适合计算机处理的形式,即仿真模型。可仿真的系统可以是电气、机械、化工、水力、热力等系统,也可以是经济、管理、社会、生态等系统。当所研究的系统造价昂贵、实验的危险性大或需要很长的时间才能了解系统参数变化所引起的后果时,仿真是一种特别

有效的研究手段。仿真的过程包括建立仿真模型和进行仿真实验两个主要步骤。计算机为仿真技术提供了先进的工具,加速了仿真技术的发展。计算机仿真具有方便、灵活、经济的特点。计算机仿真与数值计算、问题求解的区别在于它首先是一种实验技术。

⑧计算机应用系统。利用计算机求解问题,本质上是使用计算机应用系统。例如,利用计算机进行文字编辑、财务管理、上网浏览、网络聊天等,我们打交道的是相应的计算机软件,而不是直接使用计算机的计算和存储部件。计算机应用系统需要通过安装在计算机硬件上的操作系统等系统软件来使用计算机的硬件资源。

⑨网络。网络有多种含义,如交通运输网、邮政网络、通信网、计算机网络、社会关系网等。在数学上,网络可看作是由节点和连线构成的图,表示研究的对象及其相互联系。从抽象角度看,网络是从同类问题中抽象出来的用数学中的图论来表达并研究的一种模型,从而可以研究通路问题、最短路问题、排工问题、寻径等一系列实际问题。

在计算机学科中,计算机网络是指把不同地理位置的计算机通过通信线路和网络设备连接在一起,实现计算机之间的通信和资源共享。计算机网络包含许多非常有价值的科学方法。例如,OSI参考模型是抽象最好的例子,网络协议是典型的形式化的例子。这对我们利用网络建模和研究网络应用具有重要的启发意义和参考价值。

计算思维的本质是抽象和自动化,抽象强调的是问题的形式化定义及建立逻辑模型,而自动化则是逻辑的物理实现,即构建计算机应用系统。计算机应用系统是问题求解方法的实现,为问题的求解提供工具和手段,计算机的自动化、高速度、高精确度、可靠性等特性使我们敢于去处理那些庞杂的、人工根本无法完成的问题求解任务。计算机仿真系统还可以将那些虚拟的实验或需要高昂代价的项目利用计算机仿真技术来模拟和实验。

最后需要强调的是,计算机技术已经广泛地应用于我们工作、生活的方方面面,计算机已经成为我们不可或缺的工具,计算思维也必将潜移默化地渗透到我们每个人的思维活动中。当我们在科学研究和求解问题时,会自觉或不自觉地问:这个问题可以用计算机求解吗?如何来求解?求解的代价有多大?等等。当有这样的一种思维意识时,初步的计算思维就形成了。

在计算机教育领域,关于计算思维的研究非常活跃,名词众多,如算法思维、程序思维、协议思维、系统思维、互联网思维等。这些概念大都是计算机学科研究人员的提法,并没有一个大家一致认可的科学定义,尚不能和哲学、心理学和逻辑学中的形象思维和逻辑思维的概念相提并论。但是作为一种方法论的探索,计算思维的研究无疑具有积极的意义,可将采用计算机技术进行问题求解的基本思想、方法和基本步骤融入我们的思维过程中,从而为我们的科学研究和学科应用提供新的思路、方法和技术。

1.4　学科交叉与融合

计算机和计算思维已经广泛地应用在各个领域的问题求解中。近些年来,计算科学和其他学科的结合越来越紧密,也越来越深入,已经成了各学科领域不可或缺的一部分,并发展出了许多交叉学科。这种学科交叉和融合不是简单的计算机应用,而是计算思维给广泛的学科问题求解所带来的一种思想、策略、方式、手段上的变化,并正在促进各学科的突破性发展。

1.4.1 无处不在的计算

在数学领域,对于传统的数学难题,数学家正在利用计算机的高速、高精度运算能力和自动化特性来寻找答案,如四色定理的证明、寻找最大的梅森素数、密码学研究等。此外,人们还开发了一系列的数学计算程序,如 MATLAB、Maple、Mathematic 等。这些计算程序为科学研究、工程设计以及必须进行有效数值计算的众多科学领域提供了一种全面的解决方案,具有数值计算与分析、数字信号处理、数据可视化、系统建模与仿真、财务与金融工程等功能,并在很大程度上摆脱了传统非交互式程序设计语言(如 C 语言、Fortran)的编辑模式。

计算机的模拟仿真技术在物理学、化学、工程、自然灾害预测等领域更是表现出无可替代的强大作用。美国经典物理学教材《计算机模拟方法在物理学中的应用》的作者认为:"计算物理是当今基础物理学和应用物理学中的一部分,计算已经变得和理论与实验一样同等重要。计算能力是科技工作者的一项重要技能"。在化学领域,计算化学更是取得了重要成果。例如,1998 年,英国人约翰·波普(John Pople)获得诺贝尔化学奖,其获奖理由是约翰·波普系统完整地建立了的量子化学方法学被应用于化学的各个分支。在量子化学和计算化学的研究中,波普基于薛定谔等物理学家提出的量子力学的基本原理,设计了量子化学综合软件包 Gaussian,将分子的特性以及某一化学反应输入计算机后,输出的将是对该分子的性质以及化学反应发生情况的描述,其结果常被用来解释各种类型的实验结果,使得量子化学计算与实验技术相得益彰。

化学反应极为迅速,在数百万分一秒的时间里,电子已经完成从一个原子核向另一个原子核的迁移。经典化学已经难以跟上这样的步伐,要想借助实验方法去描绘化学过程中的每一个小步骤,几乎已经是不可能的任务。2013 年的诺贝尔化学奖授予了马丁·卡普拉斯(Martin Karplus)、迈克尔·莱维特(Michael Levitt)和亚利耶·瓦谢尔(Arieh Warshel),以表彰他们在"发展复杂化学体系多尺度模型"方面所做的贡献。他们综合了两个不同领域方法的精华,设计出了基于经典物理与量子物理学两大领域的方法,让化学家们得以借助计算机的帮助揭示化学的神秘世界。如今,化学家在计算机上所进行的实验几乎与在实验室里做的一样多。从计算机上获得的理论结果被现实中的实验所证实,之后又产生了新的线索,引导我们去探索原子世界的工作原理。在这一角度,理论和实践呈现出相辅相成、互相促进的关系。

在生命科学领域,霰弹枪算法(Shotgun Algorithm)大大提高了人类基因组测序的速度,蛋白质结构可以用绳结来模拟,蛋白质动力学可以用计算过程来模拟,细胞和电路类似,是一个自动调节系统,DNA 计算机已经研制成功,在疾病控制、药物研发中,计算生物学得到空前的发展。在医学领域,机器人手术、可视化技术以及各种借助于计算机的分析诊断系统早已在临床中广泛应用。

在社会科学领域,社会科学、经济学、管理学、法学、文学、艺术、体育等各学科,借助计算机,通过抽象、建模而建立的数据信息系统举不胜举,将研究从定性分析向定量研究发展,使研究更高效、更科学。例如,社会科学统计软件包(Solutions Statistical Package for the Social Sciences,SPSS)[①]是一个强大的数据统计分析软件包,具有数据管理、统计分析、统计建模、图表分析、输出管理等功能。其中,统计分析包括描述性统计、均值比较、一般线性模型、相关分析、回归分析、对数线性模型、聚类分析、数据简化、生存分析、时间序列分析、多重响应等若干大类。每类中又分不同的统计过程,如回归分析中又分线性回归分析、曲线估计、Logistic 回归、Probit 回归、加权估计、两阶段最小二乘法、非线性回归等多个统计过程。

今天,计算科学和各学科的融合,不仅改变了各学科领域传统的研究模式,而且研究的成果又不断地改变着我们的生产和生活方式。计算已经无处不在,计算技术已经嵌入到生产设备、劳动工具、电子产品、手持设备等各种各样的生产工具和生活用品中,使其智能化,从而为人类的生活带来了无限的便利。

1.4.2 学习与知识创新

"人非生而知之者",我们所具有的任何知识和见地都源自后天的学习和经验,要么来自自己的实践所得,要么源自他人的实践和所得。而借助于书本和师长的传授,学习他人从实践所得的知识与经验,是我们提高自己学识并由此提升素质和能力的最便捷途径。在学习过程中,不仅要学习知识本身,更要学习他人思考问题、研究问题和解决问题的好思想和好方法。"博学之,审问之,慎思之,明辨之,笃行之。"这才是正确的学习态度,而不应该止步于书本的知识和师长的传授。

任何一门学科都包含基本理论和科学方法,基础知识、基本理论、基本技能层面的学习只能算是学习的初级阶段,只有领悟了如何思考、如何观察、如何发现和如何解决问题,掌握了其中的科学方法,才可以说达到了学习的最高境界。学习不仅与心理学、教育学有关,它还是一个哲学问题,既涉及知识本身,也涉及学习心理。对于知识,我们要做到不仅要知其然,还要知其所以然。对于学习本身,我们还要了解学习的心理学特征,了解人类学习行为是如何发生和发展的,以及人类的认知过程、学习的内部加工和外显行为等有关学习理论。

自然科学脱胎于哲学。在自然科学中,随处可以看到哲学的影子,随时可以看到科学家观察世界、思考问题的身影。科学家工作的最终目标,就是帮助人们更深刻、更准确地认识、把握自然,借此产生和加深人们对自然界的基本看法和观点,形成正确的世界观。与此同时,科学家还建立了研究的思路和方法,形成了科学的方法论。因此可以说,科学探索是哲学发展的重要源泉,也是人类建立正确世界观的重要保障。

---

① SPSS 是世界上最早的统计分析软件,由美国斯坦福大学的三位研究生 Norman H. Nie、C. Hadlai(Tex)Hull 和 Dale H. Bent 于 1968 年研究和开发成功,同时成立了 SPSS 公司。2000 年,随着 SPSS 产品服务领域的扩大和服务深度的增加,正式将英文全称更改为"统计产品与服务解决方案(Statistical Product and Service Solutions)",标志着 SPSS 战略方向的重大调整。

在不同的学习阶段,学习也有着本质的不同。高等教育和基础教育的最大不同就是大学生不仅要学习知识,还是要学会创造知识。从各自学科的基础理论出发,领悟基本的科研思路和方法,从既往科学大家的身上感悟知识之外的睿智,从而培养自己的创造意识和创造能力,为科学的进步贡献自己的聪明才智。

1.5　思想的力量与启示

作为一门通识课,在传播学科知识的同时,计算学科还应该在人格、心灵、道德、价值观、责任感等的培养方面有所作为。在人类社会发展的历史进程中,那些做出杰出贡献的人物,他们非凡的成就,对我们这些年轻的学子又有怎样的启示呢?

我们从计算学科出发,回顾近代科学的发展历史中出现的一代代科学大师和业界杰出人物,感受他们的思想和精神,以求对我们有所启发和激励。

1.5.1　艾伦·麦席森·图灵与图灵奖

艾伦·麦席森·图灵(Alan Mathison Turing),英国著名数学家、逻辑学家、密码学家,被称为"计算机科学之父""人工智能之父"。1912 年 6 月 23 日图灵生于英国帕丁顿,1931年进入剑桥大学国王学院,师从著名数学家哈代,1938 年在美国普林斯顿大学获得博士学位。第二次世界大战爆发后返回剑桥,他曾协助军方破解德国著名的恩尼格玛(Enigma)密码,帮助盟军取得了战争的胜利。1954 年 6 月 7 日图灵在曼彻斯特去世,年仅 42 岁。

图灵少年时就表现出独特的直觉创造能力和对数学的爱好。1926 年,他考入伦敦有名的舍本(Sherborne)公学,受到了良好的中等教育。在中学期间,他表现出对自然科学的极大兴趣和敏锐的数学头脑。1927 年末,年仅 15 岁的图灵为了帮助母亲理解爱因斯坦的相对论,写了爱因斯坦一部著作的内容提要,表现出他已具备非同凡响的数学水平和科学理解力。对自然科学的兴趣为他后来的研究奠定了基础。

1936 年 5 月,图灵完成了表述他最重要的数学成果的论文《论可计算数及其在判定问题中的应用》(*On Computable Numbers,with An Application to The Entscheidungs Problem*)。该文于 1937 年在《伦敦数学会文集》第 42 期上发表后,立即引起了广泛的关注。文中,图灵分析了计算的过程,给出了理论上可计算任何某种 0 和 1 的序列的"可计算序列"的"通用"计算机概念,并利用这一概念解决了大卫·希尔伯特[①]提出的一个著名

---

① 　大卫·希尔伯特(David Hilbert,1862 年 1 月 23 日～1943 年 2 月 14 日),德国数学家,是 19 世纪和 20 世纪初最具影响力的数学家之一。希尔伯特因为发明和发展了大量的思想观念(如不变量理论、公理化几何、希尔伯特空间)而被尊为伟大的数学家、科学家。希尔伯特和他的学生为形成量子力学和广义相对论的数学基础做出了重要贡献,他还是证明论、数理逻辑、区分数学与元数学之差别的奠基人之一。希尔伯特在 1900 年 8 月 8 日于巴黎召开的第二届世界数学家大会上的著名演讲中,提出了 23 个数学难题。希尔伯特问题在过去百年中激发数学家的智慧,指引数学前进的方向,对数学发展具有巨大的影响和推动作用。

的判定问题。1936 年 9 月,图灵应邀到美国普林斯顿高级研究院学习,与邱奇[①]一同工作。

1937 年,图灵发表了题为《可计算性与 λ 可定义性》(*Computability and λ-definability*)的文章,拓广了邱奇提出的邱奇论点,形成邱奇—图灵论点,对计算理论的严格化与计算机科学的形成和发展都具有奠基性的意义。在美国期间,图灵对群论作了一些研究,并撰写了博士论文,其论文题目为《以序数为基础的逻辑系统》(*Systems of Logic Based on Ordinals*),对数理逻辑研究产生了深远的影响。1938 年夏,图灵回到英国,仍在剑桥大学国王学院任研究员,继续研究数理逻辑和计算理论,同时开始了计算机的研制工作。

1939 年,第二次世界大战爆发,打断了图灵的正常研究工作。1939 年秋,图灵应召到英国外交部通信处从事军事工作,主要是破译敌方密码的工作。由于破译工作的需要,他参与了世界上最早的电子计算机的研制工作。1945 年,图灵结束了在外交部的工作,继续从事计算机逻辑研究工作。同年,他开始了自动计算机(ACE)的逻辑设计和具体研制工作,完成了一份长达 50 页的关于 ACE 的设计说明书(*Proposals for Development in The Mathematics Divison of An ACE*)。在图灵的设计思想指导下,人们于 1950 年制出了 ACE 样机。该说明书在保密了 27 年之后,于 1972 年正式发表。

1950 年,图灵提出关于机器思维的问题,他的论文《计算机和智能》(*Computing Machinery and Intelligence*),引起了广泛的关注和深远的影响。1956 年,在收入一部文集时,此文改名为"机器能够思维吗?"(*Can A Machine Think?*),至今仍是研究人工智能的首选读物之一。

图灵思想活跃,他的创造力也是多方面的。他对群论也有所研究。在"形态形成的化学基础"一文中,他用相当深奥而独特的数学方法,研究了决定生物的颜色或形态的化学物质(他称之为"成形素")在形成平面形态(如奶牛体表的花斑)和立体形态(如放射形虫和叶序的分布方式)中的分布规律性,试图阐释"物理化学规律可以充分解释许多形态形成的事实"这一思想。图灵还进行了后来被称为"数学胚胎学"的奠基性研究工作。他还试图用数学方法研究人脑的构造问题,如估算出一个具有给定数目的神经元的大脑中能存储多少信息的问题等。这些,至今仍然是吸引着众多科学家的新颖课题。

1954 年 6 月 7 日,图灵可能由于偶然事故——氰化钾中毒卒于威姆斯洛他自己的寓所中,英才早逝。图灵在科学,特别在数理逻辑和计算机科学方面,取得了举世瞩目的成就,他的一些科学成果,构成了现代计算机技术的基础。

图灵是一位科学史上罕见的具有非凡洞察力的奇才,是计算机逻辑的奠基者,提出了"图灵机"和"图灵测试"等重要概念。为纪念其在计算机领域的卓越贡献,美国计算机协会(Association for Computing Machinery,ACM)于 1966 年设立"图灵奖",专门奖励那些对计算机科学研究与推动计算机技术发展有卓越贡献的杰出科学家。设立的初衷是因为

---

① 阿隆佐·邱奇(Alonzo Church,1903 年 6 月 14 日~1995 年 8 月 11 日),美国数学家,1936 年发表了可计算函数的第一份精确定义,对算法理论的系统发展做出了巨大贡献。邱奇在普林斯顿大学受教并工作四十年,为数学与哲学教授。

计算机技术的飞速发展,尤其到 20 世纪 60 年代,计算机科学已成为一个独立的有影响的学科,信息产业亦逐步形成,但在这一产业中却一直没有一项类似诺贝尔奖、普利策奖等的奖项来促进该学科的进一步发展。图灵奖被公认为计算机界的诺贝尔奖。

1.5.2 自然科学领域的科学巨匠

在自然科学领域,从理论到应用,众多的科学巨匠和科学家潜心研究,他们的成就将科学不断推向更高水平,为人类的科技进步和文明做出了开拓性和奠基性的工作。在科学的殿堂里,群星璀璨,我们不能一一列举,只是通过一些具有划时代意义的科学巨人的研究和贡献,再一次体会他们的思想,聆听智慧的声音。

1. 艾萨克·牛顿

艾萨克·牛顿(Isaac Newton,1643 年 1 月 4 日~1727 年 3 月 31 日),英国伟大的数学家、物理学家、天文学家和自然哲学家,研究领域包括物理学、数学、天文学、神学、自然哲学和炼金术。主要贡献:发明了微积分,发现了万有引力定律,建立了经典力学理论,设计并实际制造了第一架反射式望远镜等。在 1687 年发表的论文《自然哲学的数学原理》里,牛顿对万有引力和三大运动定律进行了描述。这些描述奠定了此后 3 个世纪里物理世界的科学观点,并成为现代工程学的基础。牛顿被誉为人类历史上最伟大、最有影响力的科学家。为了纪念牛顿在经典力学方面的杰出成就,"牛顿"后来成为衡量力的大小的物理单位。在其晚年,牛顿潜心于自然哲学与神学。

在牛顿的全部科学贡献中,微积分的创立是最卓越的数学成就。为解决运动问题,牛顿创立了这种和物理概念直接联系的数学理论,称之为"流数术"。它所处理的一些具体问题,如切线问题、求积问题、瞬时速度问题以及函数的极大和极小值问题等,牛顿总结前人的研究成果,对以往分散的结论加以综合,将自古希腊以来求解无限小问题的各种技巧统一为两类普通的算法——微分和积分,并确立了这两类运算的互逆关系,从而完成了微积分发明中最关键的一步,为近代科学发展提供了最有效的工具,开辟了数学史上的一个新纪元。牛顿未及时发表微积分的研究成果,他研究微积分可能比莱布尼茨早一些,但是莱布尼茨所采取的数学符号等表达形式更加合理,且关于微积分著作的出版时间比牛顿早。

2. 戈特弗里德·威廉·莱布尼茨

戈特弗里德·威廉·莱布尼茨(Gottfried Wilhelm Leibniz,1646 年 7 月 1 日~1716 年 11 月 14 日),德国哲学家、数学家,在数学史和哲学史上都占有重要地位,被誉为"17 世纪的亚里士多德"。数学上的贡献:和牛顿先后独立发明了微积分(1684 年),他所使用的微积分的数学符号被更广泛地使用;对二进制的发展做出了贡献。

在哲学上,莱布尼茨的乐观主义最为著名。他认为,"我们的宇宙,在某种意义上是上帝所创造的最好的一个"。他和笛卡尔、斯宾诺莎被认为是 17 世纪 3 位最伟大的理性主义哲学家。莱布尼茨在预见了现代逻辑学和分析哲学诞生的同时,也显然深受经院哲学传统的影响,更多地应用第一性原理或先验定义,而不是实验证据来推导以得到结论。

3. 约翰·道尔顿

约翰·道尔顿(John Dalton,1766 年 9 月 6 日~1844 年 7 月 26 日),英国化学家、物理学家,原子论的创立者,近代化学之父。1803 年继承古希腊朴素原子论和牛顿微粒说,提出原子论,其要点:第一,化学元素由不可分的微粒——原子构成,它在一切化学变化中是不可再分的最小单位。第二,同种元素的原子性质和质量都相同,不同元素的原子性质和质量各不相同,原子质量是元素基本特征之一。第三,不同元素化合时,原子以简单整数比结合。

在科学理论上,原子论揭示了一切化学现象的本质都是原子运动,明确了化学的研究对象,对化学真正成为一门学科具有重要的意义。在哲学思想上,原子论揭示了化学反应的现象与本质的关系,继天体演化学说诞生以后,又一次冲击了当时僵化的自然观,对科学方法论的发展、辩证自然观的形成及整个哲学认识论的发展具有重要的意义。

4. 迈克尔·法拉第

迈克尔·法拉第(Michael Faraday,1791 年 9 月 22 日~1867 年 8 月 25 日),世界著名的自学成才的科学家,英国物理学家、化学家、发明家,发电机和电动机的发明者。法拉第把磁力线和电力线的重要概念引入物理学,并强调不是磁铁本身而是它们之间的"场"的作用,为当代物理学中的许多进展开拓了道路。

1812 年,21 岁的法拉第有幸在皇家研究所听了戴维[①]的 4 次化学讲演。这位大化学家渊博的知识立即吸引了年轻的法拉第。他精心整理听课笔记并装订成一本精美的书册,取名《H. 戴维爵士演讲录》,并附上一封渴望做科学研究工作的信,于 1812 年圣诞节前夕一起寄给了戴维。法拉第热爱科学的激情感动了戴维,所精心整理装订的书册更使戴维深感欣慰,于是戴维邀请他于 1813 年 3 月进入皇家研究所当自己的助手。从此,法拉第走上了科学研究的道路。

1820 年,奥斯特发现电流的磁效应。如果电路中有电流通过,它附近罗盘的磁针就会发生偏移,磁效应由此受到了科学界的关注。1821 年,英国《哲学年鉴》主编约请戴维撰写一篇文章,评述自奥斯特的发现以来电磁学实验的理论发展概况。戴维把这一工作交给了法拉第。法拉第在收集资料的过程中,对电磁现象产生了极大的热情,并开始转向电磁学的研究。

1821 年,法拉第从磁效应中得到启发,认为假如磁铁固定,线圈就可能会运动。根据这种设想,他成功地发明了一种简单的装置。在装置内,只要有电流通过线路,线路就会绕着一块磁铁不停地转动。事实上,法拉第发明的是第一台电动机。1831 年,法拉第发现一块磁铁穿过一个闭合线路时,线路内就会有电流产生,这个效应叫"电磁感应"。电磁感应俗称"磁生电",可以用来产生连续电流,是发电机的原理。

---

① 汉弗莱·戴维(Humphry Davy,1778 年 12 月 17 日~1829 年 5 月 29 日),英国化学家,一生科学贡献甚丰,如开创农业化学,发明煤矿安全灯,发现钠、钾、镁、钙等单质。戴维本人认为,自己的最大贡献是发现法拉第。

5.詹姆斯·克拉克·麦克斯韦

詹姆斯·克拉克·麦克斯韦(James Clerk Maxwell,1831 年 6 月 13 日～1879 年 11月 5 日),英国伟大的物理学家、数学家,经典电磁理论的创始人。科学史上,牛顿把天上和地上的运动规律统一起来,是实现第一次大综合,麦克斯韦把电学、磁学和光学统一起来,是实现第二次大综合,其成就与牛顿齐名。1873 年出版的《论电和磁》被尊为继牛顿《自然哲学的数学原理》之后的一部最重要的物理学经典。

麦克斯韦生前没有享受到他应得的荣誉,因为他的科学思想和科学方法的重要意义直到 20 世纪科学革命来临时才充分体现出来。麦克斯韦被普遍认为是对 20 世纪最有影响力的 19 世纪物理学家。没有电磁学就没有现代电工学,也就不可能有现代文明。造福于人类的无线电技术,就是以电磁场理论为基础发展起来的。

6.*海因里希·鲁道夫·赫兹*

海因里希·鲁道夫·赫兹(Heinrich Rudolf Hertz,1857 年 2 月 22 日～1894 年 1月 1 日),德国物理学家,于 1888 年首先证实了电磁波的存在。通过实验,赫兹证明电信号像麦克斯韦和法拉第预言的那样可以穿越空气,这一理论是发明无线电的基础。赫兹注意到带电物体当被紫外光照射时会很快失去它的电荷,发现了光电效应,后来由爱因斯坦给予解释。

在当时的德国,人们依然固守着牛顿的传统物理学观念,法拉第、麦克斯韦的理论对物质世界进行了崭新的描绘,但是违背了传统,因此在德国等欧洲中心地带毫无立足之地,甚而被当成奇谈怪论。当时支持电磁理论研究的,只有波耳兹曼和赫姆霍茨。赫兹后来成了赫姆霍茨的学生。在老师的影响下,赫兹对电磁学进行了深入的研究。在进行了物理事实的比较后,赫兹确认,麦克斯韦的理论比传统的"超距理论"更令人信服,于是决定用实验来证实这一点。1886 年,赫兹经过反复实验,发明了一种电波环,用这种电波环做了一系列的实验,终于在 1888 年发现了人们怀疑和期待已久的电磁波。赫兹的实验公布后,轰动了全世界的科学界,由法拉第开创、麦克斯韦总结的电磁理论,至此取得了决定性的胜利。

7.路易斯·巴斯德

路易斯·巴斯德(Louis Pasteur,1822 年 12 月 27 日～1895 年 9 月 28 日),法国微生物学家、化学家,近代微生物学的奠基人。像牛顿开辟了经典力学一样,巴斯德开辟了微生物领域,创立了一整套独特的微生物学基本研究方法。他研究了微生物的类型、习性、营养、繁殖、作用等,奠定了工业微生物学和医学微生物学的基础,并开创了微生物生理学,在战胜狂犬病、鸡霍乱、炭疽病、蚕病等方面都取得了成果。

巴斯德用一生的精力证明了三个科学问题:第一,每一种发酵作用都是由于一种微菌的发展,用加热的方法可以杀灭那些让啤酒变苦的恼人的微生物,从而发明了巴氏杀菌法,并应用在各种食物和饮料上。第二,每一种传染病都是一种微菌在生物体内的发展。第三,传染病的微菌在特殊的培养之下可以减轻毒力,使它们从病菌变成防病的疫苗。他意识到许多疾病均由微生物引起,于是建立起了细菌理论,使医学迈进了细菌学时代。

8.阿尔弗雷德·贝恩哈德·诺贝尔

阿尔弗雷德·贝恩哈德·诺贝尔(Alfred Bernhard Nobel,1833 年 10 月 21 日~1896 年 12 月 10 日),瑞典化学家、工程师、发明家、军工装备制造商和炸药的发明者。诺贝尔的父亲伊曼纽尔·诺贝尔是位发明家,在俄国拥有大型机械工厂。在父亲永不停息的创造精神的影响和引导下,诺贝尔走上了科学发明道路。他的 355 项发明专利中有 129 项发明是关于炸药的,因此,诺贝尔又被称为"炸药大王"。

诺贝尔本人是一位和平主义者,希望他发明的破坏性炸药有助于消灭战争。他对各种人道主义和科学的慈善事业捐款十分慷慨,在他生命的最后几年里,立下遗嘱,设立了后来成为国际最高荣誉的奖项——诺贝尔奖。诺贝尔奖创立于 1901 年,按照诺贝尔最后的遗嘱,奖项设为:物理学奖、化学奖、生理学或医学奖、文学奖、和平奖。后来的诺贝尔经济学奖则是瑞典国家银行在 1968 年为纪念诺贝尔而增设的。

9.德米特里·伊万诺维奇·门捷列夫

德米特里·伊万诺维奇·门捷列夫(1834 年 2 月 7 日~1907 年 2 月 2 日),俄国化学家,发现了元素周期律,并就此发表了世界上第一份元素周期表。门捷列夫在批判地继承前人工作的基础上,对大量实验事实进行了订正、分析和概括,并进行了大量的实验。1869 年 2 月 19 日,他发现了元素周期律,这就是:简单物体的性质,以及元素化合物的形式和性质,都和元素原子量的大小有周期性的依赖关系。

由于时代的局限性,门捷列夫的元素周期律并不是完整无缺的。1894 年,稀有气体氩的发现,对周期律是一次考验和补充。1913 年,英国物理学家莫塞莱在研究各种元素的伦琴射线波长与原子序数的关系后,证实原子序数在数量上等于原子核所带的阳电荷,进而明确作为周期律的基础不是原子量而是原子序数,进一步阐明了周期律的本质,把周期律这一自然法则放在了更严格、更科学的基础上。元素周期律经过后人的不断完善和发展,在人类的科学研究中一直发挥着重要的作用。

10.托马斯·阿尔瓦·爱迪生

托马斯·阿尔瓦·爱迪生(Thomas Alva Edison,1847 年 2 月 11 日~1931 年 10 月 18 日),美国著名发明家、企业家,人类历史上第一位利用大量生产原则和电气工程研究的实验室来进行从事发明专利而对世界产生重大深远影响的人。

爱迪生是技术历史中著名的天才之一,拥有超过 2000 项发明,其中爱迪生的四大发明:留声机、电灯、电力系统和有声电影,对人类的文明进步起到了巨大的推动作用。

11.马克斯·卡尔·恩斯特·路德维希·普朗克

马克斯·卡尔·恩斯特·路德维希·普朗克(Max Karl Ernst Ludwig Planck,1858 年 4 月 23 日~1947 年 10 月 3 日),德国物理学家,量子力学的创始人,20 世纪最重要的物理学家之一,因发现能量量子而对物理学的进展做出了重要贡献。量子力学的发展被认为是 20 世纪最重要的科学发展,其重要性甚至与爱因斯坦的相对论不相上下。

1900 年,普朗克提出了一个大胆的假说:辐射能(即光波能)不是一种连续不断的流的形式,而是由小微粒组成的,他把这种小微粒叫"量子"。普朗克的假说与经典的光学说和电磁学说相对立,使物理学发生了一场革命,使人们对物质性和放射性有了更为深刻的了解。从此,揭开了量子力学的序幕。

12.阿尔伯特·爱因斯坦

阿尔伯特·爱因斯坦(Albert Einstein,1879 年 3 月 14 日~1955 年 4 月 18 日),美籍德裔犹太人,现代物理学的开创者、奠基人。爱因斯坦创立了代表现代科学的相对论,为核能的开发奠定了理论基础,开创了现代科学新纪元,被公认为是自伽利略、牛顿以来最伟大的科学家、物理学家。

1905 年 3 月,爱因斯坦发表量子论,提出光量子假说,解决了光电效应问题。6 月 30 日,德国《物理学年鉴》接收了爱因斯坦的论文《论动体的电动力学》,9 月发表。这篇论文是关于狭义相对论的第一篇文章,包含了狭义相对论的基本思想和基本内容。论文并没有立即引起很大的反响,但是德国物理学权威普朗克注意到了这篇文章,认为爱因斯坦的工作可以与哥白尼相媲美。正是由于普朗克的推动,相对论很快成为人们研究和讨论的课题,爱因斯坦也受到了学术界的注意。当时,爱因斯坦仅 26 岁。

相对论认为,光速在所有惯性参考系中不变,是物体运动的最大速度。由于相对论效应,运动物体的长度会变短,运动物体的时间会膨胀。但由于日常生活中所遇到的问题,运动速度都是很低的(与光速相比),看不出相对论效应。爱因斯坦在时空观的彻底变革的基础上建立了相对论力学,指出质量随着速度的增加而增加,当速度接近光速时,质量趋于无穷大,给出了著名的质能关系式:$E = mc^2$,这对后来发展的原子能事业起到了指导性作用。

13.埃尔温·薛定谔

埃尔温·薛定谔(Erwin Schrödinger,1887 年 8 月 12 日~1961 年 1 月 4 日),奥地利物理学家,量子力学奠基人之一,发展了分子生物学。在德布罗意[①]物质波理论的基础上,薛定谔建立了波动力学。

1924 年,德布罗意提出了微观粒子具有波粒二象性,即不仅具有粒子性,同时也具有波动性。在此基础上,薛定谔于 1926 年提出用波动方程描述微观粒子运动状态的理论,后称"薛定谔方程",奠定了波动力学的基础,因而与狄拉克共获 1933 年诺贝尔物理学奖。薛定谔方程是量子力学中描述微观粒子运动状态的基本定律,在量子力学中的地位相似于牛顿运动定律在经典力学中的地位。

14.斯蒂芬·威廉·霍金

斯蒂芬·威廉·霍金(Stephen William Hawking,1942 年 1 月 8 日~),英国剑桥大

---

① 路易·维克多·德布罗意(Louis Victor de Broglie,1892 年 8 月 15 日~1987 年 3 月 19 日),法国理论物理学家,波动力学创始人,物质波理论的创立者,量子力学的奠基人之一,1929 年获诺贝尔物理学奖。

学应用数学及理论物理学系教授,当代最重要的广义相对论和宇宙论家,被誉为是继爱因斯坦之后世界上最著名的科学思想家和最杰出的理论物理学家,被称为"在世的最伟大的科学家",还被称为"宇宙之王"。21 岁时他因不幸患肌肉萎缩性侧索硬化症(卢伽雷氏症),导致肌肉萎缩,只有两根手指可以活动。1985 年,因患肺炎做了穿气管手术,彻底失去了说话的能力,演讲和问答只能通过语音合成器来完成。

霍金提出宇宙大爆炸自奇点开始,时间由此刻开始,黑洞最终会蒸发,在统一 20 世纪物理学的两大基础理论——爱因斯坦的相对论和普朗克的量子论方面走出了重要一步。1988 年出版《时间简史》,副标题是从大爆炸到黑洞,在经典物理和量子物理方面,探讨了宇宙的起源。

1.5.3 应用创新让我们的生活更美好

不是所有的人都可以有伟大的原始理论创新,但在科技应用领域,一大批伟大的科技创新和发明正改变着我们的生活,让我们的生活更加美好。从爱迪生到比尔·盖茨,从 IBM 公司到苹果公司,从浏览器到搜索引擎,从维基百科到 Facebook,从亚马逊商城到阿里巴巴,从滴滴出行到共享单车。这些我们生活中无时无刻都离不开的技术,给我们的生活带来了美好的体验和无限的便利,这是一个"不怕做不到,就怕想不到"的时代。

在信息化高度发达的社会,正如美国麻省理工学院格申曼费尔德(Gershenfeld)教授所说的那样,科技创新不再是少数被称为科学家的人群的专利,每个人都是科技创新的主体。传统的以技术发展为导向、科研人员为主体、实验室为载体的科技创新活动正面临挑战,以用户为中心,社会实践为舞台,共同创新、开放创新为特点的用户参与的创新 2.0 时代已经来临。

本章小结

本章首先介绍了人类社会的发展,介绍了信息社会及其特征、信息社会对人的能力需求,介绍了素质和信息素养的基本概念,明确了学习计算机技术的重要性。讲解了人类思维与逻辑学的相关知识。从人类思维的高度,介绍了计算科学在人类思维中的作用,并讲解了主要的计算思维方法。从科学知识体系角度,给出了计算机科学一个简略的科学知识图谱,介绍了计算科学和其他学科的交叉和融合。最后,介绍了自然科学领域的那些划时代的科学巨匠及他们的科学成就,还介绍了应用创新的思想,以期对学生未来的学习和科研工作有所启迪。

思考题

1. 人类社会经历了哪几种社会形态? 主要特征是什么?
2. 什么是信息社会? 信息社会的主要特征是什么?
3. 简述下列概念:数据、信息、信号、素质、信息素养、知识社会。

4. 关于"命题",在哲学、数学、逻辑学、语言学中有不同的定义和解释,说明在数学中关于命题的概念,并举例说明。

5. 什么是思维?思维和感觉有何不同?人类思维有哪几种基本形态?并简要说明。

6. 在日常生活中,关于思维经常有悖论、诡辩术,阅读、分析下列故事,说明其中的逻辑错误。

有三个人住店,每人交了 10 元钱,后来老板娘说今天住店优惠,返回住店费 5 元钱,并要店小二交给三个住店的人。店小二将其中的 2 元钱私自扣下,然后退给了每个人 1 元钱。这样,每个人就相当于付了 9 元钱的住店费,一共是 9×3=27 元钱,店小二扣下了 2 元钱,这样共 27+2=29 元钱,那么三人交的 30 元钱的那 1 元钱去哪儿了呢?

7. 在哲学和逻辑学上,将思维分为形象思维与逻辑思维两种主要的思维形态,对于计算思维、数学思维、工程思维等新的提法,你如何理解?

8. 如何理解"计算思维的本质是抽象和自动化"这句话的含义?计算思维有哪些主要的方法?简要说明。

9. 关于计算思维,除了周一真教授的定义,不同的学者和研究人员也给出了许多不同的解释。本书认为:借助于计算能力进行问题求解的思维和意识就是计算思维,计算思维通常表现为人们在问题求解时对计算、算法、数据及其组织、程序、自动化等概念的潜意识的应用中。你如何理解计算思维?

10. 对于计算科学和各学科的交叉和融合,你如何理解?从 1998 年和 2013 年的诺贝尔化学奖中你受到怎样的启示?你如何理解专业知识和计算思维及计算素养的关系?

11. 电在人类文明中具有举足轻重的地位,历史上许多人对电都做出过杰出贡献,除了法拉第和麦克斯韦,还有库仑、伏特、奥斯特、安培等,请说明他们的主要贡献。

12. 量子理论是 20 世纪最伟大的科学成就之一,这一领域还有哪些伟大的科学家?他们都做出了那些非凡的成就?请留意他们做出成就的年龄。

13. 网络社会是一个"不怕做不到,就怕想不到"的社会,从互联网、微软、IBM、Sun、Google、百度、Facebook、Twitter、阿里巴巴等这些企业的巨大成功中,你得到了怎样的启示?

第2章　计算与计算机

 本章导读

　　早在公元前 1500 多年前,人类就掌握了"结绳记数"的方法。在人类漫长的文明发展过程中,记数和计算是人类文明发展的重要标志。人们总是不断地研究计算的方法和工具,直到 20 世纪中叶电子计算机的发明,计算才进入了现代化的电子计算机时代,计算机成了人类从工业社会进入信息社会的直接推动力。

　　本章将从数的起源和计算的演化讲起,讲述了人类改进计算工具的漫长历史。对电子计算机的产生背景,本章从理论基础到技术发展进行了清晰的梳理和讲述,讲解了电子计算机的诞生和不同发展阶段,以及每个发展阶段技术上的飞跃和标志。本章讲解了数和数制的概念,以及数的表示和字符编码,分别讲解了电子计算机硬件系统和软件系统,并以微型计算机为例做了讲解。同时,通过"计算机的启动过程"分析,本章对计算机硬件系统和操作系统进行了综合的深入剖析,最后对计算机应用进行了综述。

知识要点

　　2.1:数的记法,数的符号,阿拉伯数字,算筹,算盘,纳皮尔筹,计算尺,计算器。

　　2.2:差分机,分析机,机电式计算机,二进制,数理逻辑,布尔代数,图灵机,判定问题,可计算性问题,停机问题,ENIAC 计算机,UNIVAC 计算机,ABC 计算机,计算机的发展。

　　2.3:冯·诺依曼计算机体系结构,基于总线的微型计算机结构,多处理器计算机结构,中央处理器,多核处理器,CPU 主频,外频,倍频,地址总线宽度,数据总线宽度,机器字长,高速缓存,指令集,运算速度,存储器,内存储器,外存储器,机械硬盘,固态硬盘,硬盘分区,I/O 系统,接口,指令系统,微机,主板。

　　2.4:数的进制,机器数,真值,原码,反码,补码,计算机字,数据字,指令字,字长,定点数,浮点数,ASCII 码,汉字编码,国标码(区位码),汉字机内码,汉字输入码,汉字字形码,Unicode 编码。

　　2.5:启动计算机(Boot),BIOS 芯片,CMOS,加电自检(POST),硬盘主分区,逻辑分区。

　　2.6:计算机应用,数值计算,事务处理,计算机辅助,自动控制,智能,人工智能,图灵实验,专家系统,决策支持系统。

2.1　数、计算与计算工具

数是抛开事物的具体特征,表示事物多少的概念。数是事物的高度抽象,誉为"自然科学之父"。从数的概念产生之日起,记数和数的计算问题就相伴而生,并始终伴随着人类的进化和人类文明的发展。

2.1.1　数的起源

我们试图从已有的研究成果中探究数的起源,但发现这和关于人类的起源一样,没有定论。就如人类的起源、语言、文字的产生一样,人类学家、考古学家、历史学家、生物学家,甚至哲学家、宗教学家和神学家都有自己的研究和观点,但在学术上却难以达成一致。关于数的概念,一种朴素的说法是人类的祖先为了生存,过着群居的生活,他们白天搜寻野兽和飞禽、采摘果蔬等食物,晚上一起享受。在长期的共同生活中,他们需要交流思想和感情,于是产生了语言。在人类语言的发展中,古人通过刻痕或用小棍摆在地上记数,逐渐形成了数的概念和记数的符号。在数的概念的形成过程中,最早的数的概念是"有"和"无",后来把"有"分成了"一""二""三"和"多"等不同情况,这在各地都是一样的。

1. 数的记法

在数形成的过程中,虽然数的概念都是从 1,2,3 这些自然数开始的,但数的记法却各不相同。怎么来记录数呢?考古学家发现,在中东地区的幼发拉底河与底格里斯河之间及两河周围,产生过一种文化,他们通过在树木或石头上刻痕划印来记录流逝的日子,这和埃及文化一样。虽然他们相距甚远,但都用单划表示"一"。大约在 5000 年以前,埃及的祭司在一种用芦苇制成的草纸上书写数的符号。公元前 1500 年,南美洲秘鲁印加族(印第安人的一部分)习惯于"结绳记数"——每收进一捆庄稼,就在绳子上打个结,用结的多少来记录收成。"结"与"痕"有一样的作用,也是用来表示自然数的。

对于数的记法,我国先民也是"结绳而治",就是用在绳上打结的办法来记事表数。后来又改为"书契",即用刀在竹片或木头上刻痕记数,用一划代表"一"。《周易》中说"上古结绳而治,后世圣人易之以书契",就是说上古结绳记数。《说文解字序》上说伏羲"始作易八卦,以垂宪象。及神农氏,结绳为治,以统其事。"又说黄帝指示仓颉"初造书契"。直到1949 年前后,我国有些少数民族部落仍然采用结绳和刻木的方法记事记数。今天,我们还常用"正"字来记数,每一画代表"一"。当然,这个"正"字还包含着"逢五进一"的意思。

在我国,记数法发展出数字符号记数和算筹记数两种方法。数字符号记数可以追溯到中华文明的早期。在西安半坡遗址,出土了大量带有数字符号的陶片。在临潼姜寨遗址,出土的距今 4400~4600 年的陶片上也有很多的数字符号。在登封的陶文中,有算筹记数符号。在甲骨文中的数字符号(见图 2-1)则更加完备,记数法采用了现代意义上的十进制记数法。

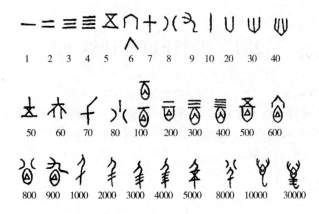

图 2-1 甲骨文中的数字

考古发现,不同的文明和文字,都有其独特的记数法,如中文数字、罗马数字、阿拉伯人数字(阿拉伯文字中的数字)、阿拉伯数字等。在这些不同的记数法中,常见的有罗马数字和阿拉伯数字。古罗马的数字相当进步,现在许多老式挂钟上还常常使用。罗马数字的符号共有 7 个:Ⅰ(代表 1)、Ⅴ(代表 5)、Ⅹ(代表 10)、L(代表 50)、C(代表 100)、D(代表 500)、M(代表 1000)。这 7 个符号在位置上不论怎样变化,它所代表的数字都是不变的,可以按照重复次数、左减右加和上加横线规则组合成任意数。例如,一个罗马数字符号重复几次,就表示这个数的几倍,Ⅲ表示 3、Ⅳ表示 4、Ⅵ表示 6 等。比罗马数字影响更广的是阿拉伯数字。

2. 阿拉伯数字

3 世纪,古印度的一位科学家发明了一种记数法。最古的记数的数目大概至多到 3,为了要设想 4 这个数字,就必须把 2 和 2 加起来,5 是 2 加 2 加 1,3 这个数字是 2 加 1 得来的。后来,古编人在这个基础上加以改进,并发明了表达数字的 1,2,3,4,5,6,7,8,9,0 共 10 个符号。这种记数法采用十进位法记数,笔画简单,书写方便,特别是用来笔算时,演算便利,成为古印度文明的重要标志。

700 年前后,阿拉伯人征服了印度旁遮普地区,他们吃惊地发现:被征服地区的数学比他们先进,于是设法吸收这些数字。771 年,印度北部的数学家被抓到了阿拉伯的巴格达,被迫给当地人传授新的数学符号和体系,以及印度式的计算方法。后来,阿拉伯人把这种数字传入西班牙。10 世纪,又由教皇热尔贝·奥里亚克传到欧洲其他国家。1200 年左右,欧洲的学者正式采用了这些符号和体系。13 世纪,在意大利数学家费珀拿契的倡导下,普通欧洲人也开始采用阿拉伯数字,15 世纪时这种现象已相当普遍。正因阿拉伯人的传播,欧洲人误认为是阿拉伯人的记数法,所以称其为"阿拉伯数字"。

阿拉伯数字由 0,1,2,3,4,5,6,7,8,9 共 10 个记数符号组成,采取位值法,高位在左,低位在右,从左往右书写。借助一些简单的数学符号(小数点、负号等),这个系统可以明确地表示所有的有理数,从而建立起了现代意义上的数字和计算体系。为了表示极大或极小的数字,人们在阿拉伯数字的基础上创造了科学记数法。

13~14 世纪,阿拉伯数字从欧洲传入我国,由于我国自己的数字表示方式也很方便,所以没有普遍使用,直到 20 世纪初阿拉伯数字才在我国被逐渐推广使用。

2.1.2 计算工具

数总是和计算联系在一起的,古人的结绳记数、刻痕记数、石子记数、贝壳记数等不仅是一种记数方法,本身也包含了计算的概念。在人类文明的发展过程中,人们在社会生产劳动中,总是在不断地创造新的生产、生活工具,这也包括了计算工具。古今中外,人类创造了众多的计算工具,包括算筹、算盘、纳皮尔筹、数学用表①、计算尺、机械式计算器、电子计算器、电子计算机等,每一种计算工具的发明无不闪烁着智慧的光芒。

1.算筹

算筹是我国古代发明的记数和计算工具。据史书记载和考古发现,古代的算筹是一根根同样长短和粗细的小棍子,长约 12cm,径粗 2~3mm,多用竹子制成,也有用木头、兽骨、象牙、金属等材料制成的,二百七十几枚为一束,放在一个布袋里,系在腰部随身携带。需要记数和计算的时候,就把它们取出来,放在桌上、炕上或地上进行摆弄。关于算筹的起源,有说法是算筹源于使用蓍草制成的算策。蓍草是一种多年生草本植物,每年生一茎,可用作算策,作为占卜工具。至于算筹出现的年代,据史料推测,一种普遍的说法是算筹最晚出现在春秋晚期战国初年,即公元前 722~公元前 221 年。

(1)算筹记数

在算筹记数法中,以纵、横两种排列方式来表示单位数目,其中 1~5 均分别以纵、横方式排列相应数目的算筹来表示,6~9 则以上面的算筹再加下面相应的算筹来表示。表示多位数时,个位用纵式,十位用横式,百位用纵式,千位用横式,以此类推,遇零则置空,如图 2-2 所示。

(a)算筹   (b)算筹记数

图 2-2 算筹工具

算筹是我国古代长期使用的计算工具。用算筹表示一个多位数字,称为"布筹",有纵、横两种布筹方法。13 世纪后,筹算式记数法被描摹应用于纸上,空位加框"□"。由于

---

① 由出版社出版的数学用表图书,主要是供中学生在没有计算器的计算时迅速查找运算结果的近似值。常用数学用表有平方表、平方根表、立方表、立方根表、三角函数表、对数表等。随着计算器的普及,数学用表现在已经退出了历史舞台。

行书连笔书写的习惯,以后演变为圈"0",这就是我国的零的符号。此外,在《梦溪笔谈》卷八中有"算法用赤筹、黑筹,以别正负之数"的说法。

(2)算筹计算

算筹不仅可以记数,更重要的是还可以进行运算。使用算筹进行计算的方法,称为"筹算"。算筹一般布置在地面上运算,也有布置在桌上运算的。南宋黄长睿的《燕几图》中列举布算桌,长七尺,宽五尺许,小布算长宽为五尺余。清代数学家劳乃宣说:"盖古者席地而坐,布算于地,后世施于几案"。不论是地面、桌子,还是几案,我们都可以把它们看作是算板,筹算就是在算板上进行的。

从本质上说,筹算表示的是一种位置模式。算筹在算板上按照需要排列,形成筹式,同样的筹,所在的位置不同,表示的数也不同,这是十进制的思想,可见我国古代的算筹记数法实际上是一种十进制思想了。人们发明了筹算的一些基本法则,可以使用算筹完成四则运算、开方、方程求解等多种复杂的计算。我国古代数学之所以在计算方面取得许多卓越的成就,在一定程度上应该归功于这一符合十进位制的算筹记数法。

中国古代十进位制的算筹记数法在世界数学史上是一个伟大的创造。把它与世界其他古老民族的记数法做一比较,其优越性是显而易见的。古罗马的数字系统没有位值制,只有7个基本符号,如要记稍大一点的数目就相当繁难。古美洲玛雅人虽然懂得位值制,但用的是二十进位。古巴比伦人也知道位值制,但用的是六十进位。二十进位至少需要19个数码,六十进位则需要59个数码,这就使记数和运算变得十分复杂,远不如只用9个数码便可表示任意自然数的十进位制来得简捷方便。有学者认为,印度的阿拉伯数字体系起源于中国的算筹,认为正是由中国的累积式的记数方法及印度表示数的符号开启了两国光辉的古代文明。

算筹在我国使用了2000多年,直到算盘被推广以后,才逐渐被取代。然而,与算筹有关的语汇却保留至今,如"筹划""筹策""运筹帷幄之中,决胜千里之外"等,由此可见算筹的创造在中国科学文化史上所起的伟大作用。

2. 算盘

在我国古代,算筹是主要的记数和计算工具,但是算筹零散,携带麻烦,容易丢失,且筹算时的搬移也很麻烦。随着社会的进步,一种新的计算工具出现了,这就是算盘。用算珠代替算筹,用木棒将算珠穿起来,固定在木框上,用手指拨动算珠代替移动算筹。这种美妙的设计是对算筹的绝好改进。算盘是我国的伟大发明,人们往往把算盘的发明与中国古代四大发明相提并论。

关于算盘发明的确切时间,有多种不同的说法。最早可以追溯到公元前700年以前。1450年,吴敬在《九章详注比类算法大全》里,对算盘用法的记述较详。在张择端所绘的《清明上河图》中,赵太丞家药铺柜就画有一架算盘。可见,早在北宋时或北宋以前我国就已普遍使用算盘了。各个时期的算盘样子不完全相同。明代初期的算盘,中间是一根细木片将上下珠隔开。明代中期时,横梁才加固渐宽。明代末期的算盘已和近代相同。到了现代,人们为了减少拨珠清盘的麻烦,对算盘又做了一些改进,由原来上档两株变为一珠,并加上了清盘装置,算珠的形状、大小更适于操作。两款常见的算盘如图2-3所示。

（a）13档老算盘

（b）17档现代财务专用算盘

图 2-3 算盘

使用算盘可以快速地完成加、减、乘、除运算，运算时有相应的珠算口诀。在 20 世纪 80 年代以前，算盘是各部门会计人员的必备工具，并经常举办打算盘比赛，计算速度之快令人咋舌。即使在现代计算机普遍使用的今天，还有不少人将算盘作为智力训练、计算训练的工具。

3. 纳皮尔筹

16、17 世纪，欧洲的自然科学已逐渐进入到一个蓬勃发展的阶段。随着天文、航海、工程、贸易以及军事的发展，改进数字计算方法成了当务之急。苏格兰数学家约翰·纳皮尔（John Napier，1550～1617 年）在研究天文学的过程中，为了简化其中的计算而发明了对数[①]。1612 年，纳皮尔发明了一种筹算工具，即纳皮尔筹。它可以用加法和一位数乘法代替多位数乘法，也可以用除法和减法代替多位数的除法，从而简化了计算。

纳皮尔筹的计算原理是"格子"乘法。例如，要计算 934×314，首先将 9，3，4 和 3，1，4 摆成如图 2-4(a)所示，然后将 9，3，4 分别和 3，1，4 做乘法运算，运算结果的两位写在交叉格子对角线的上下；对于每一行，从右往左将对角线上的数相加，可分别得到 934 分别乘以 3，1，4 的结果为 2802，934 和 3736，如图 2-4(b)；然后从右下角开始，沿右上左下对角线方向上的数字相加，就得到所要求的结果 293276，如图 2-4(c)所示。

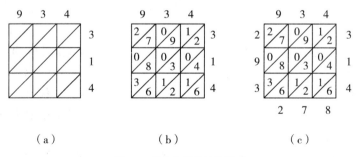

（a）　　　　　　（b）　　　　　　（c）

图 2-4 纳皮尔筹的计算原理

这种简单的计算在当时很受欢迎，流行了许多年。纳皮尔筹与中国的算筹在原理上

---

① 如果 a 的 x 次方等于 N，即 $a^x = N(a>0$，且 $a \neq 1)$，那么数 x 叫"以 a 为底 N 的对数"（Logarithm），记作 $x = \log_a N$。其中，a 叫"对数的底数"，N 叫"真数"。以 10 为底的对数叫"常用对数"，记作 $\log_{10} N$，简记为 $\lg N$。称以自然数字 e 为底的对数为"自然对数"（Natural Logarithm），记作 $\log_e N$，简记为 $\ln N$。

大相径庭,其对角线上的数字相加包含了进位的思想。

当然,纳皮尔最伟大的贡献是发明了对数。根据对数运算原理,人们还发明了对数计算尺。300多年来,对数计算尺一直是科学工作者,特别是工程技术人员必备的计算工具,直到20世纪70年代才让位给电子计算器。

4.计算尺

在纳皮尔对数概念发表后不久,根据对数的计算原理 $\log_a xy = \log_a x + \log_a y$,1620年,英国数学家埃德蒙·甘特(Edmund Gunter)把对数刻在了一把尺子上。他在尺子上刻一条线,在线的两侧,分别标出数字和它的对数值,当计算两个数的乘积时,只要先找到第一个数的对数刻度,在该点再加上第二个数的对数刻度,该刻度对应的数就是两个数的乘积,这种用于计算乘法的工具尺,称为"甘特计算尺"。1630年,英国数学家威廉·奥特雷德(William Oughtred)发明了圆形计算尺。

(1)计算尺的构成

普通计算尺的样子像个直尺,由上、下两条相对固定的尺身、中间一条可以移动的滑尺和可在尺上滑动的游标三部分组成。游标是一个刻有极细的标线的玻璃片,用来精确判读。尺身和滑尺的正反面备有许多组刻度,每组刻度构成一个尺标。尺标的多少与安排方式是多种多样的,在一般的排列形式中,从上到下刻有A尺标、B尺标、CI尺标、C尺标和D尺标,每个尺标左端的1为始点,右端的1为终点。其中A、B、C、D是十对数刻度,CI是倒数刻度,从右到左排列,如图2-5所示。

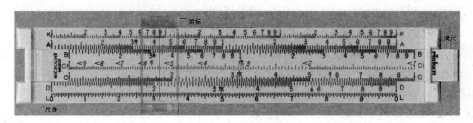

图2-5　计算尺

对数刻度和倒数刻度用于乘除计算。在对数刻度上,刻度线对应的是常用对数 $x = \lg N$ 中的 N,而不是 x,因此,对数尺不能求一个数的对数,但可以求两个数的乘积。尺标上还有用于其他运算的函数刻度,包括常用对数、自然对数和指数函数刻度,有些计算尺包含一个毕达哥拉斯刻度,这是用来算三角形边的,还有算圆的刻度和计算双曲函数的刻度。当然,不是所有的计算尺都完全包含这些刻度,在直算尺上,刻度及其标示都是高度标准化的,不同的算尺差别主要是包含刻度以及它们的出现次序。

(2)计算尺的数学原理

把游标上的标线和其他固定尺上的刻度对齐,观察尺子上其他记号的相对位置,便能实现数学运算了。计算尺上的刻度都是按对数增长分布的,数 x 到左端起始刻线位置的距离与 $\lg x$ 成正比,由于对数满足:

$$\lg xy = \lg x + \lg y$$

$$\lg \frac{x}{y} = \lg x - \lg y$$

因此,乘或除就可以用尺身和滑尺上的两段长度相加或相减来求得。例如,计算 1.8 ×2.1,首先将滑尺起始刻度 1 与 A 尺标的刻度 1.8 对齐,相当于 A 尺标的刻度右移了 lg1.8 的距离,滑尺上的数字与 A 尺标上的刻度对应;然后滑动游标,将刻线停在滑尺的 2.1 的刻线上,此时刻度线就是 lg1.8+lg2.1,对应 A 尺标的刻线是 3.79(最后一位估读)。即该刻度线就是 3.79 的对数,从而求得 1.8×2.1=3.79,即完成了两个数的乘法运算,如图 2-6 所示。

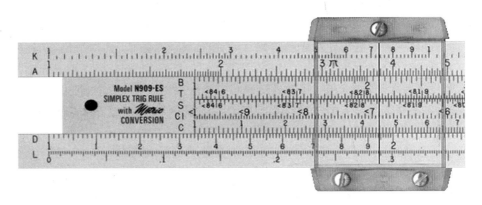

图 2-6   计算尺的乘法运算

很多计算尺还可以完成更复杂的运算。除了对数刻度,计算尺还有其他的辅助刻度。对于最常见的三角函数、乘方、开方、正切、余切、矢量运算等问题,只要有相应的辅助函数刻度,就可利用滑尺上的一点对准尺身上的另一点,然后移动游标,借助指示线迅速读出运算结果。算尺的计算结果有三位有效数字,能满足一般工程计算的精度要求。

在计算器出现之前的几百年里,计算尺随着科学技术的发展、生产需要的增加和工艺水平的提高而逐渐进步。18 世纪末,瓦特独具匠心,在尺座上添置了一个滑标,用来存储计算的中间结果。在 19 世纪后半段,工程开始逐渐成为一种得到认可的职业活动,计算尺也被改进成更现代的形式,并被大规模生产。一直到 20 世纪 70 年代,历经数百年,计算尺成为计算工具发展历史上工艺最先进、制造最精美、品种最繁多的计算工具。

5.机械式计算机(器)

17 世纪,欧洲的天文学、数学和物理学研究非常活跃,科学家在科学研究中面临着繁重的计算工作。就在计算尺发明的同一时期,人们开始了机械式计算机的设计。在当时,经过 300 多年的发展,欧洲的钟表业已经比较发达,机械钟表采用齿轮转动进行计时,这体现了计算和进位的思想,机械式计算工具正是受到了钟表计时思想的启发才进行研发的。

1623 年,德国科学家契克卡德(Schickard,1592~1635 年)教授为他的挚友天文学家约翰尼斯·开普勒(Johannes Kepler,1571 年 12 月 27 日~1630 年 11 月 15 日)制作了一种机械计算机,这是人类历史上的第一台机械式计算机。1957 年,研究人员在研究开普勒的档案时,发现了契克卡德写给开普勒的两封信,在其中一封信里发现了该机器的示意图,才知道了这个事实。契克卡德计算机能做 6 位数加减法,或许设置了某种"溢出"响铃装置;机器上部附加一套圆柱形纳皮尔算筹,因此也能进行乘除运算。1960 年,契克卡德家乡的人根据示意图重新制作出契克卡德计算机,惊讶地发现它确实可以工作。1993 年 5 月,德国为契克卡德诞辰 400 周年举办展览会,隆重纪念这位被一度埋没的计算机先驱。

1642 年,继契克卡德之后,法国科学家布莱士·帕斯卡(Blaise Pascal,1623 年 6 月 19 日~1662 年 8 月 19 日)为了帮助年迈的父亲计算税率税款,而设计制造了一台机械式计算机。他费时 3 年共做了 3 个模型。第三个模型于 1642 年完成,他称之为"加法器"。帕斯卡加法器是一种系列齿轮组成的装置,外壳用黄铜材料制成,是一个长 20 英寸、宽 4 英寸、高 3 英寸(50.8cm×10.16cm×7.62cm)的长方盒子,面板上有一列显示数字的小窗口,旋紧发条后才能转动,用专用的铁笔来拨动转轮以输入数字。这种机器开始只能够做 6 位加法和减法。帕斯卡加法器向人们昭示:用一种纯机械的装置去代替人们的思考和记忆是完全可以做到的。1971 年,瑞士苏黎世联邦工业大学的尼克莱斯·沃尔斯(Niklaus Wirlth,1934 年~)将自己发明的通用计算机语言命名为"Pascal 语言",就是为了纪念帕斯卡在计算机领域的卓越贡献。

1674 年,莱布尼茨发明了一台更加完整的机械计算机——"乘法器"。莱布尼茨在研读了帕斯卡关于加法器的论文之后,激发起了强烈的发明欲望,决心将这种机器的功能扩大到乘除运算。在一些著名的机械专家和能工巧匠的帮助下,终于在 1674 年造出了一台更加完整的机械计算机,他称之为"乘法器"。在这台计算机中,莱布尼茨利用"步进轮"装置使重复的加减运算变成了乘除运算。在著名的《大不列颠百科全书》中,莱布尼茨被称为"西方文明最伟大的人物之一",正是他系统地提出了二进制的运算法则,才奠定了现代电子计算机的理论基础。

17 世纪,中国清政府(1644~1912 年)对西方科学的发展也并不是毫无兴趣,特别是康熙(1654 年 5 月 4 日~1722 年 12 月 20 日)皇帝,可算是认真学习西方科学的楷模。在清朝宫廷中,出现了康熙年间御制的象牙计算尺及仿制的手摇计算机。为了广泛地传播西方先进的科学技术,许多传教士不惜远涉重洋,来到东方文明的发源地——中国,他们正是用科学的钥匙叩开了中国宫廷的大门。

17 世纪末期,手摇计算机(器)传入中国,并由中国人制造出了 12 位数的手摇计算机,独创出一种算筹式手摇计算机(器)。手摇计算机(器)作为 20 世纪中叶的主要计算工具,主要应用于科研、财政、统计、税务等重要部门,曾代表了当时一个国家工业及机械制造业的最高水平,其精密的构造与灵巧的计算原理至今令人惊叹不已。图 2-7 是我国 20 世纪六七十年代常见的一种机械式计算机。

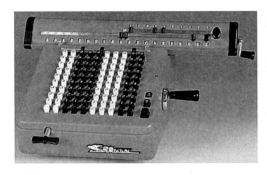
（a）整体结构

（b）输入面板

图 2-7　机械式计算机

　　在机械式计算机中,内部由一组互相连锁的齿轮组成。当一个齿轮转到 10 时,会让高位的齿轮转 1 位,这是十进制"逢十进一"的思想。面板上有若干列数字按键,每列有10 个数字 0~9,用于输入数字。面板中数字键的列数和算盘类似,表达了数字的范围。上面有一组窗口,用以显示计算结果。

6. 电子计算器

　　20 世纪 50 年代,随着电子计算机的诞生,一种采用集成电路的便携式电子计算机器也随之出现。20 世纪 70 年代,微处理器技术开始用于计算器制程。1971 年,英特尔(Intel)公司为日本 Busicom(ビジコン)公司生产了计算器芯片。1972 年,惠普公司推出了第一款掌上科学计算器 HP-35。随着电子计算器的应用,机械式计算机随之退出历史舞台,传统计算工具被取代。

　　电子计算器可以进行各种算术运算,一般分为简单计算器、科学型计算器及各种专用计算器等。算术型计算器主要进行加、减、乘、除等简单的四则运算,科学型计算器可进行乘方、开方、指数、对数、三角函数等方面的运算,又称"函数计算器"。除了上述通用计算器,还有各种各样的专用计算器,如个人所得税计算器、房贷计算器等。

2.2　计算机的产生和发展

　　在计算工具发展的漫漫征程中,帕斯卡机械计算机的发明是计算工具发展过程中的一次巨大飞跃。在此基础上,莱布尼兹设计并制造出了一台更加先进的机械式计算机。和算盘、纳皮尔筹、甘特计算尺等手工计算工具相比,机械计算机使计算向自动化迈出了历史上的第一步。

2.2.1 电子计算机诞生的前夜

进入 19 世纪,在机械式计算器,或说机械式计算机基础上,人们对现代计算工具的研究从未停止。特别是 20 世纪初期,各种计算机陆续研制成功,预示着电子计算机时代的来临。

1.巴贝奇和差分机

查尔斯·巴贝奇(Charles Babbage,1792~1871 年)是科学管理的先驱,出生于英国一个富有的银行家家庭。童年时期,巴贝奇显示了极高的数学天赋,毕业于剑桥大学,并留校任教。1819 年,他设计完成了差分机,是计算机研究的先驱人物之一。

18 世纪末,法兰西发起了一项宏大的人工编制《数学用表》的计算工程。在没有先进计算工具的那个年代,这是件极其艰巨的工作。法国数学界调集大量的人力,组成了人工手算的流水线,最终完成了 17 卷的书稿。即便如此,计算出的数学用表仍然存在大量错误。据说有一天,巴贝奇与著名女天文学家卡罗琳·赫舍尔(1750~1848 年)凑在一起,对两大部头的天文数表进行讨论。面对错误百出的数学用表,巴贝奇目瞪口呆,这件事也许就是他萌生研制计算机构想的起因。巴贝奇在他的自传《一个哲学家的生命历程》里,写到了大约发生在 1812 年的一件事:"有一天晚上,我坐在剑桥大学分析学会的办公室里,神志恍惚地低头看着面前打开的一张对数表。一位会员走进屋来,瞧见我的样子,忙喊道:'喂!你梦见什么啦?'我指着对数表回答说:'我正在考虑这些表也许能用机器来计算!'"

1812 年,巴贝奇的第一个目标是制作一台差分机。所谓"差分",就是把函数表的复杂算式转化为差分运算①,用简单的加法代替平方运算。他从法国人雅卡尔②发明的提花织布机上获得了灵感。差分机的设计闪烁出了程序控制的灵光——它能够按照设计者的旨意,自动处理不同函数的计算过程。1822 年,完成了第一台差分机,它可以处理 3 个不同的 5 位数,计算精度可达到 6 位小数。这种机器非常适合于编制航海和天文方面的数学用表。这件事整整耗费了巴贝奇 10 年的光阴!

随后,在英国政府的资助下,巴贝奇开始了新的差分机的研究。1834 年,在研制第二台差分机的过程中,巴贝奇提出了一项新的更大胆的设计。巴贝奇最后冲刺的目标,不是仅仅能够制表的差分机,而是一种通用的数学计算机,他把这种新的设计叫"分析机"。巴贝奇首先为分析机构思了一种齿轮式的"存储库",每一齿轮可储存 10 个数,总共能够储存 1000 个 50 位数。分析机的第二个部件是所谓的"运算室",其基本原理与帕斯卡的转轮相似,但他改进了进位装置,使得 50 位数加 50 位数的运算可完成于一次转轮之中。此

---

① 差分(Difference),又名"差分运算",是数学中研究离散数学的一种工具,差分的结果反映了离散量之间的一种变化。相关的数学概念还有微分(微分运算)和变分。

② 约瑟夫·马利·雅卡尔(Joseph Marie Jacquard,1752~1834 年),法国发明家。1801 年,他设计出人类历史上首台可设计织布机,发展了一套打洞卡片系统来控制织布机上的编织图样,对后来发展出其他可编程机器(如计算机)起到了重要作用。

外,巴贝奇也构思了送入和取出数据的机构,以及在存储库和运算室之间运输数据的部件,甚至还考虑到如何使这台机器处理依条件转移的动作。

第二台差分机和分析机的研制极其艰辛。1842年冬天,英国著名诗人拜伦的独生女、数学天才阿达·洛芙莱斯[①]拜见了巴贝奇,从此成为巴贝奇的研究伙伴,担负了为分析机编制一批函数计算程序的重担。但是,新的差分机和分析机的设计太过超前,对主要零部件的设计要求极高,精度要求每英寸不超过千分之一,即使用现在的加工设备和技术,要想造出这种高精度的机械也绝非易事。在机械制造过程中,因为当时工业技术水平很低,主要零件的误差达不到应有的精度。经过了近20年的苦苦支撑后,巴贝奇无计可施,只得把全部设计图纸和已完成的部分零件送进伦敦皇家学院博物馆供人观赏,研究宣告失败。

1852年,年仅37岁的阿达·洛芙莱斯离世,巴贝奇独自默默地坚持了近20年。命运对巴贝奇和阿达·洛芙莱斯太不公平!分析机最终没能造出来,他们失败了。巴贝奇和阿达·洛芙莱斯的失败是因为他们看得太远,分析机的设想超出了他们所处时代至少一个世纪!然而,他们留给了计算机界后辈们一份极其珍贵的遗产,包括30种不同的设计方案,近2100张组装图和50000张零件图……更包括那种在逆境中自强不息,为追求理想奋不顾身的拼搏精神!1981年,美国军方将其花费250亿美元和10年光阴研发的一种计算机程序设计语言正式命名为ADA语言。

一个多世纪后,现代电子计算机的结构几乎就是巴贝奇分析机的翻版,只不过它的主要部件被换成了大规模集成电路而已。今天我们再回首看看巴贝奇的设计,分析机的思想依然闪烁着天才的光芒。他设想完全自动地执行一系列算术运算,而这一系列运算的步骤由操作者一开始时就输入机器,这就是"存储程序"的思想,与现代电子计算机有相同的基本原理,而以前所有的计算工具都没有这种思想。巴贝奇的设计是先进的,但限于当时技术条件所限,没有成功。为纪念巴贝奇200周年诞辰,1985年,英国伦敦科学博物馆根据巴贝奇的设计图纸,采用18世纪的技术设备,历时17年,开始复制差分机,2002年完成。它包含4000多个零件,重达2.5t,并且能正常运转。

2. 制表机——现代计算机的雏形

1880年,美国进行了一次人口普查。人口普查需要处理大量的数据,如年龄、性别等,还要统计出每个社区有多少儿童和老人,有多少男性公民和女性公民等。普查完成之后,花费了7年多的时间,才完成了数据的统计处理。美国人意识到按照当时的人口增长速度,下一次普查(1890年)时,10年也不可能完成统计,于是招标寻找解决办法。

人口普查数据是否可由机器自动进行统计呢?采矿工程师赫尔曼·霍列瑞斯(Herman Hollerith,1860~1929年)想到了雅卡尔80年前发明的穿孔纸带。提花机穿孔纸带上的小孔,主要用来控制提花操作的步骤,即编写程序。1888年,受此启发,霍列瑞斯根据织

---

① 阿达·洛芙莱斯(Ada Lovelace,1815年12月10日~1852年11月27日),具有极高的数学天赋。1842年与巴贝奇相识,翻译了巴贝奇的《分析机概论》,为分析机编写了计算三角函数的程序、级数相乘程序、伯努利函数程序等一系列程序。因此,阿达·洛芙莱斯被公认为世界上第一位程序员。

布机的原理,利用穿孔卡片输入和储存数据,开发了卡片制表系统,这一系统被认为是现代计算机的雏形。

霍列瑞斯设计的巧妙在于自动统计。他在机器上安装了一组盛满水银的小杯,穿好孔的卡片就放置在这些水银杯上。卡片上方有几排精心调好的探针,探针连接在电路的一端,水银杯则连接于电路的另一端。与提花机穿孔纸带的原理类似,只要某根探针撞到卡片上有孔的位置,便会自动跌落下去,与水银接触接通电流,启动记数装置前进一个刻度。由此可见,霍列瑞斯穿孔卡表达的是二进制信息,有孔处能接通电路记数,代表该项目为"有",无孔处不能接通电路记数,表示该项目为"无"。

1890 年,制表系统在美国的人口普查中得到应用,完成了美国人口普查的大规模数据处理工作。1880 年的人口普查数据花费了 7 年时间才完成统计处理,而 1890 年使用制表机仅用 6 周时间就得出了准确的人口数据。因此,霍列瑞斯被人们称为"信息处理之父"。1896 年,霍列瑞斯成立了制表机器公司(Tabulating Machine Company),为穿孔卡片机生产配备自动送卡器。1924 年,在沃森①的领导下,公司更名为国际商业机器公司(International Business Machines Corporation,IBM),主要生产打孔机、制表机一类产品,这就是今天世界著名的 IBM 公司。

第二次世界大战结束后,电子计算机的时代已经来临,老沃森很怀疑那些用真空管和电子零配件装成的庞然大物,丑陋又难看,而且由很多吱呀作响的机械构成,听起来像满满一屋子的人在织布一样。他甚至断言:"世界市场对计算机的需求大约只有 5 部。"但 IBM 公司的二号人物,他的儿子小托马斯·沃森在 1952 担任总裁后,大举进军计算机业,并成功地转型为计算机公司。至 20 世纪 50 年代末,IBM 公司的计算机已经占据了美国 70% 的份额,从此奠定了在计算机领域的优势地位,被称为"蓝色巨人"。

1994 年,IBM 公司为了纪念其创始人霍列瑞斯受雅卡尔织布机的启发,将其操作系统命名为 OS/2 Warp,其中 Warp 即是纺织布上的经纱的意思,以纪念纺织工业。

3.机电式计算机

1937 年,哈佛大学应用数学教授霍华德·艾肯(Howard Aiken,1900 年 3 月 8 日~1973 年 3 月 14 日)受巴贝奇思想启发,设想制造一台计算机,帮助解决那些比较复杂的代数方程。艾肯在《自动计算机的设想》的论文中,提出把各单元记录机器连接在一起,并利用打孔纸予以控制的构想。他还提出要采用机电方法而不是纯机械的方法来实现巴贝奇关于分析机的想法。1937 年年底,艾肯的想法引起了 IBM 公司总经理沃森的兴趣,得到了 100 万美元的资助。经过 4 年的艰苦努力,艾肯与助手们共同研制成功了世界上第一台通用机电式计算机马克 1 号(Mark-1),也叫"自动受控计算机",人们后来把它称为"继电器计算机"。

Mark-1 由开关、继电器、转轴以及离合器构成,使用了 765000 个零件,有一根长 15m 的传动轴,并由一个功率为 4kW 的马达驱动,基本计算单元使用同步式机械,使用了

---

① 托马斯·约翰·沃森(Thomas John Watson,1874 年 2 月 17 日~1956 年 6 月 19 日),国际商用机器公司创始人。1896 年进入美国全国收款机公司担任推销员,1914 年进入计算制表记录公司任公司经理。

3000个电气操作的开关来控制机器的运转。Mark-1长15.5m,高2.4m,重达5t,几乎塞满了研究所的一间大屋子,运行时声音很响,人们很难在它旁边说话。这部机器虽不是电子控制的,但仍被视为电子计算机的一种,主要是因为其指令是用穿孔纸带来输入机器,指令在存储器、运算器和控制器中进行处理,运算的结果可以出现在穿孔卡片上,并且指令可以更新。

1944年8月,IBM公司将Mark-1赠给哈佛大学。它在哈佛大学服役了15年,主要任务是为美国海军进行计算,包括后勤服务、射击弹道以及极为保密的第一颗原子弹的数学模拟等,直到1959年才被淘汰。Mark-1在计算机发展史上占据了重要地位,是电子计算机产生之前的最后一台著名的计算机,许多现代计算机先驱者都在这台机器上工作过。

2.2.2　计算机的理论基础

任何一项伟大的发明,除了社会需求的推动,还要有一定的理论基础和物质基础。和早期的计算工具需要手工来操作不同,现代计算机要解决的核心问题就是计算的自动化。这种天方夜谭般的想法,随着二进制、数理逻辑等理论研究的不断深入,科学家从理论上证明了计算自动化的可行性,为未来现代电子计算机的物理实现奠定了理论基础。

1.二进制

1679年,莱布尼茨发明了一种计算法,用两个数"0"和"1"代替原来的十位数,这就是今天的二进制。在德国图灵根著名的郭塔王宫图书馆(Schlossbiliothke zu Gotha)中,保存着一份弥足珍贵的手稿,其标题为"1与0,一切数字的神奇渊源。这是造物的秘密美妙的典范,因为,一切无非都来自上帝"。这正是莱布尼茨的手迹。

关于这个神奇美妙的数字系统,莱布尼茨还赋予了它宗教的内涵。他在写给他的好友,当时在中国传教的法国耶稣教会牧师乔基姆·布韦(Joachim Bouvet,1656～1730年,中文名:白晋)的信中说:"第一天的伊始是1,也就是上帝。第二天的伊始是2……到了第七天,一切都有了。所以,这最后的一天也是最完美的。因为,此时世间的一切都已经被创造出来了。因此它被写作'7',也就是'111'(二进制中的111等于十进制的7),而且不包含0。只有当我们仅仅用0和1来表达这个数字时,才能理解,为什么第七天才最完美,为什么7是神圣的数字。特别值得注意的是它(第七天)的特征(写作二进制的111)与三位一体的关联。"

莱布尼茨将自己的二进制发明告诉布韦,希望能引起他心目中的"算术爱好者"中国康熙皇帝的兴趣。布韦惊讶地发现,莱布尼茨的"二进制的算术"与中国古代的一种建立在两个符号基础上的符号系统非常近似,这两个符号分别由连续的与间断的横线组成,即"——"和"— —",这就是我国《易经》的基本组成部分。这些连续的与间断的横线被称为"阴""阳",它们组成了8个符号,就是八卦占卜系统。恰恰是布韦向莱布尼茨介绍了《易经》和八卦系统,并说明了《易经》在中国文化中的权威地位。在莱布尼茨眼中,八卦就是他的二进制的中国翻版。此外,中国的阴阳太极对莱布尼茨的研究也曾产生过影响。他感到这个来自古老中国的符号系统与他的二进制之间的关系实在太明显了,因此断言:二进制乃是具有世界普遍性的、最完美的逻辑语言。

莱布尼茨发明的二进制和传统的十进制相比,有两个突出的优点:第一,只有两个数字"0"和"1",从物理上讲更容易记数,即数的表示更容易。因为任何具有两个不同稳定状态的元件都可以用于表示二进制数据。第二,计算简单,对二进制进行算术运算的规则比十进制简单得多。这使得数的计算简单化。因为数的功能就是记数和计算,当二进制在这两方面具有突出的优势时,它就为现代计算机的研制提供了数据计算方面的理论和依据。

2.数理逻辑

在人类思维中,除了数字运算,还有逻辑推理。亚里士多德开创了逻辑学,开展对人类思维的研究。传统逻辑用语言描述和表达,由于自然语言远不如数学语言严谨和简练,导致了现代逻辑的产生,这就是数理逻辑,即用数学的方法研究逻辑或形式逻辑问题,将概念、命题表示、判断和逻辑规则符号化,以便进行演算和推理。

早在17世纪,就有人提出能不能利用计算的方法来代替人们思维中的逻辑推理过程。莱布尼茨就曾设想过能不能创造一种"通用的科学语言",可以把推理过程像数学一样利用公式来进行计算,从而得出正确的结论。

在莱布尼茨看来,大量的人类推理可以被归约为某类运算,而这类运算可以解决看法上的差异。他认为:"精炼我们的推理的唯一方式是使它们同数学一样切实,这样我们能一眼就找出我们的错误,并且在人们有争议的时候,我们可以简单地说:让我们计算,而无须进一步的忙乱,就能看出谁是正确的。"为此,莱布尼茨还设计了演算推论器,可以看作是这种计算成为可行的一种方式。莱布尼茨的逻辑原理和他的哲学可被归约为两点:第一,所有的我们的观念(概念)都是由非常小数目的简单观念复合而成的,它们形成了人类思维的字母。第二,复杂的观念来自这些简单的观念,是通过模拟算术运算的统一的和对称的组合。由于当时的社会条件所限,他的想法并没有实现。但是他的思想却是现代数理逻辑部分内容的萌芽。

1847年,英国数学家布尔发表了《逻辑的数学分析》,建立了"布尔代数",并创造了一套符号系统,利用符号来表示逻辑中的各种概念。布尔建立了一系列的运算法则,利用代数的方法研究逻辑问题,对逻辑命题的思考过程转化为对符号"0"和"1"的某种代数演算,初步奠定了数理逻辑的基础。1884年,德国数学家弗雷格出版了《数论的基础》一书,在书中引入量词(如"全部""有些""无"等范畴)的符号,使得数理逻辑的符号系统更加完备。对建立数理逻辑学科做出贡献的,还有美国人皮尔斯,他也在著作中引入了逻辑符号。他们的工作使现代数理逻辑最基本的理论基础逐步形成,成为一门独立的学科。

数理逻辑又称"符号逻辑""理论逻辑",既是数学的一个分支,也是逻辑学的一个分支,并不属于单纯的逻辑学范畴。它就是要用数学的方法研究关于推理、证明等逻辑或形式逻辑问题,其研究对象是对证明和计算这两个直观概念进行符号化以后的形式系统。所谓"数学方法",就是指数学采用的一般方法,包括使用符号、公式、已有的数学成果和方法,特别是使用形式的公理方法。数理逻辑研究的主要内容包括3个方面,即命题演算、谓词逻辑和谓词演算。

（1）命题演算

在哲学、数学、逻辑学、语言学中,命题是指一个判断或陈述的语义,即实际所要表达的概念。这个概念是可以被定义并观察的现象。命题不是指判断或陈述本身,而是指所表达的语义。当相异的判断或陈述具有相同语义的时候,它们表达相同的命题。简单地讲,命题是指表达判断的语言形式,判断有"真"或"假"的语义。或说,可以判断真假的陈述句叫"命题",其中判断为真的语句叫"真命题",判断为假的语句叫"假命题"。

命题演算就是研究关于命题如何通过一些逻辑连接词构成更复杂的命题以及逻辑推理的方法。如果我们把命题看作运算的对象,如同代数中的数字、字母或代数式,而把逻辑连接词看作运算符号,就像代数中的加、减、乘、除那样,那么由简单命题组成复合命题的过程,就可以当作逻辑运算的过程,也就是命题的演算。在数理逻辑中,常用的逻辑运算符有：∧（与运算,and 运算）、∨（或运算,or 运算）、→（非运算,not 运算）、→（A→B,A 是 B 的充分条件）、↔（A↔B,A、B 互为充分必要条件）

在命题演算中,逻辑运算也同代数运算一样具有一定的性质,满足一定的运算规律。如满足交换律、结合律、分配律,同时也满足逻辑上的同一律、吸收律、双否定律、三段论定律等。利用这些定律,我们可以进行各种操作。例如,逻辑推理,简化复合命题,推证两个复合命题是不是等价,即它们的真值表是不是完全相同等。

$$p \wedge (q \vee r) = (p \wedge q) \vee (p \wedge r)$$

命题演算的一个具体模型就是逻辑代数。逻辑代数也叫"开关代数",基本运算是逻辑加、逻辑乘和逻辑非,也就是命题演算中的"或""与""非",运算对象只有两个数"0"和"1",相当于命题演算中的"真"和"假"。逻辑代数的运算特点同电路分析中的开和关、高电位和低电位、导电和截止等现象完全一样,都只有两种不同的状态,因此,它在电路分析中得到了广泛的应用。利用电子元件可以组成相当于逻辑加、逻辑乘和逻辑非的门电路,就是逻辑元件,还能把简单的逻辑元件组成各种逻辑网络。这样,任何复杂的逻辑关系都可以由逻辑元件经过适当的组合来实现,从而使电子元件具有逻辑判断的功能。

（2）谓词逻辑

有时候,命题是复杂的,有的命题又包含了子命题。例如,凡金属都能导电,铜是金属,所以铜能导电。这是一个三段论命题。其中"凡金属都能导电""铜是金属""铜能导电"就是子命题。如果将命题"凡金属都能导电"用 p1 表示,命题"铜是金属"用 p2 表示,命题"铜能导电"用 p3 表示,用 p1∧p2 能导出 p3 吗？命题演算将无法导出。也就是说,命题演算对于三段论等复杂逻辑的推理还不完备。这就出现了谓词逻辑。

谓词逻辑就是把命题分析成个体词、谓词和量词等非命题成分,研究由这些非命题成分组成的命题形式的逻辑性质和规律。只包含个体词和量词的谓词逻辑称为"一阶谓词逻辑",简称"一阶逻辑",又称"狭义谓词逻辑"。此外,还包含高阶量词和高阶谓词的称为"高阶逻辑"。

个体词是可以独立存在的客体,可以是具体事物或抽象的概念。个体词分个体常项和个体变项,前者通常用 a、b、c……表示,后者通常用 x、y、z……表示。

谓词是用来刻画个体词的属性或事物之间关系的词。谓词分谓词常项和谓词变项，谓词常项表示具体性质和关系，谓词变项表示抽象的或泛指的谓词，用 F、G、P······表示。

量词是在命题中表示数量的词，量词有两类：全称量词（∀），表示"所有的"或"每一个"；存在量词（∃），表示"存在某个"或"至少有一个"。

单独的个体词和谓词不能构成命题，只有将个体词、谓词和量词连接在一起，构成一个逻辑表达式时，才形成命题。例如，对于命题：M 中至少存在一个 x，使 p(x)成立，就可以写成逻辑表达式"∃x∈M,p(x)"。

（3）谓词演算

在谓词逻辑基础上进行的逻辑运算就是谓词演算。它是比命题演算更精细的逻辑推导。我们通过例子来说明谓词运算。

例如，P(x)表示 x 是一棵树，则 P(y)表示 y 是一棵树，用 Q(x)表示 x 有叶，则 Q(y)表示 y 也有叶。这里 P、Q 是一元谓词，x、y 是个体。式子"∀x(P(x)→Q(x))"表示每一棵树都有叶子。式子"∃x(P(x)∧Q(x))"表示有一棵没有叶子的树。

上述的 P 和 Q 都作用于一个变元，称为"一元谓词"，也有二元、三元，甚至多元谓词。事实上，数学中的关系，函数都可以看成谓词。例如，$x \leqslant y$ 可以看成二元谓词，$x+y=z$ 可以看成三元谓词，因此，谓词演算的公式可表示数学中的一些命题。

在数理逻辑的研究中，谓词演算具有一系列演算规则，如全称量词的消去与引入、存在量词的消去与引入等，详细内容请参阅有关书籍。

从人类认知的层面讲，数理逻辑是对人类认知机理和认知过程的符号化的逻辑推导，是一个数学演算的过程。而我们所追求的计算机从根本上讲也是要模拟人类的认知活动，就如莱布尼兹所设计的演算推论器，通过计算机这样的一种机器，将人类的认知和推理活动自动化。不同于体力劳动的机械化，计算机是一种更高层面的机器代替人力的设计，是脑力劳动的机器化。因而，数理逻辑为计算机的设计奠定了理论基础。

3. 布尔代数

1847 年，英国人乔治·布尔（George Boole，1815 年 11 月 2 日～1864 年 12 月 8 日）出版《逻辑的数学分析》，创立逻辑代数学，成功地把形式逻辑归结为一种代数。布尔认为，逻辑中的各种命题能够使用数学符号来代表，并能依据规则推导出对应于逻辑问题的适当结论。布尔的逻辑代数理论建立在两种逻辑值"真（True）""假（False）"和三种逻辑关系"与（And）""或（Or）""非（Not）"基础上。1854 年，布尔出版了他的名著《思维规律的研究》，详细阐述了现在以他的名字命名的布尔代数，或称"逻辑代数"。

所谓"布尔代数"，是指一个有序的四元组$\langle B, \cdot, +, ^- \rangle$。其中 B 是一个非空的集合；"·"与"+"是定义在 B 上的两个二元运算，即"与"运算和"或"运算，"‾"是定义在 B 上的一个一元运算，即"非"运算。它们具有如表 2-1 所示运算规则。

表 2-1			逻辑运算规则		
a	b	a and b	a or b	not a	
False	False	False	False	True	
False	True	False	True	True	
True	False	False	True	False	
True	True	True	True	False	

在布尔代数中,设 a,b,c 是集合 B 的元素,1 表示 True,0 表示 False,它们还满足如下关系:

(1) $a + b = b + a$, $a \cdot b = b \cdot a$;

(2) $a \cdot (b+c) = a \cdot b + a \cdot c$, $a + (b \cdot c) = (a + b) \cdot (a + c)$;

(3) $a + 0 = a$, $a \cdot 1 = a$;

(4) $a + \overline{a} = 1$, $a \cdot \overline{a} = 0$。

因此,对于布尔表达式可以进行代数运算,举例如下:

$$F = AB\overline{C} + A\overline{B} + AC$$
$$= AB\overline{C} + A(\overline{B} + C)$$
$$= AB\overline{C} + A\overline{\overline{B}\,\overline{C}}$$
$$= A(B\overline{C} + \overline{\overline{B}\,\overline{C}})$$
$$= A \cdot 1$$
$$= A$$

布尔代数本质上是一个有关思维和推理的数学模型,把逻辑简化成极为容易和简单的一种代数。在这种代数中,适当的材料上的"推理"成了公式的初等运算的事情。布尔代数的问世是数学史上的里程碑。像所有的新生事物一样,布尔代数发明后没有受到人们的重视。欧洲大陆著名的数学家蔑视地称它为没有数学意义的、哲学上稀奇古怪的东西。在 19 世纪,由于缺乏物理背景,布尔代数的研究缓慢。

20 世纪 30 年代开始,布尔代数在理论和应用上都取得了重要进展。大约在 1935 年,美国数学家斯通首先指出布尔代数与环之间有明确的联系,这使布尔代数在理论上有了一定的发展。布尔代数在代数学(代数结构)、逻辑演算、集合论、拓扑空间理论、测度论、概率论、泛函分析等数学分支中均有应用。

在工程技术领域,布尔代数为自动化技术、电子计算机的逻辑设计提供了理论基础,为数字电子计算机的二进制、开关逻辑元件和逻辑电路的设计铺平了道路。由于布尔在符号逻辑运算中的特殊贡献,很多计算机语言中将逻辑运算称为"布尔运算",将其结果称为"布尔值"。

1938 年,克劳德·艾尔伍德·香农(Claude Elwood Shannon,1916 年 4 月 30 日～2001 年 2 月 24 日)在他的硕士论文《继电器与开关电路的符号分析》中指出:能够用二进制系统表达布尔代数中的逻辑关系,用"1"代表"真(True)",用"0"代表"假(False)",并由此用二进制系统来构筑逻辑运算系统。他还指出,以布尔代数为基础,任何一个机械性推理过程,对电子计算机来说,都能像处理普通计算一样容易。香农把布尔代数与计算机的二进制联系在了一起。

2.2.3 计算模型与图灵机

计算,可以说是人类最先遇到的数学课题,并且在漫长的历史里,成为人类社会中不可或缺的工具。那么,什么是计算呢?直观地看,计算一般是指运用事先规定的规则,将一组数值变换为另一组所需数值的过程。对某一类问题,如果能找到一组确定的规则,按这组规则,当给出这类问题中的任一具体问题后,就可以完全机械地在有限步骤内求出结果,则说这类问题是可计算的。这种规则就是算法,这类可计算问题也可称为"存在算法的问题"。

在20世纪以前,人们普遍认为,所有的问题都是有算法的,人们的计算研究就是要找出算法来。似乎正是为了证明一切科学命题,至少是一切数学命题存在算法,莱布尼茨开创了数理逻辑的研究工作。但是20世纪初,人们发现许多问题虽经过长期研究,仍然找不到算法,如希尔伯特第十问题等。于是人们开始怀疑,是否对这些问题来说,根本就不存在算法,即它们是不可计算的。这种不存在性当然需要证明,这时人们才发现,无论对算法还是对可计算性,都没有精确的定义。按前述对直观的可计算性的陈述,根本无法做出不存在算法的证明,因为"完全机械地"指什么?"确定的规则"又指什么?仍然是不明确的。实际上,没有明确的定义也不能抽象地证明某类问题存在算法,不过存在算法的问题一般是通过构造出算法来确证的,因而可以不涉及算法的精确定义问题。

1. 可计算性问题

1934年,美国普林斯顿大学数学教授库尔特·哥德尔(Kurt Godel,1906年4月28日～1978年1月14日)在法国数学家雅克·埃尔布朗(Jacques Herbrand,1908～1931年)思想的启示下,提出了一般递归函数的概念,并指出:凡算法可计算函数都是一般递归函数,反之亦然。1936年,美国数理逻辑学家斯蒂芬·科尔·克林(Stephen Cole Kleene,1909～1994年)又加以具体化。因此,算法可计算函数的一般递归函数定义后来被称为"埃尔布朗—哥德尔—克林定义"。同年,美国数学家邱奇证明了他提出的λ可定义函数与一般递归函数是等价的,并提出算法可计算函数等同于一般递归函数或λ可定义函数,这就是著名的"邱奇论点"。

至此,用一般递归函数给出了可计算函数的严格数学定义,但在具体的计算过程中,就某一步运算而言,选用什么初始函数和基本运算仍有不确定性。为消除所有的不确定性,图灵在他的《论可计算数及其在判定问题中的应用》一文中从一个全新的角度定义了可计算函数,全面分析了人的计算过程,把计算归结为最简单、最基本、最确定的操作动作,从而用一种简单的方法来描述那种直观上具有机械性的基本计算程序,使任何机械(能行)的程序都可以归约为这些动作。这种简单的方法是以一个抽象自动机概念为基础的,其结果是:算法可计算函数就是这种自动机能计算的函数。这不仅给计算下了一个完全确定的定义,而且第一次把计算和自动机联系起来,对后世产生了巨大的影响,这种自动机后来被人们称为"图灵机"。

图灵把可计算函数定义为图灵机可计算函数,在《可计算性与 λ 可定义性》一文中证明了图灵机可计算函数与 λ 可定义函数是等价的,从而拓广了邱奇论点,最后得出:算法可计算函数等同于一般递归函数或 λ 可定义函数或图灵机可计算函数。这就是"邱奇—图灵论点",相当完善地解决了可计算函数的精确定义问题,对数理逻辑的发展起到了巨大的推动作用,对计算理论的严格化,对计算机科学的形成和发展都具有奠基性的意义。

2.图灵机

1936 年,图灵在可计算性理论的研究中,提出了一个通用的抽象计算模型。图灵的基本思想是用机器来模拟人们用纸笔进行数学运算的过程,他把这样的过程归结为两种简单的动作:在纸上写上或擦除某个符号;把注意力从纸的一个位置移动到另一个位置。

这两种动作重复进行。这是一种状态的演化过程,从一种状态到下一种状态,由当前状态和人的思维来决定,这与人下棋时的思考类似,其实是一种普适思维。为了模拟人的这种运算过程,图灵构造了一台抽象的机器,即图灵机。

图灵机是一种自动机的数学模型。对于图灵机,有多种不同的画法,根据图灵的设计思想,我们可以将图灵机概念模型表示为图 2-8 所示的形式。

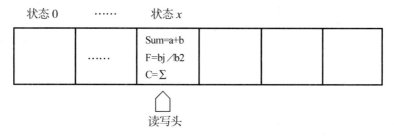

图 2-8　图灵机概念图

该机器由以下几个部分组成:

①一条无限长的纸带。纸带被划分为一个连一个的格子,每个格子可用于书写符号和运算。纸带上的格子从左到右依次被编号为 0,1,2……纸带的右端可以无限伸展。

②一个读写头。读写头可以读取格子上的信息,并能够在当前格子上书写,修改或擦除格子上的数据。

③一个状态寄存器。它用来保存当前所处的状态。图灵机的所有可能状态的数目是有限的,并且有一个特殊的状态,称为"停机状态"。

④一套控制规则。根据当前读写头所指的格子上的符号和机器的当前状态来确定读写头下一步的动作,从而进入一个新的状态。

显然,图灵机可以模拟人类所能进行的任何计算过程。计算模型的目标是要建立一台可以计算的机器,也就是说将计算自动化。图灵机的结构看上去是朴素的,看不出和计算自动化有什么联系。但是,如果把上述过程形式化,计算过程的状态演化就变成了数学的符号演算过程。通过改变这些符号的值，来完成演算。而每一时刻所有符号的值及其组合，则构成了一个特定的状态。只要能用机器来表达这些状态，并且控制状态的改变，计算的自动化就可实现了。

图灵机的概念具有十分独特的意义。如果把图灵机的内部状态解释为指令，与输入字和输出字一样存储在机器里，那就成为电子计算机了。这开创了"自动机"这一学科分支，促进了电子计算机的研制工作。在给出通用图灵机的同时，图灵就指出，通用图灵机在计算时，其"机械性的复杂性"是有临界限度的，超过这一限度，就要靠增加程序的长度和存储量来解决。这种思想开启了后来的计算机科学中计算复杂性理论的先河。

图灵严格地讲述了计算机的逻辑结构和原理，从理论上证明了现代通用计算机存在的可能性。图灵把人在计算时所做的工作分解成简单的动作。与人的计算类似，机器需要：存储器，用于储存计算结果；一种语言，表示运算和数字；扫描；计算意向，即在计算过程中下一步打算做什么；执行下一步计算。具体到每一步计算，则分成：改变数字和符号；扫描区改变，如往左进位和往右添位等；改变计算意向等。这就是通用图灵机的思想。

3. 判定问题

所谓"判定问题"，指判定所谓"大量问题"是否具有算法解，或是否存在可行的方法使得对该问题类的每一个特例都能在有限步骤内机械地判定是否具有某种性质（如是否为真，是否可满足或是否有解等，随大量问题本身的性质而定）的问题。

判定问题与可计算性问题有密切的联系，二者可以相互定义：对一类问题若能找到确定的算法以判定其是否具有某种性质，则称这类问题是能行可判定的，或可解的；否则是不可判定的，或不可解的。二者又是有区别的：判定问题是要确定是否存在一个算法，使对一类问题的每一个特例都能对某一性质给以一个"是"或"否"的解答；可计算性问题则是找出一个算法，从而求出一些具体的客体来。

图灵证明了判定问题可以归结为停机问题："如果问题 A 可判定，则停机问题可判定。"由"停机问题是不可判定的"推出"问题 A 是不可判定的"，从而可以将停机问题作为研究许多判定问题的基础。

什么是停机问题呢？我们前面把图灵的思想和下棋做了比较，两个人下棋时会出现什么结果呢？在下棋时除了胜负外，还有一种情况就是谁也不能取胜。对于图灵机，这种读写的动作是否要永久地进行下去呢？这和下棋中任何一方都无法取胜的情况类似。在图灵机中，会不会出现状态死循环的情况呢？这就是停机问题。

所谓"停机"，是指图灵机内部达到一个结果状态，指令表上没有的状态或符号对偶，从而导致计算终止。而停机问题则是指是否存在一个算法，对于任意给定的图灵机都能判定任意的初始格局是否会导致停机。图灵证明这样的算法是不存在的，即停机问题是不可判定的，这成为解决许多不可判定性问题的基础。

1937 年，图灵用他的方法解决了著名的希尔伯特判定问题：狭谓词演算公式的可满足性的判定问题。他用一阶逻辑中的公式对图灵机进行编码，再由图灵机停机问题的不可判定性推出一阶逻辑的不可判定性。他在此处创造的编码法成为后来人们证明一阶逻辑的公式类的不可判定性的主要方法之一。

2.2.4　电子计算机的诞生

人类在计算工具的研究和发展上经历了漫长的岁月。进入20世纪中叶,数学科学的发展和科学技术的进步,为一种新型的电子计算机器的发明做好了各方面的准备。第二次世界大战时,军事上对数据计算的需求又推动了新型计算工具的研发。正是在这样的一种历史背景下,使得电子计算机成为20世纪人类最伟大的发明,成为人类社会从工业社会进入信息社会的主要推动力。

1. ENIAC 计算机

早在第一次世界大战时期,美国陆军弹道实验室负责人、著名数学家奥斯瓦尔德·韦伯伦(Oswald Veblen)邀请诺伯特·维纳(Norbert Wiener,1849年11月26日~1964年3月18日)教授来到马里兰州阿贝丁试炮场,为高射炮编制射程表。在这里,维纳不仅萌生了控制论的思想,而且第一次看到了高速计算机的必要性。1940年,维纳在给他的好友、模拟计算机发明人布什的信中写道:现代计算机应该是数字式,由电子元件构成,采用二进制,并在内部储存数据。维纳提出的这些原则,为电子计算机指出了正确的方向。

恩格斯说:"社会上一旦有技术上的需要,则这种需要就会比十所大学更能把科学推向前进。"1943年,为了完成新式火炮的试验任务,美国陆军军械部派数学家戈德斯坦中尉从宾夕法尼亚大学莫尔学院召集一批研究人员,帮助计算弹道表。莫尔学院的两位青年学者——36岁的物理学家约翰·莫奇利(John Mauchly,1907年8月30日~1980年1月8日)和24岁的电气工程师布雷斯帕·埃克特(Presper Eckert,1919~1995年)向戈德斯坦提交了一份研制电子计算机的方案,即高速电子管计算装置的使用,建议用电子管代替继电器以提高机器的计算速度,计划于1943年6月开始实施,这就是电子数字积分计算机(Electronic Numerical Integrator And Computer,ENIAC,中文译为"埃尼亚克")。项目由莫奇利任总设计师,负责机器的总体设计;埃克特任总工程师,负责解决复杂而困难的工程技术问题;勃克斯作为逻辑学家,负责为计算机设计乘法器等大型逻辑元件;戈德斯坦负责协调项目进展。至此组成了承担开发任务的四人小组,整个开发工作共有200多人参加。

1944年夏天,戈德斯坦在阿贝丁火车站邂逅了著名数学家约翰·冯·诺伊曼(John Von Nouma,1903年12月28日~1957年2月8日)。戈德斯坦向冯·诺伊曼介绍了正在研制的计算机。当时冯·诺依曼担任弹道研究所顾问,正在参加美国第一颗原子弹的研制工作,同样遇到了原子弹研制过程中的大量计算问题。几天后,冯·诺伊曼专程到莫尔学院参观了还未完成的ENIAC,并且参加了为改进ENIAC而召开的一系列专家会议,被聘为ENIAC研制小组顾问。

1945年6月,冯·诺伊曼在对ENIAC等计算机作了充分的研究后,决定重新设计一台计算机,于是起草了一份长达101页的设计报告《关于EDVAC的报告草案》(*First Draft of A Report on The EDVAC*)。他将这台新计算机命名为离散变量自动电子计算机(Electronic Discrete Variable Automatic Calculator,EDVAC)。报告广泛而具体地介绍了制造电子计算机和程序设计的新思想,明确规定了计算机的五大部件,即运算器、逻辑控制装置、存储器、输入设备和输出设备,并描述了它们的职能和相互关系。根据电子元件双稳工作的特点,冯·诺伊曼建议在电子计算机中采用二进制,同时分析了二进制的优点,并预言二进制的采用将大大简化机器的逻辑线路。同时,他还提出了存储程序的设计思想,即用存储数据的部件存储指令,在内储程序的控制下,使整个运算完全自动化。这份报告是计算机发展史上一个划时代的文献,为计算机的设计树立了一座里程碑,是所有现代电子计算机的范式,被称为"冯· 诺依曼计算机结构",按这一结构建造的计算机称为"存储程序计算机"(Stored Program Computer)。ENIAC 和后来的 EDSAC[①] 计算机均是按照 EDVAC 的思想设计制造的。

1946 年 2 月 15 日,美国宣布第一台通用电子计算机埃尼阿克在宾夕法尼亚大学研制成功。历史学家记录了这台计算机当时的情况:使用了 17468 只电子管,7200 只二极管,70000 多只电阻器,10000 多只电容器,6000 多只继电器,支电路的焊接点就多达 50 万个,有 30 个操作台。它能进行每秒 5000 次的加法运算,完成每一条弹道的计算只需几分钟,而过去即使一位熟练的计算员,使用手摇计算器计算一条弹道也要花 20h。ENIAC 是个庞然大物,占地 170m²,有 10 个房间那么大小,重 30t,每小时耗电 150kW。由于耗电量巨大,当打开电源时,整个费城的电灯都为之变暗。

1946 年 3 月,承担开发任务的莫尔小组的埃克特和莫奇利就准备自己创办公司。1947 年,他们离开宾夕法尼亚大学,在费城一个临街的小楼里创立了埃克特—莫奇利计算机公司(Eckert-Mauchly Computer Company,EMCC),成为世界上第一个以制造计算机为主业的公司。在经营过程中,由于资金困难,两位发明家把公司卖给了雷明顿兰德公司,并继续保持密切合作。1951 年 6 月 14 日,莫奇利和埃克特再次联袂,在 ENIAC 基础上生产了通用自动计算机 UNIVAC(Universal Automatic Computer),并交付美国人口统计局使用。这台机器使用了 5000 个电子管,总共运行了 7 万多个小时才退出使用,被认为是第一代电子管计算机趋于成熟的标志,其意义超过了 ENIAC。UNIVAC 先后生产了近 50 台,不仅成功地应用于美国人口统计局的公众数据处理,还成功预测了 1951 年的美国总统大选中"艾森豪威尔将会当选美国总统"这一事件,使美国甚至整个西方舆论和民众大为震惊。因此,在计算机技术史研究中,人们普遍认为,UNIVAC 的意义超过了 ENIAC,并认为:1951 年 6 月 14 日,标志着人类社会进入了计算机时代。从此,计算机走出了科学家的实验室,进入了大众生活,直接为大众服务。

2. 巨人计算机

很长时期以来,人们一直认为,第一台电子计算机是美国人于 1946 年研制成的 ENIAC。近年来,许多计算机技术史研究人员不断地提出新的观点,认为在当时的情况下,由于图灵在第二次世界大战中从事密码破译工作,这其中涉及电子计算机的设计和研

---

① EDSAC(Electronic Delay Storage Automatic Calculator,电子延迟存储自动计算机)由英国剑桥大学莫里斯·文森特·威尔克斯(Maurice Vincent Wilkes)领导、设计和制造,以冯·诺伊曼的 EDVAC 为蓝本,使用水银延迟线作存储器,利用穿孔纸带输入和电传打字机输出,于 1949 年 5 月 6 日正式运行。

制,他服务的机构曾于 1943 年研制成 CO-LOSSUS(巨人)计算机。这台机器的设计采用了图灵提出的某些概念。它使用了 1500 只电子管,采用了光电管阅读器;利用穿孔纸带输入;采用了电子管双稳态线路,执行记数、二进制算术及布尔代数逻辑运算。巨人计算机共生产了 10 台,出色地完成了密码破译工作。不过,巨人计算机对计算机发展的影响十分有限。首先,它不是通用计算机,只用于破译秘密情报;其次,它属于高级机密,直到战后几十年才露出真面目。

3. ABC 计算机

还有一种说法认为,世界上最早的电子数字计算机应该是约翰·文森特·阿塔纳索夫(John Vincent Atanasoft,1904 年 10 月 4 日～1995 年 6 月 15 日)和克利夫·贝瑞(Clifford Berry,1918～1963 年)在 1937～1941 年开发的阿塔纳索夫—贝瑞计算机(Atanasoff-Berry Computer,ABC)。当时,阿塔纳索夫在爱荷华州立大学物理系任副教授,为学生讲授如何求解线性偏微分方程组,由于不得不面对繁杂的计算,从而产生研制电子计算机的念头,并于 1935 年开始探索运用数字电子技术进行计算工作的可能性。经过两年的反复研究,思路越来越清晰,随后他找到当时正在物理系读硕士学位的研究生贝瑞,两人在 1939 年造出来了一台完整的样机。

ABC 计算机是电子与电器的结合,电路系统中装有 300 个电子真空管执行数字计算与逻辑运算,使用电容器来进行数值存储,数据输入采用打孔读卡方法,还采用了二进位制。因此,ABC 计算机的设计中已经包含了现代计算机中四个最重要的基本概念,从这个角度来说,它是一台真正现代意义上的电子计算机。20 世纪 70 年代,曾出现过 ENIAC 和 ABC 谁是世界上的第一台计算机之争,只不过打官司的不是两台计算机的设计者本人,而是霍尼韦尔(Honeywell)和斯佩里兰德(Sperry Rand)两家计算机公司。

2.2.5 计算机的发展

读史使人明鉴。历史是前人的足迹,是前人经验与教训的总结和记录。回顾科学技术的发展历史,总是能带给我们许多的启发和灵感。从 20 世纪 40 年代开始,自现代意义上的计算机发明以来,计算机已经走过了 70 多年的历程,随着电子科技的发展,也发生了很大的变化。人们通常按照计算机组成部件所采用的技术,将计算机的发展分为四代。

1. 第一代计算机(1946～1956 年)

在 20 世纪 50 年代,电子管是主要的电子元器件,计算机的发明也不例外,其主要器件为电子管。通常,将以 ENIAC 为代表的以电子管(真空管)为主要元器件的计算机称为"第一代计算机"。电子管元件有许多明显的缺点,例如,体积大,耗电量大,运行时产生大量的热量,可靠性较差,价格昂贵,这些都使计算机的发展受到了限制。

第一代计算机的主要特点:采用电子管作基础元件;使用汞延迟线作存储设备,后来逐渐过渡到磁芯存储器;输入、输出设备主要是用穿孔卡片;使用起来很不方便,系统软件非常原始,使用二进制机器语言进行编程。

2.第二代计算机(1957～1964 年)

1947 年 12 月 16 日,美国贝尔实验室的肖克利[①]、巴丁[②]和布拉顿[③]发明了晶体管。这是微电子技术发展的第一个里程碑,开辟了电子时代的新纪元。晶体管不仅能实现电子管的功能,而且具有体积小、重量轻、发热少、功耗低、效率高、寿命长等优点。采用晶体管以后,电子线路的结构大大改观,于是,晶体管开始被用来作为计算机元件。

20 世纪 50 年代初期,晶体管在计算机中的应用还主要是在军方。1957 年以后,晶体管电子计算机经历了大范围的发展过程。从印刷电路板到单元电路和随机存储器,从运算理论到程序设计语言,不断的革新使晶体管电子计算机日臻完善。因此,通常将这一时期采用晶体管作为主要电气元件而制造的计算机称为"第二代计算机"。由于大量采用了晶体管和印刷电路,因此,计算机的体积不断缩小,但功能不断增强。同时在 1957 年,计算机高级程序语言 FORTRAN 和 COBOL 相继面世,并被应用于第二代计算机编程中。

3.第三代计算机(1965～1969 年)

1958 年 9 月 12 日,基尔比[④]和诺伊斯[⑤]发明了集成电路。集成电路(Integrated Circuit,IC)是一种微型电子器件或部件。它是经过氧化、光刻、扩散、外延、蒸铝等半导体制造工艺,把一个电路中所需的晶体管、二极管、电阻、电容和电感等元件及连接导线全部集成在一起,制作在一小块或几小块半导体晶片或介质基片上,然后焊接封装在一个管壳内,成为具有所需电路功能的微型结构。

对于集成电路,有不同的分类方法。按功能结构,集成电路分为模拟集成电路、数字集成电路和数/模混合集成电路三大类。按制作工艺,集成电路分为半导体集成电路和膜集成电路,膜集成电路又分为厚膜集成电路和薄膜集成电路。按规模,即集成电路的集成度(单块芯片上所容纳的元件数目),集成电路分为小规模集成电路(Small Scale Integrated circuits,SSI,集成度小于 100)、中规模集成电路(Medium Scale Integrated circuits,MSI,集成度为 100～1000)、大规模集成电路(Large Scale Integrated circuits,LSI,集成度为 1000～10000)和超大规模集成电路(Very Large Scale Integrated circuits,VLSI,集成度为 10000～1000000)等。

---

① 威廉·肖克利(William Shockley,1910～1989 年),美国著名物理学家,因对半导体的研究和发现了晶体管效应,与巴丁和布拉顿分享了 1956 年的诺贝尔物理学奖。1955 年离开 HP 实验室,在美国硅谷创建肖克利实验室股份有限公司,触发了形成硅谷半导体工业的创业连锁反应。

② 约翰·巴丁(John Bardeen,1908 年 5 月 23 日～1991 年 1 月 30 日),美国著名物理学家,因晶体管效应和超导的 BCS 理论分别于 1956 年和 1972 年两次获得诺贝尔物理学奖。

③ 沃尔特·豪斯·布拉顿(Walter Houser Brattain,1902 年 2 月 10 日～1987 年 10 月 13 日),美国著名物理学家,因对半导体的研究和发现了晶体管效应,与肖克利和巴丁分享了 1956 年的诺贝尔物理学奖。1929 年大学毕业进入美国贝尔实验室工作。

④ 杰克·基尔比(Jack Kilby,1923 年 11 月 8 日～),美国物理学家,1958 年宣布制成第一块集成电路,2000 年因在发明和开发集成电路芯片方面的重要贡献获诺贝尔物理学奖。

⑤ 罗伯特·诺顿·诺伊斯(Robert Norton Noyce,1927 年 12 月 12 日～1990 年 6 月 3 日),集成电路的发明者之一,曾就职于肖克利实验室,1957 年与摩尔一起离开,创立仙童半导体公司,1968 年与摩尔一起创立英特尔公司,有"硅谷市长"或"硅谷之父"之称。

第三代计算机是指采用中、小规模集成电路制造的电子计算机,1964年开始出现,运算速度可达每秒几百万次,甚至几千万次、上亿次。20世纪60年代末大量生产,其机种多样化、系列化,外部设备品种繁多,并开始与通信设备相结合,从而发展为由多台计算机连接组成的计算机网络,从此,计算机走入了网络时代。

4.第四代计算机(1970年～)

第四代计算机是指从1970年以后采用大规模集成电路(LSI)和超大规模集成电路(VLSI)为主要电子器件制成的计算机。在大规模、超大规模集成电路的基础上,人们研制成功了微处理器(Micro Process Unit,MPU)。微处理器具有计算机中央处理器(Central Process Unit,CPU)的计算和控制单元,唯一不同的是在MPU中没有集成计算机的存储器。这有两个方面的原因:一是,集成技术的限制;二是,考虑到计算机系统的扩展性。

微处理器通常由一片或少数几片大规模集成电路组成。这些电路执行计算机控制部件和算术逻辑部件的功能,基本组成部分有寄存器堆、运算器、时序控制电路、数据和地址总线。微处理器能完成取指令、执行指令,以及与外界存储器和逻辑部件交换信息等操作,是微型计算机的运算控制部分。微处理器与存储器和外围电路芯片即可组成一台计算机。

微处理器的出现,使计算机更加小型化,制造成本不断降低。这些推动了计算机应用的普及,并朝着个人应用迈进,预示着个人计算机时代的来临。在大规模、超大规模集成电路时代,计算机的发展出现了两个完全不同的方向:一个是继续沿着高端计算和处理应用的高性能计算机发展,一个是向着个人计算机方向发展。而所有的发展,都与集成电路技术的发展息息相关。

对于微型计算机,主要经历了以下几个发展阶段:

①第一阶段(1971～1973年)。1969年,英特尔公司为日本一家名为布斯卡姆(Busicom)的公司设计制造出一种用于该公司计算器产品的整套电路。1971年11月15日,英特尔公司的年轻工程师弗德里科·费金(Federico Faggin)成功地在$4.2mm \times 3.2mm$的硅片上集成了2250个晶体管。晶体管之间的距离是$10\mu m$,外层有16只针脚,这是第一个4位的微处理器,即Intel 4004,成为微处理器诞生的标志。Intel 4004的最高频率为740kHz,能执行4位运算,支持8位指令集及12位地址集。英特尔公司随后发布了改进的Intel 4040微处理器。

1971年11月,英特尔公司在Intel 4004的基础上,加上一块256字节的只读存储器电路、一块32位的随机存取存储器和一块10位的寄存器电路,构成了英特尔公司命名为MCS-4的微型电子计算机,从而开创了新一代计算机时代。1972年初又诞生了8位的微处理器Intel 8008。以该微处理器为核心,研制了MCS-8型微型计算机。

②第二阶段(1974～1977年)。1973年后,陆续出现了第二代微处理器(8位),其属于中低端的8位微处理器,有70多条指令,集成度为6000,时钟频率为1MHz。代表有英

特尔公司的 Intel 8080(1974 年)、摩托罗拉公司的 M6800(1975 年)、齐洛格(Zilog)公司[①]的 Z80(1976 年)等。人们相继研发了不同的微型计算机,这包括 Intel 公司的 MCS-80 微型计算机、以 Z80 为 CPU 的 TRS-80 计算机和以 6502 为 CPU 的 Apple-Ⅱ计算机。

其中,苹果公司的 Apple-Ⅱ计算机自 1977 年在美国西岸计算机问世后,由于其外形设计不像一个大块的电子仪器,更像一台家用电器,无论是放在办公室还是放在家里,都不显得那么突兀,因此在 20 世纪 80 年代初期风靡全世界,直到末期才被新的机型所替代。

③第三阶段(1978～1985 年)。1978 年出现了第三代微处理器(16 位),字长为 16 位,集成度 29000,基本指令周期为 $0.5\mu s$。典型的处理器有 Intel 8086、Z8000、M68000、Intel 8088(1979 年)、Intel 80186(1981 年)、Intel 80286(1982 年),其中 Intel 8086 成为 X86 微处理器名称的起源。随着微型计算机的不断普及,IBM 公司于 1979 年 8 月组建了个人计算机研制小组,两年后推进了 IBM-PC,1983 年又推出了扩充机型 IBM-PC/XT,引起计算机工业界极大震动。在这一时期,苹果公司推出了 Macintosh 微型计算机(1984 年)。

在当时,IBM 个人计算机具有一系列特点,包括采用当时先进的 Intel 8088 微处理器、有丰富的应用软件、可与大型机相连、价格便宜等。到 1983 年,IBM-PC 迅速占领市场。1984 年,IBM 公司选用 Intel 80286 作为 CPU,推出 IBM PC/AT 微型计算机,超过了号称美国微型计算机之王的苹果公司。

④第四阶段(1985～1992 年)。1985 年出现了第四代微处理器(32 位),如 Intel 80386。在 Intel 80386 微处理器上,在面积约为 $10mm \times 10mm$ 的单个芯片上,可以集成大约 32 万个晶体管,工作主频达到 25MHz,有 32 位数据线和 24 位地址线。随后,以 Intel 80386 为 CPU 的 COMPAQ 386、AST 386、IBM PS2/80 等微型计算机相继诞生,它们的性能已经与 20 世纪 70 年代的大中型计算机相匹敌。

1989 年,英特尔公司推出 Intel 80486 芯片。这款经过 4 年开发和 3 亿美元资金投入的芯片突破了 100 万个晶体管的界限,集成了 120 万个晶体管,使用 $1\mu m$ 制造工艺,时钟频率从 25MHz 逐步提高到 33MHz、40MHz、50MHz。在计算机发展史上,一般将从 Intel 8086 以来,一直延续的指令系统通称为"X86 指令系统"。

⑤第五阶段(1993～2005 年)。如果按照处理器字长来划分的话,1993 年以后可以看作是处理器发展的第五阶段。1993 年 3 月 22 日,英特尔公司推出了 Pentium 或称 P5(中文译名为"奔腾",俗称586)的微处理器。它具有 64 位的内部数据通道、36 位的数据总线,集成了 310 万个晶体管,工作电压从 5V 降到 3V。1997 年 5 月,英特尔公司展出了一种速度高达 702MHz 的 Pentium Ⅱ芯片。1999 年 2 月,推出了 Pentium Ⅲ微处理器。

2000～2002 年,英特尔公司陆续推出了 Pentium Ⅳ 以及以 P4 为基础的 Xeon(至强)、Itanium 2(安藤)。2005 年,英特尔公司推出了双核心处理器 Pentium D。英特尔公司的双核心构架更像是一个双 CPU 平台。

---

① 齐洛格公司由微处理器发明人弗德里科・费金和英特尔早期产品 8080 开发部经理拉尔夫・恩格尔曼(Ralph Ungermann)于 1974 年共同创立,和英特尔、摩托罗拉并称为世界上三大微处理器厂商。该公司生产的 Z80 系列控制器曾得到广泛应用。1998 年,公司被 TPG(the Texas Pacific Group)收购。

⑥第六阶段(2006 年～)。2006 年 7 月 27 日,英特尔公司发布了 Core 2 Duo(酷睿2),标志着微处理器进入了酷睿(Core)系列微处理器时代。酷睿是一款领先节能的新型微架构,设计的出发点是提供出众的性能和能效,提高每瓦特性能,即能效比。

2011 年初,英特尔公司发布了新一代处理器微架构 SNB(Sandy Bridge)。它采用全新的 32nm 制造工艺,理论上实现了 CPU 功耗的进一步降低,以及电路尺寸和性能的显著优化,这就为将整合图形核心(核芯显卡)与 CPU 封装在同一块基板上创造了有利条件。此外,第二代酷睿还加入了全新的高清视频处理单元,进一步提高了酷睿处理器的视频处理能力。

这些年来,集成电路技术的发展突飞猛进,集成度越来越高,为高性能计算机的发展提供了技术基础。电路集成度的增长主要取决于两个因素:一是晶体生长技术的水平;二是制造设备、加工精度、自动化程度和可靠性,使器件尺寸进入深亚微米级领域。1993 年,随着集成了 1000 万个晶体管的 16M FLASH 和 256M DRAM 的研制成功,集成电路进入了特大规模集成电路 ULSI (Ultra Large-Scale Integration)时代,集成组件数在 $10^7 \sim 10^9$ 个之间。1994 年,集成 1 亿个元件的 1G DRAM 的成功研制,标志着进入了巨大规模集成电路 GSI (Giga Scale Integration)时代,巨大规模集成电路的集成组件数达到了 10^9 以上。

在计算机的发展史上,人们根据计算机所采用的电子器件的不同,将计算机的发展分为四代。从第一代到第四代计算机,虽然其电子器件有本质的不同,但计算机的体系结构都是相同的,都采用了冯·诺依曼计算机体系结构。20 世纪 80 年代开始,随着并行计算机的发展,计算机体系结构出现了多样性,有人将这一时期的计算机称为“第五代计算机”。其特征就是硬件系统支持高度并行和推理,软件系统能够处理知识信息,具备人工智能功能。

随着计算机芯片集成度的不断提高,器件的密度越来越大,由于电子引线不能互相短路交叉,引线靠近时会发生耦合,高速电脉冲在引线上传播时要发生色散和延迟,以及电子器件的扇入和扇出系数较低等问题,使得高密度的电子互连在技术上有很大困难。此外,超大规模集成电路的引线问题会造成时钟扭曲(Clock Skew),散热也会影响芯片的正常工作,这将限制经典电子计算机的速度,也成为人们开展新型计算机研发的动力。这些新型的计算机被称为“第六代计算机”,如超导计算机、神经网络计算机、生物计算机等。

2.3 计算机系统结构

对计算机系统的认识和理解,可以分成三个不同的层次:第一,计算机系统结构,就是从概念上对计算机定义,包括计算机的组成部分及各部分的功能特性,即外特性。第二,计算机系统组成,就是研究计算机系统结构的逻辑实现。如在计算机系统结构中,定义了指令集系统及其功能,计算机系统组成将研究实现指令集系统功能的逻辑结构。第三,计算机系统实现,即计算机体系结构下计算机组成的物理实现,包括处理机、主存等部件的物理结构,器件的集成度和速度,器件、模块、插件、底板的划分与连接,专用器件设计,信号传输技术,电源、冷却及装配等技术以及相关的制造工艺和技术。

2.3.1 计算机体系结构

计算机体系结构是人们从外部对计算机系统的认识,从概念上定义了一台计算机应该具有的组成部分和功能。对于计算机系统来说,对应一种计算机体系结构可以设计出不同的计算机组成,同样,对于一种计算机组成结构也可以有多种不同的物理实现,这就是我们见到的品牌、型号各异的计算机产品。

对计算机系统的认识,计算机体系结构层面过于抽象,计算机的物理实现则需要深入到制造计算机所需要的电子器件,又过于具体,缺少普遍性。因此,我们结合计算机系统结构和计算机系统组成介绍在计算机技术发展中几种典型的计算机结构,以便从概念、逻辑和物理上理解计算机硬件系统及其组成。

1.冯·诺依曼计算机体系结构

在 20 世纪初,在研究能够进行数值计算的机器时,科学家并没有一个成熟的设计,更没有计算机结构的概念。20 世纪 30 年代中期,计算机技术先驱冯·诺依曼大胆地提出,抛弃十进制,采用二进制作为数字计算机的数制基础。同时,他还提出了存储程序的概念。也就是说,将预先编好的程序和数据一样存储在计算机中,然后由计算机来按照人们事前制定的计算顺序来执行数值计算工作。

冯·诺依曼的思想给出了一台计算机所具有的基本功能:需要把数据和程序送至计算机中;必须具有长期存储数据和程序的能力;能够完成各种算术、逻辑运算能力;能够根据需要控制程序的执行;能够按照要求将结果输出给用户。

按照功能的需求,出现了第一个计算机体系结构,通常称为"冯·诺依曼计算机体系结构",如图 2-9 所示。

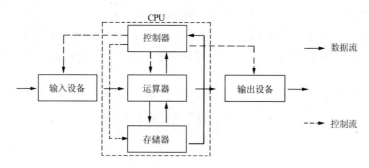

图 2-9 冯·诺依曼计算机体系结构

在冯·诺依曼计算机体系结构中,计算机由三个部分构成,分别是输入设备、中央处理单元(运算器、存储器、控制器)和输出设备。输入设备负责把数据和程序输入计算机,存储器存储数据和程序(指令序列),以及程序运行过程中的中间结果,运算器负责算术逻辑运算,控制器控制各部分的协调工作,输出设备负责将运算结果输出。

在计算机的发展历史上,冯·诺依曼计算机体系结构是开创性的,是后来计算机设计和制造的逻辑模型,几乎所有的微型计算机都采用了冯·诺依曼计算机体系结构。随着微电子技术和计算机技术的快速发展,许多新的计算机体系结构陆续出现,特别是多核并行技术的发展,冯·诺依曼计算机的串行处理思想已经不能适应计算机硬件中多处理器的需求。

2. 基于总线的微型计算机结构

对于绝大多数人来讲,工作和生活中接触的计算机通常是微型计算机。所谓"微型计算机",简单地讲就是由大规模集成电路组成的、体积较小的电子计算机。微型计算机又简称"微机",也称"个人计算机"或"个人电脑"(Personal Computer,PC)。微型计算机通常以微处理器为基础,配以内存储器及输入输出(I/O)接口电路和相应的辅助电路而构成。

所谓"微处理器"(Micro Processor,MP),就是用一片或少数几片大规模集成电路组成的中央处理器(Central Processing Unit,CPU),这些电路执行控制部件和算术逻辑部件的功能。微处理器与传统的 CPU 相比,具有体积小、重量轻和容易模块化等优点。微处理器的基本组成部分有寄存器堆、运算器、时序控制电路,以及数据和地址总线。微处理器能完成取指令、执行指令,以及与外界存储器和逻辑部件交换信息等操作,是微型计算机的运算控制部分。微处理器与存储器和外围电路芯片组成微型计算机。

微型计算机诞生于 20 世纪 70 年代,20 世纪 80 年代,苹果公司的 Apple-II 计算机和 IBM 公司的 IBM-PC 微型计算机得到了极大的发展,价格不断下降,性能不断提高。计算机不再是一种计算工具,而成为人们工作和生活的一部分。虽然品牌和型号很多,但从体系结构和组成上来讲,微型计算机都采用了基于总线的计算机结构,如图 2-10 所示。

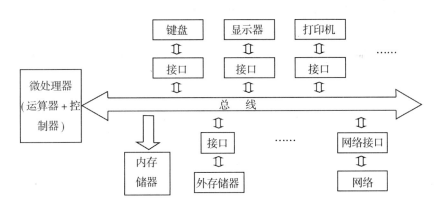

图 2-10 基于总线的微型计算机体系结构

总线(Bus)是计算机各种功能部件之间传送信息的公共通信线路,由若干条导线组成。它是 CPU、内存、输入设备、输出设备传递信息的公用通道。主机的各个部件通过总线相连接,外部设备通过相应的接口电路再与总线相连接,从而形成计算机硬件系统。按照所传输的信息种类不同,计算机总线可以划分为数据总线、地址总线和控制总线,分别用来传输数据、数据地址和控制信号。

在计算机中,总线是各个部件之间传输数据的通道。从通信原理上讲,一条线路在同一时间内只能传输1bit,因此,要同时传输更多比特,需要多条线路。总线中包含的单条线路数量称为"宽度",以比特(bit)为单位,总线宽度愈大,传输速度越快。总线的传输速度,即单位时间内可以传输的总数据数,为总线频率和宽度的乘积。

当总线空闲且一个器件要与目的器件通信时,发起通信的器件驱动总线,发出地址和数据。其他以高阻态形式连接在总线上的器件如果收到与自己相符的地址信息后,即接收总线上的数据。发送器件完成通信,将总线让出,输出变为高阻态。

为了保证计算机系统的可扩展性,以及设备的兼容,国际上制定了相应的计算机总线标准。每一个工业标准都包括3个方面:机械结构规范,有关模块尺寸、总线插头、总线接插件以及安装尺寸等方面的规定;功能规范,有关总线每条信号线(引脚)、功能以及工作过程的规定;电气规范,有关总线每条信号线的有效电平、动态转换时间、负载能力等方面的规定。常见的总线标准有 ISA(Industrial Standard Architecture)总线(IBM,1984)、PCI(Peripheral Component Interconnect)总线(Intel,1991)等。

3. 多处理器计算机体系结构

传统的计算机体系结构以图灵机理论为基础,属于冯·诺依曼体系结构。本质上,图灵机理论和冯·诺依曼体系结构是一维串行的。经典的冯·诺依曼计算机只有一个CPU,随着集成电路技术的发展,CPU 的集成度和主频已经接近极限,通过提高 CPU 主频和集成度来提高 CPU 性能,进而提高计算机性能的潜力已经很小。

不难理解,通过在计算机中增加 CPU 数量,实现多个 CPU 之间的并行运算,可以提高计算机的整体性能,这就是多 CPU 计算机的概念。多处理器概念的出现,推动了各种不同的新型计算机体系结构的出现。典型的结构有集中式共享存储器多处理器结构和分布式存储器多处理器结构,其中的处理器可能是单核的,也可能是多核的,如图 2-11 所示。

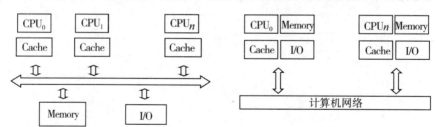

(a)集中式共享存储器多处理器结构　　(b)分布式存储器多处理器结构

图 2-11　多处理器计算机体系结构

目前,在许多高性能计算机中,大都配置多块 CPU。这种变化不仅是硬件结构上的变化,而且多处理器并行计算对程序员的思维、设计能力、编程思想、编程能力都是一种挑战。正如弗林[①]所讲,"计算机体系结构"就是将现有的技术和机器实现结合起来,以实现

---

　　① 迈克尔·弗林(Michael Flynn,1934 年 5 月 20 日～),1955 年加入 IBM 公司,从事电路设计和计算机体系结构设计工作,参与了 IBM 7090 和 System 360 系统的设计;1966 年提出计算机体系结构的弗林分类法;1975 年进入斯坦福大学,并建立仿真实验室。

给定成本下的最优化系统的一门艺术。多核并行计算机体系结构关注的不仅仅是硬件，更多的是软件问题，以提高计算机系统的整体性能。

2.3.2 计算机系统组成

从电子计算机诞生起，计算机已经经历了70多年的发展历程。随着电子技术，特别是集成电路技术的快速发展，计算机系统的硬件指标已经发生了翻天覆地的变化。但是，计算机体系结构设计的发展相对缓慢，对应的计算机系统组成及基本原理也未发生根本性的突破。

1. 中央处理器

中央处理器(Central Processing Unit，CPU)是一台计算机的运算核心和控制核心，主要功能是根据计算机指令进行算术逻辑运算。CPU由运算器、控制器、寄存器和实现它们之间联系的数据、控制及状态的总线构成。在微型计算机中，CPU又称为"微处理器"。

从1971年英特尔公司制造出Intel 4004微处理器起，CPU经历了40多年的发展，从最早的4位、8位处理器，到今天的32位、64位带宽，主频已达到了3GHz。特别是2005年以来，多核CPU得到了快速发展，是CPU研究的转折点，也为CPU的发展开辟了新的发展方向，从而为高性能计算机的研发提供了更好的保证。

(1)典型的CPU结构

典型的CPU结构主要包括运算器和控制器两部分。运算器，即算术逻辑单元（Arithmetic Logic Unit，ALU)是CPU的执行单元，是所有中央处理器的核心组成部分，由"与"门和"或"门构成的算术逻辑单元组成，主要功能是进行二进制算术运算。控制器主要是负责对指令译码，并且发出为完成每条指令所要执行的各个操作的控制信号。逻辑结构如图2-12所示。

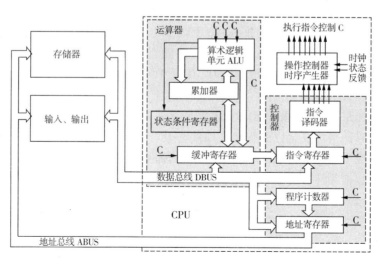

图 2-12 典型的 CPU 结构

①算术逻辑单元，是中央处理器的执行单元，由"And Gate"（与门）和"Or Gate"（或

门)电路组成,可以执行定点或浮点算术运算操作、移位操作以及逻辑操作,也可以执行地址运算和转换。

②控制器,主要负责指令译码,并且发出为完成每条指令所要执行的各个操作的控制信号,启动 ALU 单元完成运算。

③寄存器,包括通用寄存器、专用寄存器和控制寄存器。通用寄存器分定点数和浮点数两类,它们用来保存指令执行过程中临时存放的寄存器操作数和中间(或最终)的操作结果。通用寄存器是中央处理器的重要组成部分,大多数指令都要访问通用寄存器。通用寄存器的宽度决定计算机内部的数据通路宽度,其端口数目往往可影响内部操作的并行性。专用寄存器是为了执行一些特殊操作所用的寄存器。

在上述寄存器中,地址寄存器(Address Register,AR)用来保存当前 CPU 所要访问的内存单元或 I/O 设备的地址。由于内存和 CPU 之间存在着速度上的差别,所以必须使用地址寄存器来保存地址信息,直到内存读/写操作完成为止。数据缓冲寄存器(Data Register,DR)用来暂存微处理器与存储器或输入/输出接口电路之间待传送的数据。地址寄存器和数据寄存器在微处理器的内部总线和外部总线之间,还起着隔离和缓冲的作用。

CPU 的工作可分为 4 个阶段。

①提取(Fetch),从存储器或高速缓冲存储器中检索指令,放入指令寄存器,由程序计数器(Program Counter)指定存储器的位置。

②解码(Decode),CPU 根据存储器提取到的指令字,解析为操作码和操作数,从而进行相应的运算。如果参与操作的数据在存储器中,还需要形成操作数地址。

③执行(Execute),根据解码结果,激活相应的 ALU 部件实施运算。

④写回(Writeback),以一定格式将执行阶段的结果简单地写回。运算结果经常被写进 CPU 内部的暂存器,以供随后指令快速存取。

关于 CPU 的功能,根据其用途不同,对于高档的计算机或服务器,一种发展趋势是将计算机常用的一些功能不断地集成到 CPU 当中,以提高程序处理速度。对于普通计算机,这种集成并没有太大的意义,因为这些功能普通用户并无需求,集成却需要增加成本。例如,很难想象将 Java 虚拟机集成在 CPU 中,这样的 CPU 对一台普通计算机几乎没有任何实际意义。

实际的情况是,人们对服务器的要求越来越高,而普通的个人计算机并不需要太强的计算能力。随着网络泛在化以及智能终端的普及,人们对传统计算机的需求会减弱,我们只要通过手机等智能设备连接到服务器,现有的需要计算机完成的计算任务将由一个大型服务器作为数据和计算的中心来完成计算和存储等工作。

(2)多核处理器

推动计算机性能提高的主要因素有两个:一个是半导体制造工艺的不断提高,另一个是计算机体系结构的发展。半导体制造工艺决定了 CPU 的性能,人们通过提高总线的频率来提高计算机的性能。目前,单 CPU 计算机的主频已达到 3GHz。提高主频带来的最大问题是高热,主频超过 2GHz 时,功耗将达到 100W。这导致设计的复杂度提高,也导致芯片运行不稳定,因此,主频提高的空间已经不大。此外,科学家还通过采用超标量技术和增加部件方式实现单位时间内执行更多指令的目的,以提高 CPU 速度。但是,单纯提高 CPU 速度还遇到和存储器匹配的问题,这将影响计算机整体性能的提高。

2002 年,计算机性能的提高降到了每年 20％的低水平,主要有 3 个方面的原因。第一,风冷芯片技术的最大功耗已经达到了极限。第二,指令级并行很难再有效提高。第三,存储器时延难以降低。2004 年,英特尔公司取消了高性能单一处理器的研究计划,宣布将通过同一芯片上的多处理器而不是单一处理器来提高计算机的整体性能。这是一个重要的转折,也标志着多核并行计算机时代的到来。目前,Intel、IBM、Sun 和 AMD 等国际大公司都宣布已经生产出在一个芯片上集成了多个可执行核的微处理器。

所谓"多核"(Multi-Core),从物理角度讲,是指在一个处理器芯片上封装了多个微处理器,每个处理器有独立的控制流和内部状态。从软件开发角度讲,多核指一个芯片包含了多个执行单元,可以使线程并行执行。需要注意的是,多核和多处理器是两个不同的概念。多核是指在一个处理器芯片上有多个处理器核心,它们之间通过 CPU 内部总线通信。多处理器是指多个独立的 CPU 工作在一个系统上,它们之间通过主板上的系统总线通信。多核处理器为未来的计算机发展做出了象征性指引,无论是在计算机性能上还是减少电力消耗上,多核 CPU 都是最值得关注的研究方向。

（3）计算机指令系统

在计算机系统中,计算机软件的功能最终要通过计算机硬件来实现。硬件是如何完成程序的功能的呢？这需要通过计算机指令来完成。对于每一台计算机,都有一组相应的计算机指令构成机器的指令系统,每条指令对应具体的逻辑电路。可见,指令系统是计算机硬件的语言系统,又称"机器语言",是软件和硬件的主要界面。

①指令的一般形式。指令(Instruction)是用于规定计算机进行某种具体操作的命令。计算机的指令格式与机器字长、存储器容量及指令功能都有很大的关系。一条计算机指令通常由操作码和地址码两个部分构成。

操作码表示操作的性质和功能。指令类型的多少取决于给出操作码位数 n 的大小,n 越大,则指令条数(2^n)越多,功能越强,指令系统的规模也就越大。那么,是否操作码位数越多越好呢？不一定。CPU 是指令寄存器(Instruction Register,IR)接收并表示指令。指令的长度受到机器结构的限制。机器字长表示机器内部数据通道和工作寄存器的宽度,是各种因素综合表现的属性,指令长度也要适应这个要求。

地址码用于指定操作数或存放操作数的地址。根据地址码的不同,有若干不同的指令格式,常见的有零地址指令(无操作码,如停机指令)、一地址指令(只给出一个操作数地址,另一操作数地址隐含在累加器 AC 中)、二地址指令(给出两个操作数地址)、三地址指令(给出两个操作数地址和一个运算结果地址)。

每一种指令格式各有特点。零地址、一地址和二地址具有指令短、执行速度快、硬件实现简单等特点,多为小型机、微型机所采用。而二地址以上的指令格式具有功能强、便于编程等特点,多为字长较长的大、中型机所采用。例如,三地址指令格式优点是操作结束后,两个操作数的内容均未被破坏,但缺点是,增加一个地址后,使得指令码加长,增加存储空间,加大取值时间,因此,这种指令格式只在字长较长的大、中型机上采用。

在计算机中,计算机指令和数据一样,都以机器字的形式保存在内存中。因此,在内存中,指令是一组有意义的二进制代码。要记住机器代码是很困难的事情,通常用汇编语言来描述对应的指令。例如,在 IBM-PC 指令系统中,有如下指令:

MOV AX,03FFH

这条指令的功能是将 03FFH 传到 AX 寄存器中。

汇编语言(Assembly Language)是面向机器的程序设计语言。在汇编语言中,用助记符代替机器指令的操作码,用地址符号或标号代替指令中的地址码,从而增强程序的可读性和编写难度。这种符号化的程序设计语言就是汇编语言,亦称"符号语言"。使用汇编语言编写的程序,机器不能直接识别,还要由汇编程序或汇编语言编译器转换成机器指令。

②指令分类。计算机指令对应了计算机硬件的电路实现,常见的计算机指令可以分为:数据处理指令,包括算术运算指令、逻辑运算指令、移位指令、比较指令等;数据传送指令,包括寄存器之间、寄存器与主存储器之间的传送指令等;程序控制指令,包括条件转移指令、无条件转移指令、转子程序指令等;输入/输出指令,包括各种外围设备的读、写指令等,有的计算机将输入/输出指令包含在数据传送指令类中;状态管理指令,包括诸如实现存储保护、中断处理等功能的管理指令。

(4)CPU 主要性能指标

计算机的性能在很大程度上由 CPU 的性能决定,而 CPU 的性能主要体现在其运行程序的速度上。影响运行速度的性能指标包括 CPU 工作频率、高速缓冲存储器容量、指令系统和逻辑结构等参数。

①主频,又称"时钟频率"(CPU Clock Speed),表示 CPU 内数字脉冲信号震荡的速度。从本质上讲,CPU 执行一条指令,就是 CPU 内部各部件的数据的一次变化,所以,主频越高,CPU 处理数据的速度就越快,即运算速度越快。通常讲的 CPU 是多少兆赫,即是指 CPU 主频。

②外频,CPU 通过系统总线和内存之间传输数据,因此,系统总线的工作频率直接影响 CPU 的数据处理速度,把系统总线的工作频率称为"CPU 外频率",简称"外频"。由于内存速度的发展滞后于 CPU 的发展速度,为了缓解内存带来的瓶颈,所以出现了二级缓存,来协调内存和 CPU 之间的差异。

③倍频,指 CPU 主频和系统总线之间相差的倍数,全称是"倍频系数",简称"倍频"。最初的 CPU 主频和系统总线速度是一样的,但 CPU 的速度越来越快,倍频技术也就相应产生。它可使系统总线工作在相对较低的频率上,而 CPU 速度可以通过倍频来无限提升,即主频 = 外频×倍频。

理论上讲,提高倍频,可以提高 CPU 主频速度。但实际上,在外频不变的情况下,高倍频的 CPU 本身意义并不大。这是因为 CPU 与系统之间数据传输速度是有限的,一味追求高倍频而得到高主频的 CPU 就会出现明显的"瓶颈"效应,即 CPU 从系统中得到数据的极限速度不能够满足 CPU 运算速度的提升。

④地址总线宽度。决定 CPU 可以访问的物理地址空间,对于 80486 以上的微机系统,地址总线的宽度为 32 位,最多可以直接访问 2^{32} MB,即 4GB 字节的物理空间。对于 Pentium Pro、Pentium Ⅱ、Pentium Ⅲ 等,地址总线宽度则为 36 位,可以直接访问 64GB 的

物理空间。

⑤数据总线宽度。数据总线负责计算机中数据在各组成部分之间的传送,数据总线宽度指 CPU 中运算器与存储器之间进行互连的内部总线二进制位数。数据总线宽度决定了 CPU 与二级缓存、内存以及输入/输出设备之间一次数据传输的信息量。

⑥机器字长,是指 CPU 进行一次整数运算(定点整数运算)所能处理的二进制数据的位数,通常是 CPU 内部数据通路的宽度,决定了计算机运算器一次能够处理的二进制位数,分为数据字或指令字。机器字长反映了计算机的运算精度,字长越长,数的表示范围也越大,精度也越高。机器字长也会影响机器的运算速度。假设 CPU 字长较短,又要对位数较多的数据进行运算,则需要经过两次或多次的运算才能完成,从而影响整机的运行速度。

⑦CPU 指令集。CPU 依靠指令来计算和控制系统,每款 CPU 在设计时就规定了一系列与其硬件电路相配合的指令系统。当前的计算机按指令结构分为两大类:复杂指令集计算机(Complex Instruction Set Computer,CISC)和精简指令集计算机(Reduced Instruction Set Computer,RISC)。在 CISC 处理器中,把以前用软件(子程序)可以实现的功能改为用指令实现,使得同一系列的计算机指令系统越来越复杂,也使得指令系统的硬件实现越来越复杂,称这些计算机为"复杂指令集计算机"。

研究人员通过测试发现,各种指令的使用频率相差悬殊,最经常使用的往往是一些比较简单的指令。它们占指令总数的 20%,而在程序中出现的频率却占到 80% 左右。这说明大部分的复杂指令是不经常使用的。基于上述研究,在传统计算机指令系统中,选取使用频率最高的少数指令,采用大量的寄存器、高速缓冲存储器技术,通过优化编译程序,提高处理速度,这样的指令集称为"精简指令集"。

⑧高速缓存,是 CPU 与内存之间设立的一种高速缓冲存储器(Cache),也称"缓存"。由于和高速运行的 CPU 数据处理速度相比,内存的数据存取速度太慢,为此,在内存和CPU 之间设置了高速缓存,用来保存下一步将要处理的指令和数据,以及在 CPU 运行的过程中重复访问的数据和指令,从而减少 CPU 直接到速度较慢的内存中访问。

缓存一般分为 L1 Cache(一级缓存)、L2 Cache(二级缓存)和 L3 Cache(三级缓存)三种。一级缓存集成在 CPU 内,在 CPU 管芯面积不能太大的情况下,容量较小。二级和三级缓存有芯片内和芯片外两种。受 CPU 大小和制造工艺所限,芯片外的缓存没有被集成进芯片内部,而是集成在主板上,通过高速总线与 CUP 连接。

另外,为缓解计算机主机与外接设备之间传输速度的不同,外接设备上通常也设计相应的缓冲存储器,如硬盘缓存、显示卡缓存(简称为"显存")、网卡缓存等。

⑨运算速度,是衡量计算机性能的一项重要指标。通常所说的计算机运算速度(平均运算速度),是指每秒钟所能执行的指令条数,一般用"百万条指令/秒"来描述。微机一般采用主频来描述运算速度,主频越高,运算速度就越快。

⑩工作电压(Supply Voltage),指 CPU 正常工作所需的电压。早期 CPU 的工作电压一般为 5V,随着 CPU 主频的提高,CPU 的工作电压逐步下降,以解决发热过高的问题。低电压能让可移动便携式笔记本、平板的电池续航时间增长,第二低电压能使 CPU工作时的温度降低,温度低才能让 CPU 工作在一个非常稳定的状态。

2.存储器

存储器(Memory)是计算机系统中的记忆设备,采用磁性材料或半导体器件作为存储介质,用来存放程序和数据。存储器有主存储器(内存储器)和辅助存储器(外存储器)两种。内存储器指主板上的存储部件,用来存放当前正在执行的数据和程序。内存储器通常由半导体存储器组成,关闭电源或断电后,数据会丢失。外存储器的种类较多,有磁盘存储器、磁带存储器、光盘存储器等多种。外存储器的特点是能长期保存信息,信息以文件方式存储在其中。

(1)内存储器

在计算机系统中,机器启动后,操作系统、运行的程序和数据存储在计算机内存中。内存是内存储器的简称,是计算机中的主要部件。内存储器通常是一种半导体存储器,最小存储单位就是一个双稳态半导体电路或一个 CMOS 晶体管存储元,表示一个二进制代码 0 或 1。

内存储器包括寄存器、高速缓冲存储器和主存储器。寄存器在 CPU 芯片的内部,高速缓冲存储器目前也在 CPU 芯片的内部,主存储器由插在主板内存插槽中的若干内存条(即 RAM 芯片)组成。内存储器和 CPU 之间通过地址总线、数据总线、若干信号控制线连接,如图 2-12 所示。

当 CPU 启动一次存储器读操作时,先将地址码由 CPU 通过地址总线送入地址寄存器 MAR,然后是控制总线中的读信号 READ 线有效,MAR 中地址码经过地址译码后选中该地址对应的存储单元,并通过读写驱动电路,将选中单元的数据送入数据寄存器 MDR,最后通过数据总线读入 CPU。

计算机系统中,不论是数据还是程序,都以存储字的形式保存在存储体中。所谓"存储字",是指计算机作为一个整体一次存放或取出内存储器的数据。例如,8 位机的存储字是 8 位字长(即 1 个字节);16 位机的存储字是 16 位字长;32 位机的存储字是 32 位字长……在现代计算机系统中,特别是微机系统中,内存储器一般都以字节编址,即 1 个存储地址对应 1 个 8 位存储单元。这样,1 个 16 位存储字就占 2 个连续的 8 位存储单元,1 个 32 位的存储字则占 4 个连续的存储单元。在 Intel X86 系统中,存储字的地址用构成存储字的多个连续存储单元中最低端的存储单元中的地址表示,该存储单元存放的是存储字中的最低 8 位。例如,将 32 位存储字 12345678H(数据的十六进制表示)存放在内存中,需要占用 24300H~24303H 四个地址的存储单元,其中最低字节 78H 存放在 24300H 中,则该 32 位存储字的地址即 24300H,如图 2-13 所示。不同的 CPU 结构,其存储字的组织和地址也不完全相同,但大同小异。

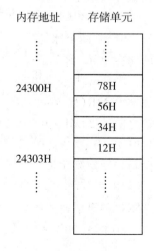

图 2-13 内存中的数据组织

从图 2-13 我们可以看出,每一个存储单元的地址是 20 位(5 位十六进制数)的,为什么是 20 位呢? 其实,存储地址决定了可访问的存储单元数量,这里面包含了存储器存储容量的概念。一个半导体存储芯片的存储容量是指存储器可以容纳的二进制信息量,以存储器中的存储寄存器 MAR 的编址数与存储字位数的乘积表示。例如,某存储器芯片的 MAR 为 16 位,存储字长为 8 位,则其存储容量为 $2^{16} \times 8$ 位$=64K \times 8$ 位,64K 即 16 位的编址数,即可以编址的存储单元数;20 位 MAR 的编址数为 $2^{20} \times 8$ 位,即 1024K(1M)。

在现代计算机结构中,地址寄存器和数据寄存器的宽度决定了存储器的存储容量,一个 M 位地址总线、N 位数据总线的半导体存储器芯片的存储容量为 $2^M \times N$ 位,这个容量是系统的内存最大容量,内存的实际装机容量不一定和最大容量相等。例如,一台 80486 计算机,其地址总线为 32 位,则内存允许的最大容量为 $2^{32}=4GB$,而实际装机容量可能只有 1GB 或 2GB。

(2)外存储器

在计算机系统中,外储存器是指除计算机内存及 CPU 缓存以外的储存器,此类储存器一般断电后仍然能保存数据。常见的外储存器有硬盘、软盘、光盘、U 盘等。

①硬盘及其分类。硬盘是最常见的外存储器,由一个或多个铝制或玻璃制的碟片组成。碟片外覆盖有铁磁性材料,用于存储信息。磁存储采用二进制,基本原理是利用磁性材料磁极的取向记录数据。按照所使用的存储介质不同,硬盘又分为机械硬盘、固态硬盘和混合硬盘等类型。

机械硬盘,就是传统普通硬盘,主要由盘片、盘片转轴、磁头及控制电机、磁头控制器、数据转换器、接口、缓存等几个部分组成。机械硬盘中所有的盘片都装在一个旋转轴上,每张盘片之间是平行的,在每个盘片的存储面上有一个磁头,磁头与盘片之间的距离比头发丝的直径还小,所有的磁头连在一个磁头控制器上,由磁头控制器负责各个磁头的运动。磁头可沿盘片的半径方向运动,加上盘片每分钟几千转的高速旋转,磁头就可以定位在盘片的指定位置上进行数据的读写操作。

最早的机械硬盘可以追溯到 1956 年 IBM 的 IBM 350 RAMAC,它是现代硬盘的雏形,相当于两个冰箱的体积,储存容量只有 5MB;1973 年 IBM 3340 问世,有两个 30MB 的储存单元,确立了硬盘的基本架构。1980 年,美国希捷科技公司[①]开发出 5.25 英寸(13.335cm)规格的 5MB 硬盘,这是首款面向台式机的产品。20 世纪 80 年代末,IBM 公司推出 MR(Magneto Resistive,磁阻)技术,令磁头灵敏度大大提升,使盘片的储存密度较之前的 20Mbpsi(bit/in²)提高了数十倍,该技术为硬盘容量的巨大提升奠定了基础。1991 年,IBM 公司应用该技术推出了首款 3.5 英寸(8.89cm)的 1GB 硬盘。1988 年,法国物理学家阿尔贝·费尔(1938 年 3 月 7 日~)和德国科学家彼得·格林贝格尔(1939 年 5 月 18 日~)各自独立发现巨磁阻效应(Giant Magneto-Resistive,GMR),为小型大容量计算机硬盘的研发提供了理论基础。因此,两人于 2007 年共同获得诺贝尔物理学奖。

20 世纪 90 年代,在 GMR 技术的支持下,巨磁阻磁头开始被大量应用于硬盘当中。

---

① 美国希捷科技公司是全球最大的硬盘厂商之一。1979 年,前 IBM 公司高级雇员,软盘、硬盘驱动器发明人阿兰·舒加特(Alan Shugart,1930 年 9 月 27 日~2006 年 12 月 12 日)创办希捷科技公司。2005 年,公司并购迈拓,2011 年 4 月收购三星旗下的硬盘业务。

从那时起,短短几年的时间,硬盘的容量就提升了几百倍。但是发展到现在,GMR 技术已经接近了极限,硬盘容量的提升必须寻求新的技术。目前公认的下一代技术是垂直磁记录技术,即记录位的磁性材料的 S、N 两极的连线垂直于盘片,而在此之前的技术都属于水平磁记录技术。

固态硬盘(Solid State Disk 或 Solid State Drive,SSD),也称作"电子硬盘"或"固态电子盘",是由控制单元和固态存储单元组成的硬盘。和传统硬盘采用磁性材料作为存储介质不同,固态硬盘采用闪存(FLASH 芯片)或 DRAM 作为存储介质。固态硬盘没有机械硬盘的旋转介质,因而抗震性极佳,其芯片的工作温度范围很宽(-40℃~85℃)。常见的固态硬盘形式有笔记本硬盘、微硬盘、存储卡、U 盘等。

②光盘,由基层、中间反射层和保护膜三层结构构成。基层由硬质塑料制成,坚固耐用;中间反射层由极薄的铝箔制成,是记录信息的载体;上层为透明的保护膜,用以保护中间反射层,以免划伤。光盘通常是单面的,正面存储信息,背面印制标签。

光盘的存储也采用二进制,基本原理:利用刻录在反射层上的凹坑记录信息。凹坑边缘转折处表示 1,平坦无转折处表示 0。在读取信息时,光盘驱动器的激光头发出激光束聚焦在高速旋转的光盘上,激光束照射在凹坑边缘转折处和平坦处反射回来的光的强度会突然发生变化,从而表示 0 和 1。

最初的光盘驱动器的数据传输速率为 150kB/s,这个速率被作为基数,称为"一倍速"。由于技术发展,光盘的读写速度不断提高,又陆续出现了 2 倍速、4 倍速、8 倍速、32 倍速等光盘驱动器,倍速越高,数据的传输速度就越快。

3. 输入与输出

在计算机系统中,CPU 与除主存之外的其他部件之间传输数据的软硬件机构统称为"输入输出系统"(Input/Output,I/O 系统),其主要作用是将计算机外的数据或程序输入计算机,同时将计算机处理后的数据输出到输出设备或计算机系统外部。

计算机系统的输入和输出通常是通过各种各样的输入设备和输出设备完成的。常用的输入设备有键盘、鼠标器、扫描仪等。常用的输出设备有显示器、打印机、绘图仪等。磁带、磁盘、光盘的驱动器既是输入设备,又是输出设备。通常情况下,将输入设备和输出设备称为"外围设备",简称"外设"。实际应用中,凡在 CPU 执行指令之前或之后对信息进行加工的设备均可称为"外设"。

(1)输入输出接口

输入、输出等外围设备在结构和工作原理上与 CPU 有很大的差异,它们都有各自单独的时钟,以及独立的时序控制和状态标志。CPU 与外围设备工作在不同速度下,其速度之差一般能够达到几个数量级。此外,CPU 与外围设备从数据格式到逻辑时序往往也不相同。例如,CPU 内部和 RAM 采用二进制编码表示数据,而外围设备一般采用 ASCII 编码。因此,CPU 与外围设备间的连接与信息交换不能直接进行,必须引入相应的逻辑部件解决两者之间的同步与协调、数据格式转换等问题,这就是输入输出(I/O)接口。

输入输出接口是通过接口电路实现的,用于系统本身的接口电路集成在主板芯片组中,其余的接口电路以电路卡的形式随设备一起提供,通常称为"适配器"(Adaptor),插接到计算机主板上的扩充插槽中,再与外部设备连接。例如,常见的键盘接口、显卡、声卡、网卡等,都属于输入输出接口,或叫"适配器"。从本质上讲,接口的基本功能就是实现外围设备和主机之间的通信。因此,接口涉及的问题包括通信控制、数据缓冲、数据格式转换等。

(2)接口的分类

接口是 CPU 和外围设备之间的桥梁,主要用作外围设备和计算机之间的通信。因此,可以按照通信方式的不同,对接口进行分类。

按传输数据宽度分类,通信方式可分为串行传输和并行传输两种方式,又称"传输模式"。与此对应,接口可分为并行接口和串行接口。例如,打印机接口为并行接口,连接调制解调器(Modem)的接口则为串行接口。并行接口通常用于短距离通信,而串行接口用于长距离通信。在串行通信中,按操作节拍分类,串行数据通信分为异步传输和同步传输两种形式。根据串行数据通行中的异步传输和同步传输方式,当接口与 CPU 之间采用串行传输时,接口可分为同步接口和异步接口两类。同步接口通信设计简单,但要求通信双方必须同步,异步接口通过增加起始和终止位通信,实现方便,键盘输入、网络接口都采用异步接口方式。

2.3.3 微型计算机举例

在工作和生活中,我们接触最多的计算机是微型计算机,即微机或个人电脑。可以说,微型计算机是冯·诺依曼计算机体系结构的一种物理实现。它是以微处理器为基础,配以内存储器、输入输出(I/O)接口电路和相应的辅助电路而构成的计算机,其特点是采用基于总线的计算机体系结构,参见图 2-10。

为了对微型计算机有一个全面的感性认识,此处介绍一下微型计算机的硬件组成及各个部分的功能。所谓"硬件",是指构成计算机的物理设备,即由机械、电子器件构成的具有输入、存储、计算、控制和输出功能的实体部件。一台典型的微型计算机的外部及内部结构如图 2-14 所示。

(a)微型计算机外部结构　　　　　(b)微型计算机内部结构

图 2-14　典型的微型计算机外部及内部结构

一台微型计算机,通常被分成主机和外围设备两部分。主机是指安装在机箱内的计算机部件,而外围设备是指通过接口和主机相连的部件。

1. 主机

①电源是计算机中不可缺少的供电设备,作用是将 220V 的交流电转换为使用的 5V、12V、3.3V 的直流电,其性能的好坏直接影响到其他设备工作的稳定性,进而会影响整机的稳定性。

②主板(Mainboard)是安装在机箱内,连接 CPU、内存储器、外存储器、各种适配卡、外部设备的电路板。主板一般为矩形电路板,集成了组成计算机的主要电路,一般有 CPU 插槽、内存插槽、BIOS 芯片、I/O 控制芯片、控制芯片组、扩充插槽、键盘接口、鼠标器接口、硬盘接口、串行并行接口、指示灯接口、主板电源供电接插件等。

当主机加电时,电流会在瞬间通过 CPU、南北桥芯片、内存插槽、AGP 插槽、PCI 插槽、IDE 接口以及主板边缘的串口、并口、PS/2 接口等。随后,主板会根据 BIOS 来识别硬件,并进入操作系统发挥出支撑系统平台工作的功能。

③接口是主机和外围设备之间的连接电路。主板的外部接口通常统一集成在主板后半部,并探出机箱,以便连接外围设备。主板通常按照规范用不同的颜色表示不同的接口,以免搞错。例如,键盘和鼠标可能都采用 PS/2 圆口,键盘接口一般为蓝色,鼠标接口一般为绿色,以便于区别。串口可连接 Modem 和方口鼠标等,并口一般连接打印机。

随着计算机外围设备的日益增多,1994 年,Intel、IBM、Microsoft 等多家公司联合提出 USB(Universal Serial Bus,通用串行总线,或通用串联接口)技术。USB 是一个外部总线标准,用于规范计算机与外部设备的连接和通信。常用的 USB 标准有 USB 1.0、USB 2.0 和 USB 3.0。USB 2.0 采用四线电缆,其中两根是用来传送数据的串行通道,另外两根为下游设备提供电源。不同的 USB 接口标准,其引针数量、最大传输速率、输出电流不同。USB 具有通用、传输速度快、支持热插拔功能。

④显卡是连接显示器和主板的接口。显卡在工作时与显示器配合输出图形、文字。显卡的作用是将计算机系统所需要的显示信息进行转换驱动,并向显示器提供扫描信号,和控制显示器的正确显示,是连接显示器和个人计算机主板的重要元件。

对于显示器,有显示分辨率和刷新频率两个重要的指标。显示分辨率表示显示器水平方向和垂直方向能够显示的像素数,如 1024×768、1280×1024 等。刷新频率则指每秒钟屏幕刷新的次数,频率过低则会出现闪烁,一般达到 75Hz 以上即可。这和我们生活中使用的护眼灯原理相同,因为交流电电压随时间变化,导致灯的亮度随时间变化,从而引起眼睛的疲劳。当频率达到一定的数值后,眼睛将感觉不到这种亮度变化,从而缓解疲劳。

⑤声卡是连接外部音响和主板的接口,其作用是当发出播放命令后,声卡将计算机中的声音数字信号转换成模拟信号送到音箱上发出声音。

⑥网卡,又称"网络接口卡"(Network Interface Card,NIC),工作在计算机网络的数据链路层,是局域网中连接计算机和传输介质的接口,负责数据的链路层封装和信号转换。网卡分有线和无线两种,不同的局域网技术需要安装不同的网卡。此外,网卡的选择还与主板的总线有关。

⑦调制解调器(Modem)是通过电话线上网时必不可少的设备之一,作用是对计算机中的数字数据和电话线传输的模拟信号进行转换。调制解调器分内置和外置两种。目前的主板上通常集成了调制解调器部件,并通过相应的接口和电话线连接。外置的调制解调器则需要通过 COM 端口和主机连接。

对于一台微型计算机,上述部件被安装在机箱内,构成了微型计算机的主机,并通过相应的接口和外围设备连接,共同构成一个完整的计算机硬件系统。

2.外围设备

①键盘是主要的输入设备,通常为 104 键或 105 键,通过 USB 接口或专用的键盘接口连接到主机,用于文本的输入和操作。

②鼠标是图形输入的主要设备,通过 USB 接口或专用接口连接到主机。和键盘相比,鼠标主要用于定位、图形绘制和计算机操作。

③显示器,又称"监视器",通过数据线和显卡连接,用于将用户的输入数据或计算机中的数据显示到屏幕上,为用户提供可视化的信息。根据成像原理不同,显示器有阴极射线管(Cathode Ray Tube,CRT)显示器、液晶显示器(Liquid Crystal Display,LCD)、等离子显示器(Plasma Display Panel,PDP),以及利用发光二极管(Light-Emitting Diode,LED)制作的 LED 显示屏(LED Pane)等。

④打印机。通过它可以把计算机中的文件打印到纸上,是重要的输出设备之一。根据打印的原理不同,打印机有针式打印机、喷墨打印机、激光打印机等不同类型。

⑤光驱,用来读写光盘内容的设备。光驱可分为 CD-ROM 驱动器、DVD 光驱(DVD-ROM)、刻录机等。

⑥闪存盘,通常也称作"优盘""U 盘""闪盘",是一个通用串行总线 USB 接口的无须物理驱动器的微型高容量移动存储器,采用闪存(Flash Memory)存储介质存储数据,由闪存、控制芯片和外壳组成,具有体积小、速度快而且防磁、防震、防潮、不用驱动器、无须外接电源、即插即用等特点。

⑦存储卡及读卡器。存储卡是利用闪存技术存储电子信息的存储器,一般应用在数码相机、掌上电脑、MP3、MP4 等小型数码产品中作为存储介质,样子小巧,犹如一张卡片,故称"闪存卡"。

根据不同的生产厂商和不同的应用,闪存卡有 Smart Media(SM 卡)、Compact Flash(CF 卡)、Multi Media Card(MMC 卡)、Secure Digital(SD 卡)、Memory Stick(记忆棒)、TF 卡等多种类型。这些闪存卡虽然外观、规格不同,但技术原理都是相同的。

通常情况下,计算机中没有专门的闪存卡接口,因此,要读取现存数据,需要有相应的读卡器。读卡器(Card Reader)其实是一种电路转换器,作为存储卡的信息存取装置。读卡器分单一读卡器和多合一读卡器。多合一读卡器可以插入不同的存储卡。读卡器通过USB 接口和计算机主机连接,支持热拔插。

此外,由于电子设备的数字化得到快速发展,各种各样的数码产品,如智能手机、数码相机、数码摄像机、摄像头、扫描仪、电视卡等设备,都可以通过专用的外围设备接口连接到计算机,实现外围设备和计算机之间数据的传输和管理。

2.4 数值表示与字符编码

计算机是对数据进行处理,包括数字、字符、图形、图像、视频、音频等多媒体数据。数据可分为数值型数据和非数值型数据两大类。在计算机中,不管是数据还是控制数据处理的程序,它们都是用二进制串来表示、使用和存储的。对于数值型数据,采用对应的二进制补码表示和存储,对于字符型数据则采用特定的字符编码表示和存储。

2.4.1 数与进制

在日常的生活中,我们通常讲的数是由 0~9 这 10 个数字符号以及小数点和正负号构成的,将由这 10 个数字符号构成的数称为"十进制数"。数有两个用途:记数、计算。记数就是记录"数量"。我们知道,数"量"的大小与表示它的进制是没有关系的。但是在计算的过程中,数的计算需要物理实现,不同的数制,其计算的实现必将不同,数的进制直接关乎计算机的硬件设计和制造。

1. 数的进制

数制(Numbering System),即表示数值的方法,也称"记数制",是用一组固定的符号和统一的规则来表示数值的方法。数制有非进位数制和进位数制两种。表示数值的数码与它在数中的位置无关的数制称为"非进位数制",如罗马数字就是典型的非进位数制。按进位的原则进行记数的数制称为"进位数制",简称"进制"。对于任何进位数制,具有以下特点:

①数制的基数确定了所采用的进位记数制。表示一个数字时所用的数字符号的个数称为"基数"(Radix)。对于 N 进位数制,有 N 个数字符号。如:十进制有 10 个符号,0~9,基数为 10;二进制有 2 个符号,Q 和 1,基数为 2;八进制有 8 个符号,0~7,基数为 8;十六进制有 16 个符号,0~9、A~F,基数为 16。

②在 N 进位数制计算中,逢 N 进 1,借 1 当 N。在 N 进位数制的加减运算中,两个数字相加,如果和大于等于 N,则向高位进位。在做减法运算时,如果被减数小于减数,则可以向高位借位,每借 1,则按照 N 来使用。如:十进制中逢 10 进 1,借 1 当 10;二进制中逢 2 进 1,借 1 当 2。

在计算机中,采用二进制。由于二进制在表示一个数时,对应的进制数字串较长,因此,计算机学科在许多时候也使用八进制和十六进制来表示数。不同进制之间数的表示及和十进制数之间的对应关系如表 2-2 所示。

表 2-2   四种常用进制数的表示及对应关系

十进制	二进制	八进制	十六进制	十进制	二进制	八进制	十六进制
0	0	0	0	8	1000	10	8
1	1	1	1	9	1001	11	9
2	10	2	2	10	1010	12	A
3	11	3	3	11	1011	13	B
4	100	4	4	12	1100	14	C
5	101	5	5	13	1101	15	D
6	110	6	6	14	1110	16	E
7	111	7	7	15	1111	17	F

③采用位权表示法。任何一个 r 进制具有有限位小数的正数，都可以表示为：

$$(a_n a_{n-1} \cdots a_1 a_0 \cdot b_1 b_2 \cdots b_{m-1} b_m)_r \tag{2-1}$$

其中 $a_i, b_j \in \{0, 1, 2, \cdots, r-1\}, i = 0, 1, \cdots, n, j = 1, 2, \cdots, m$。

对于数字的整数部分，对应的十进制数值为：

$$(a_n a_{n-1} \cdots a_1 a_0)_r = a_0 \times r^0 + \cdots + a_{n-1} + a_n \times r^n = \sum_{i=0}^{n} a_i r^i \tag{2-2}$$

同理，对于数字的小数部分，对应的十进制数值为：

$$(0.b_1 b_2 \cdots b_m)_r = b_1 \times r^{-2} + b_m \times r^{-m} = \sum_{i=1}^{m} b_i r^{-i} \tag{2-3}$$

由以上式子可知，处在不同位置上的数码 a_i 和 b_j 所代表的值不同。一个数字在某个位置上所表示的实际数值等于该数值与这个位置的因子 r^i、r^{-j} 的乘积，r^i、r^{-j} 由所在位置相对于小数点的距离 i、j 来确定，简称为"位权"（Weight）。因此，任何进制的数字都可以写出按位权展开的多项式之和。

2. 二进制及其意义

在数的各种进制中，二进制是其中最简单的一种记数进制。它的数码只有两个，即 0 和 1。二进制对于现代计算机的研制具有重要的理论意义。

①在自然界中，具有两种状态的物质俯拾皆是，如灯的亮与灭、电平的高与低、电磁场的 N 极和 S 极等，容易实现数的表示和存储。计算机的电子器件、磁存储和光存储的原理都采用了二进制的思想，即通过磁极取向、表面凹凸来记录数据 0 和 1。

②二进制的运算规则简单，只有三种运算，即：

$$0+0=0, 0+1=1, 1+1=10$$

这样的运算很容易实现。在电子电路中，只要用一些简单的算术逻辑运算元件就可以完成。同时，采用数据的补码表示，可以将数据的减法运算变为加法运算，而且乘法运算可以通过加法实现，除法运算可以通过减法实现。因此，只需要设计一个加法器，就可以完成加、减、乘、除运算，极大地降低了计算部件的设计难度。

正是基于上述原因,二进制成为现代计算机的重要理论基础。

3.不同进制数之间的转换

(1)二进制数转换为十进制数

对于一个二进制数,如果希望求出它对应的十进制数,可以写出该数的位权展开式,从而就可以很容易地算出它所对应的十进制数。例如:

$11010101B=1\times2^0+0\times2^1+1\times2^2+0\times2^3+1\times2^4+0\times2^5+1\times2^6+1\times2^7=213D$

$0.1101B=1\times2^{-1}+1\times2^{-2}+0\times2^{-3}+1\times2^{-4}=0.5+0.25+0.0625=0.8125D$

(2)十进制数转换为二进制数

一个十进制数转换为二进制数,需要整数部分和小数部分分别转换。

①对公式(2-2)稍做分析可知,整数部分的转换可采用除基数取余法,即用基数 2 多次去除被转换的十进制数,记下余数的值,直到商为 0。将每次所得到的余数按逆序排列,就是转换后的二进制数。

例如,将十进制数 65 转换为二进制数,采用除基数取余法,计算过程如下:

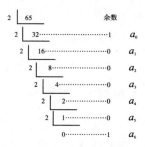

依次求得 $a_0,a_1,a_2\cdots\cdots$ 因此,得到的二进制串为 1000001,即有 $65D=1000001B$。

②分析公式(2-3)可知,小数部分的转换可采用乘基数取整法,即把要转换数的小数部分乘以新进制的基数,把得到的整数部分作为新进制小数部分的最高位;把上一步的小数部分再乘以新进制的基数,把整数部分作为新进制小数部分的次高位;依次进行,直到小数部分变成零为止。或达到预定的要求也可以。

例如,将十进制数 0.715 转换为二进制数,计算过程如下:

$0.715\times2=1.430$,取整数部分,即 $b_1=1$,

$0.43\times2=0.86$,取整数部分,即 $b_2=0$,

$0.86\times2=1.72$,取整数部分,即 $b_3=1$,

$0.72\times2=1.44$,取整数部分,即 $b_4=1$,

$0.44\times2=0.88$,取整数部分,即 $b_5=0$。

对于得到的各位数字,按正序排列,就是所对应的二进制数。

则 $0.715D=0.10110B$。

对于十进制数转换为八进制数、十六进制数的方法,与上述转换为二进制数的方法相同。

(3)二进制数转换为八进制数、十六进制数

我们知道,$8=2^3,16=2^4$,也就是说,1 个八进制位等于 3 个二进制位,1 个十六进制

位等于 4 个二进制位。因此,我们可以很容易实现二进制数与八进制数、二进制数与十六进制数之间的转换。

从二进制转换成八进制(十六进制)的方法是:从小数点开始,整数部分向左每 3 位(4 位)一组划分,当不足 3 位(4 位)时在前面补 0;小数部分向右每 3 位(4 位)一组划分,不足 3 位(4 位)时在后面补 0;然后每一组再转换成一个 8 位(16 位)数符(可见表 2-2)即可完成。将八进制、十六进制数转换为二进制数的方法和上面的过程相反。

在日常工作和生活中,我们看到的数字通常是十进制数。为了表明一个特定进制的数,通常在数据后加一个特定的字母来表示它所采用的进制:字母 D 表示数据为十进制(Decimal Notation);字母 B 表示数据为二进制(Binary Notation);字母 O 表示数据为八进制(Octal Notation);字母 H(或在数据前加"0x")表示数据为十六进制(Hexdecimal Notation)。例如,567.17D(十进制的 567.17)、110.11(十进制的 110.11,省略了字母 D)、110.11B(二进制的 110.11)、245O(八进制的 245)、234.5BH(十六进制的 234.5B)、0x369(十六进制的 369)。

2.4.2 数的原码、反码与补码表示

在计算机中,数的表示和运算都是以二进制的形式进行的。一个数在计算机中的内部表示称为"机器数"。通常规定,机器数的最高位为符号位,符号位为 0 表示正数,符号位为 1 表示负数,称为"数符"。机器数所表示的数值称为"真值",采用最高位表示符号位,其他位为真值的机器数形式称为"数的原码表示"。

在对两个数作加减法运算时,若将符号位和数值位同时参与运算,则会得出错误的结果。为此,一个带符号位的机器数通常有原码、反码和补码三种不同的表示方法。正数的原码、反码和补码形式完全相同,负数则有不同的表示形式。

1. 原码

原码是机器数的一种简单的表示法,其符号位用 0 表示正号,用 1 表示负号。例如,对于以下的二进制数:$X_1 = +1010101$ 和 $X_2 = -1010101$,其原码记作:

$$[X_1]_原 = [+1010101]_原 = 01010101$$
$$[X_2]_原 = [-1010101]_原 = 11010101$$

原码机器数的表示范围因字长而定。采用 8 位二进制原码表示时,其真值占 7 位,1 位为符号位,因此,所表示的数的范围为:$[-127,127]$,即二进制的原码取值范围为:$[11111111,01111111]$。应该注意的是:对数字 0 的表示有两种原码形式:00000000 和 10000000,即 +0 和 -0。可见,虽然编码了 256 种状态,但表示的数是 $[-127,127]$ 以及 +0 和 -0。

采用原码表示数,直接进行二进制加法运算,结果可能是不正确的。例如:

$$X = +6 [X]_原 = 00000110$$
$$Y = -3 [Y]_原 = 10000011$$

两数直接做加法运算:

$$\begin{array}{r} 00000110 \\ +10000011 \\ \hline 10001001 \end{array}$$

显然,直接用这两个数相加,结果为 10001001,即−9,是不正确的。若将这两个数的原码相减,得"−3",结果也是不正确的。可见,采用数的原码表示不能进行正确的算术运算。为此,计算机中引入了反码和补码的概念,不仅可以保证数据计算结果的正确,还可以将加减法运算统一为加法运算,简化计算机 CPU 执行单元的设计和实现。

2.反码

机器数的反码可以由原码得到。如果机器数为正数,则该机器数的反码和原码相同;如果机器数为负数,则其反码是对原码除符号位以外的所有数位取反。例如,对于以下的二进制数:$X_1 = +1010101$ 和 $X_2 = -1010101$,其反码记作:

$$[X_1]_{反} = [[+1010101]_{原}]_{反} = [01010101]_{反} = 01010101$$
$$[X_2]_{反} = [[-1010101]_{原}]_{反} = [11010101]_{反} = 10101010$$

数的反码表示没有直接的用途,只是用作求补码的中间过程。

3.补码

机器数的补码可以由原码得到。如果机器数为正数,则该机器数的补码与原码相同;如果机器数为负数,则该机器数的补码是对它的原码除符号位外的各位取反,并且在末位上加 1,即负数的补码等于其反码加 1。例如,对于以下的二进制数:$X_1 = +1010101$ 和 $X_2 = -1010101$,其补码记作:

$$[X_1]_{补} = [[+1010101]_{原}]_{补} = [01010101]_{补} = 01010101$$
$$[X_2]_{补} = [[-1010101]_{原}]_{补} = [11010101]_{反} + 1 = 10101010 + 1 = 10101011$$

机器数的补码表示范围因字长而定,采用 8 位二进制补码表示时,其真值的表示范围为[−128,127],即二进制整数补码的取值范围为:[10000000,01111111]。对于数字 0 的补码表示只有一种形式:00000000,不再是原码表示中的 +0 和 −0 两种表示。

根据补码定义,已知一个数可以写出该数的补码形式;反之亦然,已知一个数的补码,也可求出该数的真值。根据一个数的补码形式,如果符号位为 0,表示正数,对应的数值即为数的真值;如果符号位为 1,则表示负数,真值则是首先减 1,然后再求反,即为负数的真值。所以,补码形式为 10000000 的数表示的是负数 −128,而不是 −0。

通过机器数的补码表示,可以将减法运算转化为加法运算来完成。例如,计算 6−3,可表示为(+6)+(−3),采用补码表示,计算过程如下:

$$X = +6, [X]_{原} = 00000110, [X]_{补} = 00000110$$
$$Y = -3, [Y]_{原} = 10000011, [Y]_{补} = 11111101$$

两数相加:

$$\begin{array}{r} 00000110 \cdots\cdots +6\text{的补码} \\ +10000011 \cdots\cdots -3\text{的补码} \\ \hline 10001001 \cdots\cdots 3\text{的补码} \end{array}$$

在计算机中,用补码存储数据。在运算时,直接用补码进行运算。减去一个数相当于加上这个数的补码,数的符号位也作为数值一起参与运算,允许产生进位。当数的绝对值超过表示数的二进制位数允许表示的最大值时,将发生"溢出"。补码存储数据为计算机硬件设计提供了极大的方便,计算机中只需要设计加法器即可,不需要减法器。

2.4.3 数的定点表示和浮点表示

在计算机中,一般用若干个二进制位表示一个数或一条指令,把它们作为一个整体来处理、保存或传送,这样一个作为整体来处理的二进制字串称为"计算机字"。表示数据的字称为"数据字",表示一条指令的字称为"指令字"。这个二进制字所占的位数称为"字长"。

字长的大小是由数据的处理设备和数据的类型所决定的,同类型的数据字长相同。一般来说,字长为 8 的倍数,如 8 位字长、16 位字长、32 位字长、64 位字长等。不同字长的数据字,取值范围差别很大,字长越大,可表示的数的范围也越大。当被表示的数超出其所能表示的范围时,将会发生"溢出"的错误,从而使数据的处理失败。

对于数值数据,有定点表示和浮点表示两种表示方法。采用定点表示的数称为"定点数",采用浮点表示的数称为"浮点数"。定点数是指规定小数点固定在某一位置上。定点数分为定点整数和定点小数。浮点数是指小数点位置可以任意浮动。

1. 定点数

数的定点表示是指数据字中小数点的位置固定不变。一般用来表示整数或一个纯小数。所谓"纯小数",就是不含整数位的小数,即小数点前均为 0,小数点后面的第 1 位不为 0 的小数。例如,0.105,但 0.015 不是纯小数,0.15 才是纯小数。

①定点整数。当表示一个整数时,小数点固定在数据字最后一位之后,小数点不占存储位数,如图 2-15(a)所示。

②定点小数。当表示一个纯小数时,小数点固定在符号位之后,数值最高位以前,小数点不占存储位数,如图 2-15(b)所示。

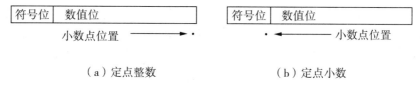

（a）定点整数　　　　　　　　　（b）定点小数

图 2-15 数的定点表示法

例如,字长为 16 时,对于整数"$+32767$"和小数"-2^{-15}",在计算机中,采用补码表示,其存储如图 2-16 所示。

对于图 2-16(b),表示的为什么是数字 -2^{-15} 呢? 因为是补码表示,最高位为 0,可知该数是负数,它的真值是补码减 1,再求反,这样就得到 0000000000000001,其中后 15 位为真值。根据二进制到十进制小数部分的转换公式(2-3),得到该小数为 2^{-15},又因为是负数,因此,对应的十进制数值为 -2^{-15}。

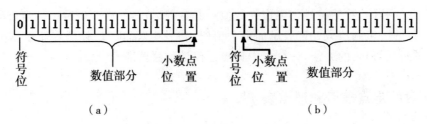

图 2-16 数的定点表示法示例

小数在计算机中的存储比较麻烦,我们从十进制到二进制的转换可以知道,将一个十进制的小数转换为二进制数,无论用多少位二进制,都有可能出现不能够精确表示的问题,这就是机器误差。这就使得在程序设计中,涉及小数操作的运算可能存在误差。

2. 浮点数

小数在计算机中通常采用浮点表示法表示。数的浮点表示法是指表示一个数时,其小数点的位置是浮动的。它实际上是数的指数记数法在计算机中的具体实现。采用科学记数法时,一个数可以分为尾数(Mantissa,也称 Significand)和指数(Exponent)两部分,例如,123.456 可以记为:0.123456×10^3,其中,0.123456 为尾数,3 为指数。

在小数的计算机存储中,和数学的科学记数法不同的是,基数不是 10,而是 2。因此,在数的浮点表示中,一个数由两部分组成:一是阶码部分(对应数的指数记数法中的指数,记为 E),二是尾数部分(对应指数记数法中的尾数,记为 M)。对于一个数 N,通过浮点表示法可以表示(注意:M 和 E 中都包含有各自的符号位)为:

$$N = M \times 2^E$$

例如,要表示 17 这个数,我们知道 $17 = 0.17 \times 100 = 0.17 \times 10^2$,类似地,$17 = (10001)_2 \times 2^0 = (0.10001)_2 \times 2^5$,再如,$0.25 = 1 \times 2^{-2} = (0.1)_2 \times 2^{-1}$。可以证明,$(b_1 b_2 \cdots b_m)_2 = (0.b_1 b_2 \cdots b_m)_2 \times 2^m$。在数的浮点表示中,尾数和阶码都有自己的符号位,以表示负数的情况。

在浮点表示中,小数点可以浮动,例如,$17 = (0.10001)_2 \times 2^5 = (0.010001)_2 \times 2^6$,每个浮点数的表示可以不唯一,这将给计算机处理增加复杂性。为了解决这个问题,我们规定尾数部分小数点后的第一位不能为 0,也就是说尾数必须以 0.1 开头,这使得尾数和阶码将是唯一的,这称为"正规化"(Normalize)。由于尾数部分的最高位必须是 1,这个 1 就不必保存了,可以节省出一位用于提高精度,即最高位的 1 是隐含的。

在计算机中,数的浮点表示法比较复杂,在实现时,为了表示唯一,都进行了正规化。我们可以将上面的思想用图的形式来表示,数的浮点表示存储结构概念如图 2-17 所示。

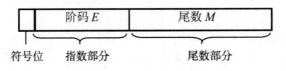

图 2-17 数的浮点表示法结构

尾数 M 的小数点位置位于尾数部分的数符位之后。M 为一纯小数,并且最高位从数据中第一个非零数位开始。阶码 E 为一整数。尾数的长度决定数的精度,阶码的大小决定数的范围。利用浮点数可以扩大实数的表示范围。

在计算机中保存一个浮点数时,阶码 E 的长度和尾数 M 的长度都是固定的。一般浮点数的机器字长为 32 位,数符占 1 位,阶码占 8 位,尾数占 23 位。此外,还有双精度的浮点数,其字长为 64 位,数符占 1 位,阶码占 11 位,尾数占 52 位,用来表示精度要求更高的数。

当数的指数位数小于阶码长度减 1 时,在前面补 0;当数的尾数位长度小于 M 的长度减 1 时,在后面补 0,因为尾数是小数点后面的部分,后面补 0 不改变尾数的大小。反之,如果数的尾数位长度大于 M 的长度减 1 时,则多出的位自动丢弃;如果数的指数位数大于阶码长度减 1 时,则数的大小超出了浮点表示的范围,发生溢出错误。可见,数值采用浮点表示时,可能会产生一定的误差,这种误差称为"机器误差"。

例如,数据"0.00000111011"的 M 值为"0.111011";阶码 E 为 -5,即"-101",其浮点表示如图 2-18 所示。

图 2-18　32 位浮点数的结构

由于不同计算机所选的基值、尾数和阶码的长度不同,因此对浮点数表示有较大差别,这就不利于软件在不同计算机之间的移植。为此,美国电气电子工程师协会(IEEE)1985 年制定了 IEEE 754 标准。IEEE 754 标准规定了浮点数的存储形式,即根据计算机处理的实数的范围不同,将实数分成单精度浮点数和双精度浮点数两类。

单精度浮点数用 32 位表示实数(数符占 1 位,阶码占 8 位,尾数占 23 位);双精度数用 64 位表示实数(数符占 1 位,阶码占 11 位,尾数占 52 位),用 0 表示正数,1 表示负数。为了处理负指数的情况,通常将一个较大的数和指数相加,作为阶码存储。例如,对于阶码占 8 位的情况,在当数据是负指数时,存储时将数值加上 127 后得到一个正数,然后进行存储,尾数中的 1 不存储,只存储小数部分。

由于浮点数表示的精度有限,计算结果的可能被舍弃,从而带来机器误差,即做浮点运算存在精度损失(Significance Loss)问题。如 $128.25 = (10000000.01)_2$,需要 10 个有效位,如果尾数部分只有 8 位(IEEE 754 标准是 23 位或 52 位),算上隐含的最高位 1,一共有 9 个有效位,那么 128.25 的浮点数表示只能舍去末尾的 1,表示成 $(10000000.0)_2$,其实跟 128 相等了。在多个数做加法运算时,计算顺序的不同也可能导致不同的运算结果。

2.4.4　字符数据与字符编码

在计算机所要处理的数据中,除数值数据,更多的数据还有字符(含文本)、图形、图像、视频、音频等多媒体数据,对这些数据如何存储和处理呢?在字符、图形、图像等这些非数值型数据中,图形、图像数据其实存储的都是一个个像素的 RGB 颜色值,本质上也是数值,其他的多媒体数据也类似。因此,就剩下字符数据的表示和存储问题了。

从外在表现看,不管是数字还是文字或字符,实际上都是一个个的图形符号。可以和图形、图像一样直接保存这些图形符号,但是,数据处理困难。因此,一种理想的解决方案就是对字符进行编码,以统一数据的输入、存储、显示和打印输出。

字符编码的关键是编码所使用的位长度,即编码的二进制位数,它决定了可编码的字符的数量,或说编码的空间大小。例如,采用 8 位二进制数可以编码 $2^8 = 256$ 种不同的字符,其对应的二进制编码范围是 00000000～11111111,采用 16 位二进制数则可以编码 2^{16} 种,有 6 万多个不同的字符。可见,编码位数越多,编码空间越大,但所占存储空间也越大。

1. ASCII 码

ASCII 码(American national Standard Code for Information Interchange,美国信息交换标准码)是基于拉丁字母[①]的一套字符编码系统,主要用于显示现代英语和其他西欧语言,原为美国国家标准,1967 年确定为国际标准。ASCII 采用单字节编码方案,用 8 个二进制位表示 1 个字符。标准 ASCII 码最高位为 0,共可编码 128 个字符,其中 95 个为可打印或显示的字符,其他则为不可打印或显示的字符。

在 ASCII 码应用中,每个字符对应一个 ASCII 编码。该编码对应一个二进制串,其数值称为"字符的 ASCII 码值"。字符的 ASCII 码值经常用十进制表示。例如,空格的 ASCII 码值为 32,数字 0 ～ 9 对应的 ASCII 码值为 48 ～ 57,大写字母 A ～ Z 对应的 ASCII 码值为 65 ～ 90,小写字母 a ～ z 对应的 ASCII 码值为 97 ～122 等。

由于一个 ASCII 编码长度为 8 个二进制位,因此,保存一个 ASCII 编码只需一个字节。由于一个字节的内容可以用一个 2 位十六进制数来表示,所以在书写字符的 ASCII 编码时,也常使用十六进制。ASCII 编码如表 2-3 所示。

表 2-3　　　　　　　　　　　　ASCII 编码表

高4位 低4位	0000	0001	0010	0011	0100	0101	0110	0111
0000	NULL	DLE	空格	0	@	P	`	p
0001	SOH	DC1	!	1	A	Q	a	q
0010	STX	DC2	"	2	B	R	b	r
0011	ETX	DC3	#	3	C	S	c	s
0100	EOT	DC4	$	4	D	T	d	t
0101	ENQ	NAK	%	5	E	U	e	u

---

① 拉丁字母(Latin Alphabet),也称"罗马字母"(Roman Alphabet),是目前世界上流传最广的字母体系,源自希腊字母。拉丁字母(用于英语、德语等)、阿拉伯字母(用于阿拉伯语)、斯拉夫字母(西里尔字母,用于俄语、乌克兰语等)被称为"世界三大字母体系"。公元前 7 世纪～公元前 6 世纪时,拉丁文字母由希腊字母间接发展而来,成为古罗马人的文字,古罗马灭亡前共包含 23 个字母,11 世纪时增加了 J、U、W,形成了今天的 A ～ Z 26 个字母。西方大部分国家和地区使用拉丁字母,我国汉语拼音方案也采用拉丁字母。

续表

高4位 低4位	0000	0001	0010	0011	0100	0101	0110	0111
0110	ACK	SYN	&	6	F	V	f	v
0111	BELL	ETB	'	7	G	W	g	w
1000	BS	CAN	(	8	H	X	h	x
1001	HT	EM	)	9	I	Y	i	y
1010	LF	SUB	*	:	J	Z	j	z
1011	VT	ESC	+	;	K	[	k	{
1100	FF	FS	,	<	L	\	l	|
1101	CR	GS	-	=	M	]	m	}
1110	SO	RS	.	>	N	^	n	~
1111	SI	US	/	?	O	—	o	DEL

在 ASCII 编码中,可以分为3个部分:00H～1FH,共32个字符,大都为控制字符,用于通信或控制,有的可以显示,有的不能显示;20H～7FH,共96个字符,为阿拉伯数字、英文字母大小写、括号等字符,除了空格(20H)和删除键(7FH)外均为可打印字符;80H～FFH,共128个字符,称为"扩展 ASCII 字符",由 IBM 制定,为非标准 ASCII 编码,这些字符表示框线、音标和其他欧洲非英语系的字母。

2. 汉字的编码

汉字是象形文字,与西文字符相比,具有量多、字形复杂的特点,因此,汉字的编码更加复杂,对于汉字的输入、存储和显示,都需要有特定的编码。

(1)国标码

为了解决中文编码问题,中国国家标准总局1980年发布了《信息交换用汉字编码字符集》,并于1981年5月1日开始实施,标准号为 GB 2312—1980,共收入汉字6763个和非汉字图形字符682个。整个字符集分成94个区,每区有94个位。每个区位上有唯一一个字符,可用所在的区和位来对汉字进行编码,因此,又称"区位码"。

在该标准的汉字编码表中,汉字和符号按区位排列,其中,01～09区是符号、数字区,16～87区是汉字区,10～15和88～94是未定义的空白区。例如,"啊"的区位码为"1601""白"的区位码为"1655"。区位码的排列如表2-4所示。

GB 2312—1980标准将收录的汉字分成两级:第一级是常用汉字,共3755个,置于16～55区,按汉语拼音字母(笔画)顺序排列;第二级是次常用汉字,共3008个,置于56～87区,按部首(笔画)顺序排列。除常用简体汉字字符,标准中还包括希腊字母、日文平假名及片假名字母、俄语西里尔字母等字符,但未收录繁体中文汉字和一些生僻字。

1995年,我国又颁布了《汉字编码扩展规范》(GBK),是目前计算机软件开发中常用的字符编码。GBK 与 GB 2312—1980所对应的内码标准兼容,同时在字汇一级支持

ISO/IEC 10646-1 和 GB 13000-1 的全部中、日、韩(CJK)汉字,共 20902 字。

表 2-4　　　　　　　　　　　国标汉字区位码表

位码＼区码	01	02	03	04	05	06	07	08	09	10	11	12	13	14	15	⋯	91	92	93	94
01		、	。	·	—	ˇ	··	〃	々	—	～	‖	⋯	'	'	⋯	←	↑	↓	＝
02	ⅰ	ⅱ	ⅲ	ⅳ	ⅴ	ⅵ	ⅶ	ⅷ	ⅸ	ⅹ						⋯	Ⅺ	Ⅻ		
03	！	＂	＃	￥	％	＆	'	（	）	＊	＋	，	—	．	／	⋯	｛	｜	｝	
04	あ	ぁ	い	ぃ	う	ぅ	え	ぇ	お	ぉ	か	が	き	ぎ	く	⋯				
05	ア	ァ	イ	ィ	ウ	ゥ	エ	ェ	オ	ォ	カ	ガ	キ	ギ	ク	⋯				
⋮																				
09			—	—	│	│			┆	┆				┆		⋯				
⋮																				
16	啊	阿	埃	挨	哎	唉	哀	皑	癌	蔼	矮	艾	碍	爱	隘	⋯	胞	包	褒	剥
11	薄	雹	保	堡	饱	宝	抱	报	暴	豹	鲍	爆	杯	碑	悲	⋯	丙	秉	饼	炳
⋮																				
55	住	注	祝	驻	抓	爪	拽	专	砖	转	撰	赚	镰	桩	庄	⋯				
56	亍	丌	兀	丐	廿	卅	丕	亘	丞	鬲	孬	噩	丨	禺	丿	⋯	伻	攸	佚	佝
⋮																				
87	鳌	鳍	鳎	鳏	鳐	鳓	鳔	鳕	鳗	鳘	鳙	鳜	鳝	鳟	鳢	⋯	蹩	舭	舯	艋
⋮																				
94																⋯				

(2)汉字的机内码

保存一个汉字的区位码要占用两个字节,区号、位号各占一个字节。区号、位号都不超过 94,所以这两个字节的最高位仍然是 0。为了避免汉字区位与 ASCII 码无法区分,汉字在计算机内的保存采用了机内码,也称"汉字的内码"。目前,主导地位的汉字机内码是将区码和位码分别加上数 A0H 作为机内码。如"啊"字的区位码的十六进制表示为 1001H,而"啊"字的机内码则为 B0A1H。这样,汉字机内码的两个字节的最高位均为"1",很容易与西文的 ASCII 码区分。以 GB 2312－1980 国家标准制定的汉字机内码也称为"GB 2312 码"。它和国标区位码的换算关系是:机内码=区位码+A0A0H。

像 ASCII 字符一样,汉字在排序时所依据的大小关系也是根据它的编码的大小来确定的,即分在不同区里的汉字由机内码的第一字节决定大小,在同一区中的汉字则由第二字节的大小来决定。由于汉字的内码都大于 128,所以汉字无论是高位内码还是低位内码,都是大于 ASCII 码的(仅对 GB 2312 码而言)。

需要说明的是,在我国的台湾地区,目前广泛使用的是大五码(BIG-5)。对于这种内码,一个汉字也是用两个字节表示,可表示 13053 个汉字。

(3)汉字输入码

由于汉字具有字量大、同音字多的特点,怎样实现汉字的快速输入也是应解决的重要问题之一。为此,不少个人或团体发明了多种多样的汉字输入方法,如全拼输入法、双拼输入法、智能 ABC 输入法、表形码输入法、五笔字型输入法等。对于任何一种汉字输入法,都有一套汉字的输入编码,称为"汉字输入码"。汉字输入码实际上是输入汉字时所使用的代码,按该输入法所制定的规则编码,编码输入后,通过相应的软件查找到这个汉字的内码。因此,汉字输入码不是汉字在计算机内部的表示形式,只是一种快速有效地输入汉字的手段。

不同输入法的汉字输入码完全不同,如"汉"字在拼音输入法中的输入码为"han",而在五笔字型输入法中的输入码为"icy"。目前,已经出现了汉字的语音输入法,实际上是以录音设备所采集到的声音数据作为汉字输入码的。

(4)汉字字形码

汉字字形码又称"汉字字模",是指一个汉字供显示器和打印机输出的字形点阵代码。要在屏幕或打印机上输出汉字,操作系统必须输出以点阵形式组成的汉字字形码。汉字点阵有多种规格:简易型 16×16 点阵、普及型 24×24 点阵、提高型 32×32 点阵、精密型 48×48 点阵,点阵规模越大,字形也越清晰美观,在字模库中所占用的空间也越大。此外,现在经常使用的还有多种轮廓字模库,这种汉字的字模保存的是采用抽取特征的方法形成字的轮廓描述。这种字形的好处是字体美观,可以任意地放大、缩小,甚至变形,如PostScript 字库、TrueType 字库等,就是这种字形码。

计算机对汉字的输入、保存和输出过程是这样的:在输入汉字时,操作者在键盘上键入输入码,通过输入码找到汉字的国标区位码,再计算出汉字的机内码,然后以机内码保存汉字。当显示或打印汉字时,则首先从指定地址取出汉字的机内码,根据机内码从字模库中取出汉字的字形码,再通过一定的软件转换,将字形输出到显示器或打印机上。

3. Unicode 编码

在 20 世纪 80 年代,计算机系统都是英文的,因此,英、美以外的国家通常需要对计算机系统进行本地化。具体讲,就是对计算机的操作系统和应用软件做本地化,以支持本地语言的输入、存储和输出。例如在我国,操作系统要做汉化,以支持汉字的输入、输出。

在各种各样的编码方案中,通常将 ASCII 字符集作为编码的一部分,这可以解决双语环境,即支持英语和其本地语言,但却无法同时支持多语言环境(指可同时处理多种语言混合的情况)。为此,和国际标准化组织(ISO)一样,多语言软件制造商组成的统一码联盟研究多语言的统一编码问题,这就是 Unicode 编码。

Unicode 编码系统分为编码方式和实现方式两个层次。Unicode 用数字 0 ~ 0x10FFFF 来映射这些字符,最多可以容纳 1114112 个字符,或说有 1114112 个码位,码位是可以分配给字符的数字。在程序处理中,需要将字符的 Unicode 值(码位)转换成程序中的数据。这种转换分成 3 种格式,包括 UTF-8、UTF-16、UTF-32。UTF 是指 Unicode 字符集转换格式(UCS Transformation Format),即怎样将 Unicode 定义的数字转换成程序数据。

UTF-8 编码以字节为单位对 Unicode 进行编码,其特点是将 Unicode 值分成四个区间,对不同范围的字符使用不同长度的编码,编码长度可以是 1～4 个字节。UTF-16 编码以 16 位无符号整数为单位,UTF-32 编码则以 32 位无符号整数为单位。

在计算机系统中,编码与操作系统和应用软件直接相关。在非 Unicode 环境下,由于不同国家和地区采用的字符集不一致,很可能出现无法正常显示所有字符的情况。微软公司使用了代码页(Codepage)转换表的技术来过渡性地部分解决这一问题,即通过指定的转换表将非 Unicode 的字符编码转换为同一字符对应的系统内部使用的 Unicode 编码。可以在"语言与区域设置"中选择一个代码页作为非 Unicode 编码所采用的默认编码方式,即遇到非 Unicode 字符时,按该字符集处理。在这种情况下,一些非英语的欧洲语言编写的软件和文档很可能出现乱码。而将代码页设置为相应语言中文处理又会出现问题,这一情况无法避免。从根本上说,完全采用统一编码才是解决之道,但目前尚无法做到这一点。

在创造 Unicode 之前,有数百种编码系统,但是没有一种编码可以包含足够的字符,也无法包括所有的语言。即使是单一种语言,例如英语,也没有哪一种编码可以适用于所有的字母、标点符号以及常用的技术符号。这些编码系统会互相冲突。也就是说,两种编码可能使用相同的数字代表两个不同的字符,或使用不同的数字代表相同的字符。这给计算机的数据处理带来了麻烦。目前,世界上有一大批计算机专家、语言学家都在专门研究 Unicode(Unicode 标准已经不单是一个编码标准,已经成为记录人类语言文字资料的一个巨大的数据库),同时从事人类文化遗产的发掘和保护工作。

2.4.5 数据的存储单位

在生活中,有 m(米)、km(千米)、m³(立方米)等长度和体积单位,也有 g(克)、kg(千克)等质量单位,它们分别用于衡量物体的长度、体积和质量。对于这些长度、体积和质量单位,我们很容易产生一种感性的认识。那么,数据在计算机中存储时,通过磁盘、光盘或半导体存储器作为存储媒体,又该如何衡量数据存储量的多少呢?

在计算机中,根据存储介质的物理特性,数据都采用二进制进行存储。数据存储的最小单位为比特(bit),1bit 为 1 个二进制位。由于 1bit 太小,无法用来表示出数据的信息含义,所以又引入了"字节"(Byte,B)作为数据存储的基本单位。计算机中规定,1 个字节为 8 个二进制位。除字节外,还有千字节(kB)、兆字节(MB)、吉字节(GB)、太字节(TB)。它们的换算关系是:

$$1kB = 1024B = 2^{10}B$$
$$1MB = 1024kB = 1048576B = 2^{20}B$$
$$1GB = 1024MB = 1048576kB = 1073741824B = 2^{30}B$$
$$1TB = 1024GB = 2^{40}B$$

数据和物质不同,物质是看得见、摸得着的,是可以直接感知的。而数据在磁盘、光盘和半导体等存储媒体中,我们无法直接感知,需要借助于读写设备完成数据的读取和写入,这使得数据的存储显得更加抽象。但是随着信息技术的日益普及,信息的数字化存储已经成为一种最基本的形式,字节(B)和米(m)、克(g)等长度和质量单位一样,已经成为衡量媒体存储数据量多少的基本单位,也是表示信息量的单位。

2.5 计算机的运行

计算机是由硬件和软件组成的,那么,当我们打开主机电源的时候,计算机又做了些什么呢? 计算机是如何引导的? 操作系统做了些什么? 正常开机后,计算机的内存是一种什么样子的? 程序是如何运行的? 诸如此类的问题,是我们每一个人都感兴趣的。

2.5.1 计算机的启动

计算机的启动是一个很"矛盾"的过程:必须先运行程序,然后计算机才能启动,但是计算机不启动又如何运行程序呢? 因此,必须要想办法将一段程序装进内存,设置 CPU 的指令寄存器,来读取这段程序,让程序先运行起来。如何把程序装进内存呢? 这一点比较好理解,因为程序指令都是二进制的机器代码,这可以在加电时,通过硬件修改半导体内存的状态来表达这些程序指令,这样,程序也就被装进内存了。

为了解决计算机的启动问题,科学家和工程师们把计算机的开机过程分成了 3 个阶段。

1. 运行 BIOS 程序

在计算机主板上,都有一块 BIOS(Basic Input Output System)芯片。它是一块 EPROM 或 EEPROM 芯片,里面装有设置系统参数的设置程序,即 BIOS Setup 程序以及一些系统的重要信息。BIOS 设置程序设置的系统参数(如系统时钟、设备启动顺序等)被存储在主板的另一块芯片中。即 CMOS 中,CMOS 是主板上一块可读写的 RAM 芯片,用来保存当前系统的硬件配置,其内容可通过 BIOS Setup 进行读写。CMOS 芯片由主板上的钮扣电池供电,即使系统断电,参数也不会丢失。通过 BIOS 设置程序实现对计算机的基本输入输出系统进行管理和设置,使系统运行在最好状态下。

在 BIOS 芯片中,不仅仅包含 BIOS Setup 程序,还存储了其他几个程序,主要包含的程序有:

①POST 加电自检程序。计算机接通电源后,将启动一个加电自检(Power On Self Test,POST)程序。POST 程序通过读取 CMOS 中的硬件配置,对各个设备进行检查和初始化。POST 自检包括主板、CPU、内存、ROM、CMOS 存储器、串并口、显卡及键盘测试等。自检中若发现问题,系统将给出提示信息或鸣笛警告。

②BIOS 设置程序。引导过程中,用特殊热键启动,启动 BIOS Setup 程序,进行计算机硬件的设置,包括系统 CPU、软硬盘驱动器、显示器、键盘等部件信息。

如果 CMOS 中关于微机的配置信息不正确,会导致系统性能降低、零部件不能识别,并由此引发一系列的软硬件故障。当 CMOS 电池损坏,或达到使用寿命后,需进行更换,否则关机后,CMOS 芯片中存储的系统设置信息将丢失。

③系统自举装载程序。在完成 POST 程序后,BIOS 将按照系统 CMOS 设置中的启动顺序搜寻软硬盘驱动器及 CDROM、网络服务器等有效的启动驱动器,读入操作系统引导记录,将系统控制权交给引导记录,由引导记录装入操作系统。

④中断服务程序。中断服务程序是计算机系统软硬件之间的一个可编程接口,用于程序功能与硬件实现的衔接。操作系统对磁盘、光驱与键盘、显示器等外围设备的管理即是建立在系统 BIOS 的基础之上。

当计算机加电后,屏幕上通常会显示类似"Press <DEL> to Setup or <TAB> to POST"的提示信息。如果要进行硬件设置,可按 Del 键,进入 BIOS 设置程序。通常的设置包括系统时间、CPU 信息、IDE 设备、引导顺序、超级密码等。对硬件设置不当将导致系统不能正常工作,或降低系统性能,设置前请仔细参阅厂商提供的用户手册。

在开机过程中,BIOS 程序首先被传送到内存储器,由 CPU 开始执行。首先执行的是 POST 加电自检程序,自检通过后,进入启动的下一阶段。BIOS 根据设置的启动顺序(Boot Sequence)启动。排在前面的设备就是优先转交控制权的设备,或是硬盘、光驱或网络。

2.读取主引导记录

BIOS 按照启动顺序,把控制权转交启动顺序设置的第一个储存设备。计算机读取该设备的第一个扇区,即最前面的 512 个字节。这最前面的 512 个字节,就叫"主引导记录"(Master Boot Record,MBR)。如果主引导记录的最后两个字节是 0x55 和 0xAA,表明该设备可以用于启动;否则,表明设备不能用于启动,控制权被转交给设定的启动顺序中的下一个设备。以此类推,直到找到引导设备,并读取主引导记录,或失败。

主引导记录只有 512 个字节,放不了太多东西,它的主要作用是告诉计算机到硬盘的哪一个位置去找操作系统。主引导记录由 3 个部分组成:第 1~446 字节,调用操作系统的机器码,用于多重引导时选择操作系统;第 447~510 字节,共 64 字节,存储分区表(Partition Table);第 511~512 字节,共 2 个字节,保存主引导记录签名(0x55 和 0xAA)。

分区表记录了硬盘的分区情况。分区表的长度是 64 个字节,分成 4 项,每项 16 个字节。所以,一个硬盘最多只能分 4 个一级分区,又叫"主分区"。每个主分区的 16 个字节由 6 个部分组成:第 1 个字节,如果为 0x80,就表示该主分区是激活分区,控制权要转交给这个分区。4 个主分区里面只能有 1 个是激活的。第 2~4 个字节,主分区第一个扇区的物理位置(柱面、磁头、扇区号等)。第 5 个字节,主分区类型。第 6~8 个字节,主分区最后一个扇区的物理位置。第 9~12 个字节,该主分区第一个扇区的逻辑地址。第 13~16 字节,主分区的扇区总数,决定了这个主分区的长度。也就是说,一个主分区的扇区总数最多不超过 2^{32},如果每个扇区为 512 个字节,就意味着单个分区最大不超过 2TB。

随着硬盘越来越大,4 个主分区已经不够了,需要有更多的分区。但是,分区表只有 4 项,因此,规定有且仅有 1 个区可以被定义成"扩展分区"(Extended Partition)。所谓"扩展分区",就是指这个区里面又分成多个区。这种分区里面的分区,称为"逻辑分区"

(Logical Partition)。扩展分区的第一个扇区叫"扩展引导记录"(Extended Boot Record, EBR),里面同样包含一张 64 字节的分区表,但是最多只有 2 项(也就是 2 个逻辑分区)。如果有 2 个逻辑分区,则在第二个逻辑分区的第一个扇区中,也会包含 1 个分区表,同样最多只有 2 项,依次可以找到第三个逻辑分区。以此类推,直到某个逻辑分区的分区表只包含它自身为止(即只有 1 个分区项)。由此可见,扩展分区可以包含无数个逻辑分区。

在实际应用中,操作系统很少安装在扩展分区。如果操作系统确实安装在扩展分区,在这种情况下,计算机读取主引导记录中前面的 446 字节的机器码之后,不再把控制权转交给某一个分区,而是运行事先安装的启动管理器(Boot Loader),由用户选择启动哪一个操作系统。

3. 加载操作系统

根据主引导记录中的分区表信息,在 4 个主分区里面,只有 1 个是激活的,计算机将读取激活分区的第一个扇区,叫作"卷引导记录"(Volume Boot Record, VBR)。卷引导记录的作用是告诉计算机,操作系统在这个分区里的位置,然后计算机就会加载操作系统了。

当确定了要启动的操作系统及其存储位置后,操作系统的内核代码首先被载入内存。以 Linux 系统为例,先载入/boot 目录下的 kernel。内核加载成功后,第一个运行的程序是/sbin/init。它根据配置文件产生 init 进程,这是 Linux 启动后的第一个进程,进程编号为 1,其他进程都是它的后代。然后,init 进程加载系统的各个模块,比如窗口程序和网络程序,直至执行/bin/login 程序,显示登录界面,等待用户输入用户名和密码。

至此,计算机的开机及系统启动过程就完成了。计算机的硬件发展很快,特别是微型计算机的发展更加迅速和多样。这些年来,传统 BIOS(Basic Input/Output System,基本输入/输出系统)固件正在逐渐被可扩展固件接口 UEFI(Unified Extensible Firmware Interface)替代,以减少 BIOS 的开机自检过程,启动过程将更加快捷。

2.5.2　计算机运行时的内存视图

操作系统正常启动后,接下来就可以执行用户程序了。操作系统本身也是一组程序,也需要在 CPU 中执行,只不过这些程序的功能是计算机系统资源的管理,而用户程序则是有特定的应用任务。无论是什么程序,都是一组机器指令,都需要占用内存空间,在 CPU 中执行。内存中存储了要执行的所有程序指令,CPU 根据程序计数器(Program Counter,又称"指令计数器",用于存储下一条指令的地址)来读取要执行的下一条指令。

计算机内存相对 CPU 来说是直观的,就是插在主板插槽中的若干条内存条,正是这些半导体存储器存储着开机后所有的程序指令和数据。根据操作系统的内存管理策略,计算机启动后,操作系统内核及有关程序被调入内存。然后运行用户应用程序时,操作系统将把应用程序的代码调入内存,创建新的进程,并为该进程的运行分配和调度计算资源。

不同的操作系统,内存的管理不完全相同,但基本上都将内存分为内核空间和用户空间两部分。操作系统对内存的管理是建立在逻辑内存管理之上的,然后通过地址映射转换为物理内存地址。此外,现代操作系统还使用虚拟内存技术,即将外存的一部分空间作为内存使用,当物理内存紧张时,将内存中暂时不用的数据存储在外存储器,需要时再调回,这样在逻辑上扩展了计算机的物理内存。计算机内存的使用和分配情况如图 2-19 所示。

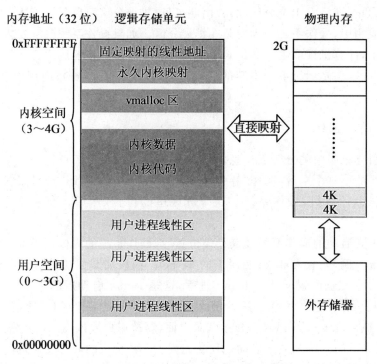

图 2-19　32 位 Linux 操作系统内存使用情况

计算机内存没有集成在 CPU 中,而是插在主板的内存条中,那么,一台机器的内存大小有什么规定呢? 我们知道,计算机 CPU 的一个重要指标是字长,字长决定了地址寄存器寻址的空间大小。例如,一台 32 位的计算机,其内存寻址空间是 2^{32} 存储单元,即 4G 字节。也就意味着,这台机器最大的存储空间是 4G,即使有多余的内存条,计算机也无法使用。

同样地,对于操作系统,也有位长的概念。我们经常讲 32 位的操作系统、64 位的操作系统,就是这样的意思。由于操作系统和计算机硬件紧密相关,操作系统有位长的概念就不难理解了。但是,这并不意味着,在计算机上安装操作系统时,操作系统的位长必须和计算机的字长一样,如在 64 位的计算机上只能安装 64 位的操作系统。实际情况是,机器的字长决定着可寻址的逻辑内存空间大小,这些空间最终还是由操作系统来分配和管理的,带来的实际情况是,如果操作系统的位长小于机器字长,可能造成部分物理内存是不可用的。

2.5.3　计算机的关闭

在计算机应用中,除了那些需要提供 7×24 小时不间断服务的服务器计算机外,大部分的用户计算机在用户下班或离开时要关闭计算机电源。这不仅能够减少能源消耗,也可以延长计算机的使用寿命,减少网络攻击的发生,提高系统的安全性。

通常情况下,关闭计算机就是要关掉计算机的电源。此时,计算机内存中的所有数据将丢失。因此,计算机关闭前,需要对正在编辑的文件,或其他数据进行保存,以确保不造成不必要的损失。对于正在运行的程序,也需要确保程序中有关数据及文件操作可能带来的数据丢失或损坏,一般都需要将程序正常退出,而不是在程序未退出时强行关闭电源。

2.6　计算机应用

人们研制计算机的初衷是数值计算,希望用机器计算来帮助人们完成快速的复杂的计算任务。如今,计算机的应用早已突破了这样的一个范畴,甚至在计算机诞生的初期,计算机的应用就远远超出了人们的预想。虽然计算机的应用五花八门,但我们可以将这些应用归结为 5 个大的方面,就是数值计算、数据处理、计算机辅助、过程控制和人工智能。

2.6.1　数值计算

计算不仅仅是简单的数字的加、减、乘、除,大量的工程问题都是用计算来完成的,从高能物理、工程设计、地震预测、气象预报到航天技术等诸多领域,都包含着巨大的数值计算量。也正是这些客观需求,才导致了计算机的产生和发展。计算机研制的基本出发点就是数值计算,因此,数值计算是计算机最基本的应用。

和手工计算相比,计算机有无可比拟的优势,包括自动地运行程序、运算速度快、运算精度高、具有记忆和逻辑判断能力、不知疲倦等。例如,最早的 ENIAC 计算机每秒钟就可以完成 5000 次加法运算。一台现代个人计算机其主频已达到 3GHz,运算速度每秒达数亿次,巨型机甚至达到了每秒数万亿次的运算速度。

2.6.2　数据处理

1951 年 6 月 14 日,UNIVAC-1 计算机交付美国人口统计局使用,从此,计算机走出了科学家的实验室,开始为公众服务。这一天,成为人类进入计算机时代的标志。UNIVAC-1 被认为是第一台商用计算机,也标志着计算机用于数据处理的开始。

今天,随着计算机技术的飞速发展和应用的日益普及,计算机已经不再只是进行科学计算的工具,更多的是应用在数据处理方面。所谓"数据处理",就是用计算机对数据进行采集、存储、整理、加工等处理,转换成人们所需要的形式。和数值计算相比,数据处理的主要特点是原始数据量多,数据之间的关系通常是基于日常业务的,处理烦琐,但计算公式并不复杂,如工厂中的生产管理、计划调度、统计报表、质量分析和控制、财务管理等。

在数据处理中,计算机不仅展示了其快速强大的计算特性,还利用大存储特性、自动化特性,在提高劳动生产率、改善人们的工作条件、节省原材料的消耗、降低生产成本、提高管理水平等诸多方面发挥了重要的作用。

2.6.3 计算机辅助

虽然计算机的功能强大,但是和人类相比,有些工作目前还是无法独立完成的,依然只是一个人们进行科研、工作和生活的工具。我们将计算机看作是我们工作的一种辅助工具,来完成人工很难做到的事情,或提高工作效率。计算机辅助的应用很多,广泛应用于各个领域。

在工业生产领域,进行工程设计、产品制造时,常常有计算机辅助设计(Computer Aided Design,CAD),就是通过向计算机输入设计资料,由计算机自动地编制程序、优化设计方案,并绘制出产品或零件图;计算机辅助制造(Computer Aided Manufacturing,CAM),利用计算机分级结构将产品的设计信息自动地转换成制造信息,以控制产品的加工、装配、检验、试验和包装等全过程,以及与此过程有关的全部物流系统和初步的生产调度;计算机辅助工程(Computer Aided Engineering,CAE)把工程(生产)的各个环节有机地组织起来,其关键就是将有关的信息集成,使其产生并存在于工程(产品)的整个生命周期中。

在医学领域,有计算机辅助诊断(Computer Aided Diagnosis,CAD),即通过影像学、医学图像处理技术以及其他可能的生理、生化手段,结合计算机的分析计算,辅助影像科医师发现病灶,提高诊断的准确率。

在教育领域,有计算机辅助教学(Computer Aided Instruction,CAI),将计算机技术、多媒体技术和计算机网络技术应用于教学活动,以改善教学手段,提高教学效果。

在金融领域,有计算机辅助投资(Computer Aided Investment,CAI),利用计算机及音视频设备帮助投资者进行投资工作,提高投资准确度和效率。

2.6.4 过程控制

在工业生产和各类业务管理中,都存在过程控制问题。如在工业生产中,可以将温度、压力、流量、液位和成分等工艺参数作为被控变量,利用计算机来监控生产过程。具有这类功能的计算机通常是一种专用的工控机。现代许多的工业设备都内嵌了计算机模块,可以对设备的运行进行有效、精确地控制,比传统的人工操作具有更大的优势。

在管理领域,同样也存在控制问题,这通常是通过数据流的形式来记录、调度、分析工作过程的各个环节,通过数据统计、分析和挖掘,发现过程中存在的问题,从而对工作进行有效地调度和调控。

2.6.5　人工智能

智能(Intelligence)是人类与生俱来的,是人类感觉器官的直接感觉和大脑思维的综合体。智能及其本质是古今中外许多哲学家、脑科学家一直在努力探索和研究的问题,但至今仍然没有完全了解,以致智能的发生与物质的本质、宇宙的起源、生命的本质一起被列为自然界四大奥秘。近些年来,随着脑科学、神经心理学等研究的进展,人们对人脑的结构和功能有了初步认识,但对整个神经系统的内部结构和作用机制,特别是脑的功能原理还没有认识清楚,有待进一步的探索。因此,很难对智能给出确切的定义。

从心理学上讲,一般认为从感觉到记忆、到思维这一过程,称为"智慧"。智慧的结果就是产生了行为和语言,将行为和语言的表达过程称为"能力",两者合称"智能",将感觉、去记、回忆、思维、语言、行为的整个过程称为"智能过程"。它是智力和能力的表现。具体地讲,智能包括:感知与认识客观事物、客观世界和自我的能力;通过学习,获取知识、积累经验的能力;运用语言进行抽象、概括和表达能力;联想、分析、判断和推理能力;理解知识、运用知识和经验分析问题、解决问题的能力;发现、发明、创造、创新能力等。智能可以用"智商"和"能商"来描述其在个体中发挥智能的程度。"情商"可以调整智商和能商的正确发挥,或控制二者恰到好处地发挥它们的作用。一个人的智能既有先天遗传因素,也有后天的学习和知识(智力)积累因素,人类的这种与生俱来的智能可看作是自然智能。

所谓"人工智能"(Artificial Intelligence,AI),是相对于人类的自然智能而言的,即用人工的方法和技术,对人类的自然智能进行模仿、扩展及应用,让机器具有人类的思维能力。它是研究、开发用于模拟、延伸和扩展人的智能的理论、方法、技术及应用系统的一门新的技术科学。人工智能是计算机科学的一个分支,企图了解智能的实质,并生产出一种新的能以人类智能相似的方式做出反应的智能机器,该领域的研究包括机器人、机器学习、语言识别、图像识别、自然语言处理和专家系统等。

在计算机研制的初期,计算机科学先驱图灵在业余时间里经常考虑并与一些同事探讨"思维机器"的问题,并且进行了"机器下象棋"一类的初步研究工作。1947 年,图灵在一次关于计算机的会议上做了题为《智能机器》(*Intelligent Machinery*)的报告,详细地阐述了他关于思维机器的思想,第一次从科学的角度指出:"与人脑的活动方式极为相似的机器是可以制造出来的。"图灵的机器智能思想具有开创性意义,无疑是人工智能研究的直接起源之一。

图灵在对人工智能的研究中,提出了一个叫"图灵实验"的实验,尝试定出一个决定机器是否有感觉的标准。图灵实验由计算机、被测试的人和主持人组成。计算机和被测试的人分别在两个不同的房间里。测试过程由主持人提问,由计算机和被测试的人分别做出回答。观测者能通过电传打字机与机器和人联系(避免要求机器模拟人外貌和声音)。图灵实验的概念如图 2-20 所示。

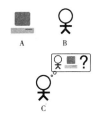

图 2-20　图灵实验

在图灵实验中,被测试的人在回答问题时尽可能表明他是一个"真正的"人,而计算机也将尽可能逼真地模仿人的思维方式和思维过程。如果主持人听取他们各自的答案后,分辨不清哪个是人回答的,哪个是机器回答的,则可以认为该计算机具有了智能。

图灵实验虽然形象地描绘了计算机智能和人类智能的模拟关系,但还只是片面性的实验。通过实验的机器当然可以认为具有智能,但是没有通过实验的机器,可能因为对人类了解的不充分而不能模拟人类,我们不能说它就不具有智能。图灵实验还有许多值得推敲的地方,如主持人提出问题的标准,在实验中没有明确给出;被测试的人本身所具有的智力水平,也被疏忽了;而且图灵实验仅强调实验结果,并没有反映智能所具有的思维过程。

计算机的人工智能应用无疑是计算机应用的最高境界,追求机器和人类深层次上的一致。但是,人工智能的研究和应用并不像数值计算、数据处理、计算机辅助、过程控制那样直接和可描述。因为人类思维本身就是最复杂的事情,它涉及哲学、思维科学、逻辑学、生命科学、心理学、语言学、数学、物理学、计算机科学等众多学科领域,所以,人工智能的研究道路更加曲折。但是这些年来,一些融合了人类知识、具有感知、学习、推理、决策等思维特征的计算机系统也不断出现。例如,各种建立在领域专家知识基础上的专家系统、辅助决策支持系统等,都取得了良好的应用效果。

本章小结

本章从数的起源开始,讲述了人类记数和计算的演化历程。讲解了计算工具的发展历程,然后对电子计算机的发明,从理论到电子技术发展两条主线进行了介绍,特别是在电子技术发展的每一个阶段,对那些标志性的理论成果及科学家进行了介绍,希望对我们的研究和工作有所启发和激励。然后,按照概念、逻辑和物理实现三个层次介绍了计算机系统结构、系统组成和系统实现,并以微型计算机为例,对计算机硬件组成及功能进行了介绍。剖析了计算机的启动过程,可以使我们更加深刻地理解计算机硬件的硬件功能。在传统的数和进制、数据编码的讲解中,重点突出它们的思想,具体的数据进制转换不做特别要求。最后,对计算机的应用进行了总结和分类介绍。

思考题

1. 兴趣是最好的老师,社会需求也是推动人类发明创造的原动力。从现代计算机的发展来看,这两句话对你有何启示?

2. 回顾计算机的发展历程,可以看出半导体技术的发展是 20 世纪计算机发展的重要推动力。你认为在这个发展历史上有哪些开创性的发明,它给了你怎样的启示?

3. 查尔斯·巴贝奇是计算机研究的先驱人物,1819 年,他设计完成了第一台差分机,但他最终没有完成第二台差分机的制造。他的传奇一生对我们有哪些启发?

4. 国际商用机器公司 IBM 是当今计算机领域的巨人,总结 IBM 的发展历史,你对 IBM 的发展有何感想?

5. 任何一项重大的科学发明,都有相应的理论基础。计算机诞生的主要理论基础是什么? 如何理解?

6. 什么是图灵机? 它对电子计算机的发明有何意义?

7. 在自然科学的发展历程中,电子技术的发展为人类文明的发展和人类生活的改善做出了巨大贡献。列举对有关电的研究和应用中做出巨大贡献的科学家,并说明他们的科学成就。

8. 美国著名发明家尼古拉·特斯拉(Nikola Tesla,1856 年 7 月 10 日~1943 年 1 月 7 日)被称为"被世界遗忘的伟人"。他都有哪些伟大的发明?

9. 简述 ENIAC 计算机的诞生过程。

10. 为什么说通用自动计算机 UNIVAC 比 ENIAC 计算机更具意义?

11. 简述电子计算机发展的历程,说明每一代电子计算机的主要特点。

12. 什么是微型计算机? 简述微处理器的发展阶段。

13. 在计算机中,数的存储采用二进制,对于任何整数都可以精确地实现十进制和二进制的转换,但对于带有小数点的数,则可能出现误差。例如,对于一个数 $x1=1234.567$,将其转换为二进制 $x2$,然后再将 $x2$ 转换为十进制数 $x3$,看看会出现什么结果?(设二进制数保留小数点后 11 位)

14. 有两个数 $X=18.25$ 和 $Y=17$,设数据字长为 32 位,完成下列任务:

(1)写出 X 和 $-Y$ 的补码表示。

(2)列出算式 $X-Y$ 的计算过程,并求结果。

15. 什么是字符编码? 在计算机中,为什么要进行字符编码?

16. 对于汉字,有哪些编码? 说明每种编码的含义和功能。

17. 在计算机的发展历史上,冯·诺依曼计算机体系结构是开创性的,它有哪些重要的思想?

18. 关于 CPU,回答下列问题:

(1)CPU 有哪些部分组成? 简述各部分的功能。

(2)CPU 是如何执行程序的?

(3)CPU 的发展受到了哪些因素的影响?

(4)什么是多核心 CPU? 多 CPU 和多核 CPU 有何不同?

(5)什么是主频? 什么是运算速度?

19. 关于存储器,回答下列问题:

(1)什么是内存储器? 什么是外存储器?

(2)按照存储介质的不同,存储器有哪些类型?

(3)磁存储和光盘存储的基本原理是什么?

(4)在硬盘中,什么是磁道、扇区、柱面?

(5)什么是硬盘分区和格式化? 在 Windows 计算机中,如何进行磁盘的格式化?

20. 关于外围设备接口,回答下列问题:

(1)接口的功能是什么?

(2)观察 USB 键盘,说明 USB 2.0 接口中四针的功能是什么?

(3)观察计算机以太网卡的 RJ-45 接口,说明网卡接口是串口还是并口? 如果是串口,说明 8 个引脚的功能。

21.关于计算机指令系统,回答下列问题:

(1)指令的一般格式是什么?

(2)计算机是如何执行指令的?

22. 关于微型计算机,解释下列名词:微处理器、主板、接口、字长、主频、显示器分辨率、显示器刷新频率。

23. 计算机的启动过程是计算机硬件和操作系统联合完成的,回答下列问题:

(1)在计算机主板上,BIOS 芯片起什么作用?

(2)计算机主板中的 CMOS 是什么? 有什么作用?

(3)什么是硬盘分区? 什么是主分区和逻辑分区?

(4)加载操作系统是什么意思?

24. 在各种各样的应用中,计算机有哪些主要特征? 简述数值计算和数据处理的不同,并简要说明。

25. 什么是人工智能? 机器在将来真的可以代替人吗? 你如何理解?

26. 2016 年 3 月,由谷歌旗下 DeepMind 公司研发的阿尔法围棋(AlphaGo)人工智能程序与围棋世界冠军、职业九段选手、韩国人李世石进行人机大战,并以 4∶1 的总比分获胜,进一步推动了人工智能的研究热潮。你认为人工智能程序和传统的计算机程序有何本质区别?

第3章　计算机操作系统

本章导读

随着科技的发展，计算机的功能越来越强大，应用越来越广泛。但是，计算机的本质并未发生变化，那就是执行机器指令。计算机指令系统是一台计算机的核心，每条指令对应具体的逻辑电路，以控制计算机的运行。指令系统是计算机硬件的语言系统，又称"机器语言"，是软件和硬件的主要界面。计算机功能的强大只不过是用户编写的程序更加复杂，是计算机应用的外在表现。在计算机运行过程中，如何协调和控制各部件的工作，也是由程序来完成的，这个程序就是计算机操作系统。

本章首先介绍了早期计算机运行过程中遇到的问题，以及计算机操作系统产生和发展历程，然后讲解了现代计算机操作系统的基本功能。详细介绍了 Windows 操作系统的应用，包括 Windows 系统安装、Windows 基础知识、Windows 界面、文件与文件夹管理、Windows 系统配置、远程管理与维护等。最后对几种典型的计算机操作系统，如 Linux 操作系统、Mac 操作系统以及智能手机 Android 操作系统进行了简要介绍。

知识要点

3.1：操作系统，简单批处理操作系统，多道程序批处理系统，分时系统，程序，进程，处理器管理，内存储器管理，外存储器管理，文件，流式文件，结构文件，设备管理，人机接口。

3.2：Windows 操作系统，硬盘分区，主分区，扩展分区，系统盘，启动盘，用户登录。

3.3：应用程序，目录，文件夹，图标，快捷方式，单文档应用程序，多文档应用程序，窗口，标题栏，菜单栏，工具栏，客户区，状态栏，滚动条，工具按钮，对话框，模式对话框，非模式对话框，控件，文本框，单选钮，复选框，按钮，列表框，剪贴板。

3.4：Windows 桌面，任务栏，"开始"菜单，用户文件夹，回收站，网上邻居。

3.5：文件，文件夹，通配符，资源管理器，注册文件，安全描述符，文件夹选项。

3.6：控制面板，用户账户，工作组，域，本地账户，域账户，设备管理器，显示器，适配器（显卡），监视器（显示屏）。

3.7：Unicode 字符集，文本服务，输入语言，输入法，输入法工具条，中文输入，输入法切换，字体，轮廓字体，矢量字体，光栅字体。

3.8：CP/M 操作系统，DOS 操作系统，Windows 操作系统，Unix 操作系统，Linux 操作系统，Mac 操作系统。

3.1 操作系统及其功能

计算机系统由计算机硬件和软件两部分组成。从概念上讲,计算机软件是在计算机中运行的程序,这些程序对应着计算机的指令序列,从而控制计算机硬件的运行。计算机软件通常分为系统软件和应用软件。系统软件是指控制和协调计算机及外部设备、支持应用软件开发和运行的程序,通常直接对计算机硬件指令系统编程,使得计算机使用者和其他应用软件无须考虑所运行的硬件平台。例如,操作系统、软件开发环境中的编译器、数据库管理系统等,都属于系统软件的范畴。其中,操作系统是最核心的系统软件,整个计算机系统的运行都是在操作系统的控制下完成的。

应用软件是针对某一种或某一类具体的应用而设计的软件。应用软件通常使用高级语言编程,在操作系统中运行,无需对计算机硬件直接控制,所有的硬件操作都是通过操作系统间接完成的。除了上述的系统软件,其他的软件都可归为应用软件的范畴,如字处理器、图形图像处理软件、各种办公软件、管理软件,以及操作系统自带的实用程序等。

3.1.1 操作系统的产生与发展

在计算机发展的初期,计算机系统远没有今天这么复杂,需要同时运行多个程序,甚至多个用户使用同一台计算机。当时,计算机只是一台计算的机器,程序简单,在一段时间内,计算机中心只有一个程序在运行,谈不上处理器的复杂调度问题,计算机是简单的。20 世纪 40 年代后期到 50 年代中期,当时也没有操作系统的概念,程序员都是直接与计算机硬件打交道的。机器通过控制台运行,控制台包括显示灯、触发器、某种类型的输入设备和打印机。用机器代码编写的程序通过输入设备(如卡片阅读机)输入计算机,甚至通过按键输入操作命令,来控制计算机各个部件的运行。如果一个错误使得程序停止,那么错误原因将由显示灯指示。程序员开始检查处理器寄存器和主存储器,以确定错误的原因。如果程序正常完成,输出结果将出现在打印机中。

1.计算机操作系统的产生

在计算机发展早期,计算资源紧张,许多用户需要共享计算资源。也就是说,计算机中需要运行不同的程序,如何来协调这些程序的运行,更好地分享计算资源呢?早期计算机系统的运行方式引出了 2 个主要问题。

①任务调度。为保证多个用户使用计算机,大多数装置都使用一个硬拷贝的签约表预订机器时间。通常,一个用户可以以 30min 为单位签约一段时间。有可能用户签约了 1h,而只用了 45min 就完成了工作,在剩下的时间里计算机只能闲置,这会导致浪费。另外,如果用户遇到一个问题,没有在分配的时间内完成,那么在解决这个问题之前将被强制停止。

②准备时间。一个程序称为"作业"(Job),可能包括往内存中加载编译器和高级语言程序(源程序),保存编译好的程序(目标程序),然后加载目标程序和公用函数并链接在一起,成为机器可执行的机器指令序列。每一步都可能包括安装或拆卸磁带,准备卡片组等。如果在此期间发生错误,用户只能全部重新开始,从而导致时间预约计划失败。

上述操作模式称为"串行处理",反映了用户必须顺序访问计算机的事实。为使串行处理更加有效,人们开发了各种各样的系统软件工具,包括链接器、加载器、调试器和I/O驱动程序。它们作为公用软件,对所有的用户来说都是可用的,不需要每次重新加载,这些公用软件成了后来操作系统概念的雏形。

2.操作系统的发展

计算机操作系统的概念出现后,人们总是在不断改进计算机系统运行过程中遇到的问题,推动着计算机操作系统不断发展。操作系统的发展可以分为3个阶段。

(1)第一代操作系统

20世纪50年代中期,为解决人机矛盾,让计算机保持不间断工作,减少人工干预程度,提高资源利用率,第一个简单批处理操作系统(同时也是第一个操作系统)开发完成,并用在IBM 701计算机上。其中心思想是使用一个称为"监控程序"(Monitor)的软件,用户不再直接操作机器。相反,用户把卡片或磁带中的作业提交给计算机操作员,由他把这些作业按顺序组织成一批,并将整个批作业放在输入设备上,供监控程序使用。每个程序运行结束后返回到监控程序,同时,监控程序自动加载下一个程序。这样一来,一批作业排队等候,监控程序完成调度功能,无须手工操作,系统可以有相对较长的连续运行时间,从而提高了CPU利用率。监控程序就是现代意义上的操作系统,成为现代操作系统发展的开端,简单批处理操作系统也被称为"第一代操作系统"。

(2)第二代操作系统

批处理操作系统面临的主要问题是高速CPU和低速I/O不匹配的矛盾。由于计算机技术的发展,CPU处理速度提高很快,但I/O的速度却很慢,系统整体效率没有得到应有的提高。为解决高速CPU和低速I/O不匹配的矛盾,人们在硬件、软件资源方面做了巨大的改进,到20世纪60年代中期,产生了多道程序分时系统。所谓"多道程序",就是把一个以上的作业(程序)存放在主存中,并且同时处于运行状态,共享处理机时间和外部设备等其他资源。分时系统将CPU划分为很小的时间片,采用循环轮作方式处理多道程序,被称为"第二代操作系统"。

在多道程序运行的计算机系统中,多个程序需要共享系统资源。操作系统需要为这多个程序分配CPU资源,程序的执行表现出间断性的特征。这些特征都是在程序的执行过程中发生的,是动态的过程,而传统的程序本身是一组指令的集合,是一个静态的概念,无法描述程序在内存中的执行情况。我们无法从程序的字面上看出它何时执行,何时停顿,也无法看出它与其他执行程序的关系。因此,程序这个静态概念不能如实反映程序并发执行过程的特征。为了描述程序动态执行过程的性质,引入了"进程"的概念。

20 世纪 60 年代，Multics[①] 的设计者首次使用了"进程"（Process）这个术语，它比作业更通用、更能描述任务的动态活动。什么是进程呢？简单地讲，进程是程序的执行过程。当操作系统将一个可执行程序调入内存，开始执行程序指令时，即启动一个进程。也就是说，一个程序的执行对应一个进程。如果一个程序执行两次，虽然程序代码是一样的，但这是两个进程。进程的概念是操作系统结构的基础，是操作系统分配系统资源的基本单位。例如，处理器时间片的分配、内存单元的分配、网络端口号的分配等都是按进程进行的。

在传统的操作系统中，进程既是基本的分配单元，也是基本的执行单元。进程的概念包含两点：第一，进程是一个实体。每一个进程都有自己的地址空间，包括文本区域（Text Region）、数据区域（Data Region）和堆栈（Stack Region）。文本区域存储处理器执行的代码；数据区域存储变量和进程执行期间使用的动态分配的内存；堆栈区域存储活动过程调用的指令和本地变量。第二，进程是一个"执行中的程序"。程序是一个没有生命的实体，只有处理器赋予程序生命时，它才能成为一个活动的实体，我们称其为"进程"。

在第二代操作系统中，多道处理方式使得一个 CPU 同时可以处理多个程序，即同时将多个程序装入内存、并同时运行的机制，大大提高了 CPU 的利用率。同时，采用通道技术将 I/O 处理从 CPU 的控制下独立出来的一套处理机制，也称为"I/O 处理机"。CPU 不再直接控制 I/O 设备，而是通过通道去控制，从而实现了 CPU 和 I/O 设备之间的并行工作，缓解了 CPU 和 I/O 速度不匹配的矛盾。

（3）第三代操作系统

20 世纪 70 年代，是计算机向微型化方向快速发展的时期。1971 年，英特尔公司成功地研制出了 4 位 Intel 4004 芯片；1973 年，又研制成功了 8 位 Intel 8086 芯片，这些都为微型计算机的诞生奠定了基础。微型计算机也推动了计算机语言和操作系统的发展。结合多道批处理、分时、实时系统的优点，各种各样的通用计算机操作系统开始出现，如 Unix、DOS 等操作系统相继问世，一般把这个时期的操作系统称为"第三代操作系统"。

这一时期，现代意义下的计算机操作系统的思想和概念日趋成熟，即：所谓"操作系统"（Operating System，OS），就是安装在计算机硬件上的第一层系统软件，负责整个计算机资源的管理，包括处理器管理、存储器管理、文件管理、设备管理、任务管理。同时，操作系统还在用户和计算机之间提供一种交互界面或操作接口。任何其他软件都必须在操作系统的支持下才能运行。操作系统在计算机系统中所处的位置如图 3-1 所示。

在图 3-1 中，我们可以清晰地看到，应用软件是通过操作系统来控制计算机运行的。从本质上讲，应用软件，即用户程序是一组指令的集合，这些指令对应计算机 CPU 中的指令系统。程序运行时，操作系统将可执行的程序调入内存，依次送入 CPU，逐条执行程序中的指令。

20 世纪八九十年代，微型计算机操作系统进入快速发展时期，随着计算机硬件技术、

---

① Multics（Multiplexed Information and Computing System），1964 年由贝尔实验室、麻省理工学院及美国通用电气公司共同参与研发，是一套安装在大型主机上、多人多任务的分时操作系统。1969 年，因 Multics 计划的工作进度过于缓慢，最后终究遭裁撤而中止。Multics 计划停止后，由贝尔实验室的两位软件工程师汤普森（Thompson）与里奇（Ritchie）以 C 语言为基础而发展出 Unix 操作系统。因此，Multics 被认为是现代操作系统的基础，是加快 Unix 操作系统发展的催化剂。

计算机网络技术的快速发展,出现了多处理机操作系统、基于网络的操作系统、分布式操作系统等。这一时期,人们在操作系统技术、操作系统体系结构上也取得了重大进展。传统的操作系统内核主要采用模块化设计技术,只能应用于固定的平台。随着组件化、模块化技术的不断成熟,操作系统内核呈现出多平台统一的发展趋势。例如,Windows XP 采用了组件技术,可以灵活地进行扩展和变化,既有支持桌面系统的 Windows XP Professional 版本,也有支持嵌入式系统的 Windows XP Embedded 版本,有效实现了 Windows 操作系统内核技术的统一;Linux 2.6 内核版本也加强了对多平台统一的支持,内核不需要用户进行复杂的内核修改和裁剪就可以灵活地实现嵌入式 Linux,同时该内核也支持 Data Center Linux。

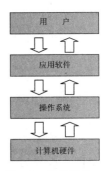

图 3-1　操作系统在计算机系统中的位置

今天,计算机技术的飞速发展、日益广泛的应用、计算环境的变化,对操作系统在计算机系统中的作用、功能、控制范围的需求也在不断变化,在计算机体系结构中,操作系统将向硬件层、应用层等不同的方向延伸。

现在的计算机操作系统很多,在我们的笔记本、台式机和服务器上,运行着 Windows、Linux、Mac、Unix 等各式各样的操作系统。虽然操作系统的种类和版本不同,但计算机操作系统的基本功能都是类似的。

3.1.2　处理器管理

在一台计算机中,处理器包含运算器和控制器两大部件。可以说,处理器是计算机系统最核心的资源,程序指令的执行都是通过处理器完成的。因此,如何为程序进程分配 CPU 时间,在多个程序进程之间如何调度,处理在计算机系统运行过程中所出现的各类与 CPU 有关的问题,就成为操作系统的首要任务。

操作系统对计算机资源的管理都是以进程为单位的,对处理器的管理也不例外。

①进程控制,包括进程创建、进程终止、进程阻塞、进程唤醒。引发进程创建的事件有用户登录、作业调度、服务请求、应用请求。当创建一个进程时,操作系统将为新进程分配资源,并将进程放入就绪队列。引起进程终止的事件有正常结束、异常结束(发生错误)、用户强行中止。当一个进程终止时,该进程所拥有的全部资源,或归还给其父进程,或归还给系统。正在执行的进程,当出现某个事件时,如等待 I/O 完成时,操作系统将处理机分配给另一就绪进程,并进行切换。当被阻塞进程所期待的事件出现时,如 I/O 操作完成,则由有关进程(比如,用完并释放了该 I/O 设备的进程)调用唤醒原语,将等待该事件的进程唤醒,然后再将该进程插入就绪队列中,等待执行。

②进程调度,在分时多任务系统中,一个作业从提交到执行,通常都要经历多级调度。调度的目的是为进程分配 CPU 资源。根据不同的资源分配策略,有不同的调度算法。常用的调度算法:先来先服务(FCFS),每次调度是从后备作业队列中,选择一个或多个最先进入该队列的作业;短作业(进程)优先调度算法,是指对短作业或短进程优先调度的算法;时间片轮转调度算法(Round-Robin),为保证人—机交互的及时性,系统使每个进程

依次按时间片轮流的方式执行;优先权调度算法,按进程的优先权调度。

③进程通信,是指进程之间的信息交换、高效地传送大量数据的一种通信方式。进程通信分为共享存储器系统、消息传递系统和管道通信系统3种方式。

3.1.3　存储器管理

当程序运行时,操作系统将程序代码调入内存,并创建一个进程。进程需要占据存储空间。进程运行过程中,还需要动态地申请和释放内存空间;进程终止时,进程所占据的内存空间被释放。对于进程所使用的存储器资源的管理,也是由操作系统完成的。

操作系统对内存储器的管理功能可以归纳为4个主要方面:存储分配/回收,实现存储器的各种分配/回收;存储共享/保护,实现同时驻留内存的各类程序和数据的共享/保护;地址重定位,实现各种地址变换机制,完成静态和动态地址重定位;存储扩充,实现虚拟存储器和各种存储调度策略。其中,存储器的分配和回收是内存管理的基础。对于存储器的分配和回收,主要有以下不同的管理方式。

①分区分配存储管理。系统将整个内存分为空闲分区和已占用两个部分,内存分配就是将空闲分区中若干分区分配给进程。分区分配采用以下两种分配方式:固定分区分配,是最简单的多道程序的存储管理方式。由于每个分区的大小固定,必然会造成存储空间的浪费,因此,现在很少将它用于通用的计算机中。动态分区分配,是根据进程的实际需要,动态地分配内存空间的管理方式。

②分页存储管理。用户程序的逻辑地址空间被划分成若干个固定大小的区域,称为"页"(Page)。同时将内存空间分成若干与逻辑页长度相等的物理块或页框(Frame)。这样,可将用户程序的任一逻辑页对应到内存的任一物理块中,实现了离散分配。这时,内存中的碎片大小显然不会超过一页。

③分段存储管理。用户为了程序的可读性、可共享性、易保护性、便于动态链接性,而总是将程序分为代码段、数据段、栈段等区域。分段存储管理方式的引入,就是为了适应用户的这种编程要求。

在分段存储管理方式中,作业的地址空间被划分为若干个段,每个段定义了一组逻辑信息。例如,有主程序段MAIN、子程序段X、数据段D及栈段S等,每个段都有自己的名字。为了便于实现,通常可用一个段号来代替段名,每个段都从0开始编址,并采用一段连续的地址空间。段的长度由相应的逻辑信息组的长度决定,因而各段长度不等。整个作业的地址空间,由于分成了多个段,其逻辑地址由段号(名)和段内地址组成。

除了上述的存储分配策略还包括段页存储管理、请求分页存储管理和虚拟内存管理等。不管哪种内存管理策略,操作系统都通过相应的算法实现内存的分配和回收,从而为进程的运行提供所需的内存空间。

3.1.4　文件与外存管理

在计算机系统中,外存储器和内存储器都是用于存储数据和程序的媒介,都是按照自已来组织的。在外存中,数据或程序都是以文件的方式进行组织和存储的,文件和外存管理是操作系统的主要功能之一。操作系统对文件和外存的管理是通过文件系统实现的,文件系统是操作系统的重要组成部分。所谓"文件系统",是指含有大量的文件及其属性的说明,对文件进行操作和管理的软件,以及向用户提供的使用文件的接口等的程序集合。文件系统负责管理在外存上的信息,并把对信息的存取、共享和保护等手段提供给操作系统和用户。

1. 文件及信息组织

在计算机系统中,文件是储存在外存介质上信息的集合。在外存中,数据和程序(指令序列)都表示为二进制串,通过不同的存储媒体来表达,然后以文件的方式组织和存储。对于任何一个文件,都存在着两种形式的结构。

①文件的逻辑结构,这是从用户观点出发,所观察到的文件组织形式,是用户可以直接处理的数据及其结构。它独立于文件存储的物理特性,又称为"文件组织"。文件的逻辑结构可分为两大类:一是有结构文件,是指由一个以上的记录构成的文件,又称为"记录式文件";二是无结构文件,是指由字符流构成的文件,又称为"流式文件"。

②文件的物理结构,又称为"文件的存储结构",是指文件在外存上的存储组织形式,这与存储介质的存储特性有关。存储介质的物理结构不同,如磁带存储、磁盘存储、半导体存储和光存储,文件的物理组织结构也不相同。无论是文件的逻辑结构还是物理结构,都会影响对文件的存取方式和存取速度。

2. 文件命名

每一个文件都有一个文件名,系统按文件名对文件进行识别和管理。在操作系统中,文件名分两部分:主文件名和扩展名,两者之间用句点"."隔开。主文件名用来标识不同的文件,不能省略;扩展名用于标识文件类型,有时可以省略。不同的操作系统,对文件名的规定不完全相同。

在 Windows 系统中,主文件名由 1～255 个字符组成,允许使用空格或汉字。由于操作系统已经赋予了某些字符特定的含义,因此,在用户的文件命名时不能使用,这些字符是"\""/"" * ""?""""""<"">""|" 等。其中,斜杠字符用于路径中的路径分隔符,"?"和" * "通常用作通配符,"?"代表一个任意的字符," * "代表 0 个或多个任意的字符,"<"和">"用于输入、输出导向。

扩展名由 1 ～ 4 个字符组成,一般表示文件的类别。例如,扩展名"txt"表示这是一个文本文件(内容由合法的中西文字符组成的文件);扩展名"exe"表示这是一个可执行的程序文件,其中是一些可以运行的二进制指令代码。扩展名通常与特定的应用程序相关联,只能被特定的应用程序打开和操作。

文件除了主文件名和扩展名,还包含其他几个属性,如文件的类型、文件的大小、创建的日期时间、最近一次修改的日期时间、最近一次被访问的日期时间、存取属性(只读、隐藏)等。此外,操作系统通常还可设置文件的安全属性,包括用户及权限设置。例如,在Windows 系统中,通过"我的电脑"和"资源管理器"工具,可以看到计算机中的文件,右击文件图标,在打开的快捷菜单中,可以查看文件属性。

3.文件目录

为了管理不同的文件,操作系统的文件系统需要维护一个文件目录表。文件目录具有将文件名转换为该文件在外存的物理位置和记录文件控制信息的功能。一个目录项通常包括文件主标识、文件类型、文件存取权限、各类用户对该文件的存取权限、文件的进程(用户)计数、文件存取时间、文件最近被修改的时间等。多个文件的目录项组成一张目录表。目录表项还可以指向另一目录表项,从而构成多级的树形目录结构。

由目录表项构成的多级树形目录结构,可以很好地支持用户对文件的分类管理。常常情况下,一个磁盘上往往存储了大量文件,为了管理方便,常常需要对文件分类管理,进行分门别类的组织。从用户的角度看,把一类文件组织在一起,定义一个逻辑空间,并起一个名字,这就是文件夹,也称"目录"。但是从操作系统层面看,文件夹并不是一个独立的物理实体。系统存储的每一个文件都对应一个目录项,目录项对应具体的物理存储空间。

在使用操作系统时,文件夹都有相应的名字,目录名的规定和文件名的规定一样,但是一般不带扩展名。同一个目录下的目录名不能重名,也不能和同一个目录下的文件重名。在目录当中,除可以保存多个文件,还可以建立和保存子目录,即子文件夹,从而形成多级目录结构。对于每一个磁盘或磁盘分区,有一个唯一的根目录。在根目录下,除文件之外,可以建立子目录,每一个子目录当中又可以包含目录,上下级目录之间为父子关系,根目录没有父目录,而最底层的目录则没有子目录。

对磁盘中目录的创建、删除、重命名、目录转移等操作都是由操作系统来完成的,不同的操作系统有不同的操作系统命令。在早期的 DOS 等命令行操作系统中,是在系统提示符下输入相应命令进行目录操作的。在 Windows 等图形界面操作系统中,可以通过"我的电脑"和"资源管理器"工具来完成目录(文件夹)操作。

例如,某计算机硬盘的目录结构如图 3-2(a)所示。在 Windows 操作系统中,利用"我的电脑"可显示系统的文件夹结构目录树,如图 3-2(b)所示。

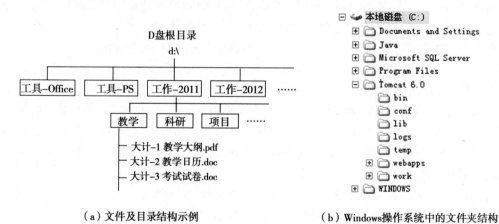

(a)文件及目录结构示例　　　　　　　(b)Windows操作系统中的文件夹结构

图 3-2　树形目录结构图

在目录结构的创建中,虽然命名没有特别要求,但是从管理的角度,采用前缀命名便于管理。例如,文件夹工作-2011、工作-2012等,因为操作系统通常是按照名字的字母顺序来排列的,这样可以把相近的文件夹或文件列在一起,便于查找。

4.文件路径

在进行文件操作的过程中,操作的常常不是当前盘上当前目录中的文件,这时就需要指明文件所在的位置:一是需要指出它在哪个磁盘上,二是需要指出它所在的目录。由于目录可能是多层次的,这就需要一种方法指明它的确切位置。所谓"路径",就是描述文件所在位置的一种方式。路径的描述有两种:绝对路径和相对路径。绝对路径是从根目录开始描述,直到文件所在的子目录,指定文件绝对路径的一般形式是:

[<盘符>:]\<子目录$_1$>\<子目录$_2$>\……\<子目录$_n$>\

其中<子目录$_1$>、<子目录$_2$>……<子目录$_n$>是包含被查找文件的各级目录名。不加盘符时默认为当前盘的盘符。例如,要对C盘上WINDOWS目录下的SYSTEM子目录中的文件System.ini操作,其绝对路径为:

C:\WINDOWS\SYSTEM\System.ini

相对路径是相对于当前盘上的当前目录来设置的路径。这里常用到两个特殊的符号:"."表示当前目录;".."表示上一级目录。例如在图3-2(a)所示的目录结构中,设当前路径是D盘根目录,即d:\,则文件大计-1教学大纲.pdf对应的绝对路径是:d:\工作-2011\教学\。如果要从该路径转到工作-2012\教学\目录,则相对路径是:..\..\ 工作-2012\教学\。

5.存储空间管理

为了实现存储空间的分配,首先必须记住空闲存储空间的情况。为此,首先,系统应为分配存储空间而设置相应的数据结构;其次,系统应提供对存储空间进行分配和回收的功能。常用的文件存储空间管理方法有2种。

①空闲表法。系统为外存上的所有空闲区建立一张空闲表,每个空闲区对应一个空闲表项。空闲表包括序号、该空闲区的第一个盘块号、该空闲区的空闲盘块数等信息。应将所有空闲区按其起始盘块号递增的次序排列,形成空闲盘块表。当进行文件写操作时,从空闲表中分配外存空间。

②位示图法。位示图是利用二进制的一位来表示磁盘中一个盘块的使用情况的。当其值为"0"时,表示对应的盘块空闲;为"1"时表示已分配。有的系统把"0"作为盘块已分配的标志,把"1"作为空闲的标志。磁盘上的所有盘块都有一个二进制位与之对应,这样,由所有盘块所对应的位构成一个集合,称为"位示图"。

6.外存分配方法

当在磁盘上新建文件时,操作系统需要为新建的文件分配存储空间,并进行数据的存储,为新建文件分配存储空间是操作系统的重要功能之一。常用的外存分配方法有3种。

①连续分配。连续分配要求为每一个文件分配一组相邻接的盘块。它们通常都位于

一条磁道上,在进行读/写时,不必移动磁头,仅当访问到一条磁道的最末一个盘块时,才需要移到下一条磁道,因此存取速度最快。

②链接分配。通过在每个盘块上的链接指针,将同属于一个文件的多个离散的盘块链接成一个链表,由此所形成的物理文件称为"链接文件"。由于链接分配采取离散分配方式,从而消除了外部碎片,故可显著地提高外存空间的利用率。当文件动态增长时,可动态地再为它分配盘块。此外,对文件的增、删、改,也十分方便。

③索引分配。索引分配支持直接访问。当要读文件的第 i 个盘块时,可以方便地直接从索引块中找到第 i 个盘块的盘块号。此外,索引分配也不会产生外部碎片。当文件较大时,索引分配无疑是优于链接分配的。

3.1.5 设备管理

一般情况下,计算机系统中除主机外的其他设备统称"外围设备",包括输入设备、输出设备、磁盘驱动器、外存储器、数模/模数转换器等。其中,输入设备又分为字符输入设备(如键盘)、图形输入设备(如鼠标、光笔)、图像输入设备(扫描仪、摄像机等)、光学阅读设备(读卡器)、模拟输入设备(麦克风等)。输出设备是指把计算结果以数字、字符、图像、声音等形式表示出来,常见的有显示器、打印机、绘图仪、影像输出系统、语音输出系统、磁记录设备等。

操作系统的设备管理系统是用于对外部设备输入、输出进行控制和管理的子系统。由于 I/O 设备种类繁多,特性和操作方式相差很大。因此,操作系统的设备管理除应当能使外设都能高效均衡地得到使用外,还应使设备管理软件独立于其物理特性,为用户使用外设提供一个统一方便的操作接口。

1.设备类型

计算机系统中的 I/O 设备的类型繁多,从操作系统观点看,其重要的性能指标有数据传输速率、信息交换单位、设备共享属性等。因此,可以对设备按不同的方式进行分类。

①按传输速率分类,可分为:低速设备,传输速率为每秒钟几个字节至数百个字节的设备,典型的低速设备有键盘、鼠标器、语音输入输出设备。中速设备,传输速率在每秒钟数千个字节至数十千个字节的一类设备,典型的中速设备有行式打印机、激光打印机等。高速设备,传输速率在数百千个字节至数兆字节的一类设备,典型的高速设备有磁带机、磁盘机、光盘机等。

②按信息交换单位分类,可分为:块设备(Block Device),信息的存取以数据块为单位的设备。典型的块设备是磁盘,每个盘块的大小为 512B～4kB。磁盘设备的基本特征是传输速率较高,通常每秒钟为几兆位;可寻址,即可随机地读/写任意一块;I/O 采用 DMA 方式。字符设备(Character Device),用于数据的输入和输出,基本单位是字符,故称为"字符设备"。字符设备的种类繁多,如交互式终端、打印机等。字符设备常采用中断驱动方式。

③按设备共享属性分类,可分为:独占设备,指在一段时间内只允许一个用户(进程)

访问的设备,即临界资源。因而,对多个并发进程而言,应互斥地访问这类设备。系统一旦把这类设备分配给某进程后便由该进程独占,直至用完释放。共享设备,指在一段时间内允许多个进程同时访问的设备。当然,对于每一时刻而言,该类设备仍然只允许一个进程访问。显然,共享设备必须是可寻址的和可随机访问的设备。典型的共享设备是磁盘。虚拟设备,是指通过虚拟技术将一台独占设备变换为若干台逻辑设备,供若干个用户(进程)同时使用,通常把这种经过虚拟技术处理后的设备,称为"虚拟设备"。

2.设备分配

在多道程序环境下,系统中的设备不允许用户自行使用,而必须由系统分配。每当进程向系统提出 I/O 请求时,只要是可能和安全的,设备分配程序便按照一定的策略,把其所需的设备分配给用户(进程)。在有的系统中,为了确保在 CPU 与设备之间能进行通信,还应分配相应的控制器和通道。为了实现设备分配,还必须在系统中设置相应的数据结构。

在进行设备分配时,通常都需要借助于一些表格的帮助。表格中记录了相应设备或控制器的状态及对设备或控制器进行控制所需的信息。在进行设备分配时,所需的数据结构表格有设备控制表、控制器控制表、通道控制表、系统设备表等。

对设备的分配算法,与进程的调度算法有相似之处,但相对要简单些,通常只采用以下两种分配算法。

①先来先服务。当有多个进程对同一设备提出 I/O 请求时,该算法是根据进程对某设备提出请求的先后次序,将这些进程排成一个设备请求队列,设备分配程序总是把设备首先分配给队首进程。

②优先级高者优先。在进程调度中的这种策略,是优先权高的进程优先获得处理机。如果对这种高优先权进程所提出的 I/O 请求,也赋予高优先权,显然有助于这种进程尽快完成。在利用该算法形成设备队列时,将优先级高的进程排在设备队列前面,而对于优先级相同的 I/O 请求,则按先来先服务原则排队。

3.1.6 人机界面

操作系统在计算机系统中的另一个作用是在用户和计算机之间提供一个用户接口,即人机操作界面。我们通常说,使用计算机,其实是使用计算机程序。用户运行程序,从本质上讲,程序的运行需要操作系统的支持。操作系统将程序调入内存,程序中的指令通过 CPU 执行,并负责资源管理。可见,操作系统是用户程序和计算机的桥梁。

操作系统为用户提供的人机界面可分为 2 种类型。

①命令行接口(Command Line Interface,CLI)。典型的操作系统就是 DOS,系统开机后,显示当前目录和系统提示符">",如:C:>。在系统提示符下,可以输入操作系统命令或可执行程序名,然后按回车键确认。此时,操作系统将在当前目录或 Path 路径中查找指定的可执行文件,如果存在,将调入内存执行;否则,显示错误提示:Bad command or file name。

②图形用户接口（Graphic User Interface,GUI）。命令行界面的特点是简单,不足是需要记住大量的命令。采用图形用户接口的操作系统是微软公司的 Windows 操作系统和苹果公司的 Mac 操作系统。GUI 接口的特点是将程序组织成图标的方式,在桌面上显示,或组织到特定的菜单中,供用户选择执行。好处是用户无须记住程序的名字和路径,操作直观。不足之处是对计算机资源的需求更大。

3.2 Windows 操作系统

计算机操作系统是计算机资源的管理者。根据功能定位不同,操作系统可分为服务器操作系统、桌面操作系统和嵌入式操作系统。Windows 操作系统,又称"视窗操作系统",是美国微软公司①推出的基于图形界面的现代操作系统,分为客户机和服务器两种版本,其简单易用的图形界面受到用户的欢迎。在个人计算机领域,Windows 客户机操作系统占有绝对的优势;在服务器领域,Windows 服务器操作系统也有相当的装机数量。

3.2.1 Windows 操作系统的发展

在微软公司成立初期,其最初的业务是销售 BASIC 解释器。1979 年,IBM 公司为开发 16 位微处理器 Intel 8086,请微软公司为 IBM PC 设计一个磁盘操作系统(Disk Operating System,DOS),即 MS-DOS。1981 年 8 月,微软公司推出了支持内存为 320kB 的 MS-DOS 1.1 版,它是一个单用户、单任务的操作系统。随后,IBM 公司向微软公司购得 MS-DOS 使用权,将其更名为 PC-DOS 1.0,故 MS-DOS 又称"PC-DOS"。从此,微软公司进入计算机操作系统研发领域。

1982 年,支持 PC/XT 硬盘的 MS-DOS 2.0 问世。该版本首次具有多级目录管理功能,在人机界面上部分吸收了 Unix 操作系统的优点。随后,微软公司又陆续推出了不断改进的版本,这些版本有 MS-DOS 3.0(1984 年)、MS-DOS 3.2(1986 年)、MS-DOS 3.3(1987 年)、MS-DOS 4.0(1989 年)、MS-DOS 5.0(1991 年)、MS-DOS 6.0(1992 年)、MS-DOS 7.0(1995 年)。不断更新的 MS-DOS,膨胀了微软的欲望,进一步坚定了其全球软件业霸主的信心。随着 1995 年 Windows 95 操作系统的亮相,DOS 操作系统研发宣告结束。

在基于字符的命令行操作系统占主流的 20 世纪 80 年代,一种称为"图形用户界面"(GUI)的技术正在美国施乐公司帕洛阿托研究中心(PARC)悄悄孕育。早在 MS-DOS 搭

---

① 微软公司(Microsoft Corporation),是一家美国跨国科技公司,由比尔·盖茨与保罗·艾伦创办于 1975 年 4 月 4 日,取名 Microcomputer＋Software 之意,即:微型计算机软件。公司总部位于美国华盛顿州的雷德蒙德,主要业务为软件研发、制造、授权和服务,最为著名和畅销的产品是 Microsoft Windows 操作系统和 Microsoft Office 系列软件。

载 IBM PC 机成功后的 1981 年 9 月,微软公司就对图形用户界面技术神往已久,并开始运筹于帷幄之中。当时,图形界面的竞争异常激烈。1983 年 1 月,苹果公司的丽萨电脑(Apple Lisa)率先面世,成为世界上首款同时采用 GUI 界面和鼠标的个人计算机。1984 年,麦金塔(Macintosh)计算机以它独有的图形"窗口"征服了市场,把 GUI 技术成功地带进了个人计算机的领域。此时,IBM 公司放弃和微软公司的合作,与 VisiCorp 公司签订了销售其 VisiOn 图形软件产品的合同。同时,IBM 公司也推出了自己的图形界面管理软件,即 TopView。

在操作系统图形用户界面的竞争中,微软公司匆忙加入,1983 年 11 月 10 日宣布自己的图形界面 Windows,但产品的研发困难重重,产品的发布也一拖再拖。直到 1985 年 11 月 20 日,微软公司才推出了第一个 Windows 操作系统,即 Microsoft Windows 1.0。1987 年 12 月 9 日,Windows 2.0 发布,这个版本的 Windows 图形界面有不少地方借鉴了同期的 Mac OS 中的一些设计理念。这两个版本投放市场后,并未得到市场的广泛认可。

1990 年 5 月 22 日,Windows 3.0 正式发布,由于在界面、人性化、内存管理等多方面的巨大改进,终于获得了用户的认同。1992 年 4 月,Windows 3.1 发布,在最初发布的 2 个月内,销售量就超过了一百万份,Windows 操作系统进入了良好的发展时期。1993 年,Windows NT 3.1 发布。1994 年,Windows 3.2 的中文版本发布。虽然 Windows 3.1 和 3.2 版获得了巨大的成功,但从本质上讲,最初的 Windows 3.X 系统并不能够说是一个真正的操作系统,它只是在 DOS 操作系统基础上添加了一种图形外壳(Shell)。它首先需要启动 DOS,然后在 DOS 系统提示符下输入"win"命令才能进入 Windows 系统界面。

1995 年 8 月,微软公司推出 Windows 95 操作系统,它完全摆脱了 Windows 3.X 对 DOS 的依赖,是一个混合的 16 位/32 位 Windows 操作系统。Windows 95 的多媒体特性、人性化的操作、美观的图形界面令其获得空前成功,成为微软公司发展的一个重要里程碑。

随后,微软公司在 Windows 的研发中不断推出新的版本,引领操作系统的发展潮流,主要的版本有 Windows NT 4.0(1996 年)、Windows 98(1998 年)、Windows 2000(2000 年)、Windows XP(2001 年)、Windows Server 2003(2003 年)、Windows Vista(2006 年)、Windows 7(2009 年)、Windows Server 2008(2009 年)、Windows 8(2012 年)、Windows 10(2015 年)。在 Windows 的发展过程中,每一次产品发布几乎都包含了多个版本,以面向不同的应用,如桌面、服务器、企业级应用、数据中心等。从 Windows 2000 开始,操作系统研发分成了桌面和服务器两条主线,其定位也更加明确。

3.2.2 Windows 操作系统的安装

所谓"安装操作系统",就是将操作系统文件复制到计算机硬盘中,从而在计算机启动时能够从硬盘中读取操作系统,并加载到计算机内存中。计算机的引导是按照系统 CMOS 设置中的启动顺序依次搜寻软硬盘驱动器及 CD-ROM、网络服务器等有效的启动驱动器。然后,计算机读取设备的第一个 512 字节,即主引导记录。根据主引导记录最后两个字节的值,判断当前设备是不是用于启动的设备。如果不是,则按照引导顺序读取下一设备的引导记录,直到找到一个启动设备,否则,计算机启动失败。

1. 硬盘分区与格式化

现在计算机的硬盘容量都很大,一般都为几百 GB,甚至几个 TB。因此,为了管理方便,通常需要将硬盘分区,分成几个相对独立的磁盘分区。根据磁盘分区表的原理,一块硬盘最多可分成 4 个主分区,其中只能有一个是活动的,用于安装操作系统。如果需要安装多个操作系统,应将不同的操作系统安装在不同的主分区中。

对硬盘分区通常需要专门的管理工具,执行硬盘分区操作后,将破坏硬盘中的数据。因此,对于新买的计算机或一块新的硬盘,硬盘分区无须备份数据。但是对于存储了数据的硬盘,分区前需要对有关数据进行备份,以免丢失数据后无法恢复。

如果是移动硬盘,磁盘的分区相对简单。在 Windows 操作系统下,打开控制面板,可以看到一个"管理工具"文件夹,里面包含"计算机管理"程序。也可以右击桌面上"计算机",执行"管理"快捷菜单命令,打开"计算机管理"程序。使用"计算机管理"程序可以对移动硬盘进行分区和格式化,程序界面如图 3-3 所示。

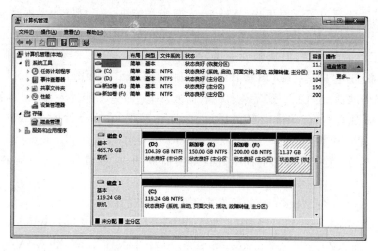

图 3-3 Windows 操作系统中的"计算机管理"程序

2. Windows 操作系统的安装

计算机的运行必须具有操作系统。在计算机上安装操作系统,就是将操作系统文件复制到硬盘中,并将其设置为启动盘。不同的操作系统,安装过程不同,但原理是一样的。从理论上讲,在计算机中安装操作系统,有两种方式:使用系统安装盘(启动盘),通常是光盘;如果没有系统安装盘,只是有系统盘的镜像文件或克隆文件,此时就需要制作一个 U盘启动盘,以启动系统进行安装。

传统的操作系统安装通常采用光盘安装。随着计算机的更新换代,新的技术和硬件不断出现,新式的台式计算机和笔记本已经采用了 UEFI 模式①来引导系统,硬盘是 GPT 格式②的。虽然可以刻录光盘来安装系统,但光盘的安装速度较慢,U 盘安装系统已相当普遍。

利用 U 盘安装系统的关键是制作一个 U 盘启动盘,基本步骤如下:

①根据计算机主板引导模式(BIOS 模式或 UEFI 模式)的不同,制作相应的 U 盘启动盘。启动盘制作工具可以从网上搜索下载,如大白菜 U 盘启动盘制作工具。U 盘启动盘包含 Windows PE(Preinstallation Environment)③系统,可以启动计算机。

②从微软官方网站下载相应的操作系统光盘镜像文件(iso 文件)。iso 文件是复制光盘上全部信息而形成的镜像文件,可通过相应的工具软件(如 WinISO)操作,也可以用 WinRAR 解压缩。

③将操作系统的 Ghost 文件或 iso 系统安装镜像文件复制到 U 盘,该 U 盘即具有启动和安装盘的功能。

当 U 盘启动和安装盘制作完成后,若要在计算机中安装操作系统,在开机过程中根据提示,进入计算机 Setup 程序,设置计算机 BIOS 从 U 盘引导,启动后,运行 U 盘启动中的安装程序,按照系统提示操作,即可将操作系统安装到计算机硬盘中。

3.2.3　Windows 操作系统的运行与用户登录

安装了 Windows 操作系统后,启动计算机,在默认情况下,会显示 Windows 登录对话框或用户列表界面,此时需要输入用户账号和密码,或单击某个用户账号图标,然后输入登录密码,即可进入 Windows 操作系统,如图 3-4 所示。

对于 Windows 登录界面,用户可以通过修改注册表的方法修改显示的图片。按 Win+L 组合键可显示 Windows 登录界面。

从安全的角度出发,可以利用本地组策略(gpedit. msc),依次选择"计算机配置"→"Windows 设置"→"安全设置"→"本地策略"→"安全选项"节点,在右侧的策略列表中,双击"交互式登录:不显示最后的用户名",打开策略属性设置对话框,选择"已启用",来禁止显示上次登录的用户账户。若此时用户登录,需要输入用户账户,虽比较麻烦,但更加安全。

---

① 可扩展固件接口(Extensible Firmware Interface,EFI)是 Intel 公司为计算机固件的体系结构、接口和服务提出的建议标准,主要目的是提供一组在 OS 加载之前(启动前)、在所有平台上一致的、正确指定的启动服务。UEFI 即统一可扩展固件接口(Unified Extensible Firmware Interface)。传统 BIOS 固件负责在开机时进行硬件启动和检测等工作,并且担任操作系统控制硬件时的中介角色。因为硬件发展迅速,传统 BIOS 逐渐被可扩展固件接口 UEFI 替代,这减少了 BIOS 的开机自检过程,启动更快。

② 硬盘分区格式分为 MBR 和 GPT 两种。MBR(Master Boot Record)为传统磁盘分区格式,不支持大于 2T 的硬盘,最多支持四个主分区(可建扩展分区)。GPT(GUID Partition Table)可以支持更大的硬盘容量,可创建任意数量的分区,分区和启动信息有多个备份,更加安全,Windows、Mac OS X、Linux 等操作系统均支持 GPT 分区。

③ Windows PE 系统是微软公司发布的一套预装环境,可以启动计算机,可以实现操作系统的部分功能,如访问计算机上的硬盘数据。在计算机系统出现故障时,用 PE 启动系统分区,可以拷贝硬盘数据。

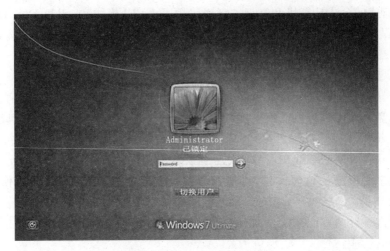

图 3-4 Windows 7 登录画面

3.3 Windows 基础知识

在众多的计算机操作系统中,Windows 操作系统使用非常广泛。从定位上讲,Windows 操作系统分为服务器版和桌面版两类。同时,根据技术发展,Windows 操作系统又分成了不同的版本。虽然不同的 Windows 版本其用户界面不同,但他们的基本概念和操作方式是相似的。本章以 Windows 7 为例,系统介绍 Windows 图形用户界面操作系统中涉及的基本概念及其操作方式。学习操作系统中的这些基本概念,不仅可以学会操作系统的操作本身,也可以为使用操作系统下的各种应用软件打好基础。

3.3.1 基本概念

在任何学科领域,都有一组基本概念,它们是领域知识表达和交流的基础。

1. 应用程序

应用程序是用来完成特定任务的计算机程序,包括系统自带的或用户编写的各种各样的程序。例如,DOS 中的 format 外部命令,Windows 中的画图、记事本、计算器等附件程序,以及软件商开发的各种应用软件等。

通常情况下,应用程序与操作系统有关,分为 MS-DOS 程序、Windows 程序、Unix 程序、Linux 程序、Mac OS 程序以及智能手机中的安卓(Android)程序等。在 Windows 下运行的应用程序不能在 Linux、Mac OS 等下运行,反之亦然。因此,程序的可移植性是软件开发中的重要问题。1995 年，Sun Microsystems 公司[①]提出了 Java 技术的概念，利用 Java 虚拟机，实现了程序的硬件和软件平台无关性，其"编写一次，到处运行"的 Java 程序设计和运行理念，是软件开发的重大进步。

2.文件

文件是储存在外存介质上信息的集合，是程序、文档、打印机等的统称。

3.目录

在 DOS 操作系统中，目录用于文件的分类管理。目录下可包含文件，也可包含子目录。

4.文件夹

在 Windows 操作系统中，文件夹是文档、应用程序、设备等的分组表示。一个文件夹中可以包含文档、程序、打印机以及另外的文件夹。

5.文档

文档是 Windows 应用程序创建的对象，大部分的 Windows 应用程序都对应特定类型的文档，如记事本程序生成 txt 类型的文档、画图程序创建 bmp 类型的文档等。Windows 中的文档概念实现了数据和视图的分离。文档中可以潜入其他的对象，构建复合文档。复合文档将早期的以应用程序为核心的计算机应用，变成以文档为核心的计算机应用模式。

6.图标

图标是 Windows 中的一个小的图像。在 Windows 中，每个应用程序、文档都对应一个专门的图标。图标从外观上标识了一个特殊的应用程序或文档类型。图标一般有小图标（32 像素×32 像素）和大图标（64 像素×64 像素）两种。

7.快捷方式

快捷方式是到计算机或网络上任何可访问的项目，如程序、文件、文件夹、磁盘驱动器、Web 页、打印机或到另一台计算机的连接。

快捷方式对应一个小的扩展名为 lnk 的文件，一般与一个应用程序或文档关联。通过快捷方式可以快速打开相关联的应用程序或文档。可以将快捷方式放置在各个位置，如桌面、"开始"菜单、"任务栏"或其他文件夹中。

---

① Sun Microsystems 公司创立于 1982 年，由斯坦福大学毕业生安迪·贝克托森（Andy Bechtolsheim）和斯科特·马可尼里（Scott McNealy）创办，公司名字取斯坦福大学网络（Stanford University Network）的首字母缩写。公司成立后主要致力于高性能 Sun 工作站以及基于 Unix 的服务器和工作站网络的研发。在 20 世纪 90 年代，和当时的集中式中小型机和终端系统构成的终端网络相比，具有很强的竞争优势。在 2000 年达到高峰期时，Sun Microsystems 公司在全球拥有 5 万员工，市值超过 Google 公司和 IBM 公司。2000 年，随着互联网泡沫的破灭，公司的服务器工作站业务急转直下。2009 年 4 月 20 日，Sun Microsystems 公司，这个在行业中被认为是同行中最具创造性的企业，被甲骨文以现金收购。

3.3.2 鼠标与键盘操作

鼠标和键盘是使用最多的输入和定位设备,用户通过鼠标和键盘将程序、数据、操作系统命令等输入到计算机中。

1.鼠标

鼠标是 Windows 环境下最常用的定位设备,一般有双键和三键鼠标两种。从工作原理分,鼠标又有机械鼠标、光电鼠标、无线鼠标等。

鼠标上的两个键称为"左键"和"右键",本身没有固定的功能定义,由应用程序自己定义。但是在一般情况下,单击左键往往是选中一个对象(驱动器、文件夹、文档等)或执行一条命令。单击右键则一般会打开一个快捷菜单,该快捷菜单中包含了当前对象的常用操作命令。

当移动鼠标时,屏幕上会有一个小的图形跟着移动,这个小的图形称为"光标"。每一种光标形状都具有特定的含义。在 Windows 中,常用的光标指针形状和含义如表 3-1 所示。

表 3-1 　　　　　　　　　Windows 中光标指针形状及特定含义列表

指针	特定含义	指针	特定含义
▸	标准选择	↕	调整垂直大小
▸?	帮助选择	↔	调整水平大小
▸⧗	后台操作	↘	对角线调整 1
⧗	忙	↗	对角线调整 2
＋	精度选择	✛	移动
I	文字选择	↑	其他选择
✎	手写	👆	链接选择
⊘	不可用		

在鼠标移动过程中,光标的形状可能会发生变化,光标形状的变化代表着可以进行的操作。例如,当鼠标移动到一个窗口的左右边框时,光标会由标准选择形状变为水平调整形状,此时用户可以按下鼠标左键通过左右拖动来改变窗口的宽度。

在 Windows 系列操作系统中,无论是操作系统本身还是其上的应用程序,鼠标的操作都非常相似,表 3-2 列出了常用的鼠标操作。

表 3-2   常用鼠标的操作

操作	说明
移动/指向	移动鼠标
单击	按一下鼠标左键,一般用于选中一个对象
右击	按一下鼠标右键,打开所选对象的快捷菜单
双击	连续快按鼠标左键两次,打开文件或文件夹
左键拖动	按下左键拖动鼠标,常用于所选对象的复制和移动
右键拖动	按下右键拖动鼠标,常用于所选对象的复制和移动
释放	松开鼠标按键
拖放	按下鼠标左键(右键)拖动,然后释放

在 Windows 操作系统中,鼠标和键盘可以配合操作来完成不同的功能。和鼠标一起操作的键主要有 Ctrl 键、Alt 键和 Shift 键。当按下这些键时,光标会出现特殊的外观,主要是在指针的右下角出现加号(+)或减号(-)等。光标右下角出现加号,代表目前的操作是一种复制性质的操作。例如,用鼠标左键拖动一个文档,在松开左键以前,按下 Ctrl键,则鼠标指针右下角出现加号,此时松开鼠标左键,则将选择的文档在当前位置创建一个备份。

需要说明的是,同一种操作,因操作的对象不同产生的结果也不一样。这里所说的操作对象包括驱动器、文档、程序、文件夹、窗口标题、菜单、工具条、文本框、打开文档中选定的内容等(可以在操作过程中逐步体会鼠标操作的含义)。

2. 键盘

键盘是一种最基本的输入设备,和鼠标相比,可以将命令、程序、数据等输入到计算机中。个人计算机的键盘有 101 键、102 键等多种。键盘一般包括 26 个英文字母、2 套数字键、12 个功能键(F1~F12)、4 个方向键(又称"光标移动键")以及其他的一些功能键,如Ctrl 键、Alt 键和 Shift 键[①]等。

和鼠标一样,键盘上每一个键的功能没有统一的规定,是由应用程序自己定义的。但是,大部分的应用程序对部分键的定义是相同或类似的。例如,F1 键通常用于帮助,PrtSc 键把当前桌面的图像复制到粘贴板中,而 Alt+PrtSc 组合键则把当前活动窗口的图像复制到粘贴板中。

在键盘操作中,可以将 2 个键或 3 个键同时按下,称为"组合键"。例如,在 Windows

———————————————

① 在美式计算机键盘中,在键盘的两侧,有 Ctrl 键、Alt 键和 Shift 键 3 个非字符键,一般它们不单独使用,大多数情况下与其他键组合使用。其中,Ctrl 键,又名"控制键"(Control),有许多组合键用于快捷操作,如:Ctrl+S(存盘)、Ctrl+N(新建文件)、Ctrl+W(关闭当前窗口)、Ctrl+A(全选)、Ctrl+C(复制)、Ctrl+V(粘贴)、Ctrl+X(剪切)、Ctrl+Z(撤销上次操作)、Ctrl+Space(中英文输入法之间切换)等。Alt 键,又名"交替换档键"(Alternate),典型用法是在没有鼠标情况下,按 Alt 键可激活菜单,结合光标移动键选择菜单项。Shift 键,又名"上档键",按下 Shift 键,当按下标有两个字符的按键时,输入上面的字符。

操作系统中,同时按下 Ctrl 键、Alt 键和 Del 键时将打开"Windows 任务管理器"对话框。同时按下 2 个或多个键一般用加号或连字符(一)表示,如上述的按键操作记作 Ctrl+Alt+Del 组合键。

有的键盘上还有 2 个专为 Windows 操作系统设计的键,即 ▣ 键(又称"Win 键")和 ▤ 键。前者用于打开 Windows"开始"菜单,相当于在 Windows 桌面的任务栏上单击"开始"按钮。在任务栏不能显示时,▤ 键非常有用。后者用于在当前窗口的被选择区域处弹出快捷菜单,相当于右击。

虽然键盘的操作是由程序本身定义的,但在 Windows 系列操作系统中,还定义了一组快捷键(见表 3-3),来帮助用户更方便、快捷地使用 Windows 操作系统。掌握这些基本的键盘操作技巧并灵活使用,可以加快操作速度。

表 3-3 Windows 通用窗口及菜单操作快捷键

快捷键	功能
Alt+F4	关闭当前活动窗口
Ctrl+F4	关闭多文档应用程序(如 Word)的当前子窗口
Alt+Tab	在不同应用程序窗口之间切换
Alt+Esc	在任务栏的不同应用程序最小化图标之间来回切换
Alt+空格	打开当前活动窗口的控制菜单
Alt+Enter	DOS 命令行窗口在最大化和正常状态下的切换
Alt 或 F10	激活当前应用程序的菜单
Ctrl+Esc	打开"开始"菜单
Esc	关闭当前对话框
Del	删除选中的对象(文件夹、文档、一段文本等)
Shift+Del	永久删除选中的对象
Ctrl+C	将选中的对象复制到剪贴板
Ctrl+X	将选中的对象剪切到剪贴板
Ctrl+V	将剪贴板中的内容(文件夹、文档、文本等)复制到当前位置
Ctrl+Z	撤消上次操作
F2	文件夹或文档重命名
Ctrl+空格	打开或关闭输入法

3.3.3 应用程序

应用程序是用户利用相应的软件开发工具,开发的具有特定功能的程序,用来完成特定的任务。例如,在 Windows 操作系统本身附带的各种管理工具、大量的附件程序中,画图程序用于简单的图形、图像编辑,记事本程序用于简单的文本编辑,计算器程序用于简单的数值计算等。除此之外,用户还可以根据自己的需要开发专用的应用程序,如开发有关的档案管理程序、学校教务管理系统等。

在不同的操作系统下,有不同的应用程序,因此,我们常把应用程序分为 DOS 程序、Windows 程序、Linux 程序等。一般情况下,在一个操作系统下开发的应用程序不能在其他操作系统下运行。为了保证软件的兼容性,Windows 操作系统中含有 DOS 系统的仿真模块,即 ms-dos 命令提示符,可以运行早期的一些 DOS 程序。也许,再过若干年后,随着时间的推移,DOS 操作系统和程序将彻底退出市场,Windows 中的 ms-dos 命令提示符将不复存在。

在 Windows 操作系统下的应用程序通称为"Windows 应用程序"。为了保证 Windows 操作系统的易用性,Windows 系统及其应用程序在外观上具有高度的统一性。在 Windows 系统下,一个应用程序均包含一个主窗口、一个或多个子窗口、文档、视图等对象。主窗口又包括程序标题、菜单栏、工具栏、客户区、状态栏、水平/垂直滚动条等。文档是程序用于保存数据的对象,在 Windows 中,一般将每一个应用程序和一种文件所关联。例如,将 Word 和扩展名为 doc 的文档关联,因此,当用户双击一个扩展名为 doc 的文档时,Word 将被自动执行,被双击的文档在 Word 中被打开。如果一个文档没有和一个应用程序关联,双击该类型的文档时,将打开"打开方式"对话框,让用户选择一个程序打开选中的文档。

1. 程序的分类

根据同时可以打开文档的多少,在 Windows 中,应用程序分为单文档应用程序和多文档应用程序。单文档应用程序只能打开一个文档,如果要打开另一个文档,则当前已经打开的文档将被关闭,如记事本就是一个单文档的应用程序。虽然单文档的应用程序在一段时间内只能打开一个文档,但是我们可以多次运行该应用程序,即执行该应用程序的多个进程,在每次运行中打开不同的文档。运行两次记事本程序,分别打开不同的文档,用户可以通过在两个窗口之间切换来完成不同文档的编辑,如图 3-5 所示。

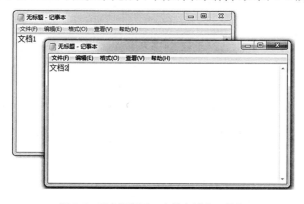

图 3-5   两次运行同一个单文档应用程序

多文档应用程序可以同时打开多个文档,如 Word 程序,它允许用户打开多个文档。在早期的多文档应用程序中,菜单栏中一般有一个"窗口"菜单,里面列出了目前已经打开的所有文档,用户可以选择不同的文档作为当前文档,如图 3-6 所示。

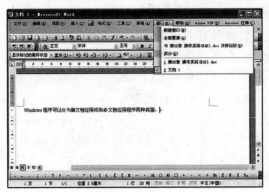

图 3-6   多文档应用程序主窗口

从图 3-6 中可以看出,在菜单栏的右边出现 3 个按钮,这 3 个按钮是针对文档视图窗口的,单击"关闭"按钮只是关闭当前的文档。随着计算机显示器越来越大,在软件界面设计中,菜单栏逐渐被功能按钮区替代,多文档的多个窗口一般体现在 Windows 的任务栏中。

2. 程序的运行

上面介绍了应用程序的概念,那么,如何启动或运行一个应用程序呢? 在 Windows 操作系统中,运行应用程序的方式很多,一般常用的有下面几种:

①在"开始"菜单中,单击相应的菜单项命令。

②在桌面上建立应用程序快捷方式,双击快捷方式图标。

③双击应用程序关联的文档。

④并不是所有的可执行程序都组织在"开始"菜单中,许多 Windows 实用工具软件就没有组织在"开始"菜单中,如 DOS 模式(cmd. exe)、注册表编辑器(regedit. exe)、本地组策略(gpedit. msc)程序等。要运行这些程序,可以在"开始"菜单的搜索框中,输入程序名,则显示该程序项,单击即可运行。或执行"运行…"命令,弹出程序"运行"对话框,输入要运行的程序名即可。

3. 程序的退出

当用户希望结束一个程序的运行时,采用的方式包括:

①单击标题条右侧的"关闭"按钮。

②在程序控制菜单中(标题条左侧程序图标对应的菜单),执行"关闭"命令,快捷键为 Alt+F4 组合键。

③如果应用程序有"文件"菜单,往往提供"关闭"或"退出"命令。

如果程序运行死机,需要强行中止程序运行,可以按 Ctrl+Alt+Del 组合键,或在任务栏空白处右击,在弹出的快捷菜单中选择"启动任务管理器",打开"Windows 任务管理器"窗口,如图 3-7 所示。

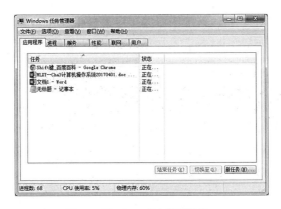

图 3-7　Windows 任务管理器窗口

　　用户选择"应用程序"或"进程"选项卡,显示正在运行的应用程序或进程列表。选择一个程序或进程,单击"结束任务"按钮即可结束一个程序或进程。

　　在上网时,有时会遇到这样的情况,一些网页处于最大化窗口,使得不能显示任务栏,因此用户无法切换到其他程序窗口,此时可以使用"切换至"按钮,转到另外的应用程序

3.3.4　窗口

　　窗口(Windows)是图形界面操作系统及其应用程序图形化界面的最基本组成部分,在外观、风格和操作上具有高度的统一性,虽然看上去不免有些千篇一律,但确实极大地提高了系统的易用性。

　　在 Windows 操作系统及其应用程序中,窗口分成主窗口和子窗口,每一个应用程序都有一个主窗口,在主窗口内又可以包含子窗口、对话框等,子窗口内又可以创建子窗口。

　　图 3-8 为 Windows 写字板程序的主窗口。

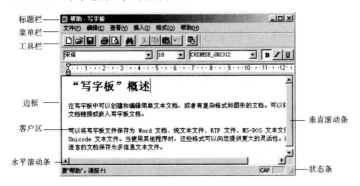

图 3-8　Windows 应用程序主窗口

　　Windows 操作系统下的每一个应用程序都有一个主窗口,窗口由标题栏、菜单栏、客户区、边框等组成,在客户区又有工具栏、状态栏和滚动条等。

　　随着计算机显示屏的不断扩大,在程序界面设计中,菜单栏逐渐被功能区按钮替代,以方便用户操作。同时,在标题栏中,通常也会放置一个"快速访问工具栏",该工具栏中

的功能按钮可以通过单击右侧的下拉按钮进行定制。在 Windows 7 中，新的"写字板"程序用户界面如图 3-9 所示。

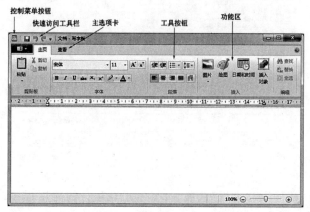

图 3-9　Windows 7 应用程序主窗口

1. 边框

一个窗口的四周称为"窗口的边框"。当鼠标指针移到窗口边框时，如果窗口的大小不是固定的，则指针会变成上下或左右指针形状，此时用户可以按下鼠标左键通过上下或左右拖动来改变窗口的高度和宽度。如果将鼠标指针移到窗口的右边角，指针就会变成对角线形状，用户可以按下鼠标左键通过沿着对角线方向拖动来改变窗口的大小。待窗口的大小合适后，释放鼠标左键。

2. 标题栏

窗口的最上边是标题栏，标题栏的最左边是应用程序的程序图标，单击图标会打开应用程序的控制菜单。控制菜单一般包含还原、移动、大小、最大化、最小化和关闭等命令。在控制菜单的右侧，通常包含一个快速启动工具栏。

控制菜单中的命令主要是当鼠标不能使用时便于用键盘来操作窗口。例如，用 Alt ＋空格键组合键打开控制菜单，通过光标移动键选择"移动"，则在标题条上显示 ✥ 鼠标形状，然后可以用上下左右箭头来移动窗口，这和用鼠标左键在标题条上拖动窗口的操作效果相同。

程序图标的右边往往显示程序的名称以及当前打开的文档名，标题栏的最右边有"最小化""最大化"和"关闭"按钮。

当一个应用程序处于活动状态时，标题栏为渐变的蓝色。对于非活动的窗口，标题栏为灰色。我们知道 Windows 操作系统是多任务的操作系统，也就是说，用户可以同时执行多个应用程序，即打开多个应用程序主窗口。但是在任何时刻，只有一个窗口可以接受用户的键盘和鼠标输入，这个窗口就是活动窗口，其余的窗口称为"非活动窗口"。非活动窗口不接受键盘和鼠标输入，虽没有输入焦点，但仍在后台运行，非活动状态不是静止状态。

标题栏可以接受鼠标消息,当在标题栏上双击时,窗口将最大化,此时"最大化"按钮变成"还原"按钮。在标题栏上按下鼠标左键可以对窗口进行拖动,移动到合适的位置后,释放鼠标左键即可。

3.菜单栏

在 Windows 操作系统中,除了基于对话的应用程序,大部分的应用程序都包含菜单栏。对于单文档的应用程序,主窗口中有应用程序菜单;对于多文档的应用程序,还有子窗口的菜单。菜单中对应有应用程序的操作命令。

菜单栏上列出了所有的一级菜单,在菜单名后面的括号中往往有一个带有下划线的字母,称为"快捷键",当按下 Alt 键,再按下对应的字母时会打开相应的菜单。当鼠标指针指到某个菜单项目时,相应的菜单会变成一个按钮形状,此时单击,会打开一个下拉式菜单。下拉式菜单中包含了一系列的菜单命令,有的菜单命令又可以引出一个级联菜单。

在 Windows 操作系统的菜单中,有许多特殊的标记,它们都具有特定的含义,常见的标记有:

①" ▸ "标记,表明此菜单项目对应着一个级联菜单。

②"…"标记,表明执行此菜单命令将弹出一个对话框。

③" ✔ "标记,表明该菜单是一个复选菜单,并正处于选中状态。如记事本的"查看"菜单中的"状态栏(B)"。当单击此菜单项时,在窗口的下边显示状态栏,此时菜单命令前出现符号"✔";再单击该菜单命令时,标记消失,同时状态栏被隐藏。

④" • "标记,表明该菜单为单选菜单,在菜单组中,同一时刻只能有一项被选中。如"查看"菜单中的大图标、小图标、列表、详细资料等。

另外,有的菜单项目前有一个小的图标,表明此菜单命令在工具栏中有对应的命令按钮。在菜单名称后的组合键代表菜单的快捷键。菜单项目中间灰色立体的横线称为"分割线"。当一个菜单呈现灰色时,称为"灰化",表明此菜单项目当前不可用。

大部分菜单栏的左边会有一条或两条灰色的立体竖线,一条竖线允许用户在水平方向拖动,来改变菜单栏的宽度。两条竖线称为"把手"(Gripe),将鼠标按住菜单的把手,可以将菜单移动并停泊在窗口的任意位置。

对菜单的操作除了使用鼠标,还可以使用键盘来完成。当某一菜单项有快捷键时,可以使用快捷键来执行菜单命令,而不用通过鼠标将菜单层层展开,最后单击需要的菜单项目,这样可以加快操作速度。例如,有关剪贴板的"复制""剪切""粘贴"等命令,我们经常使用对应的快捷键 Ctrl+C、Ctrl+X、Ctrl+V 组合键,而不是用菜单命令选择。

4.工具栏

根据有关菜单栏的介绍,可以看到菜单是按层次组织的。当某一个菜单命令处于较深的层次时,执行该菜单命令会需要多次选择,速度较慢。为了提高菜单的选择速度,Windows 应用程序提供了工具栏。工具栏由一系列的命令按钮组成,每一个命令按钮对应一个菜单命令,一般把最经常使用的菜单命令放到工具栏中。

工具栏按钮的状态和对应的菜单命令的状态一致,也有灰化、复选和单选的区别,其用法和菜单命令一样。当鼠标指针移到一个工具栏按钮上时，会显示一个小的带有矩形框的文本，称为"工具提示"（Tool Tip）。另外，有的按钮下面本身带有文本，来表明按钮的名称。

和菜单不同的是工具栏（或功能区）往往具有自定义功能。自定义功能允许用户按照自己的意愿来安排工具栏中按钮的顺序，在工具栏上增添和减少按钮等。要使用工具栏的自定义功能，可在工具栏的空白处右击，在快捷菜单中选择"自定义…"，可弹出"自定义"对话框即可，即可设置工具栏或功能区命令按钮。

5.状态栏

状态栏位于窗口最下方的区域，不同的应用程序状态栏有很大的区别，但引入状态栏的目的是一样的。状态栏一般由多个窗格（Pane）组成，最左边的窗格往往用于在菜单选择时显示菜单命令的提示，右边常常有几个小的窗格用于显示 CapsLock、NumLock 以及 Ins 等键盘状态。另外，根据程序的功能，可能还其他定义的窗格。例如，在画图程序状态栏中，往往显示当前鼠标指针的坐标(x,y)。

和工具栏一样，带有状态栏的应用程序往往具有"视图"菜单，包含一个"状态栏"复选菜单命令，执行该命令可以显示或隐藏状态栏。隐藏状态栏可以增大客户区。

6.文档视图

在 Windows 下的应用程序，一般都包含文档对象，即具有对某些特定的文档进行显示、编辑和修改的功能。例如，记事本程序提供显示、编辑和修改文本文件（扩展名 txt）的能力。画图程序提供对 bmp 类型的图像文件的显示、编辑和修改能力。

显示和编辑文档的区域称为"文档视图"。文档视图从本质上来说是应用程序主窗口的一个子窗口，是应用程序客户区的一部分，关闭工具栏和状态栏显示可以有效扩大文档视图区域。

7.滚动条

当文档视图窗口不能显示文档的全部内容时，在文档窗口的右边和下边会显示滚动条。当文档的长度大于显示窗口的高度时，出现垂直滚动条；当文档的最大宽度大于显示窗口的宽度时，出现水平滚动条。

滚动条由三部分组成，两侧是滚动箭头按钮，中间是滑动区域，滑动区域的中间是滚动块，滚动块的大小取决于文档的大小、窗口的大小和滑动区域的大小，三者之间有一定的比例关系。

滚动条可以接受鼠标操作，单击滚动箭头使文档上下或左右移动，也可通过鼠标拖动滚动块上下或左右移动。另外，还可以单击滑动区域，以窗口大小为单位滚动窗口。

如果显示的文档是文本，还可以使用键盘来操作文档的显示，将插入点定位到文档的某个位置，用上、下、左、右箭头可以使文档上下左右移动，用 PgDn 和 PgUp 键前后翻页。

3.3.5 对话框和控件

对话框是进行人机对话的主要手段,可以接受用户的输入,也可以显示程序运行中的提示和警告信息。在 Windows 操作系统中,对话框分成两种类型,即模式对话框和非模式对话框,都包含了大量的控件。

1.模式对话框

对话框从本质上说是一种特定的子窗口。所谓"模式对话框",是指当该种类型的对话框打开时,它将获得输入焦点,主程序窗口被禁止,只有关闭该对话框,才能处理主窗口。例如,大部分 Windows 应用程序的"关于…"对话框就是一个典型的模式对话框。

2.非模式对话框

和模式对话框不同,非模式对话框是指那些即使在对话框被显示时仍可处理主窗口的对话框。例如,记事本程序中的"查找…"对话框。打开记事本程序,单击"编辑",执行"查找…"命令,弹出"查找"对话框,用户可以在不关闭"查找"对话框的情况下,继续文字编辑工作。另外,Word 中的"拼写和语法检查…"工具对应的对话框也是一个典型的非模式对话框,用户可以修改文本后继续恢复拼写检查而不必关闭和重新打开该对话框。

3.控件

控件是一种具有标准的外观和标准操作方法的对象。控件实际上都是一个个小的窗口,不能单独存在,只能存在于其他的窗口中。前面介绍的工具栏按钮实际上就是控件。在 Windows 操作系统中,控件的种类和数量很多,它们构成了 Windows 操作系统本身及其应用程序的主要界面,了解不同的控件及其操作对于学习和使用 Windows 操作系统及其常用工具有着重要的意义。

对话框实际上是由一系列的控件构成的,下面介绍最常见的控件及其操作。

(1)标签控件

标签(Label)控件又称"静态文本控件",功能是对那些不具有标题的控件提供标识,如文本控件。使用标签控件,可以给用户提供窗口功能的相关信息。从广义上讲,对话框中的每一条文字都是一个标签控件。标签控件不接收用户的鼠标和键盘操作,标签控件的外观如图 3-10 所示。

"用户"和"密码"即为标签控件,它们为后面的文本框提供标题,使用户明确文本框中应该输入的内容。

图 3-10 标签控件外观

(2)文本框控件

文本框(Text Box)控件有单行文本框和多行文本框两种。获得输入焦点的文本框中可以进行文本的输入和修改。对于单行文本框,当内容输入完毕后,可以按 Enter 键结束文本框的输入,下一个控件将获得输入焦点。对于多行文本框,行之间可以按 Enter 键切换,当文本框中不能显示所有输入的时候,文本框中会出现滚动条。要想结束多行文本框的输入,可以用鼠标或 Tab 键将输入焦点移走。

图 3-10 中,在标签控件"用户"和"密码"后面的控件即为单行文本框控件。

(3)复选框控件

复选框(Check Box)控件为用户提供了一种途径,用于对某一特定问题做出是(Yes)或否(No)的选择。复选框控件的外观如图 3-11 所示。

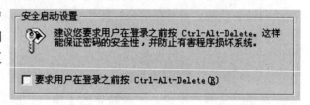

图 3-11   复选框控件外观

(4)单选按钮控件

单选按钮(Radio Button)控件用于在一组选项中做出选择。之所以称为单选按钮,是因为在这一组选项中,一次只能够选择一个选项。单选按钮控件的外观如图 3-12 所示。

(5)命令按钮控件

命令按钮(Command Button)控件用于选择某种操作,常用于对话框中,外观如图 3-13 所示。如果按钮上有省略号("…"),表明单击该按钮将弹出一个对话框,有的按钮上还有">>"或"<<"等符号,表明单击该按钮将显示或隐藏部分控件的显示。

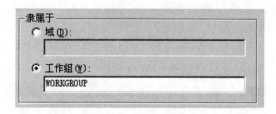

图 3-12   单选按钮控件外观

图 3-13   命令按钮控件外观

(6)列表框控件

列表框(List Box)控件分成两种情况,较早的列表框只是给出一个项目列表,允许用户选择。现在的新型列表框在给出项目列表的同时,在每个项目的左边还提供了一个复选框,如图 3-14 所示。

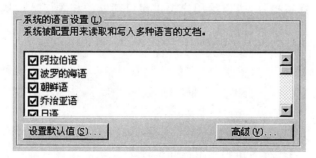

图 3-14   列表框控件外观

（7）组合框控件

组合框（Combo Box）控件是一种非常灵活的控件，同时包含一个文本控件和列表框控件。根据需要，用户可以从下拉列表中选择或在文本框中输入某一项目。组合框有3种不同的类型。

①下拉式列表。这种类型的组合框要求用户从下拉列表中做出选择，而不能在文本框中输入任何内容。当要求用户必须从有限的选项中做出选择时非常有用，如图3-15所示。

②下拉式组合框。这种类型的组合框提供了两种功能，用户既可以从下拉列表中选择，又可以在文本框中输入，如图3-16所示。

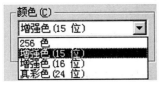

图 3-15　下拉式列表外观　　　　　　　　　图 3-16　下拉式组合框外观

③简单组合框：用户可以在文本控件中输入内容，同时下拉列表也显示在文本输入框的下方。这种类型的组合框应用得较少，因为用户在文本框中输入数据时，不知道接下来会发生什么。

（8）上下控件

上下控件（Up Down）又称"微调钮"，是用户在指定范围内给定值的另一种方法。上下控件的外观如图3-17所示。

（9）滑块控件

滑块（Slider）控件又称"跟踪条"，可以在给定范围内选择值。外观如图3-18所示。

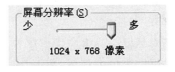

图 3-17　上下控件外观　　　　　　　　　图 3-18　滑块控件外观

（10）框架控件

当一个对话框含有较多的信息时，可以使用框架（Frame）控件对对话框中的控件进行逻辑分组。框架控件有一个标题和立体的矩形框，不接受鼠标和键盘操作，图3-18中的"屏幕分辨率"即为框架控件。

（11）进度条控件

进度条（Progress Bar）控件向用户提供关于长时间操作的一种反馈，它不接受鼠标和键盘操作。有的进度条控件还显示一个百分比。外观如图3-19所示。

图 3-19　进度条控件外观

4. 标签式对话框

当对话框中的控件数量较多时,对话框不能全部容纳所有的控件或控件的布局较难安排时,采用标签式对话框。标签式对话框由几页控件组成,每一页称为"一个选项卡"。对话框顶部有一行目录状标签,用户单击标签即可以显示所要的页面。

例如,打开"控制面板",双击"日期和时间",可显示"日期和时间"标签式对话框,如图3-20所示。

图 3-20　标签式对话框示例

5. 公用对话框

公用对话框是 Windows 操作系统提供的、用于完成文件打开、另存为、打印以及选择字体、颜色等特定任务的对话框,在不同的应用程序中具有一致的外观。

(1)"打开"对话框

"打开"对话框是许多应用程序打开文档文件的标准对话框,如记事本、写字板、画图等程序的"文件"菜单中都有"打开"命令。Windows 操作系统中"打开"对话框的一般形式如图 3-21 所示。

图 3-21　"打开"对话框示例

不同应用程序下执行"打开"命令时,只是"查找范围""文件名""文件类型"等后面的列表框的内容不同,图3-21所示的是记事本中的"打开"对话框。对话框的中间是当前文件夹中某种文件类型的所有的文档列表。如果要打开的文件在此列表中,可以双击相应的文件项目。如果要打开的文件类型不对,可以从"文件类型"右边的文件类型列表中选择合适的文件类型。

用户也可以在"文件名"右侧的文本框中输入完整的文件标识,包括路径和文件名及扩展名,然后单击"打开"按钮。

在对话框的左侧,是一组常用的文件夹,可以让用户方便地定位到"历史""桌面""我的文档""我的电脑"以及"网上邻居"。

如果不知道要打开的文档的具体位置,可以在"查找范围"的下拉式列表中选择合适的查找位置。

另外,在对话框标题栏的下面还有一组按钮,分别可以进行目录的转移、新建文件夹、选择不同的列表视图等。

(2)"另存为"对话框

在 Windows 操作系统中,当需要为一个已打开的文档重新命名时,可执行"文件"菜单中的"另存为…"命令,弹出"另存为"对话框。另外,如果对一个尚未命名的文档执行"保存"命令时,也将弹出"另存为"对话框。在"另存为"对话框中,用户可以选择文档的保存位置,也可以单击右上角的"新建文件夹"按钮,在当前位置建立新的文件夹来保存文档。用户可以根据应用程序在文件名和保存类型后面的列表中选择相应的项目。其余的项目和"打开"对话框类似,在此不再重复。

需要说明的是,在文本文件的保存时,可选择保存文件时的字符编码方式,包括:AN-SI、Unicode、Unicode Big Endian 和 UTF-8 几种字符编码。如果文件保存的字符编码和打开文件时用的字符编码不同,将显示中文乱码,如网页文件的编辑时和浏览器打开网页时发生的乱码情况。

3.3.6 剪贴板

剪贴板(Clip Board)是 Windows 操作系统中应用程序内部和之间交换数据的工具,是内存中的一段公用区域。

剪贴板主要有剪切(Cut)、复制(Copy)和粘贴(Paste)三个操作命令。剪切和复制命令将所选择的对象(如文件夹、文档、文本或图形等)传入剪贴板,不同的是,剪切命令还要删除选择的对象。粘贴命令可以将把剪贴板中的内容粘贴到同一文档的不同位置、同一程序的不同文档、不同程序的其他文档中。

对于剪贴板操作,用户应该记住每个操作命令的快捷键。剪切、复制和粘贴三个操作命令的快捷键分别为 Ctrl+X、Ctrl+C 和 Ctrl+V 组合键,利用快捷键可以提高操作效率。另外,按拷屏键(PrtSc 键)可以将当前屏幕以图片形式复制到剪贴板,按 Alt+PrtSc 组合键可以将当前活动窗口以图片形式复制到剪贴板。此外,在腾讯 QQ 运行状态下,按 Ctrl+Alt+A 组合键,可以进行屏幕截图操作,可以任意定义截取区域,进行增加图像标注等操作。

3.4 Windows 桌面

桌面(Desktop)是用户登录 Windows 系统后看到的屏幕画面,是 Windows 操作系统提供的用户和计算机之间的用户接口,是 Windows 操作系统用户界面的表现形式。桌面上通常放置了一组常用的工具,用户也可以在桌面上放置各种应用程序、文件夹等的快捷方式,以方便快捷访问。一般情况下,当用户安装一个应用软件后,通常会在桌面上创建该软件的一个快捷方式,使得用户能够快速地运行该程序。

不同的 Windows 系统,桌面也不相同。如果多个用户使用同一台机器,系统为每一个用户在系统盘的"用户"(Users)文件夹下创建一个以用户名命名的子文件夹,存储该用户的配置文件。例如,如果有一个用户名为 haoxw,则系统创建一个文件夹 C:\用户\haoxw\,在该文件夹下包含"桌面""我的文档"等多个子文件夹,以存储该用户特定的配置。因此,同一台机器用不同的用户账号登录,见到的桌面内容也不一样。

3.4.1 任务栏与"开始"菜单

在早期的 Windows 3.2 操作系统中,并没有任务栏的概念,多个任务之间的切换(Switch to)是通过当时的任务管理器实现的。从 Windows 95 开始,在 Windows 界面中增加了实现任务切换功能的接口,这就是任务栏。默认情况下,任务栏出现在 Windows 桌面的底部,任务栏中的左侧包含"开始"按钮,组织了操作系统自带的大部分程序和用户安装的应用程序。单击"开始"按钮,打开"开始"菜单,如图 3-22 所示。

通常情况下,Windows 桌面上放置了一组常用程序图标,包括我的电脑、回收站、浏览器、网上邻居等。不同的用户喜好不同,有的用户喜欢有一个干净利落的桌面,有的用户喜欢把所有常用的东西摆放在桌面上。为此,操作系统提供了自订制 Windows 桌面的功能。一般情况下,在桌面空白处右击,系统打开一个快捷菜单,通常包含"自定义桌面图标"命令,执行该命令,即可定义桌面上要放置的程序图标。

如果在快捷菜单中没有相应的命令,此时在"开始"菜单中,在搜索框输入"桌面",则搜索结果中包含"显示或隐藏桌面上的通用图标",执行该命令,则弹出"桌面设置"对话框,即可设置桌面图标,包括计算机、回收站、用户的文件、控制面板、网络,还可以修改这些程序的图标。

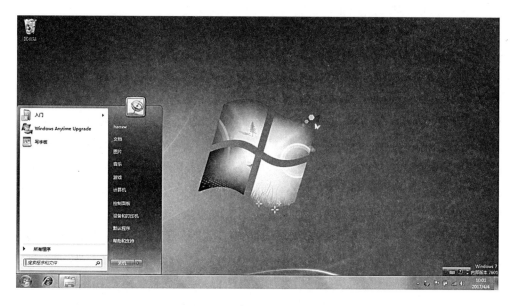

图 3-22　Windows 7 桌面的任务栏和"开始"菜单

1.任务栏及其操作

在 Windows 桌面的下方,是 Windows 的任务栏,它是 Windows 中用于多任务切换的重要手段,极大地方便了用户在不同程序之间的切换。在任务栏中,左侧是"开始"按钮,右侧是用户打开运行的程序图标,也可以是便于程序快速启动而放置的一些程序快捷方式。打开程序、文档或窗口时,系统将为每个项目在任务栏上显示一个按钮。使用这些按钮可以快速地从一个打开的窗口切换到另一个打开的窗口。

在任务栏的最右边,有"日期/时间"按钮、"喇叭/耳机"按钮、"网络连接"按钮以及"输入法指示器"按钮等。单击"日期/时间"按钮,将弹出"日期/时间属性"对话框,进行日期和时间的设置;单击"输入法指示器"按钮,打开输入法菜单,从中选择需要的输入法。

对任务栏的操作很多,主要操作可以通过任务栏快捷菜单或任务栏属性来设置。在任务栏的空白处右击,打开任务栏操作快捷菜单,如图 3-23 所示。

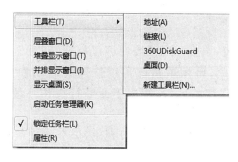

图 3-23　任务栏快捷菜单

在任务栏快捷菜单中,执行"属性"命令,或打开"开始"菜单,指向"设置",单击"任务栏和开始菜单",将弹出"任务栏和『开始』开始菜单属性"对话框,如图 3-24 所示。

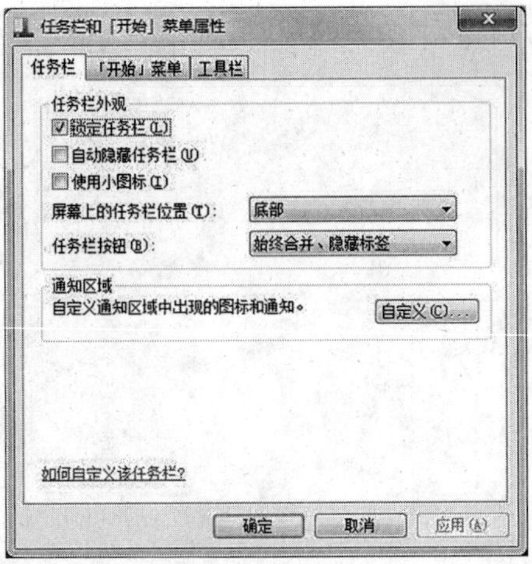

图 3-24 "任务栏和『开始』菜单属性"对话框

在"任务栏"选项卡中,包含了一组常用的复选框,可实现对任务栏的定制。这些复选框都很简单,在此不做介绍。此外,用户还可以自定义任务栏中每一个项目通知图标的显示或隐藏行为,即运行一个程序时是否在任务栏中显示程序图标。单击"自定义…"按钮,将弹出任务栏"自定义通知"对话框,选择一个项目,可以设置该项目的行为,包括在不活动时隐藏、总是隐藏和总是显示三种选择。

在计算机的应用过程中,由于用户误操作等原因,可能会遇到任务栏莫名其妙消失的情况。一种情况可能是设置了任务栏的自动隐藏,此时,按 Windows 键(Ctrl 键和 Alt 键中间那个键),显示"开始"菜单,在空白处右击,单击"属性",弹出"任务栏和『开始』菜单属性"对话框,取消"自动隐藏任务栏"复选框,同时选择"锁定任务栏"即可恢复任务栏的显示。

如果经上述操作仍然不显示任务栏,可能是系统加载任务栏没有成功或由病毒引起的。此时,需要按 Ctrl+Alt+Delete 组合键,打开任务管理器,在"文件"菜单中,执行"新建任务(运行)"命令,在弹出的窗口中输入:explorer. exe,然后单击"确定"按钮,则在屏幕下面显示任务栏。如果还不能显示任务栏,可能就是计算机感染了病毒或木马,需要进行杀毒操作。

2."开始"菜单及其操作

任务栏包含"开始"按钮,单击"开始"按钮可以打开"开始"菜单。"开始"菜单中包含了计算机中安装的应用程序,使用该按钮可以快速地启动程序。可见,"开始"菜单是 Windows 操作系统中运行程序的入口,相当于命令行操作系统(如 DOS)中的输入命令操作。

计算机中安装的程序很多,虽然可以分组列出,但全部显示在"开始"菜单中是不现实的。因此,后续的 Windows 版本在"开始"菜单增加了一个搜索框,输入要运行的程序的名字或部分关键字,可进行模糊搜索,找出相应的程序,单击即可运行。

例如,在早期的 Windows"开始"菜单中包含了"运行…"命令,执行"运行…"命令,系统将弹出"运行"程序对话框,输入一些操作系统命令即可运行程序。但是在 Windows 7

的"开始"菜单中,不包含"运行⋯"命令,此时只要在搜索框中输入:运行,即可查找到"运行"命令,如图3-25所示。

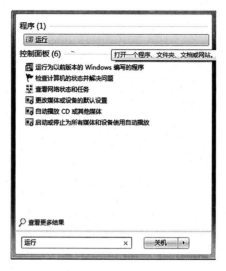

图 3-25　查找系统中安装的程序

利用"开始"菜单中的搜索框,可以查找系统中已经安装的任意程序,特别是由于误操作把某些程序从"开始"菜单中删掉后,可以方便地找回程序,并拖放到开始菜单中。此外,在 Windows 系统中,还有一类 MSC(Microsoft Snap-In Control)文件,如本地组策略控制台(gpedit. msc)、本地服务控制台(services. msc),这些程序的运行需要在"运行"对话框中输入 msc 文件名。

Windows"开始"菜单中的命令是分组组织的,不同的 Windows 版本其菜单组织也不相同。有些菜单命令可能组织在很深的菜单分组中。例如,在 Windows XP 中,"DOS 命令提示符"命令组织在"程序、附件"程序组中,使用很不方便。因此,对于"开始"菜单中的命令,可以将其拖动到任务栏中,建立命令的快速启动按钮。

对于常用的菜单命令,可以在任务栏的快速启动工具栏中建立一个按钮。具体操作是:在"任务栏和『开始』菜单属性"对话框中,取消"锁定任务栏"复选框;打开"开始"菜单,找到指定的菜单命令,例如附件中的"计算器";按下 Ctrl 键,可用鼠标左键拖动菜单命令,将其放到任务栏的快速启动工具栏中,快速启动工具栏将增加相应的程序图标。反过来,用户也可以将桌面上的一个程序快捷方式拖放到"开始"菜单的某个程序组中。在拖放过程中,按下 Ctrl 键,拖放操作将为复制性质,否则为移动性质。

在"开始"菜单的菜单命令上,右击,在快捷菜单中执行"属性"命令,可以显示该命令对应的程序的基本信息,包括程序的存储位置、运行方式、图标等信息。

3.运行行命令

在"开始"菜单中,包含了计算机中安装的应用程序。除此之外,Windows 操作系统中还包含了众多的命令行程序,如 cmd 命令、ping 命令、net 命令等。这些系统自带的程序并没有出现在"开始"菜单中。要运行这些程序,可以按照下述步骤操作:

①在"开始"菜单中,搜索"cmd",找到 DOS 命令提示符程序 cmd.exe,运行该程序,打开"DOS 命令提示符"窗口。

②输入行命令,然后回车。

有些行命令有很多参数,输入行命令的同时,在行命令后面输入问号(?),然后回车,则显示该行命令的各个参数及其含义。

3.4.2　计算机

在 Windows 桌面上,包含一组通用程序图标,包括计算机、用户文件夹、回收站、网络和控制面板。不同的 Windows 版本包含的程序不同,早期的 Windows 桌面包含了网上邻居和浏览器,一个用于局域网访问,一个用于互联网访问。

在 Windows 7 中,计算机程序,在早期的 Windows 桌面,又称"我的电脑",是计算机系统的主要管理工具,因此被放置到 Windows 桌面上。通过计算机程序可以完成计算机上各种文件和文件夹资源的操作。计算机程序和后面介绍的资源管理器一起,构成计算机文件操作的主要工具。

在桌面上双击计算机图标,打开计算机窗口,如图 3-26 所示。

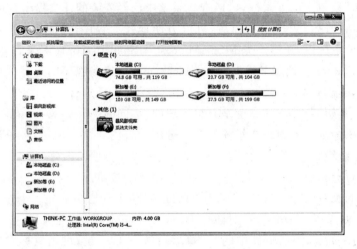

图 3-26　Windows 7 中计算机程序主窗口

不同的 Windows 操作系统版本,计算机程序主窗口也不相同。在 Windows 7 中,默认方式下,计算机程序主窗口分成了几个部分:地址栏,在窗口标题栏的下方,随着所选对象的变化而变化,文件夹和子文件夹之间显示一个右向的实心三角箭头(▶),地址栏的每个部分和箭头都可以单击,以便改变位置。搜索框,可以在当前地址栏文件夹进行搜索。在地址栏的下面是一组常用管理工具快捷方式。窗口的左侧为导航窗格,分为四个区,列出了最常用的几组计算机文件夹。窗口右侧为内容显示窗格,显示左侧导航窗格项对应的文件夹内容。底部为详细信息窗格。

在左侧窗格的收藏夹和库两个部分列出的项目中,右击,可以看到它们对应的文件夹,对应着当前登录用户。Windows 系统的设计者希望用户用这样的组织方式来组织自己的文件,所以设计了这样的一个文件夹结构。在实际应用中,用户在组织自己的文件时,很少把用户文件保存在系统盘中,而是设计自己的一种管理和命名方式。对文件夹或文件采用前缀命名,可使相关的文件能够在列表时连在一起,便于管理。

3.4.3 用户文件

Windows 桌面通常会显示一个用户文件夹图标,该文件夹保存了与用户相关的配置文件。不同的 Windows 版本,用户文件夹的组织不同。在 Windows 7 中,每个用户对应一个用户文件夹,包含用户收藏夹(包括下载、桌面和最近访问的文档)和库(包括我的视频、我的图片、我的文档、我的音乐)两部分。所有的用户文件夹都组织在 C 盘根目录下的用户文件夹中。

Windows 系统设计用户文件夹的初衷是让用户使用此文件夹作为文档、图片和其他文件的默认存储位置。每位登录到该计算机的用户均拥有各自唯一的用户文件夹,这样,使用同一台计算机的用户就无法访问各自存储在用户文件夹中的文档了,在一定程度上保护了文档的私有性。但是实践表明,用户更习惯在磁盘上建立各自的文件夹,存储数据,因此,用户文件夹的应用并不多。

3.4.4 回收站

回收站是一个存在于各个磁盘驱动器上的名为"Recycled"的隐藏文件夹,用来存放用户删除的各种项目,如文件夹、应用程序、各种文档等。在 Windows 操作系统中,删除文件或文件夹时,Windows 会将其放到回收站,此时回收站图标会从空变为满。从软盘或网络驱动器中删除的项目将被永久删除,不能发送到回收站。

回收站中的项目将保留直到决定从计算机中永久地删除。这些项目仍然占用硬盘空间并可以被恢复或还原到原位置。当回收站充满后,Windows 会自动清除回收站中的空间,以存放最近删除的文件和文件夹。

Windows 为每个分区或硬盘分配一个回收站。如果硬盘已经分区,或计算机中有多个硬盘,则可以为每个回收站指定不同的大小。

在回收站窗口中,如果不选中任何项目,在窗口的左边部分,有"清空回收站"和"全部恢复"两个按钮。如果用户选择了窗口右边列表中的某个回收站中的项目,在窗口左边将显示"还原"按钮,单击"还原"按钮,该项目将被恢复到原来的位置。

注意,如果删除文件夹或文件对象时,按下 Shift 键,被删除的项目将被永久删除,并不放入回收站。

3.4.5 网络

随着计算机网络的快速发展,计算机早已经告别了单机应用时代,现在,几乎所有的计算机都连接到计算机网络中了。将计算机连接到网络,需要对计算机进行网络配置,这通常需要在 Windows 控制面板中,运行网络和共享中心程序来完成。为管理方便,在 Windows 桌面也设置了网络管理程序,双击桌面上的"网络"图标,地址栏定位到"网络",根据计算机所处的网络情况,在左侧导航窗格显示计算机所在的局域网,如图 3-27 所示。

图 3-27　计算机所在局域网

在左侧导航窗格,网络节点中列出了计算机所在局域网中的所有计算机,计算机名可以通过单击桌面的"计算机"图标,执行属性命令来设置。单击一个计算机节点,将弹出计算机登录对话框,输入计算机的本地账户和密码,即可登录。

从本质上讲,每一台计算机的网络连接都分为局域网连接和互联网连接两个层面。通常情况下,计算机都是接入一个局域网。同一个局域网中,计算机的网络地址相同。通过局域网,计算机再接入互联网。在局域网中,计算机将本地文件夹、打印机设置为共享资源,实现与同一计算机网络中的计算机的资源共享。在局域网中,要访问其他计算机资源,通常需要相应的账户和密码,这可增强系统的安全性。

3.5　文件和文件夹管理

计算机中所有的程序、各种类型的数据都是以文件的方式存储在磁盘上的,因此,文件的组织和管理问题成为操作系统的重要内容。在 Windows 中,文件以文件夹的方式进行组织和管理。文件夹是一种层次化的逻辑结构,包含程序、文件、打印机等,同时还可以包含子文件夹。无论是文件还是文件夹,都有相应的名字和图标。

3.5.1　相关概念

为了更好地理解这些操作,下面先介绍 Windows 系统中与文件相关的几个概念。
①文件(夹)名,是为一个文件所起的名字,通常还有一个扩展名,用以区别文件类型。

在 Windows 系统中,文件或文件夹支持长度不超过 255 个字符的名称,名称中可包含空格,但不能包含"\""/"":"" * ""?""""""<"">""|"等字符。因为这些字符在 DOS 操作系统中有特定的含义,分别用于表示路径分割符(字符"\"和"/")、通配符(字符"?"和" * ")、输入输出导向符(字符">"和"<")、输出暂停符(字符"|")等。

②文件扩展名,是用于区分文件类型的名字,如 txt、doc 等。文件是一个广义的概念,我们可以将文件分成可执行文件和其他文件,包括各种类型的数据文件。在这些数据文件中,有的是注册文件,有的是非注册文件,这和系统中安装的程序有关。例如,一个doc 文档,在安装了 Word 的计算机上就是注册文件,在未安装 Word 的计算机上就是未注册文件。

③通配符,Windows 支持两个通配符,即问号(?)和星号(*)。问号代表一个任意的字符,星号代表任意个数的任意字符。

3.5.2 资源管理器

在 Windows 系统中,文件和文件夹的管理工作主要是通过计算机和资源管理器两个应用程序完成的,两者在功能上非常接近。在 Windows 版本的发展中,在对计算机资源的管理设计上,计算机和资源管理器程序已经趋于统一。资源管理器程序是 Windows 系统中最常用的文件和文件夹管理工具,不但具有计算机程序中的所有功能,而且还具有其他许多独特的功能。

可以用多种方法启用资源管理器。方法一,打开"开始"菜单,指向"程序",指向"附件",单击"Windows 资源管理器";方法二,在"开始"按钮上右击,在快捷菜单中选择"打开 Windows 资源管理器";方法三,在"开始"菜单的搜索框中输入:资源管理器,搜索程序,然后运行。不同方法打开的资源管理器,只是当前的选择项目有所不同。

在 Windows 新的版本中,Windows 资源管理器程序和计算机程序已经统一,只是打开时定位的地址栏不同。在 Windows 7 中运行的 Windows 资源管理器程序如图 3-28 所示。

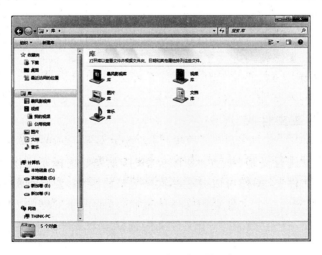

图 3-28　Windows 资源管理器主窗口

对于 Windows 系统中,最常用的用户资源就是文件。文件存储在外存中,以文件夹方式组织和管理。在窗口左侧窗格,单击"驱动器",即可显示保存的文件和文件夹,以树形结构组织,每个节点对应一个文件夹或文件,文件夹可以包含子文件夹。单击文件夹节点,可以打开或折叠文件夹。当单击一个文件夹时,在右侧窗格显示文件夹中的内容列表。

在右侧的内容窗格显示内容项目列表,显示左边树形控件中选择节点的内容。列表控件有大图标、小图标、列表、详细信息、平铺和内容等多种常用视图。要显示不同的视图,可以打开搜索框下面的"更改视图"下拉列表选择不同的视图形式。在"详细信息"视图中,列表标题可以接受鼠标事件,单击"名称""修改日期""类型"标题,可以按照降序或升序对列表项目排序。

3.5.3　新建文件或文件夹

文件的创建一般是在应用程序中完成的,对于在系统中注册的文件类型,用户可以通过以下方式来创建文件。

1.新建文件

①在"计算机"或"资源管理器"窗口,在左侧的导航窗格单击需创建文件的驱动器或文件夹。

②在窗口右侧内容窗格的空白处右击,在快捷菜单中指向"新建",在"新建"中列出了系统中注册的文件类型。

③单击需要创建的文件类型,则在当前位置新建一个特定类型的空文件。

2.新建文件夹

①在"计算机"或"资源管理器"窗口,在左侧导航窗格单击要创建文件夹的驱动器或文件夹。

②在右侧内容窗格的空白处右击,在快捷菜单中指向"新建",执行"文件夹"命令,则在当前位置新建一个文件夹。

③为文件夹命名。

3.5.4　选择文件或文件夹

对文件夹或文件进行复制、移动和删除操作时,首先要选择要操作的对象。如果操作对象是多个文件或文件夹,操作可以分成多次来完成。例如,要复制分布在多个文件夹内的多个文件,可以先完成一个文件夹内文件的复制,然后再用同样的方法完成其他文件夹内文件的复制。下面,首先介绍在一个文件夹内选择多个文件的方法。

1.选择多个不连续的文件或文件夹

①在"计算机"或"资源管理器"窗口,在左侧导航窗格单击需要打开的驱动器或文件夹并打开。

②在右侧的列表中,在第一个要选的文件或文件夹上单击,选择第一个对象。

③按下 Ctrl 键,再依次在每个要选的文件或文件夹项目上单击,依次选择新的对象。如此,若干个不连续的项目被选择。

若要取消某个已选择的项目,可按下 Ctrl 键再次单击该项目。按下 Alt 键,可显示菜单栏,使用"编辑"菜单的"反向选择"命令来取消已经选择的项目,并重新选择所有的未被选择的项目。

选择不连续的多个文件或文件夹示例如图 3-29 所示。

图 3-29　选择多个不连续的文件或文件夹示例

2.选择连续的多个文件或文件夹

①在"计算机"或"资源管理器"窗口,在左侧导航窗格单击需要打开的驱动器或文件夹并打开。

②在右侧的列表中,在第一个要选的文件或文件夹上单击。

③按下 Shift 键,再在最后一个项目上单击,则从第一个项目到最后一个项目中连续的项目被选择。

如果要选择文件夹中全部的文件或文件夹,可以按 Ctrl+A 组合键选择全部。

选择连续的多个文件或文件夹示例如图 3-30 所示。

图 3-30　选择多个连续的文件或文件夹示例

按下 Alt 键,可打开菜单系统,对文件和文件夹进行操作。

3.5.5　文件与文件夹操作

在使用计算机的过程中,常常需要对文件和文件夹进行操作,包括查找、新建、复制、删除、移动、重命名等。在 Windows 系统中,文件和文件夹操作通常是通过计算机和 Windows 资源管理器完成的。Windows 系统中的文件和文件夹常用操作如表 3-4 所示。

表 3-4　　　　　　　　　Windows 系统中的文件和文件夹常用操作

序号	常用操作	操作步骤
1	查找	(1)打开资源管理器程序,在左侧窗格单击要查找的驱动器或文件夹 (2)在地址栏后面的搜索框输入要搜索的文件名等信息,输入可包含通配符"?"和" * "
2	复制	(1)打开资源管理器程序,选择要复制的文件和文件夹 (2)按 Ctrl+C 组合键复制到剪贴板 (3)打开目标驱动器或文件夹,按 Ctrl+V 组合键复制到当前位置
3	移动	(1)打开资源管理器程序,选择要复制的文件和文件夹 (2)按 Ctrl+X 组合键将所选内容剪切到剪贴板 (3)打开目标驱动器或文件夹,按 Ctrl+V 组合键复制到当前位置
4	删除	(1)打开资源管理器程序,选择要复制的文件和文件夹 (2)按 Delete 键删除到回收站(U 盘或软盘文件不放入回收站),或按 Shift+Delete 组合键永久删除
5	重命名	(1)在文件夹或文件对象上右击,选择对象 (2)按 F2 键 (3)输入新的文件夹或文件名

在默认情况下,Windows 系统中不显示扩展名。如果需要修改文件扩展名,在资源管理器中,选择"工具"菜单,单击"文件夹选项",在"文件夹选项"对话框中,单击"查看"标签,在"查看"选项卡中,取消"隐藏已知文件类型的扩展名"复选框。这样,以后的文件列表将显示所有文件的扩展名。用户通过上面的重命名操作也可以更改文件的扩展名。

文件或文件夹的复制和移动操作,除了利用菜单命令和快捷键,还可以用鼠标的拖放操作来完成。用鼠标操作时,根据操作对象的源驱动器和目标驱动器是否相同而分成两种情况。

①相同驱动器。当在一个驱动器内进行文件或文件夹的复制和移动操作时,用鼠标拖动文件或文件夹到目标文件夹的过程中,鼠标指针的右下角没有加号,表示目前的操作是移动操作。此时按下 Ctrl 键,鼠标指针的右下角会出现加号,表示当前的操作是复制操作。当复制和移动操作确定后,松开鼠标键即可。

②不同驱动器。当在不同驱动器间进行文件或文件夹的复制和移动操作时,用鼠标拖动文件或文件夹到目标文件夹时,鼠标指针的右下角出现加号,表示目前的操作是复制操作。此时按下 Shift 键,鼠标指针右下角的加号消失,表示当前的操作是移动操作。当复制和移动操作确定后,松开鼠标键即可。

3.5.6 对象安全性设置

在 Windows 的 NTFS 系统中,每一个文件夹或文件对象都有一个安全描述符(Security Descriptors),安全描述符是附加到对象上的一个特定的结构,用于保存与其对象相关的权限设置信息。创建容器或对象时,Windows 系统将自动创建安全描述符。

安全描述符包括两个部分:权限信息,指定可以访问对象的组或用户,以及授予这些组或对象的访问类型(权限),该部分称为"自由访问控制列表"(Discretionary Access Control List,DACL)。审核信息,被称为"系统访问控制列表"(System Access Control List,SACL)。SACL 指明访问对象时要审核的组和用户账户、对于每个组或用户需要审核的访问事件(例如,文件的读、写、运行操作)、基于对象的 DACL 中授予的每个组或用户的权限的每个访问事件的成功或失败属性等。DACL 和 SACL 构成了整个存取控制列表(Access Control List,ACL)。ACL 中的每一项,叫作"访问控制项"(Access Control Entry,ACE)。

权限定义了授予用户或组对某个对象或对象属性的访问类型,如文件的读权限就是附加在文件对象中权限的一个典型例子。附加到对象的权限取决于对象的类型,不同类型的对象可以附加的权限不同。不同类型的对象可以启动适当的管理工具来更改对象的属性,来指派或修改相应的权限。

例如,要更改文件夹的权限,可以启动 Windows 资源管理器,右击文件夹,然后单击"属性",弹出"文件夹属性"对话框。对于文件、文件夹对象,除了常规选项卡,重要的是安全选项卡,可以对当前对象进行安全性描述,定义可以访问该对象的用户以及用户在该对象上的访问权限。文件夹属性对话框如图 3-31 所示。

图 3-31　文件夹属性对话框

　　只有对象的创建者或 Administrators 组的成员才可以定义对象的安全性描述。一般情况下,将组和用户名称列表中无关的组或用户删除,然后增加允许访问该对象的用户或组。要删除一个组或用户对象,首先需要单击"高级"按钮,打开高级安全设置对话框,如图 3-32 所示。

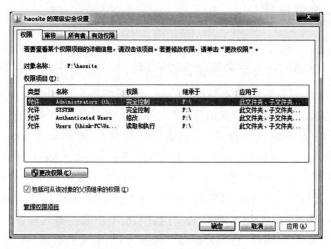

图 3-32　高级安全设置对话框

　　取消"从父项继承那些可以应用到子对象的权限项目,包括那些在此明确定义的项目"复选框,然后才可以在安全选项卡中删除用户或组对象。这样,用户访问该对象时,如果该用户不在对象允许的列表中,则显示无法访问消息提示窗口,从而可以有效地确保文件和文件夹对象的安全性。

3.5.7　文件夹选项

　　用户可以通过文件夹选项来改变桌面和文件夹窗口的外观、指定打开文件夹的方式(单击或双击)等。例如,可以选择在打开所选文件夹内的文件夹时,是打开一个窗口还是层叠窗口。

在"计算机"或"Windows 资源管理器"窗口,在地址栏下面的快捷菜单栏的左侧,打开"组织"下拉列表,执行"文件夹和搜索选项"命令。或在"开始"菜单中,在搜索框输入:文件夹选项,查找文件夹选项程序,执行文件夹选项程序。

在查看选项卡中,主要是对系统中文件夹打开、查看过程的一些外观设置。例如是否在标题栏显示文件夹完整路径,是否显示隐藏文件或文件夹,是否隐藏已知文件类型的扩展名,以及是否在始终显示菜单等。查看选项卡如图 3-33 所示。

图 3-33　查看选项卡

在文件夹选项中进行的更改会影响到"计算机"和"Windows 资源管理器"等许多窗口目录的外观。

3.6　Windows 系统设置

所有的设备都有设置问题。例如,我们使用的智能手机,有出厂的默认设置,还提供了设置程序,让用户按需设置。在计算机中,每一个操作系统,除了操作系统的核心功能,通常还会提供一组设置和管理程序,完成对计算机系统的必要设置。在 Windows 操作系统中,系统设置程序大都组织在控制面板文件夹中。不同的 Windows 版本,包含的管理工具不同,通过这些实用程序,可以完成对计算机系统的各种配置。

3.6.1　控制面板

在 Windows 操作系统的控制面板文件夹中,存储了 Windows 操作系统为用户提供的计算机管理和配置的一系列实用工具。对于计算机系统设置,有些设置比较简单,普通用户即可操作完成,如用户账户设置、显示设置等。有些设置需要具备一定的专业知识,如本地安全策略设置、防火墙设置等。这些设置普通用户很难完成,需要具备专门知识。

因此,在控制面板中又建立了计算机管理子文件夹,存储那些比较复杂的设置。

在 Windows 桌面,双击"计算机"图标,或在"开始"菜单的搜索框中,输入:控制面板,查找控制面板程序,然后运行该程序,打开"控制面板"窗口,显示 Windows 系统自带的各种管理工具,如图 3-34 所示。

图 3-34　Windows 7"控制面板"窗口

在 Windows 控制面板文件夹中,按照类别列出了用于 Windows 设置的常用工具。单击右上角的"查看方式",可以列出所有的列表项。其中,管理工具为一个子文件夹。在管理工具文件夹中,还组织了几个更加专业的管理程序,包括本地安全策略、组策略、计算机管理、数据源、事件查看器等管理工具。

不同的 Windows 版本,控制面板中包含的项目不同。此外,还有一些项目并未出现在控制面板中,此时可以在"开始"菜单中,查找 Microsoft 管理控制台（MMC）程序 mmc. exe,并执行该程序,创建一个控制台,添加/删除系统具有的管理单元,实现对系统的管理。

3.6.2　用户账户

在 Windows 操作系统中,用户要登录计算机,需要输入用户账号和密码。在安装操作系统时,安装程序自动创建了一个系统管理员账户（Administrator）,保证了系统安装完成后的第一次登录。如果计算机有多人使用,往往需要建立多个用户账户,以保证每一个用户账户有其自己的桌面、"开始"菜单、用户文件夹等私有空间。

1. 用户账户管理

在 Windows 系统中,用户账户管理是通过控制面板中的用户账户程序完成的。在控制面板的类别列表中,单击用户账户和家庭安全,显示用户账户管理相关程序,如图 3-35 所示。

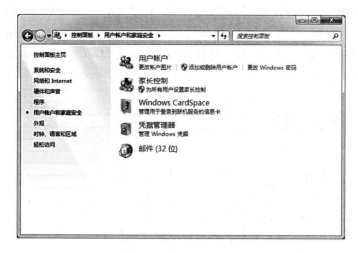

图 3-35　计算机管理控制台

在用户账户区域,单击"添加或删除用户账户",显示"管理账户"页面,列出了当前系统的所有用户账户,如图 3-36 所示。

图 3-36　管理账户页面

在管理账户页面,列出了计算机中已经建立的本地账户,其中,Admin 和 Guest 账户是系统自动创建的。Guest 账户上如有红色叉号,表示该账户目前禁用。

接下来,可以在页面上单击"创建一个新账户"来新建用户账户,也可以单击已有账户图标,更改账户信息,包括账户名称、密码、账户类型(标准用户或管理员)等,也可以删除用户账户。

2.设置登录和注销方式

在 Windows 系统中,默认登录方式是系统首先显示"欢迎屏幕",列出系统的所有用户账户,用户单击用户名进行登录。为了提高系统的安全性,可以取消该选项。此时,开机后,系统将弹出一个登录对话框,要求用户输入用户账户和密码。

对用户账户的登录方式设置,可以通过计算机系统的本地安全策略来实现。在"开始"菜单的搜索框,输入:本地安全策略或 gpedit. msc,查找组策略编辑器程序。该程序是一个名为 gpedit. msc 的 Microsoft 管理控制台(MMC)管理单元,可以对计算机的许多策略进行管理。在"运行…"对话框,输入:gpedit. msc,单击"确定",直接打开组策略控制台(Group Policy Management Console,GPMC)。

设置登录界面不显示上次登录的用户名,可以确保用户账号的安全,阻止账号盗用行为的发生。具体设置步骤是:依次选择"计算机配置"→"Windows 设置"→"安全设置"→"本地策略"→"安全选项"节点,在右侧的策略列表中,双击"交互式登录:不显示上次的登录名"策略,弹出策略属性设置对话框,选择"已启用"即可。

需要说明的是,不是所有的 Windows 系统都包含本地安全策略管理单元,因此,有些系统是无法进行用户登录和注销方式设置的。

3.6.3　系统设置

对计算机系统的基本设置主要是通过系统属性设置完成的。打开"控制面板",双击"系统"图标,打开系统设置界面,如图 3-37 所示。

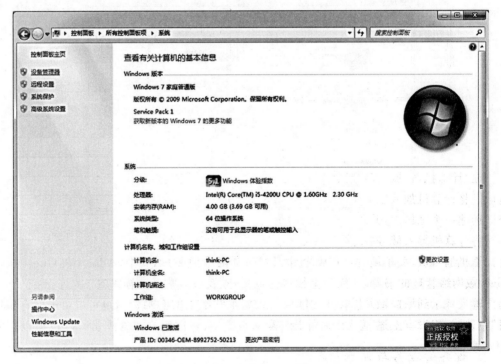

图 3-37　计算机系统设置界面

在计算机系统设置界面,显示了计算机系统的基本信息,包括硬件系统、操作系统、计算机名称等,下面介绍相关的常用设置。

1. 将计算机加入工作组或域

在局域网中，一台计算机要么在一个工作组中，要么在一个域中。在工作组中，每台计算机负责自己的安全管理，要登录计算机，必须有计算机的本地账户，工作组是没有统一管理的计算机集合。域是实行了集中化管理的计算机集合。在一个域中，有一台特定的计算机负责域中共享资源的管理以及用户账户的管理，这台计算机称为"域控制器"（Domain Controller，DC）。任何计算机既可以加入工作组，也可以加入域，成为域的成员。系统安装时，默认选择将计算机加入工作组。如果企业网络实行域管理模式，可能需要将计算机加入域。

在系统设置界面的计算机名称、域和工作组设置区域，单击右侧的"更改设置"，弹出"系统属性"对话框，如图3-38（a）所示。在"计算机名"选项卡，单击"更改…"按钮，弹出"计算机名/域更改"对话框，如图3-38（b）所示。

（a）"系统属性"对话框　　　　（b）"计算机名/域更改"对话框

图 3-38　计算机系统设置

在"计算机名/域更改"对话框，可以直接输入计算机名，选择将计算机加入工作组还是域。将计算机加入工作组非常简单，输入工作组名称，如果工作组存在，则加入工作组，否则创建一个工作组，并成为工作组的一员。

将计算机加入域，网络中需要设置域控制器，同时还需要一个域用户账户，才能将一台计算机加入域（关于域的操作已经超出本书的范围，有兴趣的读者可以参考关于Windows域网络管理的书籍）。当计算机加入域后，系统在以后开机时，在登录界面，将要求用户输入登录到域的域用户账号和口令，或登录到本机的本地账号和口令。选择"工作组"单选钮，将没有上述"登录到"列表选择。

2. 设备管理器与设备管理

在计算机系统设置界面，在左侧的导航窗格，单击"设备管理器"，弹出"设备管理器"对话框，如图3-39所示。

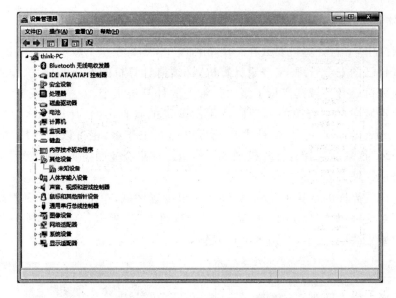

图 3-39 "设备管理窗口"对话框

在"设备管理器"对话框,显示了计算机系统安装的硬件设备列表。计算机系统硬件管理主要是硬件设备驱动的检查和配置。当计算机遇到硬件问题时,往往是设备驱动问题造成的。

例如,有些用户可能遇到工具栏中的小喇叭图标 丢失的问题,如何解决呢？一般情况下,用户会通过控制面板中的声音和音频设备程序查找原因,在"声音和音频设备属性"对话框中,勾选"将音量图标放入任务栏"复选框。

如果该复选框灰化了,怎么办呢？这种情况下,则必须通过系统中的设备管理器来完成。在"系统属性"对话框中,选择"硬件"选项卡,单击"设备管理器"按钮。在设备列表中,将"声卡、视频和游戏控制器"中的所有选项删除。重新启动计算机后,系统将提示找到新硬件,此时进行声卡驱动程序的安装,即可恢复显示任务栏中的小喇叭图标。

其他硬件设备遇到问题时,也可用类似的方法修改。

3.6.4 显示设置

在计算机应用过程中,当进行录屏、外接多显示器或外接投影设备时,可能需要对计算机的显示器设备进行设置。对显示的设置是通过控制面板中的"显示"程序实现的。该程序可用于自定义桌面和显示设置,这些设置控制了桌面的外观和监视器显示信息的方式。

打开"控制面板",双击"显示"图标,或在桌面空白处右击,在快捷菜单中执行"属性"命令,都将打开显示设置界面,如图 3-40 所示。

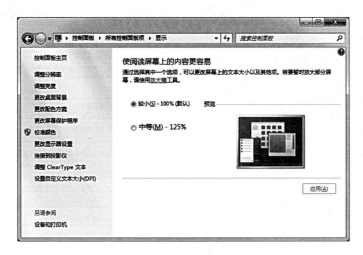

图 3-40 显示设置界面

在显示设置界面的左侧,列出了可以进行设置的项目:调整分辨率、调整亮度、更改桌面背景、更改配色方案、更改屏幕保护程序、更改显示器设置、连接到投影仪等。一般的设置都比较简单,下面介绍几个主要的设置。

①调整分辨率,单击调整分辨率,显示更改显示器设置界面,包括分辨率、方向等(横向、纵向)。此外,还可以进行一些高级设置,包括适配器(显卡)和监视器(显示屏)的刷新频率设置。一般情况下,默认监视器的刷新频率为 50Hz。如果设置过高,一些低档的显示器将不能正常工作,会出现黑屏,此时只要降低显示器刷新频率即可。

②现在的大多数显卡,都支持多个监视器,如同时支持显示器和投影仪输出。有些情况下,当计算机连接投影仪后,通过计算机上的一个切换健,一般为 CRT/LCD 健,则可以切换计算机的输出为显示器、投影仪或两者同时显示。使用多监视器,可分为仅计算机、仅投影仪、复制(现实相同内容)和扩展(显示不同内容)几种模式。

如果两者不能同时显示,可能是由显卡驱动安装不正确造成的。例如,使用 Windows 系统的克隆版本安装,所采用的驱动可能是兼容驱动,此时应该用计算机自带的显卡驱动程序。

3.6.5 添加/删除程序

在 Windows 操作系统中,应用程序一般都包含自己的安装程序(Setup 程序),因此,只要执行该程序就可以把相应的应用系统安装到计算机上。同时,程序安装后,系统还往往生成一个卸载本系统的卸载命令(Uninstall 命令)。该命令在相应的程序组菜单中,执行该命令将把该程序从计算机中卸载,包括系统文件、有关库、临时文件及文件夹、注册信息等。

另外,如果在系统中希望安装有关的 Windows 系统组件、删除没有卸载命令的用户程序等,需要通过 Windows 提供的程序实用工具来完成。打开"控制面板",双击"程序"图标,打开程序设置界面,如图 3-41 所示。

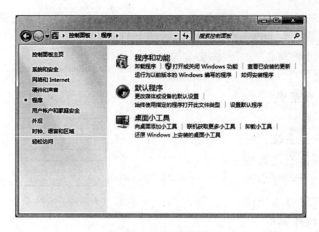

图 3-41　程序设置界面

在计算机程序设置界面,可以添加/删除用户程序、打开/关闭 Windows 系统功能。也可以在桌面上添加一些小工具,如日历、时钟、天气等程序。

3.7　区域、语言及中文输入

在计算机领域,无论是操作系统,还是应用软件,都存在不同语言的输入和显示问题。在计算机发展初期,计算机的默认处理语言是英语,键盘上有 26 个英文字符用于输入,字符的显示也是通过计算机的字符发生器部件实现的。要将计算机用于其他语言,则需要做专门的本地化。例如,要处理中文,就需要汉化。20 世纪 80 年代初期,当时的 DOS 操作系统是英文的,不能处理汉字的输入与输出问题,我国开发了著名的 DOS 汉化版本 CCDOS、UCDOS 等中文 DOS 操作系统,来处理计算机中的汉字输入与输出。

随着计算机的快速发展,各种操作系统在研发过程中就开始具有多语言支持特性,开发不同语言的本地化操作系统版本。Unicode 字符集的支持,保证了 Windows 操作系统可以直接支持英文以外的其他自然语言的处理。只需要安装相应的语言,以及该语言的输入法和字符集,就可以输入和显示该语言的文字了。

3.7.1　Unicode 字符集

操作系统的多语言支持特性,首先归功于采用了 Unicode 字符集。Unicode 字符集是 Unicode 联盟 1988～1991 年开发的一种 16 位字符编码标准。在该标准中,一个字符用两个字节来表示。通过用双字节表示一个字符,Unicode 使世界上几乎所有的书写语言都能用单个字符集来表示。传统的面向拉丁字母表的 ASCII 字符集用一个字节来表示一个字符,其编码的字符非常有限,对于拉丁字母表以外的字符无法编码。

16 位的 Unicode 字符集可以表示最多 2^{16}（65536）个字符。目前大约有 39000 个字符已经定义,其中有 21000 个用于汉字的象形文字,其余的用于扩展。在 Unicode 字符集中,还定义了一系列控制字符,用于支持特殊的语言习惯,如帮助确认语言(如阿拉伯语和希伯来语)的文本流动和方向的标记。

3.7.2 区域与语言选项

我们接触的操作系统都是中文的或英文的,接触的应用软件也是如此。那么,一个德语、法语、俄语或阿拉伯语的应用软件,在中文的 Windows 操作系统上能否正确地运行呢? 也可以说,一个中文软件,在非中文的 Windows 操作系统平台上还能正确地显示中文吗? 这是一个有意思的问题,而且随着国际化的发展,也是一个很实际的问题。

在 Windows 操作系统中,采用 Unicode 字符集,默认情况下会安装大多数语言。如果在应用程序中,对使用的文件名、对象名、注册表中的字符串以及 Windows 操作系统使用的任何其他内部字符串都采用 Unicode 编码,因为它们的格式是与语言无关的,也就可以保证应用程序可以在任意的 Windows 平台上正确运行。由于内置了国际支持,Windows 操作系统可以说是一种适用于数百种语言的真正的全球性操作系统。任何一种版本的 Windows 操作系统都可以承载任何语言的 Windows 应用程序。

1. 运行非 Unicode 程序

如果一个应用程序使用的字符集是基于 Unicode 的,那么该程序可以在任何语言版本的 Windows 操作系统上正确地运行,即用开发程序时所用的自然语言正确地显示菜单、对话框等。如果应用程序是基于非 Unicode 的,则需要进行区域和语言设置。在控制面板中,双击"区域和语言"图标,弹出"区域和语言"对话框,选择"管理"选项卡,如图 3-42(a)所示。

（a）"区域和语言"对话框　　　　　（b）选择系统默认的语言

图 3-42　设置区域和语言

在"非 Unicode 程序的语言"区域,显示默认情况下对于非 Unicode 程序使用的语言。如果默认语言不是程序使用的语言,则运行程序将显示乱码,此时单击"更改系统区域设置"按钮,弹出"区域和语言设置"对话框[见图 3-42(b)]。在当前系统区域设置下拉列表中,列出了 117 种不同的语言编码。在下拉列表中,选择应用程序所使用的自然语言,以正确地显示程序菜单、对话框等。

2.文本服务与输入语言

运行一个应用程序,除了正确地显示用户界面,往往还存在自然语言的输入问题。在"区域和语言"对话框中,选择"键盘和语言"选项卡,单击"更改键盘"按钮,弹出"文本服务和输入语言"对话框,如图 3-43 所示。

图 3-43 "文本服务和输入语言"对话框

①设置默认输入法。如果一种语言安装了多种输入法,通过"默认输入语言"区域中的下拉列表,可以选择一种输入法作为默认输入语言。所谓"默认输入语言",就是无论启动任何应用程序,都会在任务栏的右侧显示相应的输入语言指示器,作为当前的输入法。在"默认输入语言"下拉列表中,列出了系统已经安装的自然语言输入法。对于中文输入,除了Windows 系统自带的微软拼音输入法,还有很多优秀的第三方输入法,如搜狗拼音输入法等。

②添加输入法。单击"添加"按钮,将弹出"添加输入语言"对话框,可以选择一种语言及其相应的输入法,从而实现特定语言的输入。对于中文(中国)—简体中文,可用的输入法有智能 ABC、微软拼音输入法等。

③删除输入法。在"已安装的服务"下拉列表中,列出了已安装的语言及输入法。输入法过多,输入法的切换会比较麻烦,此时,可以将那些不用的输入法删除。

④设置输入法属性。选择一种输入法,单击"属性"按钮,弹出输入法属性设置对话框,可以对输入法进行设置。例如,Windows 自带的微软拼音输入法属性设置对话框如图 3-44 所示。

图 3-44 微软拼音输入法属性设置对话框

当系统安装了多种输入法后,默认情况下按 Ctrl+空格键组合键可以在中文输入法和英文输入法之间进行切换,使用 Ctrl+Shift 组合键可以在各种输入法之间进行切换。如果感觉使用 Ctrl+Shift 组合键在各种输入法之间进行切换比较麻烦,用户可以定义每种输入法的快捷键。例如,定义 Alt+1 组合键作微软拼音输入法快捷键、Alt+2 组合键为搜搜输入法快捷键等。

3.7.3 中文输入法

在 Windows 操作系统中,通常自带了一组中文输入法,如微软拼音输入法、智能ABC 输入法、全拼输入法等。用户在安装 Windows 时可以选择安装几种或全部的输入法,也可以根据需要在系统使用过程中添加需要的输入法。除了 Windows 系统自带的输入法,用户还可以安装第三方的中文输入法,如五笔字型输入法、搜狗拼音输入法[①]等,这可以通过相应的安装程序来实现添加。

1.添加中文输入法

如果用户在安装 Windows 中文版时,没有安装全部的中文输入法,可以通过"控制面板"下的"区域和语言"实现中文输入法的添加,具体操作步骤如下:

①在"控制面板"中,双击"区域和语言"图标,打开"区域和语言"界面。

②选择"键盘和语言"选项卡,单击"更改键盘"按钮,弹出"文本服务和输入语言"对话框。

③单击"添加"按钮,弹出"添加输入语言"对话框,在输入语言列表的尾部,显示中文简体、繁体对应的各种输入法,选择需要的输入法即可。

2.输入法的切换

在任务栏右侧显示当前的输入法图标。如果是英文输入,显示一个小的键盘图标

---

① 搜狗拼音输入法是搜狗(Sogou)公司于 2006 年 6 月推出的一款 Windows、Linux、Mac 平台下的汉字输入法。因基于搜索引擎技术,它在词库的广度、词语的准确度上,都远远领先于其他输入法。用户还可以通过互联网备份自己的个性化词库和配置信息。其括号、引号补齐、特殊符号输入、软键盘等也有很强的优势。

，即中文简体－美式键盘输入法，该图标称为"输入法指示器"。单击"输入法指示器"，打开一个快捷菜单，显示系统安装的输入法列表和"显示语言栏"命令，如图 3-44 所示。

在输入法切换快捷菜单中，执行"显示语言栏"命令，则语言栏离开任务栏成为浮动工具栏，形式为 。在该工具栏上右击，可以最小化到任务栏，单击右侧的下拉箭头，可以执行"设置"命令，将弹出"文本服务和输入语言"对话框。

为了实现不同输入法之间的快速切换，提高输入效率，可以使用表 3-5 所示的热键。

表 3-5　　　　　　　　　　　　　　　输入法区域设置的热键

热键	功能	热键	功能
Ctrl＋空格	中文/英文输入法切换	Shift＋2（大键盘）	中文间隔号（·）
Ctrl＋Shift	选择不同的输入法	Shift＋6（大键盘）	中文省略号（……）
Ctrl＋.	中/英文标点符号切换	Shift＋7（大键盘）	中文连字号（—）
Shift＋空格	半角/全角切换	Shift＋－（大键盘）	中文间破折号（——）
\	输入中文顿号（、）		

3. 微软拼音输入法

在 Windows 中文版自带的中文输入法中，使用最多的是微软拼音输入法，下面简要介绍下微软拼音输入法的使用。

（1）输入法工具条

单击任务栏右侧的"输入法指示器"，弹出一个快捷菜单，显示系统安装的输入法列表，选择相应的"微软拼音输入法"，将显示微软拼音输入法工具条，如图 3-45 所示。

　　　　　　　　输入法指示器　　　　　开启／关闭输入板

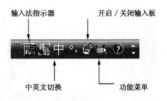

　　　　　　　中英文切换　　　　　　功能菜单

图 3-45　微软拼音输入法工具条

在输入法工具条中，通常放置几个按钮，用于对输入法进行设置。不同输入法的工具条设置不同。一般的输入法，通常包含软键盘功能，可以进行一些特殊的输入，如各种符号、制表符等，比利用 Word 等字处理器插入符号更加方便。

（2）微软拼音输入方法

微软拼音输入法采用"光标跟随"输入，输入字符的候选提示窗口随插入点的位置移动，如图 3-46 所示。

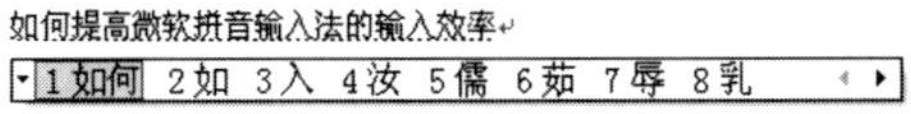

如何提高微软拼音输入法的输入效率

1 如何 2 如 3 入 4 汝 5 儒 6 茹 7 辱 8 乳

图 3-46 微软拼音输入法中的"光标跟随"汉字输入窗口

微软拼音输入法在输入拼音过程中,所编辑的语句下面带一虚线,此时可以前后移动光标进行选字。特别需要注意的是,输入法采用前后文自动校正的方式。也就是说,如果当前的输入中可能含有同音别字,此时不要忙于修改,随着文本的不断输入,前面的别字可能会自动修正为正确的字。因此,要提高微软拼音输入法的输入效率,应该以句子为单位输入。在一个句子输入结束前,如果包含别字,不要急于修改。当句子输入结束,按回车键以前,移动光标进行修改。此时,随着光标的移动,在虚线下面显示输入候选窗口。

候选窗口用于提示可能的候选词,每个候选词的前面有一个数字编号。若候选窗口的右边有 ▶,表明有更多的候选词,输入数字 1～9 选择相应的词。句子输入结束后,按 Enter 键。

(3)微软拼音输入法属性设置

在微软拼音输入法工具条中,单击"功能菜单"按钮,执行"属性"命令,弹出"微软拼音输入法属性"对话框,可以设置输入法属性。

①南方模糊音。对于发音不准的用户,系统提供对一些模糊音的支持。目前,系统支持的模糊音有,声母:z＝zh,c＝ch,s＝sh,n＝l,l＝r,f＝h,f＝hu;韵母:an＝ang,en＝eng,in＝ing,wang＝huang。系统默认的设置为,声母:z＝zh,c＝ch,s＝sh;韵母:an＝ang,en＝eng,in＝ing,wang＝huang。例如,用户输入"yizimao",系统返回"一只猫"。

用户还可以自己选择需要的模糊音对应。单击"设置模糊音"按钮,弹出"模糊音设置"对话框,在自定义情况下,选择所需的模糊音对应。单击"重新设置"则恢复原定义。单击"确认"后,系统将按用户自定义的模糊音处理输入的拼音。

②转换方式。转换方式可以是整句或词语。如果转换方式设置为整句,则代表用户输入单位为一个句子,即用户可以连续输入一个句子,在该句子确认前可以进行修改。如果转换方式设置为词语,则输入单位为一个词语,空格为词语输入结束符,只能逐词确定用户输入。

另外,输入设置中用户还可以选择全拼输入或双拼输入方案。如果选择双拼方案,用户可以通过"双拼方案"选项卡定义自己熟悉的双拼键盘。

3.7.4 字体

字体描述了特定的字样和其他性质,如大小、间距和斜度等。在 Windows 操作系统中,字体是字样的名称。所谓"字样",是共享公用特征的字符集。字体有斜体、黑体和黑斜体等字形。字体主要用于数字、符号和字符集合的图形设计,以及在屏幕上显示文本和打印文本。

1. 基本字体技术

Windows 操作系统提供了轮廓字体、矢量字体和光栅字体三种基本字体技术。

（1）轮廓字体

轮廓字体是由直线和曲线命令生成的字体，包括 TrueType 和新的 OpenType 字体。OpenType 是 TrueType 的一种扩展，两者都可以缩放和旋转。另外，Windows 操作系统通过 OpenType 技术还完全支持 Type1 字体。Type1 字体是由 Adobe Systems Inc. 设计的专为使用 PostScript 设备的轮廓字体，边界可以按比例缩放和旋转。

（2）矢量字体

矢量字体是从数学模型生成的，主要用于图形显示器。对于不能复制位图的笔式绘图仪，矢量字体非常有用。在矢量字体中，字符用线段绘制而不是用点绘制，可以缩放到任意大小和任意的纵横比。Windows 操作系统支持 Modern、Roman 和 Script 3 种矢量字体。

（3）光栅字体

光栅字体存储在位图文件中，通过在屏幕或纸张上显示一系列的点来创建。光栅字体又称为"位图字体"。光栅字体是为特定的打印机设计的具有特定大小和分辨率的字体，不能缩放和旋转。如果打印机不支持光栅字体，则该打印机不能打印这些文字。Windows 操作系统支持 Courier、MS Sans Serif、MS Serif、Small 和 Simple 5 种光栅字体。

2. 字体的安装和删除

在"控制面板"中，双击"字体"图标，打开"字体"窗口。在"字体"窗口中列出了系统安装的所有字体，中文字体列在列表的尾部。从"字体"窗口的"详细资料"视图可以看出，打开的实际上是一个文件夹，即系统目录下的 fonts 文件夹，该文件夹下存储了系统安装的字体文件。

在字体列表项目中，不同图标代表了不同的字体，蓝色和绿色的"TT"图标代表"TrueType"字体，不同之处是绿色的图标对应的字体文件包含了两种以上的字体。图标为"O"的字体代表"Open Type"字体。图标为"A"的字体代表 Type1 字体、矢量字体和光栅字体的一种。

双击某种字体的图标可以打开相应字体的查看窗口。在字体查看窗口中，列出了字体的名称、字体文件的属性、基本 ASCII 的字符形状和字形范例等。

用户还可以利用"字体"窗口添加和删除字体。

（1）将新字体添加到计算机

①在"控制面板"中双击"字体"图标，打开"字体"窗口。

②在"文件"菜单上，执行"安装新字体"命令。

③在"驱动器"中，单击所需的驱动器。

④在"文件夹"中，双击包含要添加的字体的文件夹。

⑤在"字体列表"中，单击要添加的字体，然后单击"确定"。

如果要选择多种字体进行添加，按下 Ctrl 键，然后单击每种要添加的字体。要添加所有列出的字体，可单击"全选"，然后单击"确定"。

另外,对于 TrueType、OpenType、Type1 以及光栅字体,还可以通过将相应的文件拖放到 fonts 文件夹来添加该字体。

(2)从计算机中删除字体

要从计算机中删除字体,可在"字体"窗口中,单击要删除的字体,然后执行"文件"菜单上的"删除"命令。用户也可以选中要删除的字体,按 Del 键删除。或在某个字体项目上右击,在快捷菜单中,单击"删除"按钮来完成字体的删除。

3.8　其他常用操作系统

在操作系统的发展历史上,产生过一些有名的操作系统。今天,从服务器、桌面到智能设备,操作系统的安装越来越多样化。在个人计算计上,除了 Windows 操作系统,Mac 操作系统、Linux 操作系统等也越来越多。在移动智能手机中,常见的有苹果公司的 IOS 和开源的安卓系统。为了使大家对操作系统有一个全面的认识,最后对这些常用的操作系统做一个简单的介绍。

3.8.1　CP/M 操作系统

控制程序或监控程序(Control Program/Monitor,CP/M)于 1974 年正式发布,可以说是第一个微型计算机操作系统,具有管理主机、内存、磁鼓、磁带、磁盘、打印机等硬设备资源的能力。在 20 世纪 70 年代,随着微处理器的发展,CP/M 先后推出了运行在 Intel 8080 芯片上的 CP/M-80,运行在 Intel 8086、8088 芯片上的 CP/M-86 以及在 Motorola 68000 上运行的 CP/M 版本 CP/M-68K,它们共同组成了庞大的 CP/M 家族。起先是单用户的 CP/M-80/86 操作系统,后来发展成多用户的 MP/M-80/86 操作系统。

3.8.2　Unix 操作系统

1969 年,Unix 操作系统在 AT&T 公司[1]贝尔实验室诞生。Unix 操作系统是一种多用户分时操作系统(Time Sharing System,TSS),是服务器、中小型机、工作站、大巨型机及群集计算机系统通用的操作系统。以其为基础形成的开放系统标准(如 POSIX)是迄今为止唯一的操作系统标准。Unix 操作系统经历了一个辉煌的历程,成千上万的应用软件在 Unix 系统上开发并用于几乎所有应用领域,使得 Unix 操作系统成为世界上用途最广的通用操作系统。

---

① AT&T 公司,美国电话电报公司的缩写(American Telephone & Telegraph Inc.,近年来已不用全名),是一家美国电信公司,创建于 1877 年,曾长期垄断美国长途和本地电话市场。目前,AT&T 公司是美国最大的本地和长途电话公司,总部位于得克萨斯州圣安东尼奥。

1979 年，由于 AT&T 公司宣布 Unix 操作系统商业化，促使伯克利加州大学推出了自己的版本——BSD (Berkeley Software Distribution，伯克利软件套件)Unix 版本。在 20 世纪 80 年代，BSD Unix 属于混合开源软件，既有开源部分也有闭源部分，由此衍生出了许多变形的 Unix 授权软件，比较著名的有 DEC 公司的 Ultrix 及 Sun 公司的 Sun OS。

BSD Unix 对现代操作系统的产生与发展产生了巨大的影响，并将开源、闭源的争议摆在了人们面前。拥护闭源专利的代表比尔·盖茨领导创建了 Windows 等获得了巨大成功，并垄断了桌面以及服务器市场，从而极大地丰富了软件产业。而捍卫开源共享的代表斯托曼[①]则开展自由软件运动，使自由软件精神深入人心，并促使了 GNU/Linux(General Public License，通用公共协议证书)等开源操作系统的产生和发展。

3.8.3　MS-DOS 操作系统

DOS 操作系统是在微型计算机上安装的操作系统。1979 年，IBM 公司为开发 16 位微处理器 Intel 8086，请微软为 IBM PC 设计一个磁盘操作系统，这就是 MS-DOS。1981 年 8 月，微软公司推出了支持内存为 320kB 的 MS-DOS 1.1 版，它是一个单用户、单任务的操作系统。随后，IBM 公司向微软公司购得 MS-DOS 使用权，将其更名为 PC-DOS 1.0，因此，MS-DOS 又称"PC-DOS"。

1982 年，支持 PC/XT 硬盘的 MS-DOS 2.0 问世，该版本首次具有多级目录管理功能，在人机界面上部分吸收了 Unix 操作系统的优点。随后，微软公司又陆续推出了不断改进的版本，这些版本有 MS-DOS 3.0(1984 年)、MS-DOS 3.2(1986 年)、MS-DOS 3.3(1987 年)、MS-DOS 4.0(1989 年)、MS-DOS 5.0(1991 年)、MS-DOS 6.0(1992 年)。1995 年，MS-DOS 7.0 版推出。不断更新的 MS-DOS，膨胀了微软公司的欲望，也进一步坚定了它全球软件业霸主的信心。同年，Windows 95 亮相，结束了 DOS 操作系统的研发。

3.8.4　Macintosh 操作系统

Macintosh 操作系统是美国苹果公司[②]为其 Macintosh 系列计算机[③]开发的操作系

---

① 理查德·马修·斯托曼(Richard Matthew Stallman，1953 年 3 月 16 日～)，自由软件运动发起人、GNU 计划以及自由软件基金会(Free Software Foundation)的创立者、著名黑客。斯托曼是一名坚定的自由软件运动倡导者。与其他提倡开放源代码的人不同，斯托曼并不是从软件质量的角度而是从道德的角度来看待自由软件。他认为使用专利软件是非常不道德的事，只有附带了源代码的程序才是符合道德标准的。许多人对此表示异议，并也因此有了自由软件运动与开源软件运动之分。

② 苹果电脑公司(Apple Computer, Inc.)成立于 1976 年 4 月 1 日，由史蒂夫·乔布斯(Steve Jobs，1955 年 2 月 24 日～2011 年 10 月 5 日)、史蒂夫·沃兹尼亚克(Steve Wozniak)和罗恩·韦恩(Ron Wayne)三人共同创立，开始研制个人计算机，后来韦恩退出。2007 年更名为苹果公司(Apple Inc.)，业务领域更加广泛，其苹果手机给消费者带来了全新的体验。

③ Macintosh 计算机，又称"苹果机"或"麦金塔电脑"，是苹果公司的一个系列的个人计算机。Macintosh 计算机是由 Macintosh 计划发起人杰夫·拉斯金(Jeff Raskin)根据他最爱的苹果品种 Macintosh 命名。Macintosh 计算机于 1984 年 1 月 24 日发布，安装的操作系统为 Mac OS。从 Mac OS X 开始，Mac OS X 更名为 OS X。

统。1984年,苹果公司发布了 System 1 系统。它是一个黑白界面的,也是世界上第一款成功的图形化用户界面操作系统。System 1 含有桌面、窗口、图标、光标、菜单和卷动栏等项目,开创了计算机操作系统崭新的图形用户界面设计的先河。

在随后的几十年中,苹果操作系统历经了巨大变化,主要的版本有 System 7(1991年)、Mac OS 8.0(1997年)、Mac OS 9(1999年)、Mac OS X(罗马数字 10,2001年)。2011年6月7日,在 2011 年度的 WWDC 大会(Worldwide Developers Conference 苹果全球开发者大会)上,苹果发布了 OS X v10.7 "Lion"。OS X Lion 完全采取了 Mac App Store"线上发售＋下载"的形式进行销售,不再发布实体光盘。同时,操作系统的命名中也取消了 Mac 的标记。

3.8.5　Linux 操作系统

Linux 操作系统诞生于 1991 年,最早是由芬兰赫尔辛基大学的学生林纳斯·托瓦兹(Linus Torvalds)设计的。1991 年的 10 月 5 日,Linux 操作系统第一次正式向外公布。随后借助于 Internet,并经过全世界各地计算机爱好者的共同努力,Linux 操作系统现已成为世界上使用最多的一种 Unix 类操作系统。可以说,Linux 是克隆 Unix 的操作系统,在源代码上兼容绝大部分 Unix 标准,是一个支持多用户、多进程、多线程、实时性较好的且稳定的操作系统。

Linux 系统之所以受到广大计算机爱好者的喜爱,主要原因有两个:一是,它属于自由软件,用户不用支付任何费用就可以获得它及其源代码,并且可以根据自己的需要对其进行必要的修改,无偿地对它使用,无约束地继续传播。二是,它具有 Unix 系统的全部功能,任何使用 Unix 操作系统或想要学习 Unix 操作系统的人都可以从 Linux 系统中获益。

本章小结

本章首先介绍了计算机软件系统的概念和分类,讲解了操作系统的产生和发展过程,以及操作系统的基本功能。以 Windows 操作系统为例,介绍了 Windows 操作系统的安装和启动过程。面向计算机应用,讲解了 Windows 系统的基本概念、桌面、文件和文件夹管理等常用操作。对 Windows 系统的常用配置及管理工具进行了介绍,介绍了语言与输入法的概念,以及常用操作。最后,对其他操作系统进行了简要介绍。

思考题

1. 什么是操作系统? 简述操作系统的主要功能。

2. 对于 3 种主流的操作系统:Windows 操作系统、Mac OS 操作系统和 Linux 操作系统,从功能、用户界面和用户体验等方面,比较它们的特点。

3. 在 Windows 应用程序中,主窗口都由哪些部分构成? 单文档与多文档应用程序有什么区别？

4. 写出在 Windows 系统中运行程序的 4 种常用方法。

5. 什么是注册文件类型？双击某文件图标，为什么有时会弹出"打开方式"对话框？

6. 在 Windows 系统中如何关闭一个程序？如果某个程序运行死机，怎样强行关闭？

7. 对话框有哪两种类型？举例说明两者的区别。

8. 什么是控件？试列举几种常用的控件。

9. 什么是剪贴板？剪贴板有哪几种常用的操作？说明它们的含义。

10. 什么是 Windows 桌面？如何配置计算机，可将任务栏中的某个应用程序图标隐藏？

11. 什么是快捷方式？如何在桌面上创建"ms-dos 模式"的快捷方式？

12. 怎样在任务栏上建立一个应用程序的快捷方式？

13. 什么是屏幕保护？如何配置屏幕保护并设置密码？

14. 要创建如下图所示的文件结构，请写出具体的操作步骤。

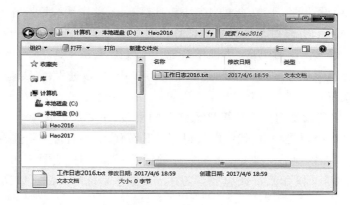

（1）在 D 盘根目录下，建立两个文件夹 Hao2016 和 Hao2017。

（2）在文件夹 Hao2017 中创建一个名为"工作日志 2016"的文本文件。

（3）将文件工作日志 2016 复制到文件夹 Hao2017 中，并重命名为"工作日志 2017"。

（4）将文件工作日志 2017 发送到 U 盘。

（5）在桌面上建立文件夹 Hao2017 的快捷方式。

15. 什么是安全描述符？如果希望一个文件夹只允许一个用户，例如 Brion 打开，其他用户不能打开，如何设置？

16. Windows 系统中自带了哪些中文输入法？怎样添加一种输入法？

17. 什么是默认输入法？如何设置？

18. 如何隐藏微软拼音输入法工具条的显示？

19. 怎样定义某种输入法的快捷键？举例说明。

20. 以管理员身份登录计算机，请完成下面的计算机管理，并写出具体的操作步骤。

（1）建立两个用户账户 User01 和 User02。

（2）建立工作组 Office。

（3）将 User01 和 User02 添加到 Office 中。

第4章　办公软件

本章导读

    我们使用计算机,本质上是使用计算机软件。这些软件包括文字处理、电子表格、幻灯片制作、图形图像处理、上网浏览、即时通信社交软件、各种工具软件以及各种业务计算机应用系统等。对于普通用户,不管是工作还是生活,使用最多的软件是文字处理等办公软件。需要理解的是,不管是什么软件,都有明确的功能定位。例如,字处理软件常用的有 Word、WPS,网络浏览器常用的有 IE、Google Chrome 等。每种软件,虽然产品不同,但功能都是相似的,因为它们要解决的是同样的问题。因此,学习一种软件,最重要的是要理解软件背后问题的业务工作流程,软件的菜单系统和工具系统只是这一流程的实现和表现。

    本章介绍了工作和生活中最主要的计算机应用,即文字处理、电子表格和幻灯片制作,支持上述办公业务的软件主要是微软公司的 Office 系列软件和我国的金山 WPS 系列软件。本章以 Office 中的 Word、Excel 和 PowerPoint 为例,讲解文字处理、电子表格和幻灯片制作的主要业务流程,以及 Word、Excel 和 PowerPoint 软件的使用。Office 系列软件的版本较多,且用户界面、功能菜单、命令按钮及其组织不同,特别是 Office 2007 后,其用户界面发生了根本性的改变,传统的功能菜单改为功能选项卡,用户使用起来更加方便。

知识要点

    4.1:MS Office,Word,Excel,PowerPoint,快速访问工具栏,功能选项卡,功能区,文本选择,对象选择,文档视图。

    4.2:文本输入,带圈字符,字符边框,符号,项目符号,选择,查找,替换,对象,表格,插图,图表,SmartArt 图形,公式,对象位置,嵌入式对象,文字环绕,浮动式对象,题注,脚注,文本框对象,文字格式化,段落格式化,标尺,项目符号,格式刷,样式,样式定义,样式库。

    4.3:工作簿,工作表,单元格,单元格区域,单元格地址,绝对易用,相对引用,序列填充,公式,函数,数据表,字段,排序,升序,降序,筛选,自动筛选,自定义筛选,高级筛选,分类汇总,分级显示,图表,分类轴,数据轴,迷你图,页面设置。

    4.4:演示文稿,幻灯片,视图,主题,主题颜色,主题字体,主题效果,幻灯片大小,幻灯片母版,标题母版,讲义母版,备注者母版,占位符,幻灯片版式,模板,动画,动画路径,幻灯片切换,动作,幻灯片放映,排练计时,旁白。

4.1 MS Office 概述

Microsoft Office(MS Office)是微软公司的一个应用软件包,其中包含了文字处理、电子表格处理、演示文稿制作和桌面数据库管理等多个组件,用途几乎涵盖了办公室工作的各个方面。这些组件界面统一,功能强大,使用方法一致,数据交换途径多样,而且各有侧重,相得益彰。利用这些工具软件,用户不仅可以完成日常工作,还可以提高文档处理质量,提高工作效率。不可否认,MS Office系列产品对我们的工作方式有着重大的影响。

4.1.1 MS Office 发展历程

MS Office系列产品是微软公司著名的产品系列。可以说,虽然 Windows 操作系统是微软技术的象征,但支撑微软软件帝国、为微软带来巨大利润的却是 MS Office。没有微软的操作系统,就没有 Office,没有 Office,也没有 Windows 今天的发展和地位。MS Office 的发展和微软操作系统的发展紧密相关,可以将其分为 3 个时期,即 MS-DOS 时期、早期 Windows 时期和现代 Windows 时代。

1. MS-DOS 时代与 MS Office 的产生

早在 MS-DOS 时代,微软公司就推出了它的 Microsoft Word 字处理软件。当时的技术情况是,输入设备主要是键盘,鼠标还十分昂贵且没什么人用。和今天相比,可以想象 Word 的使用会多么麻烦,处理格式和打印等功能都需要很强的技术能力,使用起来也不方便。

2. 早期 Windows 2.0/3.0 时期

1990 年 11 月,面向 Windows 平台的 MS Office 1.0 软件正式面世,它被安装在 Windows 2.0 系统上。与在 MS-DOS 上的版本相比,MS Office 1.0 已经有了 Office 系列软件基本的框架,将 Word、Excel 和 PowerPoint 三个主要功能打包起来一起销售,具体版本为 Word 1.1、Excel 2.0 和 PowerPoint 2.0。这一销售理念为 Office 的成功起到了很大的作用。

当时,MS Office 面对的主要竞争对手是 WordPerfect[①] 和 Lotus[②],但凭借其领先时

[①] WordPerfect 是一款字处理软件,最早由 WordPerfect 软件公司研发,后被 Novell 公司收购。1996 年 1 月 31 日,加拿大 Corel 公司向 Novell 公司收购 WordPerfect 软件产品。1999 年 5 月 25 日,Corel 公司发布集成了文字处理器 WordPerfect、电子表格 Quattro 和演示文稿 Presentations 三大套件的 WordPerfect Office 2000。

[②] Lotus Software(原名 Lotus Development Corporation)是一家美国软件公司,总部设置在马萨诸塞州的剑桥,其最著名的软件是 Lotus 1-2-3 试算表软件。1995 年被 IBM 公司收购,其以 Lotus Domino/Notes 为首的 Lotus 系列软件为办公自动化 OA 系统的代表。

代的"以鼠标为中心"的操作理念,MS Office很轻松地在竞争中取得了优势,其产品销售和市场占有率取得了巨大成功。

1992年,微软公司对Office进行了重要的升级,推出了重要的MS Office 3.0版本。这一版本的Office包括Word 2.0、Excel 4.0A、PowerPoint 4.0,以及新加入的Microsoft Mail,并使用CD-ROM形式发售。不久之后,MS Office 3.0更名为Office 92。

1993年,微软公司又推出了专业版本的The Microsoft Office Professional。在这个版本里,增加了数据库软件Microsoft Access 1.1。

1994年,微软公司先后推出了Office 4.0、Office for NT 4.2及Office 4.3等三个不同版本的Office。其中,最早推出的Office 4.0包括Word 6.0、Excel 4.0A、PowerPoint 3.0及Mail。之后面向i386、Alpha、MIPS及PowerPC等处理器架构,微软公司又推出了Office for NT 4.2。Office 4.3则是Office软件最后一代的16位版本,也是最后一代支持Windows 3.X系列操作系统的Office。

3. 现代Windows时期

1995年,是微软历史上重要的一年。在这一年,微软公司发布了改变世界的Windows 95操作系统,它彻底摆脱了对DOS的依赖,是第一款真正意义上的视窗操作系统。同时,微软公司推出了Office 95(Office 7.0)。这个最新版本的Office专为Windows 95设计,只能在Windows 95或更高级的操作系统上使用。从这个版本开始,Office里的软件版本号与Office的版本号进行了统一,如Word 7.0、Excel 7.0、PowerPoint 7.0以及Schedule+ 7.0。

1998年,微软公司发布了MS Office 97。对于Office来说,这又是一款里程碑式的新版本。在这一版本中,微软公司对Office进行了数百个大大小小的改进,比如增加了命令栏,在菜单和命令栏的设计与性能上都取得了范式的效果。同时,Office 97还增加了新的语言系统和语法检查系统。很多用户都是从这一版本开始使用Office的。

1999年,微软公司推出了改进的MS Office 2000,这也是Office最后一款支持Windows 95系统的Office。相比之前的版本,MS Office 2000主要在使用体验和安全性上做了提高。如用户可以在这个版本上隐藏不常用的选项。

2001年,微软公司推出了MS Office XP(Office 10.0或Office 2002),这是最后一款支持Windows 98、Windows ME和Windows NT 4.0系统的Office。这个版本主要为新的Windows 2000及Windows XP系统设计。它引入一些新的设计,比如安全模式,为了打击盗版,微软公司第一次引入产品激活Office的概念,这一措施在当时也引起了广泛的争议。

2003年,微软推出了MS Office 2003(Office 11.0),并在之后的10年时间内成了可能是史上最受欢迎的Office。这个新版本采用了全新设计的Logo,引入了两款新的应用Microsoft InfoPath和OneNote。工具栏及图标的设计都与操作系统非常融洽,在软件的功能性上也做了很多提升,这些新特性都帮助这款软件备受欢迎。

2007年,微软公司推出了MS Office 2007,最大特点是在用户界面上进行了调整,使用了新的图形用户界面,称之为"流畅的用户界面"(Fluent User Interface)。此外,Office

还提供了更加综合的工具栏选项,帮助用户更加专业地编辑自己的文档、表格及幻灯片。

2010年,微软公司推出了MS Office 2010,最大特点是提供了网页版本的Office,这帮助用户可以在个人计算机以外的地方也能使用Office。它还是第一款同时提供了32位和64位版本的Office。同时,在用户界面、后台操作及工具栏方面都有一定的改进。

2013年,微软公司推出了MS Office 2013,其特点是界面更加简洁。此外,不同版本的Office 2013所提供的具体应用也不相同,包括从最简单的家庭版到最复杂的专业版。

随着操作系统、互联网、云技术的发展和新技术的不断出现,微软公司的Office系列软件不断推出,继续为我们的工作和生活提供优质高效的软件服务。

4.1.2 Office 常用组件

在日常办公业务中,不仅仅有文字处理、电子表格和幻灯片制作,还有许多其他的业务。因此,作为办公套件的MS Office,也必然会包含其他的软件工具,是支持用户的办公需求,这包括数据库管理、电子邮件处理、表单设计与制作、协同办公、项目管理等。

①Microsoft Word,文字处理应用程序,具有强大的文档制作和编辑功能。常被用于文字输入、编辑、排版和打印,可以制作出各种图文并茂的办公文档和商业文档。此外,它还带有各种文档模板,通过模板可以迅速地创建和编辑出各种专业文档。

②Microsoft Excel,电子表格处理应用程序。它可以快速地编辑表格数据、设置表格格式,还具有强大的数据处理功能,被广泛地应用在现代办公当中的数据处理中,如统计、财经、金融等领域。

③Microsoft PowerPoint,演示文稿应用程序。演示文稿是用来向观众演示、展示某些信息的文档。它以幻灯片为页面,以图、文、声、像的形式表达和传播信息。在办公室工作中,经常用来制作演讲报告、形象宣传、产品介绍等,也可制作多媒体作品、召开面对面会议和远程会议等。

④Microsoft Access,桌面数据库管理系统,提供了表、查询、窗体、报表、页、宏和模块七种用来建立数据库系统的对象,并且提供了多种向导、生成器和模板,用于数据存储、数据查询、界面设计和报表生成等操作。Access不但经常被用于开发简单的Web数据管理,也为办公室人员的数据处理、管理以及应用提供了便利。

⑤Microsoft Outlook,具有在线收发电子邮件、管理联系人信息、记录日记和安排日程等功能。这些在给办公人员的在线交流带来方便的同时,也对自己的各种信息进行妥善安排和管理,使得Outlook成为社会各界的得力助手。

⑥Microsoft InfoPath,搜集信息和制作表单工具,将很多的界面控件集成在该工具中,为企业开发表单搜集系统提供了极大的方便。InfoPath有两个组件:一是,InfoPath Designer,用来设计动态的表单。若想通过Office创建和发布InfoPath表单模板,可以使用InfoPath Designer完成。利用InfoPath Designer可以快速创建预建的布局部分、现在的规则、完善的规则管理和各种样式的表单。InfoPath Designer拥有大量的表单模板,可以快速地完成一些专业表单的创建。二是,InfoPath Filler,用来填写动态的表单。在动态表单设计完成后,通过InfoPath Filler可以快速地完成动态表单的填写,过程简单,并

且可以保存为草稿、本地副本或另存为 pdf 格式,同时保存表单的本地记录。

⑦Microsoft OneNote,数字笔记本,为用户提供了一个收集笔记和信息的位置,并提供了强大的搜索功能和易用的共享笔记本。搜索功能使用户可以迅速找到所需内容,共享笔记本使用户可以更加有效地管理信息和协同工作。另外,OneNote 还提供了一种灵活的方式,将文本、图片、数字手写墨迹、音频和视频等信息全部收集并组织到计算机的一个数字笔记本中,把用户所需的信息保留在手边,减少在电子邮件、书面笔记本、文件夹和打印结果中搜索信息的时间,从而有助于用户提高工作效率。

⑧Microsoft Publisher,桌面出版应用软件,拥有强大的页面元素控制功能,可以帮助用户在企业内部更加轻松地创建专业的营销和沟通材料,并且将这些材料进行桌面打印、商业打印、电子邮件发布,或在 Web 中查看。

⑨Microsoft Project,项目管理工具软件,采用许多成熟的项目管理理论和方法,可以帮助项目管理者实现对时间、资源和成本的有效管理。还可以针对不同的用户,对专案、概观和其他资料划分不同的访问级别,不但可以快而准地创建项目计划,还可帮助项目经理对项目进度和成本进行有效的分析和预测,提高资源的合理利用率,提高经济效益。

4.1.3　主窗口界面

在 Windows 操作系统中,几乎所有的程序都有相似的用户界面,这样的设计虽然看上去千篇一律,缺少个性,但使用户的使用变得简单。在 MS Office 的发展历史上,MS Office 2007 是用户界面上一次重大的改变,将过去的菜单组织改成了功能选项卡,或许这样的改变与计算机显示器尺寸的不断扩大有关。和菜单相比,功能选项卡设计的好处就是简化了用户操作,这和功能按钮与功能菜单命令的关系是一样的。

在 MS Office 2010 系列中,程序主窗口界面都是相似的。以 Word 2010 为例,其主窗口界面如图 4-1 所示。

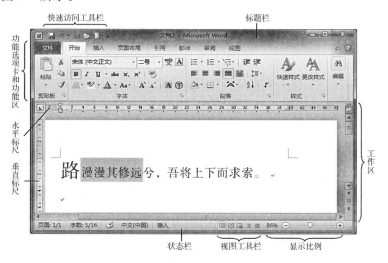

图 4-1　Word 2010 主窗口界面

1. 标题栏

标题栏除可以显示应用程序名和当前打开的文档名,还可以通过它移动窗口。在标题上,包含了程序的控制图标和几个常用的控制按钮。另外,在标题栏的左侧,增加了快速访问工具栏,右侧有一个下拉按钮,可以进行快速访问工具栏的定制。

2. 快速访问工具栏

为了提高工作效率,Office 2010 提供了一个快速访问工具栏,用户可以将自己最常使用的一些工具按钮加入该工具栏中,以更于快速访问,它的默认显示位置在功能区上方、标题栏的左端。在快速访问工具栏的右侧,有一个下拉按钮,单击该按钮,打开"自定义快速访问工具栏"快捷菜单。加入工具到快速访问工具栏如图 4-2 所示。

图 4-2　加入工具到快速访问工具栏

在"自定义快速访问工具栏"快捷菜单中,可以勾选出现在工具栏中的按钮,也可以执行"其他命令…"添加更多的工具按钮。当工具比较多时,可以将它设置到功能区下方、工作区上方的位置,即勾选"在功能区下方显示快速访问工具栏"复选框。

3. 功能选项卡和功能区

Office 2010 与 Office 2003 及以前的版本相比,其界面的变化最大的就是原来的命令菜单改成了功能选项卡和功能区,这与大屏幕显示器的逐步普及,新的 Office 应用程序的功能大量增加有关。这种改变使系统包含的功能更多、更直观,操作起来更方便、更快捷。当然,有一些老的工具栏、对话框等仍然存在,随时都可以打开使用。

功能选项卡与原来的菜单很相似,单击时将切换到相应的功能区。对于各个组件共有的"文件"选项卡,标签采用了不同的背景色(Word:蓝色,Excel:绿色,PowerPoint:红色)以示区别。其他组件的选项卡和功能区,由组件的特点而定,但是外观、内容安排的规则以及符号表示都是相同的。比如都包含一个"开始"选项卡,其内容为应用程序刚开始工作时最常用的一些功能,如文字编辑中常用的功能、格式设置等功能,使用户可以很快地展开工作,迅速地建立一个初步的文档。

各个 Office 组件功能区的设置相似,现以 Excel 2010 为例,介绍功能区相关的概念。Excel 2010 的功能区如图 4-3 所示。

图 4-3　Office 2010 的功能区

通常情况下,在一个选项卡中,可能组织了大量的功能按钮。根据这些功能的特点可以分成不同的区域,即功能分组。在每一个功能区域,底部显示组名,上部是按钮,右下角有个右下的箭头。在功能区,以下两个符号要注意:

①对话框标记 ⌐：在组的右下角,单击可以打开传统的对话框。

②下拉式列表标记 ▾：单击打开此工具的下拉列表,从中做进一步的选择。

用户只有熟悉各个不同的功能区,了解功能区包含的功能、功能工具的位置、不同符号的含义等,才能熟练地掌握该 Office 组件的应用。

4. 工作区

工作区也称“编辑区”,是主窗口中用户编辑文档的工作区域。在工作区中,文档可以不同的视图、不同的显示比例显示出来,并且进入编辑、处理或演示等状态。各个应用程序的工作区差别较大。例如,Word 的工作区可显示为不同视图的页面;Excel 的工作区可显示为带有行标和列标的网络;而在 PowerPoint 中,工作区在默认的普通视图下被分为三个窗格(幻灯片窗格、大纲窗格和备注窗格)。对于本章中讨论的三个应用程序,它们在主窗口界面外观上的区别,最直观的就是工作区的不同。

5. 状态栏和显示比例

状态栏位于窗口的最底部,显示当前文档的状态信息,如当前页号、文档页数、字数、插入/改写状态等。在状态栏的右侧是视图工具栏和显示比例。显示比例为一个百分数,可以通过拖动滑动条上的游标改变文档的显示比例。

6. 文档视图

所谓“文档视图”(Document View),就是对文档的观察方式。在软件开发时,软件设计师总是根据用户对文档操作的需求设计多种文档视图,核心目的是一样的,就是便于用户对文档的操作。不同的软件,设计的视图不同。在 Office 中,不管是 Word、Excel 还是 Power-Point,都设计了多种视图。常见的文档视图有普通视图、页面视图、大纲视图、阅读视图等。

4.1.4　Office 共性操作

在 Office 2010 的不同应用程序中,有许多基础操作都是一样的,这对我们快速掌握不同程序的使用非常有益。为避免重复,下面介绍其中常用的共性操作。

1. 文件基本操作

在打开应用程序后,首先要做的就是新建文件或打开已经存在的文件,在文档编辑后还要保存文件。在各应用程序之间,文件的操作命令以及操作的过程都是一样的。不同的应用程序,其"文件"选项卡内容相同。下面以 Word 为例,介绍常用的"文件"命令。

（1）新建文件

在功能区,单击"文件"选项卡,打开"文件"选项卡界面,如图 4-4(a)所示。执行"新建"命令,在窗口右侧显示出新建窗格,如图 4-4(b)所示。

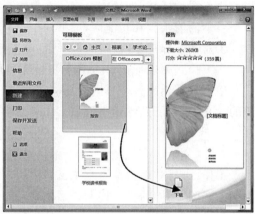

（a）文件选项卡 　　　　　　　　　　　（b）新建文件

图 4-4　使用模板创建文档

在新建文档页面,列出了许多模板,用户可以根据自己的需要选择一种模板创建文档。模板是一些标准文档的样板。系统自带了一些模板,用户也可以从网络上得到,还可以自己创建模板。通过模板可以建立起一些具有标准格式的专业文档,节省用户对文档进行格式处理的时间。当然也可以选择"空白文档"选项,或选择"空白文档"后单击右下方的"创建"按钮。注意,当启动应用程序后,系统会自动创建一个"空白文档"模板的新文档。

（2）打开文件

打开文档的方法有两种:一是,找到要打开的文件,双击文件图标(或文件名)打开(注意,所要打开的文档类型是当前 Office 应用程序能识别的文件);二是,选择"文件"→"打开",弹出"打开"对话框,在对话框中查找、选择文件(可以同时打开多个文件),最后单击"打开"按钮。

（3）保存文件

在文档编辑的过程中,可以单击"保存"按钮 ■(如果这时文件还没有保存过,会弹出"另存为"对话框)保存文件。

选择"文件"→"另存为",弹出"另存为"对话框,选择文件的保存位置,确定文件名。

如果希望保存为其他类型的文档,而非默认类型的文档,可以从"文档类型"下拉式列表中选择,最后单击"保存"按钮。

(4)查看或设置文件属性

选择"文件"→"信息",可以在右侧窗格中显示当前文档的属性信息。另外,也可以设置文件属性,如设置文档的主题、作者、高级属性、保护文档等。

(5)关闭文件

关闭文档的方法有多个,如选择"文件"→"关闭";单击文档窗口右上角的"关闭"按钮 ；打开文档窗口的控制菜单,从中选择"关闭"命令。注意:如果关闭文件时编辑的内容还没有保存,应用程序会弹出警告框,提示用户还没有保存。单击"保存"时保存编辑的内容后再关闭文件;单击"不保存"时放弃编辑的内容,关闭文件;单击"取消"时取消"关闭"命令,回到编辑状态。

2.文本编辑与对象插入

文本的编辑方法很简单,一般用户都比较熟悉,在此不再赘述。下面着重介绍对象的插入。在 Office 中,对象是插入文档中的一个信息实体,如图片、图表、SmartArt 图形、艺术字等。它往往由其他的应用程序或专门的组件来创建和修改。对象的插入使得 Office 文档的内容更加丰富多彩。各类对象的显示状态和操作方法差别不大。

Word、Excel、PowerPoint 3 个应用程序中,都包含"插入"选项卡和功能区域。Office 文档中可以插入的对象很多,而且插入的方法也大同小异。对于一些常用的对象,其插入方法和格式设置,只在第一次使用时做必要的介绍,以后再遇到同样的对象时不再重复介绍。

3.文本和对象的选择

在 Office 文档中,文本、图片、形状、图表等都是经常被使用的元素。在文档编辑的过程中,常常要先选择这些对象。对象不同,选择的方法以及选择后的显示效果也不一样。我们可以选择一个对象,也可以同时选择多个对象。选择的方法也有多种,可采用自己认为最合适的方法。

(1)文本选择

无论在哪一个 Office 组件中,都会出现文本信息,对文本的选择也基本相同。被选中的文本背景显示为淡蓝色。常用的选择方法如下:

①一般选择方法:在需要选择的文本起点处按下鼠标左键不放,然后拖动鼠标到选择文本终点处,放开鼠标左键。

②选择较长的文本:先在要选择的文本前单击以确定起点,然后到要选择文本的终点处,按下 Shift 键单击,可以选中起点和终点之间的所有文本。

③选择不连续的多处文本:先选择一处连续的文本,再按下 Ctrl 键,采用按下鼠标左键拖动的方法选择其他不连续的文本。

④选择单词或词语:鼠标指针指向单词或词语,双击。

⑤选择一个段落:鼠标指针指向段落中的任意位置,三击鼠标左键。

⑥选择一行或多行：鼠标指针移到行左侧的空白区（文字左侧的空白区称为"选取区"），指针变成🖱时，单击选择当前行，向下拖动选择连续的多行。

⑦选择全部文本：按 Ctrl＋A 组合键可以选择全部文本。

（2）对象选择

选择图片、形状等对象：单击这一类的对象，就可以将它选中。按下 Shift 或 Ctrl 键逐个单击，可以选择多个对象，如图 4-5 所示。一个已经选中的对象再次单击时将取消选中。

图 4-5　被同时选中的两个图片对象

（3）表格选择

在 Word 和 PowerPoint 两个应用程序中，表格的显示不同。在 Word 中，表格插入后的显示如 4-6 所示。通过移动柄可以移动表格在页面上的位置，通过尺寸柄可以改变表格的大小。当需要设置单元格格式或对单元格的数据进行处理时，先要选定单元格。

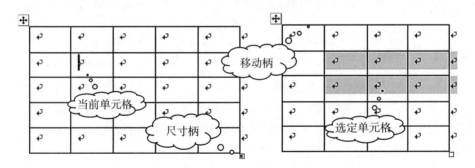

图 4-6　Word 中表格的选择

当鼠标指针指向表格时，移动柄和尺寸柄可以显示出来。当单击某个单元格时，可以确定被击中的单元格就是当前单元格。需要设置多个单元格时，可以通过鼠标拖动的方式选定单元格。

对于 PowerPoint 中的表格，与图表的选择相同，即把表格对象放在了画布上，自动形成一个完整的图片，如图 4-7 所示。

在 PowerPoint 中，拖动右下角的尺寸柄可以调整行高和列宽，也可以将鼠标移到表格线上，上下或左右拖动鼠标以调整行高和列宽。

（4）图表和 SmartArt 图形选择

单击图表和 SmartArt 图形的外框，可将其全部选择，单击其中的某个部件可以只选择该部件，如图 4-8 所示。

aaaa	bbbb	cccc	dddd	eeee
XXX1	12	23	18	25
XXX2	7	9	5	10
XXX3	4	2	1	3
YYY4	200	310	298	355

图 4-7　PowerPoint 中的表格对象

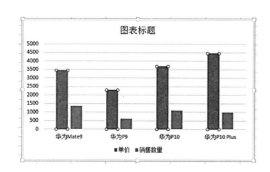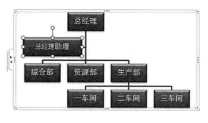

图 4-8　选中的图表和 SmartArt 图形

在功能区，还有一个选择形状与图片很好的工具，即选择窗格。选择"开始"选项卡，在右侧的"编辑"功能区，单击"选择"按钮，在下拉列表中，选择"选择窗格"选项，在客户区右侧，打开一个新的"选择"窗格，在该窗格中显示当前文件中所包含的全部形状与图片，单击某个名称，即在页面对应画布上选中对应的图片或形状，如图 4-9 所示。

图 4-9　通过"选择和可见性"选择或隐藏图片或形状

4.2 文字处理

在我们的日常工作和生活中,经常会遇到文字处理工作。所谓"文字处理工作",主要包括文字编辑,文字格式化,段落格式化,图片、表格、公式等对象插入,文档布局设计,页面设计,以及文档的保存、打印、输出等。文字处理是计算机的重要应用之一,和传统的手工抄写相比,计算机处理具有无可比拟的优势。计算机文字处理软件很多,常见的有 MS Word、金山 WPS 以及 Corel WordPerfect 软件。这些文字处理软件都可以编写格式文档,具有"所见即所得"功能。除此之外,还有许多可以编辑纯文本文档的软件,例如,Windows 自带的记事本程序,以及一些代码编辑器,如 Sublime Text 等。

在实际应用中,MS Word 和金山 WPS 的应用最为广泛,因此,我们以 Word 为例讲解文字处理。需要理解的是,软件只是文字处理的工具,我们的学习不是学习软件工具本身,离开了业务需要,软件是没有意义的。文字处理软件很多,但面对的文字处理业务是相同的,只是软件用法不同。统一软件的版本可以变化,但文字处理的业务不变。因此,我们以文字处理中涉及的业务为主线,介绍 Word 字处理器的应用。

4.2.1 文字处理的一般业务流程

文字处理是最常见的办公业务之一。传统的手工誊写、绘图、编辑、校对、排版、印刷的人工文字处理模式早已经被计算机软件所淘汰。虽然文字处理的内容千差万别,但文字处理的一般过程是一样的。这也体现在,虽然字处理软件很多,但大都大同小异。即便如此,软件的不同,版本的差异,也会令用户在使用上感觉不便,其主要原因是在软件使用前,我们并没有深刻地理解文字处理的基本业务流程,从而导致对软件的理解和使用有很大的盲目性。

从本质上讲,任何软件都是建立在具体的业务需求之上的,软件功能只不过是对业务需求的程序实现。因此,只有对业务需求有清晰的认识,才能够正确地使用软件,提高工作效率,提高文档处理水平。总结文字处理的一般业务,主要内容及流程可描述为:

①内容输入与编辑,包括文字输入、插图、表格、图表等文档内容,对输入内容进行查找、修改、删除、复制等。

②文档格式化,对输入的文档内容进行格式化,包括文字格式化、段落格式化以及插入对象的格式设置。

③文档排版,设置文档版面、页边距、页眉页脚、分栏等。

④插入页码、目录,制作封面。

⑤打印输出。

虽然不是每一份文档的文档内容都是一样的,并且每个软件操作人员的工作顺序也各不相同,但是从业务流程的角度看,按照上述流程无疑会使我们的工作更加清晰,逻辑性更强。同时,也可以让我们更好地理解软件每个功能菜单(按钮)的定义和分组,从而更好地使用软件,制作高水平的文档。

4.2.2 初识 Word 字处理器

每一个文字处理器软件的功能都大同小异,字处理器的发展也是不断追求功能更加强大、使用更加方便。同时,计算机技术本身的发展也会推动软件的发展。在这里,我们以 Word 2010 为例,介绍字处理器软件具有的一般功能和常见的用户操作界面。

1.文档视图

所谓"视图",就是对文档的观察方式。在软件开发时,设计师总是根据用户对文档操作的需求设计多种视图,以便于用户对文档的操作。在文字处理中,为操作方便,字处理器一般提供不同的文档视图功能,文档可以以不同的视图显示。不同的视图,文档在主窗口中的显示方式不同。例如,在 Word 2010 中,根据文档编辑不同阶段工作的需要,为了能从不同的侧面、不同的角度观察所编辑的文档,提供了 5 种工作视图。

①页面视图(▤),文档编辑时的默认视图,以文档打印页面的形式显示文档内容。在此视图中,页面可以单独分页显示,页之间显示空白;页面也可以连续显示,页面之间显示一条分割线。双击分割线或页面分割条,可以在页面的显示方式之间切换。

②阅读视图(▥),用于文档联机阅读的一种视图。在此视图中,文档中的字号变大了,每一行变得短些,阅读起来比较贴近于阅读习惯。在此视图中,左右增加了前后翻页按钮,使阅读更加方便。在页面顶部,包含"视图"菜单,可以进行视图切换。

③Web 版式视图(▧),以 Web 页方式显示当前文档。在此视图中,Word 2010 可像浏览器一样显示文档。当改变窗口大小时,文档内容会自动适应窗口宽度变化,不出现水平滚动条。可以通过状态栏右端的缩放按钮,调整文字大小,以便于阅读和编辑。

④大纲视图(▤),在编辑一个较长或结构较复杂的文档时,在这个不大的屏幕窗口中很难纵观文档的全貌,不便于了解文档的整体结构,而大纲视图将根据文档的目录结构,选择要显示的文档级别,可以不显示文档段落内容,只显示其大纲标题,从而更好地看到文档逻辑结构,且便于文档定位和调整,如各层标题的统一编号。

大纲视图按钮没有出现在状态栏右端,要切换到大纲视图,需选择"视图"选项卡,然后左侧的"视图"功能区单击"大纲视图"按钮。在文档的调整、修改及审阅阶段,常常使用大纲视图。在大纲视图下,还可以对由多个子文档构成的长文档进行编辑与管理。

此外,在"开始"选项卡右侧的"编辑"功能区,单击"查找"按钮,则在文档窗口的左侧显示"导航"窗格,可以按内容进行查找、按标题显示文档内容等,还可以进行文档内容的快速定位。

⑤普通视图(▤),这是一种经常使用的视图,又称"草稿视图"。它不显示文档在页面上的布局和一些附加信息,包括页眉页脚等,只显示出图文的内容与字符的格式。不同的页之间用一条虚线分开。因此,具有占用计算机内存少、处理速度快的特点。在文档内容输入、编辑及格式化阶段使用较多。

用户根据工作的不同阶段和喜好,可以选择不同的视图。通过窗口底部状态栏右侧的缩放工具调整显示比例,调整文字大小,使窗口中的视图处于最佳状态,为文字处理工作提供最佳的观察视角和良好的工作环境。

2. Word 功能特点

虽然字处理器的功能大同小异,但每个字处理器都有其特点。对于 Word 2010,与其他软件和以往版本相比,主要的改进和变化有以下几个方面:

①增强的 Office 主题。Office 主题的应用使文档中的颜色、字体和图形格式效果更加协调、精美。SmartArt 图形使许多图示更具有专业水平,自定义主题可使用户文档个性化,突出自己的业务品牌,可以更轻松地创建具有视觉冲击力的文档。Word 2010 还提供了一系列新增和改进的工具,直接将令人印象深刻的格式效果添加到文档中。

②协同工作功能。Word 2010 新增了协同创作功能,可以使用户与不同地理位置的其他工作组成员同时编辑同一个文档,甚至可以在工作时直接使用 Word 进行即时通信。

③从更多位置访问信息。当迸发创意、项目到期、工作出现紧急情况时,手边不一定有计算机,用户可以利用互联网访问 Word 2010 中一些相同的格式和编辑工具,并在熟悉的编辑环境中工作。

4.2.3 文本输入

打开一个 Word 文档后,第一件事就是输入文档内容。这些内容可以是文字,也可以是图片、表格、公式等其他对象。在内容输入的过程中,不同的人有不同的习惯,有时候我们一边输入文字,一边做文字的格式,这种方式看起来最接近我们的目标。但由于格式要保证一致性,后期往往需要修改,这会带来重复劳动。因此,一种更好的方式是将内容输入和格式化分开,等内容输入完成后,再对整个文档进行统一的格式化。

1. 文本输入

对于一个新建的空白文档,屏幕上的文字编辑区只有一个符号不断闪动着的插入点光标。我们要输入的文字,就是从此点开始的。在普通(草稿)视图和大纲视图下,还可以在插入点的下方看到一黑色短横线(⸺),称之为"文档结束符"。文档结束符总是处在整个文档的末尾,亦即输入的任何文字都在该符号之前。这时候,我们就可以开始专注于文字的输入工作了。

在 Word 的页面视图,选择不同的输入法后,即可进行文字录入操作了。文字录入的效率与输入法有关,特别是现在大多数输入法具有记忆联想功能,可以只输入汉字的首字母,并连续输入,输入法能根据输入对输入的字进行前后修正,而无须一个一个地挑字,极大地提高了文字录入效率。

在输入过程中,在"开始"选项卡的"字体"功能区,可以输入一些特殊字符,如拼音文字、外框文字、带圈字符等。带圈字符的圈可以是圆形,也可以是三角形和正方形,特别是正方形,在一些复选框输入时使用较多。例如,要输入选中符号√,正确的输入是先输入对号(√),然后选择对号,再单击"带圈字符"按钮,即可得到 $\boxed{\checkmark}$ 。注意,不要使用字符边框按钮 A,这样得到的框不是正方形。

在输入过程中,如果遇到一些无法用拼音等输入法输入的特殊字符、制表符等,除了采用 Word 插入符号,还可以利用输入法的软键盘输入。例如,搜狗输入法就包含特殊符号和软键盘输入,单击搜狗输入法工具条的"键盘"按钮,即可打开输入方式窗口,单击"特殊符号",打开特殊符号窗口,单击"输入"即可,如图 4-10 所示。

图 4-10　搜狗输入法的特殊符号输入

当然,也可以通过 Word 自带的符号功能解决部分符号问题,具体步骤是:选择"插入"→"符号"→"其他符号",弹出"符号"对话框,选择相应符号单击"插入"即可。

2.文本选择

文字输入过程中,可能需要对文字进行修改、删除或格式化,这些操作都需要选择文字。文字选择的方式很多,可以使用鼠标、键盘或联合操作,主要操作如表 4-1 所示。

表 4-1　　　　　　　　　　　文字选择常用操作

文本选择	鼠标操作	键盘操作	联合操作
选择连续文字	单击,按下鼠标左键拖动鼠标	按下 Shift 键,按方向键可以选择文字	按下 Shift 键单击,则插入点到单击处的文本被选中
选择不连续文字			选择一段连续文字,然后按下 Ctrl 键,选择下一段连续文字
选择一行或一个段落文本	在文本左侧的空白区,单击选择一行,双击选择一个段落		

当文字选择后,可以进行复制(Ctrl+C)、粘贴(Ctrl+V)、删除(Delete、Ctrl+X)等操

作。此外,对于文本的复制和移动,除利用剪贴板操作,还可以选定文本后直接按下鼠标左键拖动。按下 Ctrl 键拖动时为复制,不按下 Ctrl 键拖动时为移动。

3.查找与替换

在用户编辑文档过程中,经常需要对文档中的某个词组或字进行更改,这时需要在整个文档中进行查找,然后进行更改。所有的字处理器,都包含查找替换功能。在 Word 中,因为查找/替换功能是常用的操作,因此,被组织在"开始"选项卡的最右端"编辑"功能区,包含"查找""替换""选择"几个按钮,可以帮助用户快速地定位到词组或字。

单击"查找"按钮,在客户区的左侧将打开"导航"窗格,包含搜索框。搜索框的下部是"标题""页面"和"结果"3 个选项卡。"标题"选项卡显示文档的目录结构,对于文档定位和导航非常方便。在导航方面,"导航"窗格比大纲视图更加方便,如图 4-11 所示。

在大纲视图中输入要查找的字词,就会搜索出当前文档中所有的该字词,并且在文档中采用突出显示表示出来。而"导航"窗格则以列表的形式显示出所有搜索结果以及它所在的行,单击列表项,可以定位到该字词位置。

替换是在查找匹配的词组或字的同时,将它替换成其他的词组或字,既可以逐个地查找替换,也可以一次性地全部替换,是文字编辑中非常有用的功能之一。单击"替换"按钮,弹出"查找和替换"对话框,单击"更多",打开搜索选项区,如图 4-12 所示。

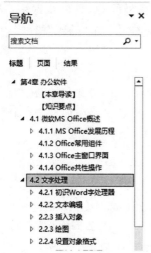

图 4-11　查找中的导航窗格　　　　　图 4-12　"查找和替换"对话框

在"查找内容"和"替换为"两个文本框中输入替换前、后的词组或字,单击"替换"将替换查找的第一个,然后自动查找下一个,找到后停下等待处理,单击"查找下一处"时不替换,直接找下一个,重复这一过程,直到全部查找替换完毕。当单击"全部替换"时,会一次性地将所有找到的词组或字替换成新词组或字。单击"特殊格式",可以对那些无法输入的特殊字符进行查找和替换,如段落标识、分节符等。

4.2.4　插入对象

在一个文档中,除了文字,通常还包括表格、图片、图形、公式等内容,这些内容统称为"对象"。在 Office 中,对象一般是指插入当前文档中的一个信息实体。对象在文档中既具有相对独立的特点,又是文档整体的有机组成部分。所谓"相对独立",是指它的创建、修改等都是由其他应用程序完成的。例如,在 Word 文档中插入一个数学公式、一个图片对象等,它们的建立与修改,则由软件完成。

在 Word 中,插入对象是通过"插入"选项卡完成的。选项卡里面包含了大量的对象类型,用于不同的工作阶段。表格、插图(图片、形状、SmartArt、图表等)、首字下沉、交叉引用、超链接等主要用在文本的编辑阶段。页眉、页脚、页码、分页符、封面等常用在版面的设计阶段。

1. 插入表格

Word 文档中,经常使用表格来存储和管理一组或多组数据信息。一般 Word 中的表格都是简单的小表格。对于那些大型的表格,或需要进行大量计算的复杂表格,我们可以采用插入 Excel 对象的方法处理。在 Word 中,创建表格的方法通常有自动插入表格、通过对话框插入表格、创建已有样式的表格、手动绘制表格等。

选择"插入"选项卡,在左侧"表格"功能区,打开"表格"下拉列表,在下拉列表中指向上部的网格,移动指针,形成一个有确定行、列的橙色区域,单击,完成新表格的插入。在完成表格插入的同时,Word 会自动打开并显示出应用于表格处理的表格工具,包括"设计"和"布局"两个选项卡,如图 4-13 所示。

（a）"设计"选项卡

（b）"布局"选项卡

图 4-13　表格工具

在"设计"功能区的工具,主要是表格样式的选择,还包含表格线设置、底纹设置、标题行设置等工具。"布局"功能区包含的内容很多,有表格的常用操作、单元格的拆分与合并、单元格大小的调整、数据的对齐方式,以及一些表格数据的常用处理(如排序、公式插入)等。

在实际应用中,也可以选中一些文字,单击"插入"→"表格",则创建一个表格,并将文字自动填充到表格中。例如,有一个文字列表,有 5 行,每行有姓名、性别、年龄数据,这些数据之间由空格分开,则选中这些内容后,插入表格,创建一个 5 行 3 列的表格。

2. 插入图片

在文档中,经常会包含图形、图像等内容。在 Word 中,分为图片、形状(图形)、SmartArt、图表等不同类型,统称"插图"。插入图片的方法很多。

选择"插入"选项卡,在"插图"功能区,单击"图片",弹出"插入图片"对话框,按照提示操作,将图片插入到文档的当前位置。

在"插入"功能区的"插图"组还有一个"屏幕截图"工具,通过它可以直接从屏幕上抓取图像,完成图片的插入。

插入新图片,或选定一个(或几个)图片对象后,在系统选项卡中会出现图片工具,包括一个"格式"选项卡,如图 4-14 所示。

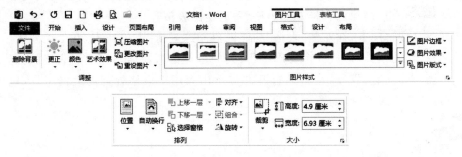

图 4-14　图片工具

在操作系统下,复制(Ctrl＋C)一个图片,在 Word 中,执行粘贴(Ctrl＋V)操作也可以将一个外部图片插入 Word 文档的当前位置。

3. 插入图表

图表是数据表的图形化表示,直观易读,生动活泼,信息量大,为各式文档中,经常插入的对象。在 Office 2010 中,图表插入(这里是指除 Excel 以外的 Office 应用程序的图表插入过程)很简单,一般步骤是:

选择"插入"选项卡,在"插图"功能区,单击"图表",即弹出一个"插入图表"对话框,如图 4-15 所示。当单击"确定"按钮时,在页面上插入了一个默认的图表,同时打开一个Excel 数据表,该数据表用于存储插入图表的数据,如图 4-16 所示。

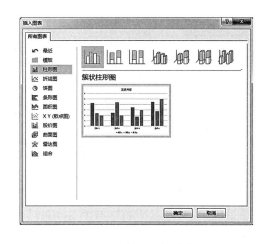

图 4-15 "插入图表"对话框

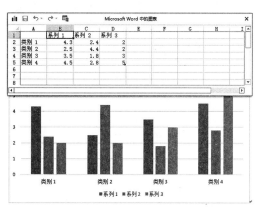

图 4-16 插入图表对象

对于这样一个默认图表,只要修改数据表中的数据,或调整选择的单元格区域,就可以形成自己所需要的图表。

当插入一个新图表或选中一个已经插入的图表时,系统会自动增加"图表工具"选项卡,包含"设计"和"格式"两个功能区,如图 4-17 所示。

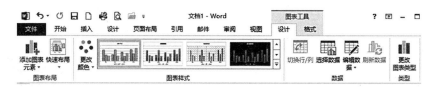

(a) "设计"选项卡

(b) "格式"选项卡

图 4-17 图表工具

在"设计"选项卡的"数据"功能区,可以打开图表对应的数据表窗口,编辑数据和设置数据的显示方式,如图 4-18 所示。

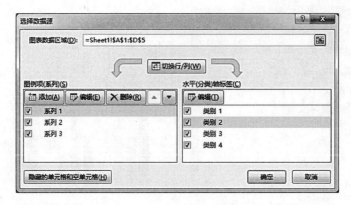

图 4-18　图表数据源设置

将一个 Excel 数据表以图表形式展示，一般水平方向（x 轴方向）为分类轴，有多少行，在水平方向对应多少个"点"，一个点显示了一行中的数据，第一列作为点的名称，其他列是该点上显示的数据（y 轴方向高度）。默认情况下，数据表行为图表水平分类轴，也可以修改水平分类轴设置。当数据编辑结束后，可以关闭数据表窗口，只显示对应的图表。通过左侧"图表布局"中的添加图表元素，可以在图表上添加数字等元素，使图表显示得更加清晰。

4. 插入 SmartArt 图形

在一个文档中，插图和图形带给读者的信息比文字更加丰富，也有助于理解和回忆。但是，创建具有设计师水准的插图很困难，尤其对于非专业设计人员来说。当我们试图创建一个感觉良好的插图时，往往在内容以外就花费了很多的精力，例如：使各个形状大小相同并且适当对齐；使文字正确显示；手动设置形状的格式以符合文档的总体样式等。

为了简化插图的制作，将更多的精力用于思考文档内容本身。从 Office 2007 开始，微软公司在 Office 中增加了 SmartArt 图形对象。根据我们常用的文档插图，Office 总结了不同的插图形式并进行了分类，将它们分成了若干类型，包括列表、流程、循环、层次结构、关系、矩阵等，就如同一个个插图模板，从而让用户可以制作出专业级的插图。

插入 SmartArt 图形的方法是：选择"插入"→"插图"→"SmartArt"，打开"选择 SmartArt 图形"窗口，如图 4-19（a）所示。如果是在.doc 文档中，执行插入 Smart 图形，将弹出低版本的兼容模式下的 SmartArt "图示库"对话框，如图 4-19（b）所示。如果把文档保存为 docx 后，再打开即可显示高版本的对话框。

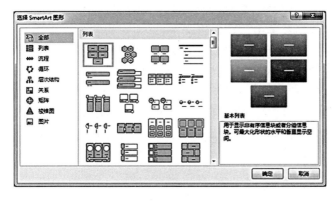

（a）在docx文档中　　　　　　　　　（b）在doc文档中

图 4-19　在 Word 文档中插入 SmartArt 插图

当插入 SmartArt 图形，或选中一个 SmartArt 图形后，功能选项卡会自动增加"SmartArt 工具"，包括"设计"和"格式"两个选项卡，如图 4-20 所示。

对于 SmartArt 形状，可以利用"设计"功能区，完成添加项目（形状）、改变方向、重选布局、更改颜色、更改样式等工作。在"格式"功能区，可以方便地对形状格式、大小等进行调整。在 Word 2010 中，对于形状间的连接线，调整方法相对复杂。在连接线上右击，通过快捷菜单，可以对线条样式进行设置。如果要设置连接线长短，即形状之间的距离，是通过单击形状，鼠标移动形状，连接线自动随着形状的位置而变化的。按下 Ctrl＋方向键组合键，可以微调形状的位置，从而保证形状间更好的冲齐。在 Word 2013 中，拖动图形形状，相应的连接线将自动调整，以适应位置的变化。

（a）"设计"选项卡

（b）"格式"选项卡

图 4-20　SmartArt 工具

对于添加的 SmartArt 图形,在形状、数量、大小、文字内容、位置上通常都需要调整,此时只需要在形状上右击,在快捷菜单中包含编辑文字、添加形状等菜单命令,即可完成形状中文字编辑和添加形状数量。如果要修改形状大小或改变位置,单击形状,则形状会显示调整句柄,通过鼠标可以调整大小,按下鼠标左键可以拖动形状到任意位置,此时相关的连接线会自动变化。

如果要对所有形状进行移动,可以选择"开始"选项卡,在最右侧的"编辑"区域,单击"选择"工具,选中所有形状,然后按下 Ctrl+方向键组合键移动,或用鼠标移动。

5. 插入数学公式

当文档中需要编辑数学公式时,由于数学公式的形式以及所采用的符号与文本差别很大,书写格式自成体系,有着严格的特殊要求,所以采用普通文本的编辑方式编辑不出漂亮的数学公式。在 Word 中,内置了数学公式编辑功能,通过这一功能可以编辑出符合书写规范而且漂亮的数学公式。

选择"插入"选项卡,在功能区的最右端,是"符号"功能区,包含"公式"按钮,单击该工具按钮可以打开公式类型列表,根据需要选择相应的公式类型。插入一个数学公式的同时,显示公式工具,包含一个"设计"选项卡,如图 4-21 所示。

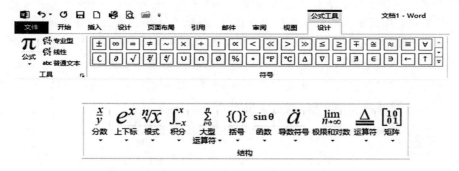

图 4-21　数学公式工具

在公式的编辑过程中,可以根据公式的需要选择使用公式工具"设计"功能区的任意工具,选择适当的公式结构、插入字符符号、选择数学符号,完成公式的编辑工作。为了加快公式编辑的过程,一般是先选择一个与目标公式相近的公式样式,然后进行必要的修改即大功告成。

4.2.5　对象位置与格式

在 Word 文档中,一个对象就是一个整体,它在页面中如何布局呢？是作为一个对象整体嵌入在文本行中,还是停在页面的任意位置,或是浮在文本页面的上面呢？这都是在插入对象后需要确定的问题。

1.设置嵌入对象

当单击一个对象后,根据对象类型不同,会显示不同的选项卡。例如,如果是图片对象,通常包含一个"格式"选项卡,单击"格式"选项卡,在"位置"功能区,单击"位置"按钮,显示图片对象的可选布局方式,包括嵌入文本行中和文字环绕两种常用布局。所谓"嵌入文本行中",就是指对象像一个字符那样插入在正文中当前插入点的位置。而这时的对象不能与其他对象组合,但是可以与正文一起参加排版。

自选图形和自绘的图形不支持嵌入型版式。嵌入型版式的对象也称"嵌入式对象"。文字环绕类型只适用于 Word,在 Excel 和 PowerPoint 中都不适用。

2.设置文字环绕

在许多情况下,我们希望把一个插图等对象布局在页面的任意位置。而不是一个段落的左端、右端或中间。也就是说,对象的周围都有可能有文字,即文字环绕,文字环绕是指对象在文档页面上与文档正文之间的编排关系。要设置文字环绕,可按下列步骤操作:

①首先单击对象,选择"页面布局"选项卡,在"排列"功能区,包含"位置"和"自动换行"两个工具按钮,如图 4-22 所示。

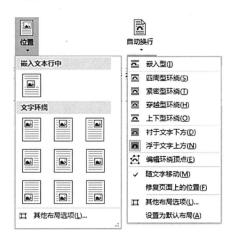

图 4-22 对象位置与环绕布局设置

②两组按钮都用于设置对象在页面上的位置。在"位置"列表中,除第一个为嵌入型以外,其他的图标都是文本环绕,只是位置不同。在"自动换行"列表中,可以设置对象的文字环绕,可以拖动对象到页面的任意位置。

在许多情况下,单击一个对象时,在对象的右上角会显示"布局选项"按钮⬚。此时,单击该按钮,可打开"布局选项"快捷菜单,可直接进行对象嵌入式或文字环绕的位置设置,如图 4-23 所示。

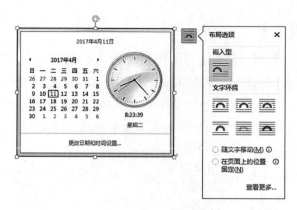

图 4-23　图片对象页面布局设置

当对象设置为"文字环绕",或"浮于文字上方"和"浮于文字下方"后,对象可以设置在页面的任意位置。因此,和嵌入式对象只能作为一个行内字符在某个插入点相比,此时的对象称为"浮动对象"。

3. 对象格式设置

当选定一个或一组对象时,系统将会显示相应对象的"格式"选项卡。通过"格式"选项卡,可以对所选对象进行丰富的设置,以得到各种不同的显示效果。不管是表格对象、图片对象,还是形状绘图,只要进行精心的格式设计,一定可以做出绚丽的效果。

4. 对象组合

对不同的对象,还可以组合为一个对象,一起在页面上布局,如插图和题注对象的组合。在"开始"选项卡,单击最右侧的"选择"列表,按下 Ctrl 键,依次单击多个对象,选择多个对象,然后右击,执行"组合"快捷命令,得到一个组合对象。在组合对象上右击,可以取消组合。

4.2.6　绘图

在处理文档中,虽然可以插入 SmartArt 这样专业级的插图,但手工绘图是不可避免的。当然,我们可以利用其他专用的绘图工具,如利用 Photoshop 等完成图形的绘制,然后再插入 Word 文档中。这样比较麻烦,有些简单的图形,我们可以直接在 Word 中绘制。

在 Word 文档中,可以直接在页面上绘图,但是这样绘制的图形位置难以控制,处理起来也不方便。正确的做法是先创建一个画布,然后在画布上绘制各种形状、添加图像、编辑图像,完成整个绘图工作。这样的画布自成图片对象,作为一个整体便于在文档中移动、复制以及各种格式设置工作。

创建新画布的过程是:选择"插入"选项卡,在"插图"功能区,打开"形状"下拉列表,在"形状"下拉列表的底部选择"新建绘图画布",如图 4-24 所示。

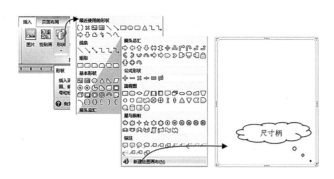

图 4-24 新建绘图画布过程

当选定一个画布时,系统会增加绘图工具,包含一个"格式"选项卡,如图 4-25 所示。

图 4-25 绘图工具的"格式"选项卡

在绘图工具中,最左侧的"插入形状"功能区列出了可在画布上绘制的形状,右侧的功能区对应了不同的插入形状可进行的格式化设置。

主要包含以下功能区:

①形状样式:设置形状的外观样式、形状的格式以及各种效果。

②艺术字样式:当选定文本框时,可以将该文本框的文字设置成艺术字样式,或修改艺术字的格式属性。

③文本:设置文本的方向、对齐等属性。

④排列:图形元素的叠放次序、对齐方式、旋转效果等的设置。

⑤大小:形状以及其他对象的大小设置。

对于每种插入的形状,单击相应功能区右下角的 ,可以弹出相应的对话框,对插入的形状进行更加精细的设置。可以随心所欲地设置出各种需要的形状,以配合其他工具,如编辑顶点、叠放次序、放大缩小、移动位置等,可以绘制出任意复杂的图形。

在绘图画布上,除了通过可以通过"插入形状"功能区插入所列出的形状,还可以在画布上添加图片,具体步骤如下:

①选择要插入的图片,按 Ctrl+C 组合键,将图片复制到剪贴板。

②单击画布,按 Ctrl+V 组合键,将剪贴板中的图片复制到当前画布,调整画布中图片的大小、位置即可。

③如果插入"标注"形状,因为本身包含一个文本框,右击文本框,执行"设置形状格

式"命令,在右侧打开设置形状格式窗格,可以设置文本框格式,主要是边距设置。

即先创建画布,将图片复制到画布,在画布上插入形状,如图 4-26 所示。

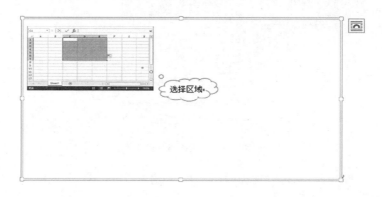

图 4-26   在画布中插入图片

注意,插入标注时,按下鼠标左键,可以拖动标注的小圆圈指向任意方向,否则可能出现文本框文字方向不对,无法调整。绘制的形状是作为一个统一的对象存在的,可以设置对象格式,使得图形的维护和布局可以保持统一,更加方便。

4.2.7   插入文本框

在文档排版中,我们常常会看到版面中可能包含一些独立的区域,这些区域内的文字大小、方向都是相对独立的。在 Word 中,这样的版面设计是通过文本框实现的。在 Word 中,文本框是指一种可移动、可调大小的文字或图形容器。使用文本框,可以在一页上放置数个文字块,或使得文字按与文档中其他文字不同的方向排列。文本框作为一个独立的对象存在,使得文档页面的内容和布局更加灵活。

在文档中插入文本框,选择"插入"选项卡,在"插入"功能区,打开"形状"下拉列表,在基本形状分组中单击"文本框"按钮,鼠标变为黑色的大"+"字形,然后在页面上按下鼠标左键拖动,可以得到一个矩形文本框,即可在文本框内输入文本内容,如图 4-27 所示。

添加文本框后,显示"绘图工具"选项卡,包含一个"格式"功能区,可以对文本框进行设置,包括形状、形状样式、文本、排列、大小等。右击文本框对象,在快捷菜单中,执行"设置形状格式"快捷菜单命令,在窗口的右侧,打开"设置形状格式"窗格,如图 4-28 所示。

文本框作为一个对象,在右上侧显示"布局选项"按钮，可以将其设为嵌入式或文字环绕,从而放置在页面的任意位置。早期的 Word 版本还有图文框的概念,顾名思义,可以将文字和图像组合。现在对于上述功能,可以通过对象组合来实现。例如,插入图片,设置图片为文字环绕浮动对象,在图片对象上插入题注,即一个文本框对象,两个对象可组合成一个复合对象,整体布局。

图 4-27　插入文本框　　　　　　　　　　图 4-28　文本框格式设置

4.2.8　题注和交叉引用

在一个文档中,无论是表格,还是插图,都需要标上题注。为对象增加题注是文档编辑过程中经常要做的工作。所谓"题注",是指文档的作者为文档中的表格、图片等所做的标签、统一编号、为对象取的名字或注释性说明文字等。这样做不仅可以使读者对这些对象在文档中的作用一目了然,同时也方便于正文中对它们的引用。

1.插入题注

为对象增加题注的方法:选定对象,然后单击"引用"选项卡,在"题注"功能区,单击"插入题注",弹出"题注"对话框,单击"新建标签…"按钮,弹出"新建标签"对话框,输入新的标签,例如"图 4-",则文档中将增加新的题注,如图 4-29 所示。

图 4-29　插入题注

在"题注"对话框,可以选择本对象题注的标签、设置位置、输入题注文字等。另外,在此对话框中还可以新建标签、删除标签、设置编号格式等。最后单击"确定"按钮完成题注的添加。

根据对象是嵌入式还是浮动式,插入题注的结果不同。如果是嵌入式对象,题注将插入对象下方,和对象本身没有组合在一起。如果对象是文字环绕浮动式对象,则题注是以文本框的形式加在对象的上方或下方的,在对象移动时题注不会跟着移动。可以采用图形对象组合的方法将它们组合在一起以便于对象的移动。

对于嵌入式对象,插入的题注不是对象,因此无法将题注和对象一起组合。如果需要组合,可以首先将嵌入式对象设置为文字环绕的浮动式对象,再插入题注,此时题注则为文本框对象,这样将对象和题注对象进行对象组合得到一个浮动式复合对象。

在一个文档中,同类对象的题注编号是统一的,由系统根据对象在文档中出现的前后顺序确定。当插入新对象并为之加上题注,或删除某个已加题注的对象(连同题注一起删除)时,文档中的同类对象题注的编号将会自动重排。

2. 插入交叉引用

对文档中插入的对象或文档中的标题(即正文中采用了标题1~标题9的段落),一般会在正文中对其引用,如对插图的引用、前面章节对后面章节号的引用等。Word 通过交叉引用建立起文档正文和被引用的对象(或标题)之间的联系。其作用:一是,把读者的注意力从正文转向被引用的对象;二是,确保引用关系的正确可靠。

假如在文档中插入或链接了对象并已经为之加上了题注,对题注的交叉引用的实现方法如下:

①把插入点定位在交叉引用的位置。

②选择"插入"选项卡,在"链接"功能区,单击"交叉引用",弹出"交叉引用"对话框。

③在"交叉引用"对话框中可以设置"引用类型""引用内容"和"引用哪一个题注"。当选中"插入为超链接"时,则系统建立交叉引用和引用对象之间的超级链接,这对于文档的联机阅读或文档可能会保存为 Web 页的情况非常有用。

④单击"插入"按钮,即完成在正文中交叉引用的插入。

该对话框为非模式窗口。如果还要在文档的其他位置插入交叉引用,则不必关闭该对话框,只要回到页面上,把插入点定位在新的位置,再在该对话框中重复以上过程,直到完成文档中所有的交叉引用后,再单击"取消"按钮退出对话框。

交叉引用建立以后,文档编辑中如果引用的对象编号发生了变化,则存盘后下一次打开文档时交叉引用将自动更新,也可以选定整个文档,然后按 F9 键,更新所有的域指令。但是,如果被引用的对象和题注已经删除而交叉引用还在,则下一次打开文档时将会出现"错误:没有找到引用源!"的信息提示。因此,如果要删除某个对象和它的题注,对它的所有交叉引用也应该一起删除。

4.2.9 文档格式化

当文档内容输入完成后,下一步就可以对文档做格式化了。对于小的文档,格式化可以不用太多的设计,只要有个简单的想法即可进行。如果是重要的文档,或需要在多个文档之间保证格式统一,则必须做严格的样式设计和义。

1.设置字体格式

字体格式是指文档中文字所采用的格式,如字体、字号、字形、颜色、间距、缩放、升降等。另外,一些文字的特殊效果也属于字体格式的内容。在 Word 中设置字体格式的方法有 3 种:浮动工具栏、"开始"选项卡"字体"功能区和"字体"对话框。

①浮动工具栏。在 Word 文档中选定文本后,鼠标指针稍做停留,就会在所选文字的右上方显示出浮动工具栏,如图 4-30(a)所示。在此可以对所选文字进行简单的格式化,包括字体、字号、字形(加粗、斜体、下划线)、字体颜色等属性。

②"开始"选项卡"字体"功能区。选定要设置格式的文本后,单击"开始"选项卡,在"字体"功能区[见图 4-30(b)]包含用于字体格式化的功能按钮。

③"字体"对话框。在"字体"功能区,有些字体设置并未列出,此时可以单击"字体"功能区右下角的 标记,或选定文本后右击,从弹出的快捷菜单中选择"字体…",弹出"字体"对话框,如图 4-30(c)所示。

（a）浮动工具栏

（b）"开始"选项卡　　　　　　（c）"字体"对话框

图 4-30　字体设置工具和"字体"对话框

在"字体"对话框中,包含了字体的详细设置选项。可以设置的字体格式很多,如字体、字号、字形、颜色、下划线、效果、缩放、间距、升降位置等。在字体的高级设置中,字体位置的设置有时候在文档冲齐时也常常用到。例如,一行中的文字字号不同,默认是文本行的基线冲齐,此时,可以选择文字,对位置进行"提升"或"降低"设置,并设置磅值。

2.设置段落格式

一个文档通常分成若干个段落。所谓"段落",就是指在文章的输入(或修改)中两次键入 Enter 键之间的所有字符。按一个 Enter 键代表一个段落输入的结束,也是下一段落的开始。在输入中,到每行行末时会自动换行,这样产生的回车称为"软回车"。

所谓"段落格式化",就是指段落前后的间距大小、行距大小、段落的缩进、段落编号和项目符号等属性的设置,以达到文档版面布局均匀、页面美观、层次清晰的效果。在段落格式化时,软回车会根据格式的需要插入或删除,而通过键入 Enter 键来结束一个段落称为"硬回车",这时会自动加上段落结束标记"↵"。该标志是否在工作区上显示出来,可以通过"文件"→"选项"→"显示"中的"段落标记"复选框实现。

在选定段落时,可以只选一个段落,也可以一次选多个段落。由于在段落标记中包含了本段落的所有格式化要素,所以选定文本时也应将段落标记选上,以免在移动或复制时使之失去原有的段落格式。当一次选定多个段落时,所进行的段落格式化操作作用于所选的各个段落。当未做段落选择时,只对当前(插入点所在的)的段落格式化。

段落格式的设置,也包括浮动工具栏、"开始"选项卡"段落"功能区和"段落"对话框三种途径。

①浮动工具栏,有 3 个工具可以进行段落格式设置:减少缩进量 ☰、增加缩进量 ☰ 和居中 ☰。段落浮动工具栏如图 4-31(a)所示。

②"开始"选项卡"段落"功能区,包含了 16 种段落格式工具,如项目符号、项目编号、增加/减少缩进量、中文格式、对齐方式等。

③"段落"对话框,单击"段落"组右下角的 ☐ 标记,或选定文本后右击,执行"段落…"快捷菜单命令,弹出"段落"对话框,如图 4-31(b)所示。

（a）浮动工具栏　　　　　　　　　（b）"段落"对话框

图 4-31 "段落"设置工具和"段落"对话框

在此对话框中,有"缩进和间距""换行和分页"和"中文版式"3 个选项卡,这里主要介绍"缩进和间距"选项卡。它主要分为 3 个部分。

常规:设置段落的对齐方式与大纲级别。

缩进:设置段落的缩进,分为左缩进、右缩进、首行缩进和悬挂式缩进。注意,默认单位为字符,也可以改为其他单位,如厘米、磅等。

间距:分为段前、段后和行距。行距可取单倍行距、1.5 倍行距、2 倍行距、多倍行距、最小值、固定值。如果选择最小值或固定值,还应在右边的输入框中确定其值的大小(单位为磅或行)。

在段落格式设置中,还可以用标尺完成段落的缩进,用窗体上的水平标尺也可以对当前段落进行缩进格式化,这种缩进的方式非常简捷直观。在水平标尺上有三个进退自如的游标,如图 4-32(a)所示。

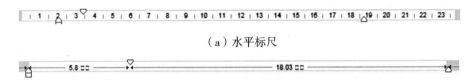

（a）水平标尺

（b）按住Alt键拖动标尺游标

图 4-32　Word 水平标尺

左上方的游标▽称为"首行缩进符",标明当前段落的段首(第一行行首)位置。左下方的游标⌂分两部分:上部的三角形部分△称为"悬挂式缩进符",当悬挂式缩进时需按下该游标的三角形部分;下部的矩形部分▢称为"整段缩进符",当整段缩进时需按下此矩形部分。但无论按下上部或下部,拖动时游标的两部分一块移动。右下方的游标△称为右缩进符,标明段落右边缩进的位置。

对标尺的操作非常简单,只要按下相应的游标左右拖动即可。如果要精细化的拖动,可以按下 Alt 键,再鼠标拖动标尺游标,此时,标尺上将显示尺寸数据[见图 4-30(b)]。

3.设置项目符号和编号

在文档编辑中,经常需要对一些并列的段落增加相同的符号作为标记,这个标记符号称为"项目符号"。对于那些次序固定的情况,通常使用编号来标记段落。

选定要添加项目符号或编号的段落以后,设置项目符号和编号主要使用"开始"选项卡"段落"功能区的两个工具≡▾ 和≡▾,或从浮动工具栏中找到这两个工具。如果对项目符号不满意,可以单击工具右侧的列表展开按钮▾,弹出"项目符号"或"项目编号"对话框,重新选择或定义项目符号,如图 4-33 所示。

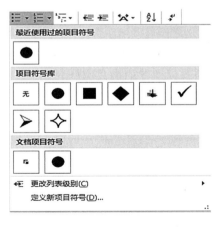

图 4-33　Word 项目符号与项目编号

4. 格式刷

无论对文字格式化,还是段落格式化,每次的格式化定义都比较麻烦。为了简化格式定义,Word 设计了格式刷工具,利用格式刷工具可以选中当前的文字格式定义或段落格式定义并复制到前贴板,然后可应用到其他文字或段落。在 Word 2010 中,格式刷工具包含在"开始"选项卡的"剪贴板"功能区。使用格式刷工具进行格式化的操作步骤是:

①在被需要复制格式的文字或段落上单击,或选择要复制格式的文字。

②单击或双击"格式刷"按钮,将被选择文字,或光标所在处文字或段落的格式设置复制到剪贴板。如果只需要将格式应用到其他一个地方,单击"格式刷";如果要应用于多处,可双击"格式刷",则格式刷会一直跟随鼠标,可以在多处复制格式,直到再次单击"格式刷"按钮。

③如果是设置文字格式,拖动鼠标选择文字,则文字被格式化;如果要格式化段落,在段落上双击,或在文本区外段落所在的行处单击,实现段落的格式化。

4.2.10　样式与样式库

在文档的格式化过程中,我们分别对文字和段落进行了格式化。如果文档很大,这个过程工作量很大。如果有格式上的修改,又需要从头再来一遍,这种方式显然是不好的。因此,在字处理器中,都有样式和样式库的概念,以避免上述格式化过程带来的麻烦。

1. 样式

在 Word 中,在"开始"选项卡的右侧,有很大的一个"样式"功能区,包含了大量的样式按钮,如"标题 1""标题 2""标题 3""正文"等。那么,什么是样式呢?用户在对 Word 文档的编辑中,要根据需要对段落进行格式编排,如对其中文字的字体字号、行间距、段落缩进等进行设置。一组完美的格式是要耗费用户不少苦心的。在进行其他的段落格式设置时能否直接引用前面已设置好的段落格式,从而提高工作效率,使文档格式统一,这就是 Word 中引入样式的目的和意义之所在。

所谓"样式",是指存储于模板或文档中并且有确定的名称的一组格式信息。对于文本样式,包含字体格式、段落格式以及其他格式信息。一个已有的文本样式可以应用到任意段落上,所有使用同一样式的段落都具有完全相同的字符格式和段落格式。样式的引入,为我们提供了一种简便快捷的格式设置方法,可以节省编排各种类型的文档所花费的时间,有助于确保文档格式的一致性,使文档格式的修改更加容易。除文本以外,其他的图片、形状等对象也都可以设置不同的样式。

Word 系统中包含了很多的文本样式,这些样式用户可以直接使用,也可以修改或删除。修改过的样式和用户自己创建的样式随文档保存,即文档中包含了所有该文档中使用过的样式,保证了在文档移动或复制过程中不会丢失样式。应用文本样式对文档的正文、标题等内容的字符和段落做格式化是文字处理中经常性的工作。

2．默认样式

在新建 Word 文档时，都会有一组默认的文档样式，这些样式显示在"开始"选项卡的"样式"功能区，单击功能区右侧下拉列表，可显示全部样式，如图 4-34 所示。

（a）"样式"功能区　　　　　　　　　（b）文档所有样式列表

图 4-34　Word 文档默认样式

在 Word 文档样式中，正文样式和标题样式是非常重要的，可影响整个文档的格式化和插入目录以及大纲视图的显示。

①正文样式，是一种最基本的样式，很多样式都是基于正文样式创建的。正文样式包含的格式信息有：字体，中文正文（宋体）、五号、常规字形、西文字体（Calibri）、两端对齐；行距，单倍行距；样式，快速样式。

②标题样式，包括 9 级标题样式，用于设置不同级别的标题，是基于正文创建的样式。在文档中，只有应用了不同级别的标题样式后，大纲视图中才可以显示到某一级标题，才可以在文档中创建目录（实际上，目录就是各级标题和页码之间的对照表）。

3．使用样式

选定要应用样式的文字或段落，如果只对一个段落使用样式，也可以只将插入点定位在此段落中。单击"开始"选项卡，在"样式"功能区或打开的"样式"列表中选择要使用的样式即可。

4．新建样式

通常情况下，默认样式并不能满足用户的具体需求。对于一个格式要求严格的文档，用户往往要设计一套自己的样式，这可以通过修改已有样式来完成，也可以新建样式。如果要新建样式，在"开始"选项卡右侧的"样式"功能区下拉列表中执行"创建样式"命令，弹出新建样式对话框，如图 4-35 所示。输入要创建的样式名，如摘要，然后单击"修改…"按钮，打开新建样式定义对话框，如图 4-36 所示。

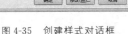

图 4-35　创建样式对话框　　　　　　图 4-36　新建样式定义对话框

在新建样式定义对话框,可以对新建的样式进行详细定义,包括名字、样式类型、所基于的样式、后续样式以及格式等。需要注意的是,样式基准下拉列表中,列出了无样式和多种样式。如果选择某种样式作为基准样式,在基准样式的变化也会影响该样式的变化。

接下来,单击左下角的"格式"按钮,将打开一个格式列表,列出可以设置的样式的全部格式信息,包括字体、段落、制表位、边框、语言、图文框等。根据需要进行设置,最后单击"确定"后完成新样式的建立。新建的样式会自动在"样式"列表中显示出来。

5. 修改样式

对于已有的样式,可以直接修改以满足用户特定的需要。在"样式"功能区,在要求改的样式按钮上右击,弹出一个快捷菜单,执行"修改"命令,弹出"修改样式"对话框,如图 4-37 所示。

图 4-37　"修改样式"对话框

修改样式和新建样式类似,就是对当前样式的某些设置进行修改,修改完毕后,单击"确定"按钮。如果该样式已经在文档中应用,则所有应用该样式的地方的格式会自动修改,这也是定义样式的最主要原因。

6. 删除样式

一个文档需要的样式不会太多,过多的样式,在"样式"功能区无法显示,要使用需要打开下拉列表选择,操作很不方便。因此,我们可以把默认样式中使用不到的样式删除,以便常用的样式显示在"样式"功能区,方便使用。要删除样式,在"样式"按钮上右击,执行"从样式库中删除"快捷菜单命令即可。

7. 样式库

在一个文档中定义的样式,可以保存为样式库,在别的文档中使用。要将文档中的样式保存,选择"文件"选项卡,执行"另存为"命令,选择保存的文件夹,然后弹出"另存为"对话框,在保存类型列表中,选择"Word 模板(.dotx)",并命模板文件名,模板的默认保存位置为用户文件夹(C:\Users\用户账户\我的文档\自定义 Office 模板),可以将用户模板保存到用户其他文件夹中,以便于使用。

新建文档时,文档采用默认模板 Normal。如果要使用用户自定义模板中的样式,需要将用户的样式加载到文档中,然后选用用户模板即可,操作过程如下:

①选择"文件"选项卡,在左侧命令列表中,执行"选项"命令,弹出"Word 选项"对话框,选择"加载项",如图 4-38 所示。

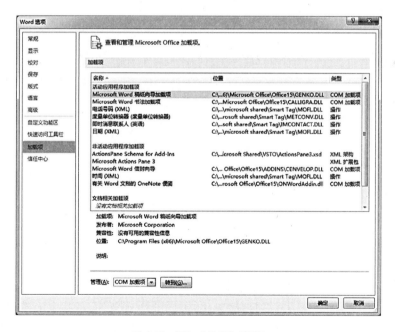

图 4-38 "Word 选项"对话框

②在对话框底部左侧的"管理"列表中,选择"模板"加载项,单击右侧"转到"按钮,弹

出"模板和加载项"对话框,如图 4-39 所示。

图 4-39 "模板和加载项"对话框

在文档模板区域,显示当前文档的文档模板,默认的文档模板为 Normal,单击右侧的"选用…"按钮,可修改为自己的文档模板,修改后,勾选"自动更新文档样式"复选框,然后单击"确定"按钮,即可在"样式"功能区看到模板中定义的用户样式。

用户还可以对公用模板(Normal.dotm)进行管理,将用户自定义样式保存到公共模板中,供以后新建文档时使用,步骤如下:

①在公用模板和加载项区域,单击"添加",将用户模板文件(dotx 文件)加载到该文档中。此时,在"Word 选项"对话框可看到加载的项。

②在"模板和加载项"对话框,单击底部左下角的"管理器…"按钮,弹出"管理器"对话框,如图 4-40 所示。

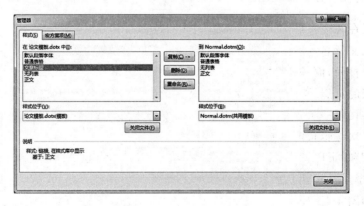

图 4-40 "管理器"对话框

在"管理器"对话框左侧,可以打开(关闭)不同的样式文件,将其中的样式复制到公共样式模板中。这样,当用户新建文档时,系统默然的样式模板为 Normal,将包含用户自定义的样式。

4.2.11 页面设计与排版

在一个文档中,除了文本内容,还有其他元素,如页眉、页脚、边框、底纹、页码、目录以及页面布局设置等。其中,页面布局包括纸张方向、纸张大小、页边距、分栏、分节等设置,只有处理好所有的这些要素,文档才算是完整的。为了更好地理解文档的布局,一页纸的各个组成部分如图 4-41 所示。

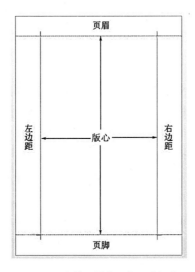

图 4-41 文档页面布局各组成部分

1.插入页眉、页脚

页眉是指在每个页面的顶部出现的信息,页脚是指底部出现的信息。一般页眉中包含书名、章名、文章名等,在页脚位置常出现单位名、作者名、打印日期时间等。这些信息不属于某一个页面,而是整个文档共用。另外,有的页眉和页脚只作用于当前节以及后续节。加入文档的页眉、页脚可以在每一个页面上打印出来,但在编辑时只在页面视图下才能看到。它加在每一页顶部(页眉)和底部(页脚)的空白处,不占用版心部分。

文档第一次编辑页眉和页脚时,可选择"插入"选项卡,在"页眉和页脚"功能区,包含"页眉""页脚"和"页码"3个功能按钮,每个按钮对应一个下拉列表,列出了可选的页眉、页脚样式,选择某种样式,即可自动进入页眉和页脚编辑视图,并且自动打开各自的"设计"功能区,如图 4-42 所示。

图 4-42 插入页眉和页脚的"设计"功能区

根据页面上的提示，输入文本信息，也可通过功能区的工具插入其他信息（如日期时间、文档部件、图片等），或对页眉、页脚进行一定的调整处理。在 Word 中，定义了页眉样式，包含了一个下边框，即图中看到的横线，要删除横线，在"开始"选项卡"样式"功能区，单击右下角的箭头，打开"样式"列表，选择"页眉"，单击"管理样式"按钮，弹出"管理样式"对话框，修改页眉样式即可。

单击功能区的"上一节""下一节"时，可以设置不同节的页眉和页脚。当单击"转至页脚"或"转至页眉"时，可以在两个编辑区之间切换。当单击"关闭"时，退出页眉和页脚的编辑，返回页面视图。当第一次插入页眉和页脚后，如果要修改页眉、页脚，只需要双击页眉页脚即可进入页眉和页脚编辑状态。

2. 插入页码

文档中通常需要插入页码，页面的编号可以按节为单位分别编号，也可以整篇文档统一编号。要插入页码，首先选择"插入"选项卡，在"页眉和页脚"功能区，单击"页码"工具，打开"页码"列表，会显示页码的不同样式，包括页码在页面上的不同位置（页面底端、页面顶端等）。根据自己希望页码插入的位置选择相应的列表项。例如，希望页码出现在页面底端中间位置，可鼠标指向列表项"页面底端"，出现下一级列表，出现页码在水平方向不同位置的样式列表，选择其中之一，即完成页码插入。

在页码列表中，还包括"设置页码格式…"命令，会弹出"页码格式"对话框，可以设置页码的编号格式、是否续前节、起始编号等。执行插入页码命令后，显示"页眉页脚"选项卡，如果文档未分节（未插入分节符），则在页眉页脚区域显示水平点划线。如果文档分节，则在页眉区域的右侧显示"与上一节相同"矩形框，单击该框，在"页眉页脚"选项卡"设计"功能区，单击"链接到前一页眉"按钮，按下该按钮（默认值）则当前节和上一节的页码设置保持一致，否则，本节和上一节的页码设置无关。

3. 分节符及其应用

在一个 Word 文档中，经常有一些特殊的要求，如文档中前后的内容需要使用不同的打印纸，文档中的一些页面需要有不同的页眉和页脚，从某一位置开始重新编制页码，从某处到某处要分两栏或多栏，其他内容不分栏（只有一栏）等。为了实现上述排版要求，文档中给出了"节"（Section）的概念，即一个文档可以分成若干节，每一节包含若干段（Paragraph），可以按节进行页面布局设置。

当一个文档分成不同的节时，在各个节上可以设置自己的页面格式、页码、栏数等，为一些特殊的需求带来方便。分节符又有以下几种不同的形式：

①连续：分符但不换页，文档内容仍然在当前页面上继续排版。
②下一页：从分节符位置开始强制到下一页开始排版，即分节的同时也换页。
③偶数页：插入分节符后到下一个偶数页开始新的一节（适用于对称页面）。
④奇数页：插入分节符后到下一个奇数页开始新的一节（适用于对称页面）。

新建 Word 文档时，在默认方式下，文档不分节，即一个文档只包含一个节，如果要将一个文档分成多节，可按下列步骤操作：

①将插入点定在插入分节符的位置。

②选择"页面布局"选项卡,如图 4-43 所示。

图 4-43 "页面布局"选项卡

在"页面设置"功能区,单击"分隔符"下拉列表工具按钮,显示要插入的符号方式,包括分页符和分节符。从列表中选择分节符的某一种形式。

在页面视图,看不到分节符,如果要删除分节,即删除分节符,选择"视图"选项卡,单击"大纲视图"或"草稿视图",均显示分节符,即两条细的点划线,将鼠标在分节符点划线上单击,按 Delete 键,即可删除分节符。

4. 分栏排版

在许多期刊、报纸等媒体中,大多数采用分栏排版。分栏排版可以有效地利用版面空间,减少浪费,同样的版面可以放下更多的内容。在很多情况下,并不是整个文档都会分栏,如论文标题、作者信息、摘要往往是一栏(通栏),正文采用双栏。因此,在确定分栏排版之前,须先决定是整个文档分栏还是文档的部分内容分栏,以及分栏数、各栏的宽度、两栏之间的距离等具体问题,再进行分栏,否则,排出的版面不一定美观,徒增一些无谓的重复工作。

如果整个文档中只是部分分栏排版,早期的 Word 版本需要先将文档分成若干节,即插入分节符,不同的节可以有各自的页面布局。新版本的 Word 中,选中文本后可以直接单击分栏工具按钮,即可完成分栏,系统自动添加分节符。

①若整篇文档分栏排版,可把插入点定位在正文中间;如果只对文档中的部分文字分栏,先选定要分栏的正文。

②选择"页面布局"选项卡,在"页面设置"功能区,单击"分栏"工具,打开"分栏"列表。在栏数列表中选择要分的栏数,分栏完成。选择列表的最后一项"更多分栏…",可以对分栏进行设置,如图 4-44 所示。

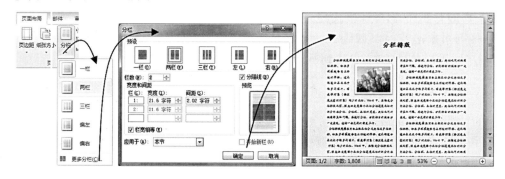

图 4-44 "分栏"工具、"分栏"对话框和分栏效果

在分栏设置中,可以设置分栏信息,如显示分割线,当选择了此项时,在栏与栏之间会加上分隔线。

此时,选择"视图"选项卡,单击"大纲视图"或"草稿视图",可以看到文档增加了分节符,每一节可以单独设置页面布局。

5.页面背景

对于大部分文档,页面默认采用白色背景,这对于绝大多数用户来说就足够了。但是也有一些用户要求页面带一定的背景或水印,如一些专业文档、需要向网上发布的文档以及用作宣传品散发的文档,往往要求增加背景。

在 Word 中,设置页面背景是通过"设计"选项卡完成的,选择"设计"选项卡,在选项卡的右端,有"页面背景"功能区,包含水印和页面颜色设置等,如图 4-45 所示。

图 4-45 "设计"选项卡

①设置水印。水印是增加在每个页面上用来防伪的隐形文字,加在页面背景上隐约可见,可以从列表中选择,也可以通过列表底部的选项自定义水印文字及字体格式。

②设置背景颜色或背景效果。单色背景时颜色可以从列表中选择或通过自定义颜色;如果使用背景效果,可通过列表底部的选项打开填充效果对话框进行设置。填充效果可以是渐变、纹理、图案或图片。

③设置页面边框。当希望在页面上增加边框时单击"页面边框"工具,弹出"边框和底纹"对话框进行设置,允许使用艺术型边框,以增加页面的美感。

在"设计"选项卡的左侧有一个"主题"按钮,显示了一组默认主题。主题是 Office 中文档整体外观的设计方案。通过使用主题,用户可以快速改变 Word 文档的整体外观,主要包括页面、文本、对象的字体选择、颜色效果和布局效果等。如果用户希望自己的文档具有设计师质量的外观,具有协调的主题颜色和主题字体,可以通过选择主题快速地达到这一目的。

要说明的是,主题和模板有所不同,模板是创建文档或应用于已有文档的样板,注重的是文档的专业性、内容和格式的完整性,而主题则更多地考虑文档的整体视觉效果、颜色、字体与对象格式的协调统一。不同的 Office 2010 组件(如 Word、Excel 和 PowerPoint)之间可以共享主题,以达到不同类型文档之间整体外观的完美统一。

6.插入目录

在文档处理的最后阶段,常常要编制文档的目录,手工编制目录不仅麻烦,而且容易出错,并且一旦因文档内容的增删引起标题所在页码改变,目录编制就要全部返工。在 Word 中,可以轻易地编制出漂亮的目录,而且目录的格式修改、内容更新都非常简单。

目录实际上就是文档中的标题与所在页码的对照表。因此,插入目录前必须要对文档的内容使用标题样式(标题 1、标题 2……)设置标题行,从一级标题开始建立起完整的层次化的标题结构。

在文档中插入目录的基本步骤是:

①检查文档的标题结构。可以通过"大纲视图",只显示到某一级标题是否正确。

②将插入点放在目录插入位置。虽然目录都是放在文档的开始,但是由于插入目录时目录也占页码,这导致文档页码编码麻烦,需要在目录后插入分节符,或可以在文档结尾处插入目录,不影响正文的页面。

③选择"引用"选项卡,在"目录"功能区,单击"目录"下拉列表,选择"自定义目录",打开"目录"对话框,如图 4-46 所示。

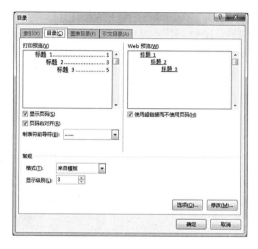

图 4-46 "目录"对话框

根据需要定义目录形式,如显示的目录级别、是否使用页码等,完成后单击"确定"按钮,于是在插入点位置插入了文档目录。当文档内容发生变化时,在"引用"选项卡的"目录"功能区,单击"更新目录"按钮即可。也可以用更新域的方法更新目录,方法是单击目录,使之变成蓝灰底,右击,从快捷菜单中选择"更新域"。也可以不去管它,等关闭文档后下次打开时,系统会自动更新目录。

7.插入文档封面

文档封面即文档的第一个页面,它的格式与其他页差别较大。在 Word 中,提供了插入封面的功能。选择"插入"选项卡,在"页面"功能区,单击"封面"下拉列表,从封面列表中选择一个自己满意的封面即可。对于封面不满意的地方,用户可以自己修改和调整。

4.2.12 文档预览与打印

在文档编辑和格式化完成后,通常需要打印文档。Word 采用"所见即所得"的字处理方式,只要将视图定在页面视图上,窗口中显示的页面和打印出的文档页面效果是一致的。为了了解文档页面的整体效果,仍有必要在页面编排当中或正式打印之前进行打印预览,以便及早发现可能存在的页面问题,避免浪费纸张。

文档预览方法有两种。

①在页面视图下预览。选择"视图"选项卡,将视图切换到"页面视图"上,然后通过状态栏右端的"显示比例"控制页面的缩放,观察文档页面是否适当。当单击"显示比例"工具栏中的百分比数字时,可以弹出"显示比例"对话框,从中设置新的显示比例。

②用打印预览窗口预览。利用 Word 所提供的打印预览功能进行文稿预览是应用较多的预览方式,方法如下:选择"文件"选项卡,切换到"文件"菜单界面,在左侧的命令列表中,执行"打印"命令,窗口显示改变为图 4-47。

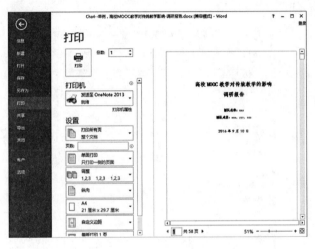

图 4-47   文档打印界面

在文件打印界面,页面分为两个窗格。左侧是打印设置窗格,用来进行打印相关的参数,在窗格的最底部包含"页面设置"按钮,可以设置打印页面的参数,包括页边距、纸张方向等。右侧是页面预览区。在右侧文档预览区,单击页面右侧底部的上下页按钮即可预览每一页的效果,也可以拖动底部右侧的显示比例控件改变显示比例。当没有问题时,单击"打印"按钮,即可对文档完成打印任务。

4.3 电子表格处理

人们在日常工作中经常会遇到数据处理的情况,需要一个具有通用性的数据处理工具,这就是电子表格处理软件的基本功能定位。在微软公司的 Office 办公套件中,Excel是一个功能强大的电子表格软件。它具有强大的数据计算与分析处理功能,可以把数据用表格及各种统计图、透视图的形式表示出来,使得制作出的表格图文并茂,信息表达更加清晰。

在 Excel 中提供了大量的函数,可以方便地完成各种复杂的计算。另外,通过宏的运用和 VBA 编程,可以任意扩展 Excel 的数据处理能力。甚至对 Excel 做进一步的开发,形成更专业化、自动化的数据处理系统。此外,Excel还包含很强的计算分析功能以及对Internet的全面支持,使用户能直接将工作簿文件保存为网页格式。

4.3.1 Excel 基本概念

为了更好地使用Excel进行表格编辑和数据处理,我们先介绍Excel中的一些基本概念。

1.工作簿、工作表和单元格

作为一个电子表格软件,Excel的功能主要是表格编辑以及表格数据处理,所以,主窗口界面上与Word的差别主要在用户区,即Excel的用户区更适应于表格的编辑。Excel最主要的操作对象是工作簿、工作表和单元格,这三个元素构成了Excel电子表格的主要内容。

①工作簿,是指电子表格文件,也称"工作簿文档",是Excel用来存储数据表的文件,扩展名为".xlsx"(早期的Excel工作簿文件的扩展名为".xls")。

②工作表,是工作簿中的一个电子表格。如果把一个工作簿看作会计手中的一个账本,那么一个工作表就是这个账本中的一个表格页。在Excel中,每一个工作表都有确定的名字,显示在工作表标签上。默认情况下,一个新建的工作簿文档中有3个工作表,名字是Sheet1、Sheet2和Sheet3,可以根据需要增加、减少或重命名。在Excel 2010工作簿中,至少有1个工作表,最多工作表数没有限制,上万个工作表都可以正常工作。

③单元格,工作表中的一个个网格称为"单元格",是组成工作表的最小单位,也是最基本的存储和处理数据的单元。一般情况下,一个单元格中保存一个数据,但也可以保存多个数据,甚至是大篇的文本,最多可以达到32767个字符。

2.单元格地址和单元格区域

在一个工作表中,包含了大量的单元格,这些单元格被排列成一个阵列,就是我们在Excel工作区看到的网格状的工作表页面。在Excel工作表中的每个单元格都有一个唯一的地址,我们称为"单元格地址"。它由该单元格所在列的列号和所在行的行号构成。窗口上方的列标按钮上标识了该列的列号,用字母表示;窗口左侧的行标按钮上标识了该行的行号,用数字表示。单元格地址就表示为该单元格所在列号和行号的组合。例如,第1行第1列的单元格地址为A1,第3列第5行的单元格地址是C5。

打开一个工作表后,有一个当前单元格,这是输入数据的目标单元格,即当用户输入数据时,数据会自动放到当前单元格中。通过单击某一个单元格,可以将它设置为当前单元格。在一个工作表中,当前单元格是唯一的。

在对一个矩形区域内的所有单元格进行处理时,这个区域就称为"单元格区域"。单元格区域用区域左上角单元格地址和右下角单元格地址之间加":"来表示,如C1:E7表示了C1到E7之间的所有21个单元格,如图4-48所示。

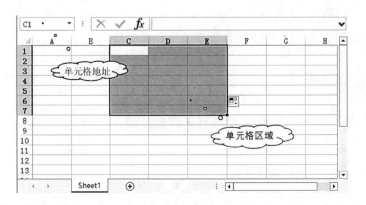

图 4-48　单元格地址和单元格区域

当选定了单元格区域时，当前单元格为区域中的一个单元格，呈白色显示。单元格地址和单元格区域经常应用于公式计算当中。

不同的 Excel 版本，工作表包含的最大行列数不同。Excel 2003 及以下版本最大行数为 65536 行，最大列数为 256 列；Excel 2007 及以上版本最大行数为 2^{20}，即 1048576 行，最大列数为 2^{14}，即 16384 列。不管哪个版本，对于一般用户来说，其行列数已经能够满足需求。如果有更大量的数据处理，应该使用数据库管理系统。

3. Excel 表格模板

在 Excel 中，提供了许多已经设计好的模板。用户创建工作簿文档时可以选择具有确定格式的专用模板，这是最省事的方法，这样建立的文档格式固定，创建者只要填入数据即可。在"文件"选项卡左侧的命令列表中，执行"新建"命令，打开 Excel 新建文件界面，如图 4-49 所示。

图 4-49　Excel 新建文件界面

在"搜索联机模板"文本框可以输入要搜索的模板名称搜索模板，如差旅费。在其下面是一组模板分类，可以单击"分类"，查看具体的模板。通过应用模板，用户可以创建具有固定格式的文档，减少文档格式化和布局所花费的时间。一般情况下，可以选"空白工作簿",所有的内容都由用户自己完成。

在 Excel 系统中,携带了很多表格样式。在开始表格的数据输入和处理以前,可以选择适当的样式,应用到自己的工作簿文档中,也是快速完成表格格式设置的好方法。选择"开始"选项卡,在"样式"功能区,单击"套用表格格式"工具按钮,打开"表格样式"列表,从中选择一种自己喜欢的样式。对于套用以后的表格格式的颜色、字体等属性,可以通过修改"Office 主题"进行修改。

4.3.2 Excel 基本操作

在 Excel 工作簿中,工作表里的单元格是保存数据的最小单位,因此在建立或打开一个工作簿后,用户首先要做的工作就是数据的输入编辑、单元格和工作表的基本操作。

1. 单元格及行列操作

对于表格编辑和处理的基本工作,大部分工作都可以通过 Excel"开始"选项卡中的功能按钮完成。Excel"开始"选项卡中的各功能区如图 4-50 所示。

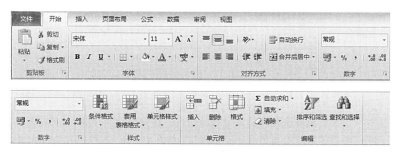

图 4-50 Excel"开始"选项卡

打开一个 Excel 表,在输入数据前,往往对数据表有一些基本的设置,如行高、列宽、单元格合并等。这些设置可以通过 Excel"开始"选项卡中的功能按钮来完成,也可以选定对象后,右击,通过执行快捷菜单命令来实现。常用的操作如表 4-2 所示。

表 4-2　　　　　　　　　　　　　Excel 单元格、行列常用操作

功能	操作
选定单元格	单击单元格,或通过光标移动键设置,或用 Tab 键、Shift＋Tab 组合键设置。当在一个单元格中输入数据后按 Enter 键,下方单元格成为当前单元格
选定单元格区域	按下鼠标左键,从区域的左上角向下拖动到右下角,然后放开左键。或在区域左上角单击,在右下角,按下 Shift 键单击。按下 Ctrl 键,单击,可以选择多个不连续的单元格
选定整行、整列	单击行标、列标。按下 Ctrl 键单击行标或列表,可以选择不连续的多行或多列。要选择连续的行或列,在第一行或列单击,在最后的行或列,按下 Shift 键单击

续表

功能	操作
选定所有单元格	单击表格左上角行标和列标交叉处带"▨"标记的按钮
插入(删除)单元格	在单元格上右击,在快捷菜单中执行"插入"("删除")命令
合并单元格	选定要合并的单元格,然后选择"开始"选项卡,在"对齐方式"功能区,再单击"合并后居中"按钮。合并以后的单元格地址为单元格区域左上角单元格的地址
拆分单元格	选定被合并的单元格,然后选择"开始"选项卡,在"对齐方式"功能区,在列表中选择"取消单元格合并"
插入(删除)行	在要插入行的行标上右击,在快捷菜单中执行"插入"("删除")命令。如果先选中多行,再执行"插入"命令,则一次插入多行,插入的行数和选择行数相同
插入(删除)列	在要插入列的列标上右击,在快捷菜单中执行"插入"("删除")命令如果先选中多列,再执行"插入"命令,则一次插入多列,插入的列数和选择列数相同
调整行高和列宽	指向两行之间的中缝位置,按下左键上下拖动,可以改变上一行的行高。如果要同时调整多行行高,选定要调整的行(非单元格区域),在任意两行之间的中缝,上下拖动可完成多行行高的同时调整。调整列宽和方法与调整行高的方法相同也可以在选定行(列)以后,选择"开始"选项卡,在"单元格"功能区,通过"格式"下拉列表设定行高(列宽)
隐藏行和列	选定要隐藏的行或列,右击,在快捷菜单中执行"隐藏"命令
取消隐藏的行列	先选定隐藏位置前后的行或列,右击,在快捷菜单中执行"取消隐藏"命令。如果隐藏了第1行或第A列,可单击工作表左上角,选择所有的行和列,然后右击,执行"取消隐藏"命令
内容复制(删除)	对于选定的行、列或单元格区域,按Ctrl+C组合键,显示蚂蚁线,可将内容复制到剪贴板,按Ctrl+V组合键复制内容。按Ctrl+D组合键则取消蚂蚁线显示

Excel中的单元格、行列操作相对简单,这些操作主要是为下一步的数据输入和表格输出做准备。在输入数据时,继续对表格进行调整也是不可避免的。

2. 单元格格式设置

在新建工作簿中,单元格格式都是相同的。对于不同类型的数据,通常要对单元格格式进行设置,以便于数据的正确输入和显示。在Excel中,单元格样式的设置内容较多,主要包括数据格式、对齐方式、字体字号、边框背景等。

对于选定的单元格或单元格区域,可以直接在"开始"选项卡进行设置,包括字体、对齐方式、数字、样式、单元格等。也可以右击,在快捷菜单中执行"设置单元格格式…"命令,弹出"设置单元格格式"对话框,如图4-51所示。

图 4-51 "设置单元格格式"对话框

单元格格式的设置包括 6 个方面。

①数字,用来设置单元格的数字数据格式。根据数据的不同分类,选择适当的数据格式描述,如数值数字,可以确定小数位数、负数的表示方法,是否使用千分位分隔符。

②对齐,设置单元格数据在水平方向和垂直方向的对齐方式,文字的排列方向、单元格内是否自动换行和是否是合并单元格等。

③字体,进行字体格式设置。

④边框,进行单元格的边框格式设置。

⑤填充,单元格的填充色或填充图案的设置。

⑥保护,可以对单元格进行锁定或隐藏,防止对单元格数据的破坏。

3.单元格样式

对于已经形成的数据表格,采用单元格样式也是一种快速格式化表格的方法。单元格样式与表格样式不同,前者是针对单元格的,即在样式中定义了单元格的格式信息(如数字格式、字体、边框等),而后者是针对整个表格的(如标题行格式、奇数数据行格式、偶数数据行格式等)。在 Excel 中保存了很多单元格样式,选择自己喜欢的样式,应用到选定的单元格(或单元格区域)上,既保证了表格格式的统一,也便于格式的修改。

选择"开始"选项卡,在"样式"功能区,单击"单元格样式"下拉列表,显示单元格样式列表,如图 4-52 所示。

在单元格上应用 Excel 样式很简单,首先,单击单元格或选择一个单元格区域,然后打开样式列表,当鼠标指向某种样式时,单元格显示相应的样式显示效果,确定后单击某个样式即可。除了使用 Excel 提供的默认单元格样式,用户还可以对这些样式进行修改,或创建自己的单元格样式。

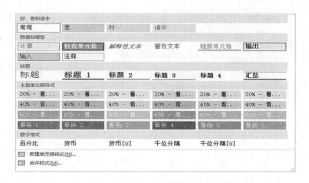

图 4-52　Excel 单元格样式列表

4.条件格式

条件格式是指单元格的数据满足指定条件时,该单元格按相应的格式显示,使其中的数据一目了然。例如,我们在学生成绩表的显示时,希望单科成绩值低于 60 分时显示为倾斜、加粗、红色的字体格式,完成这一要求就可以采用条件格式。

下面看条件格式的设置过程:

①选定要设置条件格式的单元格或单元格区域。

②选择"开始"选项卡,在"样式"功能区,单击"条件格式"按钮,打开"条件格式"列表,如图 4-53(a)所示。在条件格式列表中,根据需要选择某项,再从弹出的二级菜单中选择,弹出条件设置对话框,如图 4-53(b)所示。

（a）条件格式列表　　　　　　　　　（b）条件输入对话框

图 4-53　单元格条件格式设置

根据需要,进行条件设置,设置完成后单击"确定"按钮。有时在同一单元格区域要设置多个条件格式,可以重复使用上述过程,完成每一个条件的格式设置。

从上面条件格式设置的过程中我们会看到,条件格式实际上是通过建立和应用"规则"的方法来实现的。在"条件格式"的菜单中选择"新建规则"命令,在弹出的对话框中选择规则后,再在"编辑规则说明"栏中进行设置即可。

对于设置了条件格式的单元格或整个 Excel 表,可以清除条件格式设置。单击"条件格式"按钮,指向"清除规则"级联菜单,包含"清除所选单元格的规则"和"清除整个工作表的规则"菜单命令,可以清除前面设置的条件格式。

5.工作表基本操作

工作表标签在工作表的底部左侧。工作表常用的操作有:

①切换工作表,单击要切换到的工作表标签。

②插入工作表,在工作表底部标签右侧,单击"新工作表"按钮⊕即可。

③删除工作表,在单元格标签上右击,执行"删除"命令。

④复制工作表,选中要复制的工作表标签,按下 Ctrl 键拖动,放开左键后复制完成。

⑤移动工作表,重排工作表次序,用鼠标左键拖动到指定位置即可完成。

⑥工作表重命名,双击工作表标签名,进入工作表名编辑状态,输入新工作表名。

对于上述操作,除了通过快捷菜单完成,也可以选择"开始"选项卡,通过"单元格"功能区的"插入""删除"按钮完成。

4.3.3 数据输入

在 Excel 中,数据都是组织在单元格中的。当新建一个 Excel 文档时,工作簿中默认包含一个空工作表。根据需要,进行简单的表格调整后,如单元格合并、行高列宽设置等,接下来就可以输入表格内容了。在单元格中输入的数据可以是文本、数字、符号、时间日期、计算公式、函数等,单元格格式设置不同,数据类型不同,输入方法也不一样。

1.数据类型

在 Excel 中,数据类型包括:数值型,如 12、12.35、1.23e4;文本型,或称"字符型",由中文、字母、数字以及其他符号构成的字串;日期时间型,表示日期时间,内部表示为数值型,显示格式为 yyyy-mm-dd hh:mm:ss;逻辑型,值为 True 或 False。

在 Excel 中,同一个数据,可能表示不同类型,如一个全数字的身份证号,可作为整数,也可作为文本型数据。不同类型的数据,其显示和处理方式不同。因此,为了使输入数据能正确地表达其真实的语义,在数据输入时需注意以下几个方面:

①如果一串数字想作为一个文本型输入,应在前面加单引号('),如:'05317321227。

②输入日期时分隔符为"/"或"-",按年、月、日顺序输入三个数值。

③输入分数(如 1/2)时,应以"0 "为前导后加空格,即写为"0 1/2",否则将作为日期数据。

在 Excel 单元格中,文本型数据默认为左对齐,数值型和日期时间型数据默认为右对齐,逻辑型数据默认为居中对齐。对于一些无法通过输入法输入的符号、字母、疑难汉字,可以通过插入符号的方法输入。此外,还需要注意全角字符和半角字符的区别。在单元格数据输入过程中,如果显示"＃＃＃＃＃＃",通常是单元格列宽不够,加大列宽即可显示正常。

2. 数据的快速填充

为了提高用户数据输入效率，Excel 提供了数据的快速填充功能，即连续单元格中要输入的数据相同或按某种规律变化时，如等差序列、等比序列、日期序列等，可以只输入第一、二个单元格的数据，后面单元格的数据直接通过鼠标拖放的方法（或双击填充柄）填充完成。根据选择的两个连续单元格是同一行或同一列，填充可以按行和按列进行。

例如，编辑一个会议日程表，日期和节次采用序列填充，如图 4-54 所示。

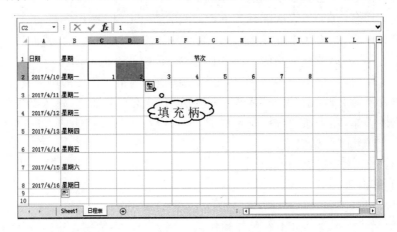

图 4-54　Excel 的单元格内容填充功能

Excel 对于有规律的数据都可以做自动填充输入，如日期、月份、星期等。除此之外，一些等差序列、等比序列也可以做自动填充。具体操作步骤如下：

①输入并且选定序列的第一个数据。如果要做等差序列的填充，要输入并且选定前两个数据，前后两个数据不要相同（相同时后面将填充一样的值，即差为 0）。这时在选定区域右下角会有一个小方块，称之为"填充柄"。

②用鼠标左键按住填充柄向右或向下拖动，到目的位置时松开左键，完成按行或按列填充。

③如果要填充一个等比序列，可用右键按住填充柄拖动，到填充区的最后一行，松开右键，弹出快捷菜单，选择"等比序列"即可。

对于序列填充，上例中使用的是系统自带的序列，用户也可自定义序列，加入序列表中。自定义序列时可选择"文件"→"选项"→"高级"，再单击"编辑自定义列表…"，弹出"自定义序列"对话框，显示已有的序列列表，也可以创建新序列。

3. 单元格数据验证设置

在 Excel 中，有些单元格输入的内容可能是固定的序列，例如：在性别列，单元格需要输入男或女，或者在房间预订中给出几种选项，例如：单人间，标准间等。为保证单元格数据输入的规范化，选择"数据"选项卡，在"数据工具"功能区，单击"数据验证"下拉列表，打开"数据验证"对话框，在允许列表中选择序列，在来源文本框输入可选项，中间用西文逗号分割。此时，当单击该单元格时，右侧显示下拉按钮，可进行选择输入。

4.3.4 公式与函数

在 Excel 表格中,单元格的内容不仅可以输入,还可以通过计算得到。通过在单元格中插入计算公式,可以实现单元格数据的计算。此外,Excel 还提供了许多不同类型的函数,在公式中还可以引用系统函数,以增强数据计算功能。因此,在不需要编制复杂的计算程序情况下,用户可利用 Excel 完成财务计算、数理统计分析以及科学计算等复杂的计算工作。可以说,公式和函数是 Excel 的核心内容和精髓部分,失去了公式和函数的电子表格将黯然失色。

1. 公式及其类型

在 Excel 中,一个单元格的数据如果要通过公式计算得到,则在该单元格中输入公式。公式是一个以"="(等号)开头的计算式子,如:=(A1+2)＊B2。其中,等号后的部分我们称为"表达式",是由运算符以及圆括号连接常量、单元格地址、函数等构成的式子。在表达式中,运算符起着重要作用,字母表示了谁和谁进行运算、进行什么运算。

在 Excel 表达式中,常用的运算符有:

①算术运算符:"＋"(加)、"－"(减)、"＊"(乘)、"/"(除)、"^"(乘方)、"％"(百分号)。

②文本运算符:"&"(文本链接)。

③比较运算符:"＞"(大于)、"＜"(小于)、"＞＝"(大于或等于)、"＜＝"(小于或等于)、"＝"(等于)、"＜＞"(不等于)。

根据计算结果类型的不同,可以将公式分为以下类型:

①算术公式,运算结果为数值的公式。例如,=5＊4/2^2－A1,其中 A1 为单元格地址。

②文本公式,运算结果为文本数据的公式。例如,=B2&B4,单元格 B2 和 B4 的值为字符类型。

③比较公式(关系式),运算结果为逻辑值 True 或 False 的公式。例如,3＞2,结果是 True。在 Excel 中,比较规则是:数值类型按数值的大小比较;文本类型按 ASCII 码或汉字机内码;日期时间型数据也按数值的大小比较;逻辑型数据中,"False"小于"True"。

2. 公式输入

在 Excel 单元格中输入公式,可分为两类。

①首先确定要输入公式的目标单元格。双击单元格,进入编辑状态。当输入"="号后,Excel 系统会自动出现"公式"选项卡,如图 4-55 所示。

在单元格编辑公式表达式,除了使用单元格地址,可能还需要插入公式,此时可通过"公式"选项卡中的"函数库"功能区实现,公式输入完成后按 Enter 键,在单元格中显示公式的计算结果。

图 4-55　"公式"选项卡

②先选择一个单元格区域，然后选择"开始"选项卡，在"公式库"中单击某种运算。如果选择区域为一行，在选择区域的右侧单元格插入公式。如果选择区域为多行，在选择区域每列的下侧单元格插入公式。

在单元格中输入公式时，Excel 编辑栏同时显示输入的公式。同时，公式中引用的单元格边框被着色显示（见图 4-56 和图 4-57）。如果公式较长，单元格宽度不够，在单元格公式显示状态不能调整单元格宽度，因为对单元格的操作都是公式输入的一部分。要调整输入公式单元格的宽度，需要先按 Enter 键，结束公式输入，然后才能调整列的宽度。调整好了后，再次单击输入公式单元格，继续公式输入。

当单元格插入公式后，在单元格的右上角显示一个小三角，双击单元格，可以对单元格公式进行编辑。在公式编辑时，如果遇到单元格地址或单元格区域，可以用鼠标在数据表中单击或拖放来选取要填写的单元格地址或单元格区域。

对于单元格公式，如果工作表中创建了数据表，在公式中可以输入数据表字段名，所起作用和单元格地址一样，一般形式是：＝[@字段名]，使用数据表字段名，和普通的单元格区域相比，增加了公式的可读性。

3. 填充公式

在表格数据处理中，往往在同一列或同一行中，公式是一样的，只是计算时引用的单元格地址不同。像这种情况以使用公式的填充功能，以快速完成大量单元格的公式输入。操作过程如下：

①在目标单元格中输入公式，如图 4-56 所示，目标单元格是 F3，输入的公式是：＝(C3＋D3＋E3)/3。

②按 Enter 键后，目标单元格中显示的是公式的计算结果（在编辑栏中可显示出当前单元格中的公式）。选中目标单元格 F3，左键按住填充柄向下拖动（如果是行填充则向右拖动），这时的鼠标指针为"＋"字形。

③到达最后一个单元格时松开左键，填充完成，这时看到填充区域内显示的是各行（或各列）的计算结果。

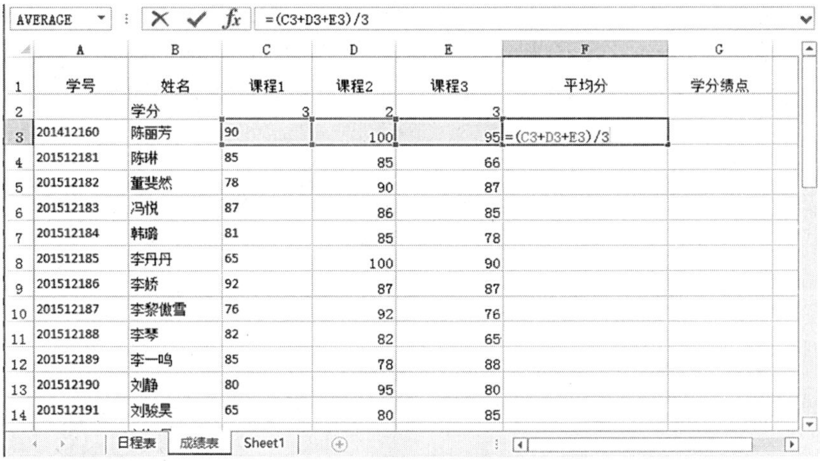

图 4-56　公式输入

4.单元格地址的相对引用和绝对引用

下面我们继续对图 4-56 所示的学生成绩表进行处理。如果我们需要在 G 列计算每位学生三门课成绩的学分绩点,在 G3 单元格输入公式:＝C3＊C2＋D3＊D2＋E3＊E2,如图 4-57 所示。

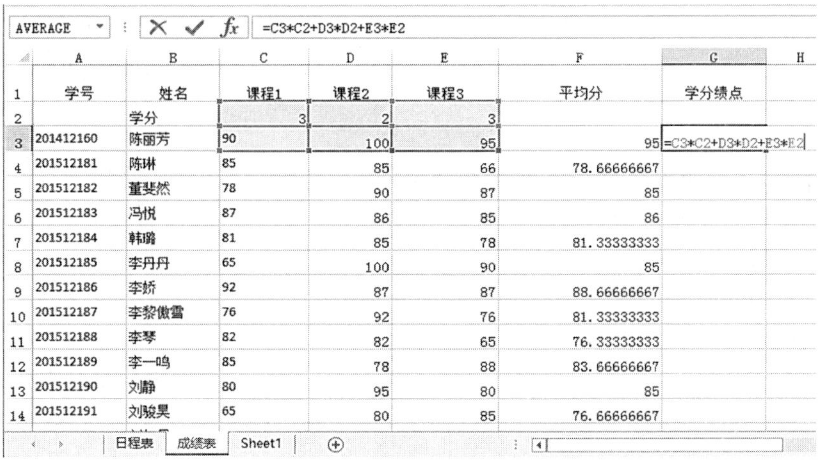

图 4-57　计算学生学分绩点(一)

输入后按 Enter 键,在 G3 显示绩点值。然后选中目标单元格 G2,左键按住填充柄向下拖动(或双击填充句柄),这时的鼠标指针为"＋"字形,最后松开鼠标,发现学生的绩点值计算结果是错误的。此时,单击 G4 单元格,可以看到,计算绩点的公式是:＝C4＊C3＋D4＊D3＋E4＊E3,这个公式显然是错的。为什么公式填充是错的呢?

在 Excel 中,把一个单元格的公式填充或复制到其他单元格时,公式中的单元格地址可以发生相应的变化,这种单元格地址的引用称为"相对引用"。例如,在图 4-56 所示的学生成绩表例子中,当第 3 行第 F 列单元格的公式(计算平均成绩)填(或复制)到第 4

行 F 列单元格时,公式变成了"＝(C4＋D4＋E4)/3",单元格地址中的行号部分自动变化,变化量为源单元格(行号为 3)和目标单元格(行号为 4)之间的差。列号没有发生变化是因为在当前列中填充,变化量为 0。单元格地址的相对引用为公式的填充带来了极大的方便。

我们再看学分绩点的计算公式,当把 G3 单元格中的绩点填充到 G4 时,可以看到 G4 单元的公式是:＝C4＊C3＋D4＊D3＋E4＊E3,如图 4-58 所示。

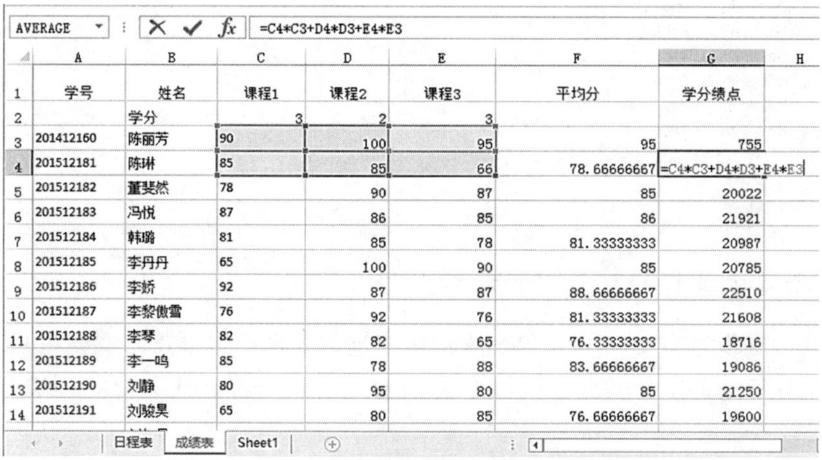

AVERAGE	▼	×	✓	fx	＝C4*C3+D4*D3+E4*E3		
	A	B	C	D	E	F	G	H
1	学号	姓名	课程1	课程2	课程3	平均分	学分绩点	
2		学分	3	2	3			
3	201412160	陈丽芳	90	100	95	95	755	
4	201512181	陈琳	85	85	66	78.66666667	＝C4*C3+D4*D3+E4*E3	
5	201512182	董斐然	78	90	87	85	20022	
6	201512183	冯悦	87	86	85	86	21921	
7	201512184	韩璐	81	85	78	81.33333333	20987	
8	201512185	李丹丹	65	100	90	85	20785	
9	201512186	李娇	92	87	87	88.66666667	22510	
10	201512187	李黎傲雪	76	92	76	81.33333333	21608	
11	201512188	李琴	82	82	65	76.33333333	18716	
12	201512189	李一鸣	85	78	88	83.66666667	19086	
13	201512190	刘静	80	95	80	85	21250	
14	201512191	刘骏昊	65	80	85	76.66666667	19600	
		日程表	成绩表	Sheet1	＋			

图 4-58　计算学生学分绩点(二)

可以看出,学分绩点的计算结果显然是不对的。因为 G4 单元格正确的公式应该是:＝C4＊C2＋D4＊D2＋E4＊E2。那么,错在哪呢?在 Excel 公式中,如果希望在公式复制或填充式时,引用的单元格地址不发生变化,应使用绝对地址引用,显然上面存储学分的单元格引用就应该使用绝对地址引用。因为在计算不同学生的课程绩点时,每门课的学分是不变的。因此,在公式填充时,课程学分单元格地址必须保持为 C2、D2 和 E2。

如果一个单元格中的公式填充或复制到其他单元格时,公式中的单元格地址不能发生变化,这种单元格地址的引用称为"绝对引用"。绝对引用实现的方法是在单元格地址的行号以及列号前后加"＄"号。对于上面的例子,G3 单元格中的公式应写为:

＝C3＊＄C＄2＋D3＊＄D＄2＋E3＊＄E＄2

现在对 G3 单元向下做公式填充,可以看到结果正确,如图 4-59 所示。

在这里,单元格地址 C2、D2 和 E2 写成了＄C＄2、＄D＄2 和＄E＄2,即单元格地址采用了绝对引用,用"＄"号将地址的行号和列号固定,以保证在公式填充(或复制)时单元格地址不发生变化。单元格地址除相对引用和绝对引用,还可以混合引用,即单元格地址中只有行号或列号采用绝对引用,另一部分采用相对引用。例如 A＄1 表示列可变,行 1 不能变;＄C12 表示第 C 列不能变,但行 12 可变。

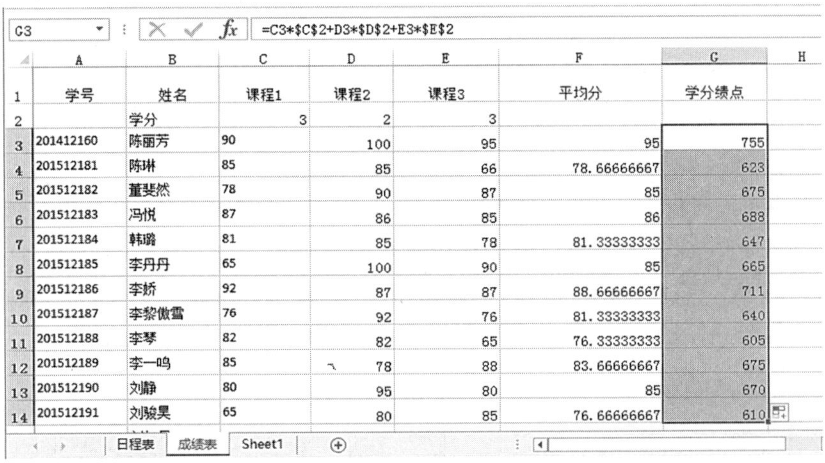

图 4-59　计算学生学分绩点(三)

5.函数的应用

函数是 Excel 系统预先定义好的计算过程,可以在公式中调用以完成某些计算。在 Excel 中提供了九类几百个函数,包括财务、日期与时间、数学与三角、统计、查找与引用、数据库、文本逻辑信息等。在完成公式计算时应尽量使用 Excel 系统所提供的函数,这样不仅可以完成一些通过表达式无法描述的计算,而且也减少输入公式占用的时间,少用内存空间,减少错误的发生,提高问题处理的速度。

(1)函数的结构

函数由函数名和相应的参数组成,函数名由系统定义。参数位于函数名后的圆括号内,多个参数时参数之间用逗号分隔,大多数参数的数据类型是确定的。例如,对 AVERAGE 函数,可以取 $1 \sim 30$ 个参数,参数的类型可以是数值、名称、数组或包含数值的单元格引用。还有个别的函数没有参数,称为"无参函数"。对于无参函数,函数名后面的圆括号不能够省略。例如,NOW()函数返回的是计算机系统内部时钟的当前日期与时间,不能只写 NOW。

在使用函数到公式中去时,一定要事先了解函数的功能和结构,参数的个数、各个参数的含义、顺序和取值范围,否则很容易出现错误。

(2)引用运算符

当多个参数都为单元格地址或单元格区域时,它们之间通过引用运算符分隔。引用运算符有三个,分别是:

①逗号运算符(,),前后两个区域所有单元格都参加函数运算,如:＝SUM(B4:B7, D12),代表单元格区域 B4:B7 和 D12 单元格所有数据的和。

②空格运算符(　　),前后两个区域的交集参加函数运算。

③冒号运算符(:),前后两个区域扩展成一个区域参加函数运算。

(3)函数及其参数输入

当用户对某个函数名及使用很熟悉时,为了快速输入,可以像输入公式中其他的部分

一样直接输入函数名以及它的各个参数。一般情况下,可以使用函数输入向导来引导我们一步步输入,其操作步骤如下:

①双击要输入函数的单元格,进入单元格内容输入状态,输入"="号。

②选择"公式"选项卡,在"函数库"功能区,单击最左端的"插入函数"按钮 f_x,弹出"插入函数"对话框,如图 4-60(a)所示。

在"选择类别"列表中,选择函数所在的类别,然后再在"函数名"列表框中选择想使用的函数,在列表下方显示函数书写格式和功能说明。

③选择函数后,单击"确定"按钮,根据函数不同,弹出相应的"函数参数"输入对话框,如求和函数 SUM 对应的函数参数对话框如图 4-60(b)所示。

（a）函数列表 　　　　　　（b）SUM函数参数输入对话框

图 4-60　插入函数与参数输入过程

在"函数参数"输入对话框,单击参数框 1 右端的按钮,则折叠对话框。然后到表格上,用鼠标左键拖动选择要进行计算的单元格区域。若需要选择多个不连续的区域,按下Ctrl 键。选择的单元格区域自动填写到已经折叠的"函数参数"对话框的参数框 1 当中。单击已折叠的"函数参数"对话框的参数框 1 右端按钮,展开并回到该对话框。

显示第二个参数输入框,单击右侧的折叠按钮,输入第二个参数。第二个参数输入后,打开折叠,会显示第三个参数输入框。以此类推,各参数输入后,每个参数对应一个单元格区域,单元格区域之间做逗号运算。

当所有单元格区域输入完成后,单击"确定"按钮,函数参数输入结束,即函数输入结束。根据函数不同,参数的输入过程不完全一样,按照实际情况一一输入,完成函数各个部分的输入,完成后按 Enter 键结束,单元格显示计算结果。

上述函数参数的输入非常麻烦,从本质上讲,函数是对单元格区域数据的计算,因此,为了简化参数输入,可以先选择要处理的单元格区域,然后再单击"函数"按钮。在"函数"选项卡的"函数库"功能区,除了"插入函数"按钮,其他函数都可以先选择单元格区域,再单击"函数"按钮。此时,不弹出输入参数对话框,已选择的单元格区域默认作为函数的参数。此种方法的不足是计算结果的保存位置不能由用户设定。如果是单行,函数计算计算结果保存在行的最右边的第一个空单元格;如果是一个多行、多列的单元格区域,则计算结果保存在每一列底部的第一个空单元格中。

6. Excel 常用内部函数

Excel 提供的九大类几百个函数涉及的应用领域很广,平时不可能用到所有的函数。在一般的非专业表格数据处理中,常用的函数如表 4-3 所示。

表 4-3   Excel 常用内部函数

函数名	功能	格式
sum	求和	sum(number1,number2,…)
average	求平均值	average(number1,number2,…)
max	求最大值	max(number1,number2,…)
min	求最小值	min(number1,number2,…)
count	计数	count(value1,value2,…)
now	当前日期时间函数	now()
int	取整函数	int(number)
rand	产生(0,1)间平均分布的随机数	rand()
round	四舍五入函数	round(number,num_digits)
abs	求绝对值	abs(number)
sign	返回数字的正负号	sign(number)
sqrt	平方根	sqrt(number)
left	左端取字串	left(text,num_chars)
mid	中间取字串	mid(text,start_num,num_chars)
right	右端取字串	right(text,num_chars)
len	文本字符数	len(text)
and	与运算	and(logical1,logical2,…)
or	或运算	or(logical1,logical2,…)
not	非运算	not(logical)
if	条件取值	if(Logucal_test,Value_if_true,Value_if_false)

4.3.5 数据表

Excel 2010 是专业的数据处理软件,除了能够创建各种类型的表格和进行各种类型的计算,还具有对数据进行分析处理的能力。用户使用 Excel,可以完成数据的排序、筛选、分类汇总,甚至可以完成数据的统计分析,从中发掘出更具价值的信息,提供决策依据。在此,我们讨论 Excel 常用的数据处理操作。

1. 数据表及其特征

在 Excel 中，一个工作簿文档由若干工作表组成，工作表和数据表不同。所谓"数据表"，是指一个建立在 Excel 工作表上具有确定行数和列数的（第一行为标题）、满足特定规则的二维表格，如学生成绩表、人员工资表、产品销售表等。在一张 Excel 工作表上，可以建立多个数据表。数据表具有以下特征：

①数据表应是一片连续的数据区域，中间不能存在空行或空列。

②数据表的第一行文字可以为列标题（字段名），必须是唯一的，使用的格式（包括字体、对齐方式、图案、边框等）最好与数据表中其他行的格式不同，以便于区分。

③数据表中除列标题行，其他行都是数据行，我们称之为"记录"，为描述一个实体的所有不同属性的属性值，也称"字段值"。

④对数据表可以进行任意的格式设置，对数据没有影响。也就是说，对于数据表，用户关心的只是其中的数据和数据之间的关系，以及它能提供给用户的信息。

⑤一个 Excel 工作表上可以只有一个数据表，也可以有多个。多个时数据表之间至少有一个空白行或空白列。

⑥在一个数据表中，同一列的数据具有相同的类型和含义，数据列我们也称之为"字段"，它保存的是所有实体同一属性的属性值。列标题为字段名，在一个数据表中字段不能重名。

例如，为了提高学生管理效率，在 Excel 中建立了一个学生课程成绩汇总数据表，包含多个成绩排名相关的字段，结构如图 4-61 所示。

	A	B	C	D	E	F	G	H	I	J	K
1	年级	学院	专业	班级	学号	姓名	性别	出生年月	学分绩点	班级排名	专业排名
2	2015	经济学院	经济学	经济2015.1班	201412160	陈丽芳	女	1996/7/11	95		
3	2015	经济学院	经济学	经济2015.1班	201512181	陈琳	女	1995/3/20	66		
4	2015	经济学院	经济学	经济2015.1班	201512182	董斐然	男	1996/8/22	87		
5	2015	经济学院	经济学	经济2015.1班	201512183	冯悦	女	1998/10/1	85		
6	2015	经济学院	经济学	经济2015.2班	201512184	韩璐	男	1996/1/1	78		
7	2015	经济学院	经济学	经济2015.2班	201512185	李丹丹	女	1995/9/10	90		
8	2015	经济学院	财政学	财政2015.1班	201512186	李桥	女	1995/6/11	87		
9	2015	经济学院	财政学	财政2015.1班	201512187	李黎傲雪	女	1995/9/12	76		
10	2015	经济学院	财政学	财政2015.1班	201512188	李琴	女	1995/6/11	65		
11	2015	经济学院	财政学	财政2015.1班	201512189	李一鸣	男	1995/1/12	88		
12	2015	经济学院	财政学	财政2015.1班	201512190	刘静	女	1996/6/15	80		
13	2015	经济学院	财政学	财政2015.1班	201512191	刘竣昊	男	1994/11/26	85		
14	2015	经济学院	金融学	金融2015.1班	201512192	刘如月	女	1995/6/17	75		

图 4-61　学生成绩汇总数据表

为了进行研究生推免工作，对学生前三年的专业必修课、限选课考试成绩数据进行计算，计算各学院专业学生人数、班级人数、绩点班级排名和专业排名情况。按照专业学生人数，计算推免学生名单，对排名并列情况根据其他任选课成绩进行二次排名。

2.创建数据表

在一个 Excel 工作表中,选择满足数据表条件的一个区域,可以创建数据表。基本过程如下:选中单元格区域,选择"插入"选项卡,单击"表格"按钮,弹出"创建表"对话框;在"创建表"对话框,勾选"表包含标题"复选框,然后单击"确定"按钮,则被选择的单元格区域创建为一个数据表,第一行单元格为标题行,标题的后面显示下拉箭头。同时显示"表格"工具"设计"选项卡,可以修改表的名称,也可以将表格转换为区域,即恢复为普通表格区域。

3.数据表中的公式输入

在建立了数据表后,单元格公式中可以输入数据表字段名。所谓"字段名",就是指一列数据的统称。字段名可以是 Excel 表第一行的单元格数据,也可以是一个单元格区域的第一行数据。不是第一行单元格数据就是字段名,只有在创建数据表时,勾选"表包含标题"复选框,被选择的单元格区域的第一行单元格才为标题行。

对于建立的数据表,单元格地址可用字段名来替代。例如,在学生成绩表中,创建一个数据表后,在平均分字段填写的公式是:=([@英语]+[@政治]+[@法学]+[@哲学]+[@计算机])/5,如图 4-62 所示。

	A	B	E	F	G	H	I	J	K	L	M	N
1	学号	姓名	英语	政治	法学	哲学	计算机	平均分	总分			
2	20140401149	张壮	94	91	95	79	98	=([@英语]+[@政治]+[@法学]+[@哲学]+[@计算机])/5				
3	20140401164	朱伯竹	80	94	57	74	64					
4	20140401166	祝成志	84	96	60	95	82					
5	20140401001	艾艳珍	72	51	78	97	77					
6	20140401003	毕原	80	99	67	59	87					
7	20140401006	陈煜	55	73	92	98	61					
8	20141602296	张晓宇	85	92	77	78	87					
9	20141602297	张宇	82	72	52	67	78					
10	20141602298	张天宇	83	97	77	61	61					

图 4-62　在选择了主题的数据表中填写公式

使用数据表字段名,和普通的单元格区域相比,增加了公式的可读性。

Excel 提供了强大的数据处理能力,其功能都组织在"数据"选项卡中,如图 4-63所示。

图 4-63　Excel 数据选项卡

4.3.6　数据排序

数据排序是指按一定的规则对数据表中的记录重排次序。排序要有一定的依据,一般是依据某一个或某几个字段值的大小,这样的字段称为"关键字"。排序不是对一个字段排序，而是按照这个字段对记录排序，排序有升序（Ascending Order，从小到大排）和降序（Descending Order，从大到小排）两种方式。

在 Excel 中，提供了两种排序方法：单关键字排序（简单排序）、多关键字的排序（自定义条件排序）。

1. 单关键字排序（简单排序）

直接使用功能区的工具进行单关键字排序的方法如下：

①在需要排序的列上的某个单元格单击，即将当前单元格所在的列作为排序关键字列。注意，不要在列标题上单击，单击列标题将选中整列。如果列中存在空单元格，会提示所选区域有错。

②选择“数据”选项卡，在“排序和筛选”功能区，单击 或 ，完成对当前数据表中单元格所在列的升序或降序排列。如果遇到空单元格，根据 Excel 数据表定义，则属于另外的数据表，不参加排序。

在 Excel 中，数据表和 Excel 工作表的概念不同，一个 Excel 工作表可以放多个工作表。例如，图 4-64 所示的 Excel 工作表就保存了两个结构相同的数据表，一个存储经济学院学生信息，一个存储管理学院学生信息，两个数据表由一个空行（第 19 行）分开。如图 4-64 所示。

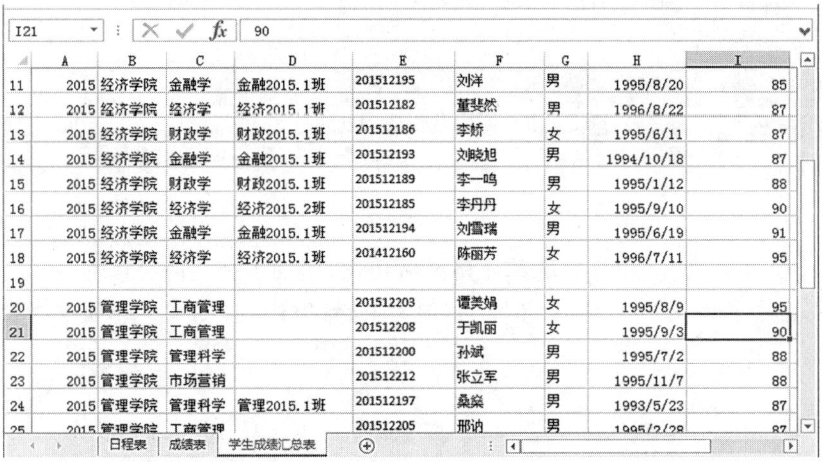

I21　90

	A	B	C	D	E	F	G	H	I
11	2015	经济学院	金融学	金融2015.1班	201512195	刘洋	男	1995/8/20	85
12	2015	经济学院	经济学	经济2015.1班	201512182	董斐然	男	1996/8/22	87
13	2015	经济学院	财政学	财政2015.1班	201512186	李娇	女	1995/6/11	87
14	2015	经济学院	金融学	金融2015.1班	201512193	刘晓旭	男	1994/10/18	87
15	2015	经济学院	财政学	财政2015.1班	201512189	李一鸣	男	1995/1/12	88
16	2015	经济学院	经济学	经济2015.2班	201512185	李丹丹	女	1995/9/10	90
17	2015	经济学院	金融学	金融2015.1班	201512194	刘雪瑞	男	1995/6/19	91
18	2015	经济学院	经济学	经济2015.1班	201412160	陈丽芳	女	1996/7/11	95
19									
20	2015	管理学院	工商管理		201512203	谭美娟	女	1995/8/9	95
21	2015	管理学院	工商管理		201512208	于凯丽	女	1995/9/3	90
22	2015	管理学院	管理科学		201512200	孙斌	男	1995/7/2	88
23	2015	管理学院	市场营销		201512212	张立军	男	1995/11/7	88
24	2015	管理学院	管理科学	管理2015.1班	201512197	桑燊	男	1993/5/23	87
25	2015	管理学院	工商管理		201512205	邢讷	男	1995/2/28	87

日程表　成绩表　学生成绩汇总表

图 4-64　Excel 表中的多数据表示例

2. 多关键字排序

将当前单元格设置到数据表的任意位置，选择“数据”选项卡，在“排序与筛选”功能区，单击“排序”按钮，弹出“排序”对话框，如 4-65 所示。

图 4-65 Excel"排序"对话框

与此同时,在 Excel 工作表中,当前单元格所在的数据表被选中,选取的数据表区域的第一行单元格内容或列标题将出现在"排序"对话框的关键字列表中。

在"排序"对话框,可以编辑排序条件。首先,选择关键字,确定排序依据和排序方式(升序还是降序)。当单击"选项…"按钮时,可以弹出"选项"对话框,在其中可确定排序的方向、方法(仅对字符类型的关键字有效)。

当有多个条件时,可单击"添加条件"按钮增加新条件。排序时,先按主关键字排,主关键字相同的再按次关键字排,次关键字相同的再按第三关键字排,依次类推。

设置完成后,单击"确定"按钮。这时可看到,数据表中的所有记录按所给出的条件重排了次序。如果一个 Excel 工作表存储了多个数据表,只对当前单元格所在的数据表进行排序,不会对其他数据表的数据排列产生影响。

4.3.7 数据筛选

筛选是指从数据表中过滤出满足条件的记录。在 Excel 中,有 3 种筛选方法:自动筛选、自定义筛选和高级筛选。

1. 自动筛选

自动筛选是最简单而且最常用的一种筛选方法,用户只要从筛选器中进行简单的选择就可以完成筛选过程。

①在 Excel 工作表的某个单元格中单击,即选定当前单元格所在的数据表为要筛选的数据表。

②有两个途径可以启动"自动筛选",选择"数据"选项卡,在"排序和筛选"功能区,单击"筛选"按钮 ▼,启动自动筛选,会在数据表的第一行标题行每个列标题右侧显示下拉式菜单按钮 ▼,数据表进入筛选设置状态。

③单击要进行筛选的列标右侧的筛选按钮,即打开该列的筛选器。例如,按专业筛

选,打开"专业"列的筛选器,列出该列所有可能的取值,如图 4-66 所示。

在筛选列表中,取消"全部"核选项,然后选定某个项,则列出数据表中该列为核选项的所有记录。例如,选择"经济学",筛选出专业为经济学的所有记录,如图 4-67 所示。

图 4-66　数据表列自动筛选　　　　图 4-67　数据表筛选结果

当按照某列做了筛选后,列的筛选按钮变为 ,表示数据表已经按此列进行了筛选。在已做筛选的基础上,还可以进一步筛选,如按班级筛选,即选择经济学院中的某个班级。这样就可以进一步缩小列表范围,筛选出自己需要的数据记录。

对数据表做了筛选操作后,数据表中只显示满足条件的记录,记录号颜色为蓝色。不满足条件的记录被隐藏。

希望取消某一列的筛选时,单击该列列标右侧的筛选按钮,打开该列的筛选器,从文本筛选列表中选择"全选",该列即正常全部显示,列标后不显示筛选按钮。如果想把筛选结果保存到其他工作表中,选定所有的筛选结果行(包括标题行),通过剪贴板复制过去。

如果要取消筛选,单击"排序和筛选"功能区的筛选按钮 ,则数据表标题栏列列标右侧的筛选按钮不再显示。即表明数据表进入正常显示,所做筛选不起作用,显示数据表中的所有记录。

2.自定义筛选

简单筛选只是选取了字段等于某个值的记录。在做数据筛选时,根据字段的数据类型不同,可以设置相对复杂的筛选条件,如数值型数据的比较关系(大于、大于等于、小于、小于等于、不等于),这就是自定义筛选。

在"筛选"状态下,单击列标题右侧的按钮 ,打开该列的筛选器,根据字段的数据类型,列表中将显示"文本筛选"或"数字筛选"级联菜单,单击,弹出下一级菜单,显示相应的筛选条件列表。例如,单击学分绩点列右侧的筛选按钮,结果如图 4-68 所示。

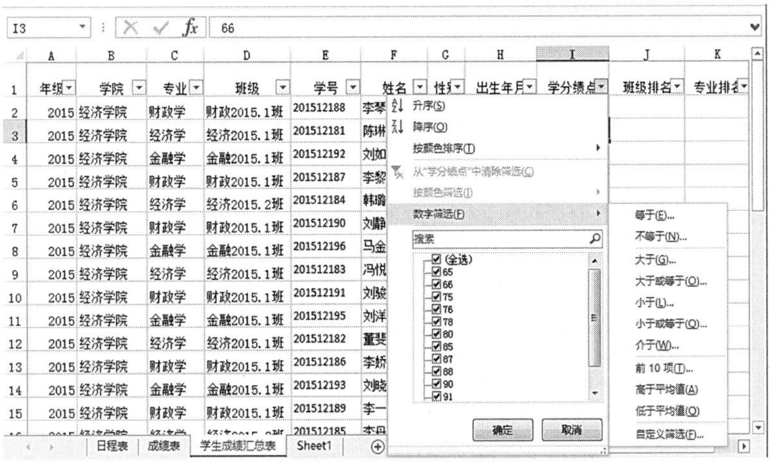

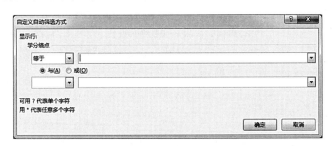

图 4-68　自定义数字筛选列表

在"数字筛选"级联菜单中,列出了可能的比较条件,也可选择"自定义筛选…",弹出"自定义自动筛选方式"对话框,如图 4-69 所示。

图 4-69　"自定义自动筛选方式"对话框

在自定义筛选方式中,可以定义更复杂的筛选条件,每一行为一个条件,可以设 2 行或多行,行之间定义"与""或"关系,足以描述用户需求。

3. 高级筛选

在对数据表记录进行筛选时,若筛选字段比较多,我们可以逐个字段筛选,在第一个字段筛选结果的基础上,进行第二个字段的刷选,依次进行,从而最终得到符合所有条件的筛选结果。即便如此,有些筛选条件通过上述方式仍是无法做到的。在某个字段需要设置多于一次的情况下。例如,一个职员数据表,筛选身高在 180cm 的男生和身高在 165cm 以上的女生。使用简单筛选和自定义筛选都是很难定义的。

为了能够满足各种复杂条件的数据筛选,在 Excel 中,提供了高级筛选功能。使用高级筛选时需要先建立筛选条件区域,编辑好筛选条件,然后再进入筛选过程。

筛选条件区域一般建立在当前工作表上,被筛选的数据表之内的任意区域,建立条件区域时应注意以下几点:

①条件区域和数据表至少要有一个空白行或空白列,因为 Excel 工作表中,空白行或

空白列是一个 Excel 数据表(行列)结束的标志。

②在条件区,首行必须是标题行,与数据表的标题行相一致,但不一定要包含数据表的所有字段,并且字段名可以重复,以便于设置不同的条件。

③对于文本型的字段,条件设置中可以使用通配符"?"和"＊"。其中,"?"代替一个任意字符,"＊"可以代替个数的任意字符。

④同一行的条件进行"与"运算,不同行的条件进行"或"运算。

例如,针对图 4-68 所示的经济学院学生成绩数据汇总,我们进行下列筛选,筛选出成绩绩点在 75～90 分的所有男生和成绩绩点大于等于 85 分的所有女生。

首先在经济学院数据表的后边插入几个空行,作为条件区域,用于编辑高级筛选条件。将数据表标题行复制到条件区域。在条件区域输入筛选条件,可以有多行,行内为与(AND)逻辑,行之间为或(OR)逻辑。

建立条件区域并且完成筛选条件的编辑后,将数据表和筛选条件联系起来,从而实现对数据表的筛选,过程如下:

①在数据表中的任意单元格上单击,即将当前单元格所在的数据表设为当前数据表。

②在"排序和筛选"功能区,单击"高级"按钮,弹出"高级筛选"对话框,且自动将数据表作为选择区域,并填入到对话框的数据区域后面的文本框中。

③单击"条件区域"输入框右端的按钮,折叠对话框。到工作表上拖动鼠标选择筛选条件区域,选择区域显示蚂蚁线。完成后返回"高级筛选"对话框,条件区域后面显示所选的筛选条件单元格区域,如图 4-70 所示。

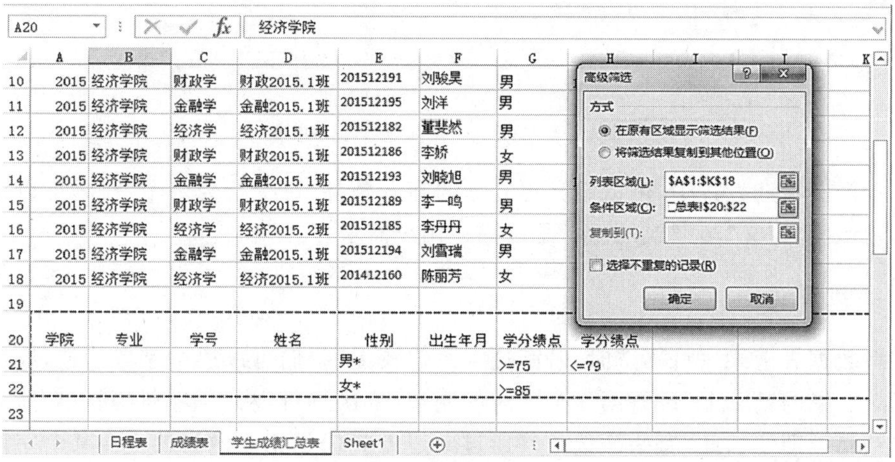

图 4-70 Excel 数据表高级筛选操作

④确定筛选结果的显示位置。在"高级筛选"对话框,可以指定筛选结果的位置,分两种情况:在原有区域显示筛选结果,将在数据区隐藏所有不满足条件的记录,只显示筛选出的记录;将筛选结果复制到其他位置,可以通过"复制到"输入框确定结果的保存位置,必须是当前工作表中数据区和条件区之外的位置,只选择结果保存区域的左上角单元格即可。

在"高级筛选"对话框设置完成后,单击"确定"按钮,可以看到所筛选的满足条件的数据表记录,如图 4-71 所示。

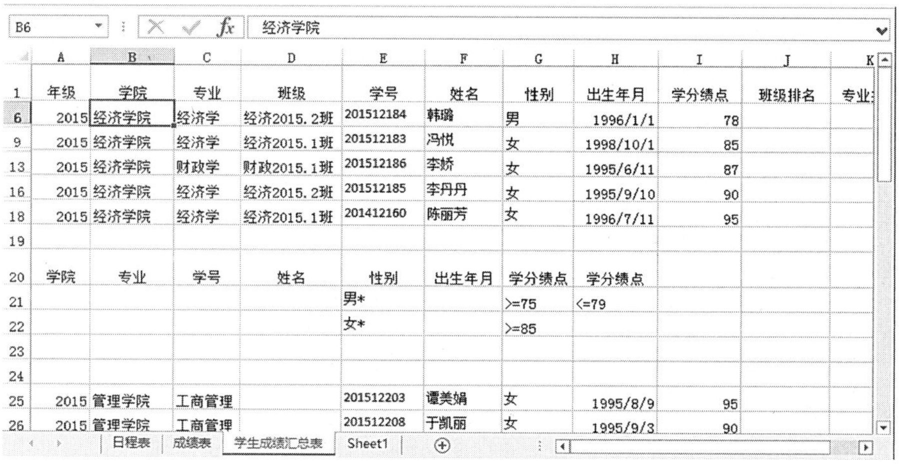

图 4-71　数据表高级筛选结果

如果选择了在原有区域显示筛选结果,则数据表中所有不满足条件的记录被隐藏,只显示筛选出的记录,如何再显示所有的数据记录呢?再次单击"高级筛选"按钮,弹出"高级筛选"对话框,将条件区域后面的内容删除即可。

4.3.8　分类汇总

在数据表数据处理中,常常需要对数据进行各种各样的汇总操作。所谓汇总,就是把各种数据汇集到一块儿的意思。分类汇总是对数据表中的数据进行分析处理的常用方法,即先分类,再汇总。先对数据表记录按照某一字段排序,即分类,然后对同类记录中相关数据进行统计。

在 Excel 中,分类汇总能够实现创建数据组,在数据列表中显示组的分类小计和总计,在数据表中执行不同的计算功能。Excel 中的分类汇总是通过"数据"选项卡中的"分级显示"功能区实现的。

数据表的分类汇总常常应用在商品销售的统计中。设某智能手机销售商场主要销售华为、苹果和三星的品牌手机,有品牌、型号、单价和销售数量的信息记录。现在要对每个品牌的手机进行统计,计算一个品牌各个型号手机的销售总数。

智能手机销售情况数据表分类汇总过程如下:

①首先确定分类字段为"品牌",在汇总之前,按分类关键字排序,即单击关键字列的一个单元格(不是列标号),在"排序筛选"区域,单击升序或降序按钮。在汇总之前先不要套用表格格式,否则可能会无法进行分类汇总。

②将当前单元格置于数据表中的任意位置。

③选择"数据"选项卡,在"分级显示"功能区,单击"分类汇总"按钮▦,弹出"分类汇总"对话框,如图 4-72 所示。

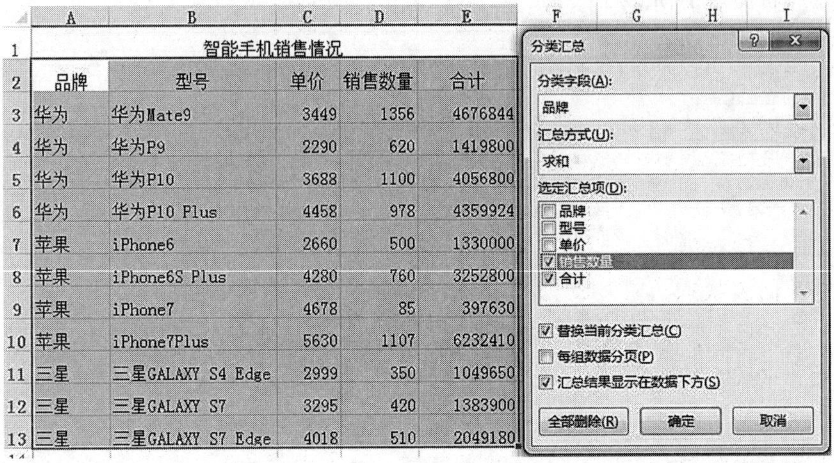

	A	B	C	D	E
1	智能手机销售情况				
2	品牌	型号	单价	销售数量	合计
3	华为	华为Mate9	3449	1356	4676844
4	华为	华为P9	2290	620	1419800
5	华为	华为P10	3688	1100	4056800
6	华为	华为P10 Plus	4458	978	4359924
7	苹果	iPhone6	2660	500	1330000
8	苹果	iPhone6S Plus	4280	760	3252800
9	苹果	iPhone7	4678	85	397630
10	苹果	iPhone7Plus	5630	1107	6232410
11	三星	三星GALAXY S4 Edge	2999	350	1049650
12	三星	三星GALAXY S7	3295	420	1383900
13	三星	三星GALAXY S7 Edge	4018	510	2049180

图 4-72 分类汇总的过程

在“分类字段”下拉列表中选择“品牌”字段；在“汇总方式”下拉列表中选择“求和”；在“选定汇总项”下拉列表中勾选“销售数量”和“合计”两个复选框；勾选“替换当前分类汇总”“汇总结果显示在数据下方”两个复选框。

最后，单击“确定”按钮，结果如图 4-73 所示。

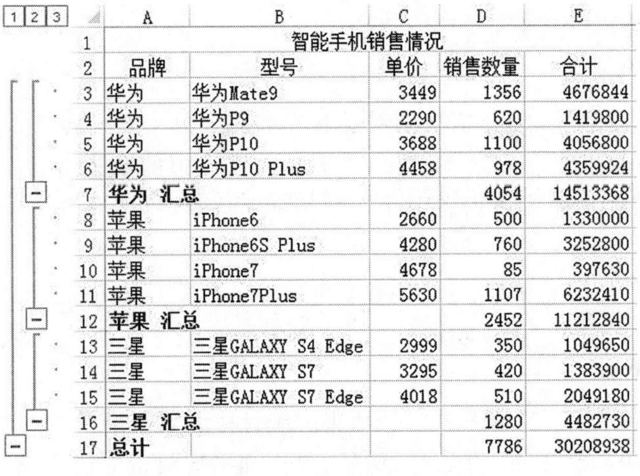

	A	B	C	D	E
1	智能手机销售情况				
2	品牌	型号	单价	销售数量	合计
3	华为	华为Mate9	3449	1356	4676844
4	华为	华为P9	2290	620	1419800
5	华为	华为P10	3688	1100	4056800
6	华为	华为P10 Plus	4458	978	4359924
7	**华为 汇总**			4054	14513368
8	苹果	iPhone6	2660	500	1330000
9	苹果	iPhone6S Plus	4280	760	3252800
10	苹果	iPhone7	4678	85	397630
11	苹果	iPhone7Plus	5630	1107	6232410
12	**苹果 汇总**			2452	11212840
13	三星	三星GALAXY S4 Edge	2999	350	1049650
14	三星	三星GALAXY S7	3295	420	1383900
15	三星	三星GALAXY S7 Edge	4018	510	2049180
16	**三星 汇总**			1280	4482730
17	**总计**			7786	30208938

图 4-73 按“品牌”字段对“销售数量”和“合计”项分类汇总结果

可以看到，在行标按钮的左边和顶部出现了两个分级显示区。在此处可以对数据表展开或折叠，从而既可以只显示汇总结果，也可以包括明细数据，以满足不同的动态的需要。在分级显示区，按钮 1 2 3 为不同的层次等级：按钮 1 只显示全部记录汇总，按钮 2 显示全部记录汇总和各类别的汇总结果，按钮 3 从全部记录汇总到记录数据全部显示。按钮 + 、 - 为展开或折叠各级上不同类别的数据。通过汇总后的分级显示，可以建立起动态的数据汇总表格，用户可以根据需要显示或隐藏数据或汇总结果。顶部的分级显示则可以展开或隐藏明细字段。

如果用户希望进行多级汇总,可以多次应用前述的汇总方法,但是必须注意,多次汇总前应按汇总关键字进行多关键字段的排序。为了在工作表中保持各次汇总的结果,须在"分类汇总"对话框中取消"替换当前分类汇总"复选框的选择。

当数据表进行数据分类汇总后,数据表变为分级显示模式。如果想恢复到汇总前的数据表原始状态,需要取消分级显示,可以按下面不同情况进行操作。若想删除整个分级显示,选定整个分级显示,然后单击"分级显示"功能区的"取消组合"下拉列表,执行"清除分级显示"命令,需要时也可以再打开分级显示。如果想取消所有的分类汇总结果,恢复到汇总前的数据表状态,可以在"分类汇总"对话框中单击"全部删除"按钮。

4.3.9 插入图表

图表实际上是数据表格的图形化表示。它可以把数据和数据间的关系以图的形式表现出来,不但使得打印出的文档丰富多彩,而且使数据有更好的视觉效果、更清楚、更容易理解,更有利用于数据的分析和比较。在 Excel 中,图表是对应一个数据表或一个数据表单元格区域,而不是 Excel 工作表本身。插入图表时,当前数据表或选取的单元格区域中的所有字段都出现在图表中,因此,应将不需要的字段隐藏,使得图表更加简捷清晰。

1. Excel 图表形式

在 Excel 中,包含了大量的图表类型。选择"插入"选项卡,在"图表"功能区列出了 Excel 可以插入的图表类型,包括柱状图、折线图、饼图、圆环图、条形图、面积图、散点图、气泡图、雷达图、组合图等。其中,每一类图又包含了若干图表样式。

图表是数据表的图形化显示,因此,图表要表示出每一行和每一列的信息。不同类型的表格,其表示形式不同。例如,如果是柱形图,包括分类轴和数值轴两部分,分类轴通常是水平方向,每一个点代表一条记录(记录的文本型字段);在垂直方向是要比较的字段,应该是数值型的,即对应记录的若干数值型字段。

下面以学生数据表为例,插入一个柱形图,显示学生的姓名、学分绩点、获奖和发展分情况,操作步骤如下:

①在 Excel 工作表中,在某个单元格上单击,将单元格所在的数据表设为当前数据表,或选定一个数据表单元格区域。将不想出现在图表中的列隐藏。

②选择"插入"选项卡,在"图表"功能区选择图表类型"柱型图",然后从列表中选择图表子类型,如图 4-74 所示。

可以看到,我们选择了一个区域,但是把有些字段隐藏了(从列标号可以看到)。即使如此,在水平方向,还是显示了姓名和学号,垂直方向对应的是学生的学分绩点、获奖和发展分情况。在一条记录中,哪些字段在水平方向? 哪些在垂直方向? 每条记录代表一个对象,因此,水平方向上的每一个点应该代表一条记录,称为"分类轴"。文本型字段出现在分类轴上,不需要的字段应该隐藏。在垂直方向是要比较的字段,应该是数值型的,称为"数值轴",因此 Excel 根据数据类型,将学分绩点、获奖和发展分作为垂直方向的值。虽然学号也是数字,但从单元格冲齐方式看,学号在 Excel 表中是文本型数据,也就未出现在垂直方向。因为插图太窄,学号出现了重叠,只要把图表对象放大,学号就不会重叠显示了。

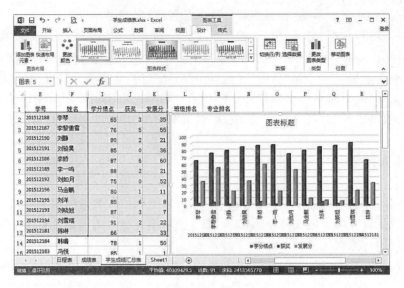

图 4-74　插入图表

2.图表设计与格式化

当选中一个已经插入的图表时,Excel 会显示"图表工具",包含"设计"和"格式"功能区。

①"设计"功能区,包含图表整体设计的工具,可以进行图表类型、图表样式、图表布局、图表位置(是在独立的工作表上,还是作为对象插入在当前工作表上)等设置。其中,图表布局包括标题、数值轴和分类轴、刻度、背景、趋势线、网格线、图例等图表元素的选择与设置。

②"格式"功能区,包含不同图表元素格式设置工具。例如,对于图表中的文字,可以使用艺术字样式;对于形状对象,可以使用形状样式。

通过各个功能区的工具的使用,对图表的显示进行设置,可以使整个图表配置合理、颜色协调、美观清晰,最终达到所希望的效果。

3.插入迷你图

迷你图是 Excel 2010 新增加的功能,是工作表中的微型图表,可以直接在数据表中提供数据的直观表示。只有扩展名为". xlsx"的文档才可以插入迷你图。早期版本的Excel 文件(扩展名为". xls")中,迷你图按钮是灰化的,即不可用。使用迷你图可以显示数据的变化趋势(如季节性的增加或减少、经济周期),或用来观察数据的峰谷变化情况。同插入图表对象相比,由于直接增加在数据的旁边,可以达到很好的对比效果。

例如,一组记录了各个城市 8 月上旬每天最高气温温度变化的数据,为了阅读方便,在数据表中增加一列"变化曲线"。在这里,每一行形成一条反映这个城市一个月气温数据变化的拆线图。插入迷你图的过程如下：

①在数据表最后一个字段的后面添加一个新的字段"变化趋势"。

②选择"插入"选项卡，在"迷你图"区域，单击"拆线图"按钮，弹出"创建迷你图"对话框。单击"数据范围"输入框右端的按钮，折叠对话框。在数据表中选择要形成迷你图的数据区域，返回"创建迷你图"对话框。

③在"创建迷你图"对话框，单击"选择放置迷你图的位置"输入框右端的按钮，折叠对话框，在数据表中选择放置迷你图的所有单元格。选择完毕，返回对话框，如图4-75所示。

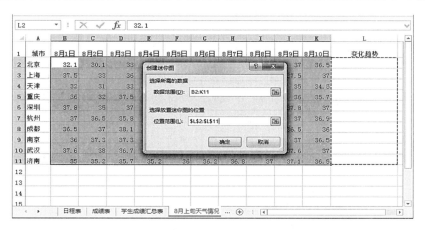

图 4-75　在单元格插入迷你图

注意，由于本例中是以"行"为数据系列，所以数据行数应和放置迷你图的单元格个数一致，否则会警告出错。最后，单击"确定"按钮，插入迷你图完成，结果如图4-76所示。

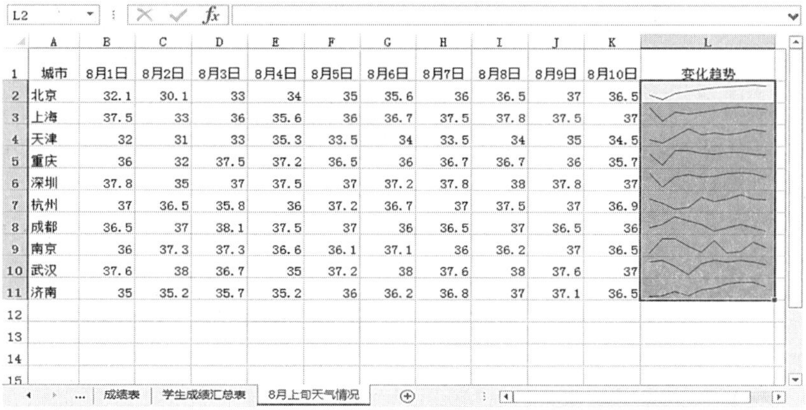

图 4-76　迷你图

插入完成后，Excel显示"迷你图工具"，在"设计"功能区包含了许多工具按钮，可以实现对迷你图类型、格式等的修改和调整。

4.使用条件格式化

对于数据表，除了插入图表和迷你图，还可以通过条件格式可视化地对数据进行比较。条件格式类似于迷你图，直接在数据单元格中显示，使数据的对比更加直观。例如，对于图4-72中的商品销售数据，可以在合计列单元格使用条件格式显示。为了使制作的报表更加美观，我们需要对表格进行一些格式化处理，基本操作步骤如下：

①表格线处理，突出数据显示。通常情况下，标题行单元格只显示下边框，选中标题行标题名单元格，在"开始"选项卡，打开"边框"下拉列表，选择"下框线"即可。设置标题行单元格垂直居中，设置字体大小等。对于数据部分，可选择浅色表格线。

②设置隔行背景色。选择第一行数据单元格，单击"填充颜色"按钮🖌（油漆桶工具），使用浅色填充选中的单元格。选择相邻的两行数据单元格区域，然后双击"格式刷"工具。在后续的行上单击，格式化后续行数样式，即可得到隔行背景色效果。完成后，按下 Ctrl＋D 组合键取消单元格区域选择状态。

③使用条形图对数据可视化显示。选择"合计"列单元格区域，在"开始"选项卡的"样式"功能区，打开"条件格式"下拉列表，在"数据表"级联菜单命令中，选择渐变填充即可。

④添加表尾。为了表格更加完整美观，在数据表的最后添加一行总计，并选择上下框线。对表格线的线性、颜色可以根据整体效果需要进行选择。

完成后的数据表如图4-77所示。

智能手机销售情况

品牌	型号	单价	销售数量	合计
华为	华为Mate9	3449	1356	4676844
华为	华为P9	2290	620	1419800
华为	华为P10	3688	1100	4056800
华为	华为P10 Plus	4458	978	4359924
苹果	iPhone6	2660	500	1330000
苹果	iPhone6S Plus	4280	760	3252800
苹果	iPhone7	4678	85	397630
苹果	iPhone7Plus	5630	1107	6232410
三星	三星GALAXY S4 Edge	2999	350	1049650
三星	三星GALAXY S7	3295	420	1383900
三星	三星GALAXY S7 Edge	4018	510	2049180
总计			**7786**	**30208938**

图 4-77　使用条件格式对数据可视化显示

如果要取消条件格式的可视化显示，在"开始"选项卡的"样式"功能区，打开"条件格式"下拉列表，执行"清除规则"命令即可。

4.3.10　打印输出

当一个 Excel 表格输入和操作完成后，往往还需要打印输出。在打印输出前，通常需要做一些页面格式化的操作，包括行高、列宽的调整，单元格格式的设置等。如果要打印表格线，选择"开始"选项卡，在"字体"功能区，打开"边框"下拉列表，可以选择表格线的类型。除此之外，还需要进行打印前的页面设置，一般操作步骤如下：

①选择"文件"选项卡，执行"打印"命令，显示文档的打印设置和打印预览画面，如图4-78所示。

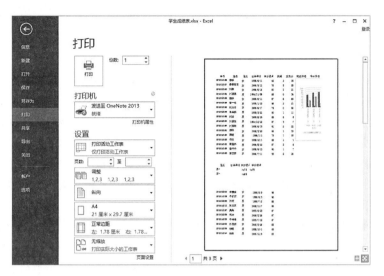

图 4-78　Excel 文件打印画面

②在设置列表中,可以对文档的打印进行设置。此外,还可以单击"页面设置"按钮,对页面进行更加仔细的设置,如图 4-79 所示。

图 4-79　"页面设置"对话框

在"页面设置"对话框,可以对文档的打印进行详细设置,特别是设置横向、纵向,页面边距以及内容居中等。

4.4　演示文稿制作

在计算机和投影仪广泛应用以前,一种称为"幻灯机"①的设备在许多场合被广泛应用。它把一张张静态的胶片投放到一个幕布上,供人们观看和阅读,这种胶片称为"幻灯片"。随着计算机技术的发展和投影仪的应用,幻灯机被淘汰。人们模仿早期通过幻灯机顺序播放幻灯片的形式来播放准备好的计算机文档,这个文档被称为"演示文稿"。在演示文稿中,所有的内容以幻灯片的形式组织,一张幻灯片被称为"一个页面"。文字、图形图像、声音、动画、视频等多媒体内容都按照播放顺序编排在各张幻灯片上,在幻灯片放映时依次放映。

在现代社会,演示文稿广泛应用在会议演讲报告、公司产品展示、企业形象简介、教学课件制作、多媒体教学等方方面面,是目前在社会活动、经济活动、文化教育等领域常用的信息表达方式。通过演示文稿放映,把自己所要展示或演示的信息传达给观众。在幻灯片制作和播放的软件中,常用的有微软公司的 PowerPoint 和金山公司的 WPS。使用这些工具软件,用户可以在演示文稿中为对象添加丰富的特效,制作出内容丰富、生动活泼、极具感染力的演示作品。一个好的演示文稿会极大地提高演讲效果,给观众留下深刻的印象。

4.4.1　PowerPoint

PowerPoint 是微软 Office 办公套件的一个组件,自 1987 年首次问世以来,一直是演示文稿制作的主要工具。

1.新建演示文稿

运行 PowerPoint 程序,显示 PowerPoint 启动画面,显示了最近打开的 PowerPoint 文档列表,以及一组可供用户使用的文档模板和一个搜索框如果没有合适的文档模板,可单击"空白演示文稿",进入 PowerPoint 程序主窗口,如图 4-80 所示。

打开 PowerPoint 时,默认显示的是文档的普通视图,分为三个窗格,左侧为大纲窗格,显示幻灯片列表,右侧为幻灯片编辑窗格和备注编辑窗格,窗格之间有可以左右或上下拖动的分割线,用以改变窗格大小。默认情况下,不显示备注编辑窗格。单击 Power-Point 窗口底部状态栏的"备注"按钮 ≜ 备注,即可显示或隐藏备注窗格。或一种好的习惯是幻灯片内容书写简练,而把重要的文字说明写到备注窗格里。

---

① 幻灯机是一种将要显示的幻灯片由光源(早期光源为蜡烛、油灯、汽灯,最后发展为电光源)通过光学器件直射到屏幕上进行显示的设备。幻灯片可以是透明玻璃或透明胶片,采用人工绘制或印刷。幻灯机发明于 1654 年,最早是作为传教士的传教道具。1845 年后,幻灯机开始工业化生产。20 世纪初期,幻灯机广泛应用于教学和宣传等。

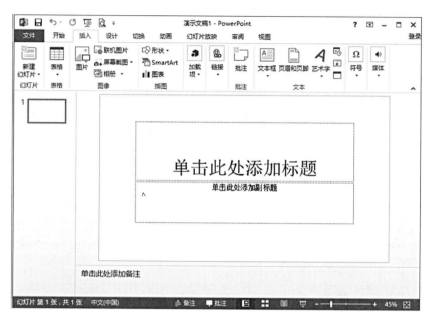

图 4-80　PowerPoint 主窗口

2.幻灯片的构成

一套演示文稿,实际上是一组幻灯片的有序组合。放映时按事先设计好的顺序或链接关系逐张地播放出来,再配以演讲者的现场演讲或旁白配音,从而达到预期的演示效果。

幻灯片是演示文稿的基本组成部分,也称为"演示文稿的页面",是作者欲向观众传达信息的载体。幻灯片的大小统一、风格一致,可以通过母版设计和页面设置来确定。在新插入一张幻灯片时,系统将按幻灯片母版样式生成一张具有一定版式的空白幻灯片,作者再按自己的设想对它进行编辑,加入具体内容。

根据展示目的的需要,不同的幻灯片包含的内容也不相同,但是,幻灯片的内容不外乎以下几个方面:

①编号。幻灯片的编号即它的顺序号,决定各片的排列次序。如果放映时不进行跳转操作,编号的顺序也是幻灯片的放映顺序。编号是插入新幻灯片时自动加上的,不需要定义。对前面幻灯片的增删,将会引起后面幻灯片编号的改变。

②标题。一般来说,每一张幻灯片都需加入一个标题。它可以在大纲视图中作为幻灯片的名字显示出来,也起着该片主题的作用。幻灯片也可以不设标题,如果没有标题,不会影响演示文稿的编辑和放映,但可能会给幻灯片的链接和定位带来不便。

③对象。在幻灯片上可以插入任何对象,通过这些对象将信息传达给观众。它们可以是文本、图形、图片、视频剪辑、声音剪辑等。对于幻灯片上的每一个对象,都可以根据需要设置它们的格式、出现时的动画,设置它与其他幻灯片、文件、网址等的超级链接,设

置它们的播放次序等。插入对象可以通过相应的对象占位符实现,也可以直接通过"插入"功能区的工具完成。

④对象效果。幻灯片上的任何对象都可以设置一个或多个不同的动画效果。实际上,动画效果也是对象(即动画对象),它包含了动画的播放效果、开始方式、速度、时间控制、动画选项等内容。一张幻灯片上所有动画对象的排列次序就是它们的播放次序。

⑤备注文本。备注文本是幻灯片的备注性文字。备注文本在幻灯片播放时不会放映出来,但是可以打印出来或在后台显示时作为讲演者的讲演手稿。编辑时,在备注视图或普通视图的备注区可以查看或编辑。备注文本的输入、编辑的方法与 Word 中的文字编辑方法完全一样。

除此,对每张幻灯片的设置还包括切换方式、幻灯片计时、幻灯片旁白等。

演示文稿的制作比普通的文档格式化更加具有挑战性,可以充分发挥我们的想象力,围绕演示文稿的主题和当前幻灯片的具体目标进行巧妙构思,精心设计,制成风格统一、形式多样、画面优美、生动活泼的幻灯片。

3. PowerPoint 视图

视图是对文档的观察方式。在软件开发时,设计师总是根据用户对文档操作的需求设计多种视图,以便于用户对文档的操作。在 PowerPoint 中,包括 5 种视图。

①普通视图把窗口分成了 3 个窗格,分别为大纲窗格、幻灯片窗格和备注窗格。

大纲窗格,显示幻灯片标题及缩略图列表,可以完成幻灯片的选择、顺序的调整以及幻灯片的复制或移动,还可以完成标题和正文文本的查看、编辑、升级、降级等操作。

幻灯片窗格,显示和编辑当前幻灯片,可以在幻灯片上添加、修改和格式化各种对象,设置它们的动画、动作和画面布局。通过状态栏右端的"显示比例"工具,可以放大幻灯片对局部进行精细修改,也可以缩小幻灯片观察整体布局。

备注窗格,在幻灯片窗格的下方,用于编辑备注文本。默认情况下,不显示备注编辑窗格。将鼠标移到状态栏上边沿,鼠标变为 $\updownarrow$,向上拖动鼠标,即可显示备注窗格。每一张幻灯片都可以包含自己的备注文本,它不在幻灯片上显示,但是可以在演讲者的显示屏上显示出来,或打印成含有备注文本的演讲稿。

②幻灯片浏览视图,可以在窗口中按每行若干张幻灯片缩图的方式顺序显示幻灯片,以便于用户对多张幻灯片同时进行删除、复制和移动,以及方便快速地定位到某张幻灯片。另外,在这里定义幻灯片的切换方式也很方便。

③幻灯片放映,从当前幻灯片开始放映,直接观察放映中的视觉、听觉效果,实验放映操纵的全过程,以便于及时修改。

在演示文稿的编辑过程中,除使用以上视图,还可以使用阅读版式视图、备注页视图、母版视图等,在此不再讨论。

4. 幻灯片操作

在 PowerPoint 中,有多种文档视图,包括普通视图、大纲视图、幻灯片浏览视图、备注页和阅读视图。其中,普通视图和大纲视图的客户区分成两个窗格,左侧窗格显示幻灯片列表,右侧窗格是幻灯片编辑窗口和备注窗格。这样的设计,既便于幻灯片的定位、添加、删除、移动,也便于幻灯片的编辑。

①新建幻灯片,选择"开始"选项卡,在"幻灯片"功能区,单击"新建幻灯片"按钮(下拉列表),显示幻灯片版式列表,打开一种版式即可建立改版式的一张幻灯片。若要修改幻灯片版式,单击右侧的"版式"下拉列表,选择需要的版式即可。

②选择幻灯片,在普通视图或大纲视图左侧的幻灯片列表窗格,单击幻灯片缩略图可选择一张幻灯片。按下 Ctrl 键单击幻灯片缩略图,可选择多张幻灯片。当选择了一张幻灯片后,按下 Shift 键,在另一张幻灯片上单击,选择连续的多张幻灯片。

③复制幻灯片,在大纲视图的大纲窗格中,选中要复制的一个或多个幻灯片,按 Ctrl＋C 组合键复制幻灯片;然后在目标位置,单击幻灯片,按 Ctrl＋V 组合键,将幻灯片复制到目标幻灯片的后面。复制操作也可以在普通视图下完成,或利用鼠标拖动完成。

④移动幻灯片,在普通视图或大纲视图的大纲窗格中,选中要移动的一个或多个幻灯片后拖动到新位置。

⑤删除幻灯片,在大纲窗格中的幻灯片列表中选中要删除的幻灯片,然后按 Delete 键,即可删除所选幻灯片。

5.演示文稿的保存

当演示文稿编辑制作完成后,应保存文件。PowerPoint 演示文稿可以保存为的文件很多。默认的类型是".pptx",其他类型使用比较多的是 PowerPoint 97-2003 类型,这主要是为了和低版本的 PowerPoint 相兼容。还可保存为".ppsx"类型,这是一种放映类型,双击文件名可直接进入放映状态,而且这种类型还可以将 PowerPoint 演示文稿嵌入在网页中,直接在网上播放。

在保存演示文稿时,还可以选择 PowerPoint 模板(.potx)类型,这样的文件为模板文件。幻灯片模板包含了母版、版式、主题颜色、主题字体、主题效果和背景样式信息。通过模板文件,可以将一个演示文稿中定义的母版、版式等内容应用到其他的演示文稿文档中,再创建新演示文稿时可以减少重复工作,可以作为新建 PPT 文档的蓝图。

4.4.2 演示文稿设计

演示文稿和普通的 Word 文档不同,演示文稿结构上是由一张张幻灯片构成的,幻灯片是文档编辑的基本单位,也是文档阅读的基本单位。但是,普通文本文档在逻辑上只有行和段落的概念,并没有页的概念,阅读和打印之所以会有页面,是由于显示器和打印纸是有大小尺寸的。普通文档在文档内容上的增加和删减,随时会引起这种页面的变化,这点和演示文稿截然不同。

演示文稿作为一个完整的多媒体作品,从创建开始就应该进行精心的设计,根据不同的设计目标,从整体上把握它的各个方面。创建时尽量通过模板来创建,创建后可以选择一定的主题。演示文稿的主题、风格、版式应保持一致,在制作过程中不要随意改变,以免因此引起每个幻灯片内容的重新调整,增加不必要的重复劳动。

1.页面大小设计

幻灯片页面设计包括选择主题、设置页面大小、设置页面背景几个方面。当新建一个文档时,系统会给定一个默认设置。例如,设置一个默认主题,幻灯片大小设置为宽屏(16∶9)。如果需要重新调整,可用以下方法实现:选择"设计"选项卡,在"主题"功能区和"自定义"功能区单击相应的按钮即可。

幻灯片有两种默认的大小尺寸,即标准(4∶3)和宽屏(16∶9)。除此之外,用户还可以自定义幻灯片大小。例如,设置幻灯片尺寸大小、方向、起始编号等内容。

2.主题

在演示文稿中,没有传统文档编辑器中的样式列表。作为文档处理软件,一定有文档格式化的问题,那么,软件设计师为什么没有设计样式工具呢? 因为在 PowerPoint 中,设计师引入了主题的概念,功能类似于 Word 中的样式列表。主题列表采用缩略图,表达的含义更丰富,更方便主题的选择,更适合幻灯片的格式化,可以说,PPT 主题列表是缩略图版的样式列表。

所谓"主题",是指一组格式选项,包括主题颜色、主题字体、主题效果(包括线条和填充效果)三个方面。主题颜色,是文件中使用的颜色的集合。主题字体,应用于文件中的主要字体和次要字体的集合。主题效果,应用于文件中元素的视觉属性的集合。主题效果、主题颜色和主题字体三者构成一个主题。可以说,主题是一种样式类,是为若干样式定义起的一个名字。这种样式定义包括字体、颜色、颜色、填充等多种要素的设置,新建幻灯片时,幻灯片中的内容使用默认主题进行内容格式化。

在 PowerPoint 中包含了许多系统预定义主题,用户可以根据自己的情况选择使用。选择"设计"选项卡,在"主题"功能区,显示系统预定义的主题样式列表,单击功能区右侧的下拉列表按钮,显示 PowerPoint 所有的预定义主题列表,如图 4-81 所示。

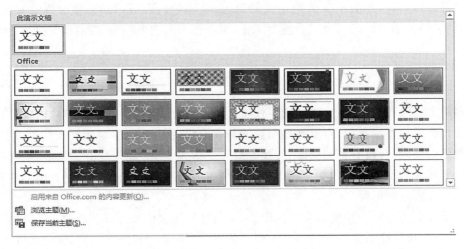

图 4-81　PowerPoint 预定义主题列表

在主题列表中,最上面一行列出了当前文稿使用的默认主题。默认主题是新建幻灯片时幻灯片中的对象应用的样式设置,包括文本样式、页面背景等。下面是文档中包含的可供选择的主题列表,用户可以增加和删除。对于每一种主题,右击主题缩略图,在快捷菜单中,可以选择主题的应用范围,可以将主题应用于所有幻灯片,也可以将主题应用于所选幻灯片,也可以将其设为默认主题。默认主题的修改将引起所有幻灯片视觉效果的变化。

如果对所选择的主题不满意,可以通过"主题"组的"颜色""字体"和"效果"按钮对当前主题进行修改。

3. 自定义主题背景

对主题的背景颜色或背景图不满意时,可以进行调整,设置过程如下:

①选择"设计"选项卡,在"主题"列表中,单击要修改的主题,则左侧的大纲窗格和右侧的幻灯片编辑窗格切换到所选主题的显示效果。

②在"自定义"功能区,单击"设置背景格式"按钮,在编辑窗格的右侧,显示"设置背景格式"窗格,显示所选主题的当前格式设置,如图 4-82 所示。

图 4-82　主题背景设置

所选的主题不同,右侧设置背景格式的设置项目也不一样。页面背景可分为两类四种方式,即:颜色填充,包括纯色填充和渐变填充;背景图片,包括图片或纹理填充、图案填充。选择一种填充方式,并对其进行定义,设置背景的不同填充效果。当以图片填充时,还可以设置背景图的相关属性。

设置完成后单击"全部应用",则新背景应用于当前演示文稿的所有幻灯片,主题也一并发生改变。这种改变只是在当前文档中,一般不应该将改动保存到公共模板中。这非常类似于 Word 中的样式定义,新定义样式或模板样式中的修改只作用于当前文档。新建文档采用 Normal 模板,不建议文档自定义的样式保存于公共模板 Normal 中,这会影响到其他文档的创建和格式化。如果要使用当前文档定义的主题,应将文档保存为幻灯片模板。

4.4.3 幻灯片母版

一个演示文稿文档通常包含许多幻灯片,为保证幻灯片风格的一直,提高制作效率,PowerPoint 提供了幻灯片母版的概念。所谓"母版",就是定义演示文稿中所有幻灯片页面内容及布局格式的幻灯片,是保存 PPT 设计信息的幻灯片,母版定义了出现在每一张幻灯片上的显示元素、外观及其布局。在一个演示文稿中,母版的作用至关重要,它定义了演示文稿中所有幻灯片页面的内容及布局。母版包含了若干版式,每个版式记录了幻灯片中的占位符及其大小和位置。同时,根据各幻灯片版式中对象所使用的主题样式,从而实现对演示文稿所有幻灯片显示效果的控制。如果要修改全部幻灯片的所有格式设置,不必一张张幻灯片进行修改,而只需在幻灯片母版上做一次修改即可。当在演示文稿中插入一张新幻灯片时,该片也完全继承母版的所有属性。

在 PowerPoint 中,演示文稿包括幻灯片、演讲者备注和听众讲义等内容,对应每一个部分,都可以设计一个或多个母版,因此 PPT 母版分为三大类。第一,幻灯片母版,在应用设计模板时,会在演示文稿上添加幻灯片母版。新建幻灯片时,可以给幻灯片选定为"标题幻灯片"版式,这样的幻灯片即为标题幻灯片,也可以为标题幻灯片定义统一的母版,即标题幻灯片母版。第二,演讲者备注母版,为备注文本设计的母版。第三,听众讲义母版,演示文稿作为讲义打印输出时的样式母版。

1. 占位符

为了方便母版的描述,引入占位符的概念。所谓"占位符",就是幻灯片上指定标题、文本和其他任何对象大小和位置的对象。在普通视图中,占位符显示为一种带有虚线或阴影线边缘的框,绝大部分幻灯片版式中都有这种框。在这些框内可以放置标题及正文,或图表、表格和图片等对象。

文本占位符和文本框两者从形式到内容上都是一样的,但是有一定的区别:文本占位符是由幻灯片的版式和母版确定的,而文本框是通过绘图工具或"插入"菜单项插入的;占位符中的文本可以在大纲视图中显示出来,而文本框中的文本却不能在大纲视图中显示;当其中的文本太多或太少时,占位符可以自动调整文本的字号,使之与占位符的大小相适应,而同样的情况下文本框不能自行调节字号大小;文本框可以和其他自选图形、自绘图形、图片等对象组合成一个复杂对象,占位符不能进行这样的组合。

2. 文档默认母版

当新建一个演示文稿时,系统使用默认母版。选择"视图"选项卡,在"母版视图"功能区,单击"幻灯片母版",弹出"幻灯片母版"选项卡,左侧大纲窗格列出了当前文档包含的母版及幻灯片版式缩略图,第一张为 Office 主题母版幻灯片,右侧窗格为幻灯片母版编辑窗格。单击"母版幻灯片",在右侧窗格显示母版幻灯片内容,如图 4-83 所示。

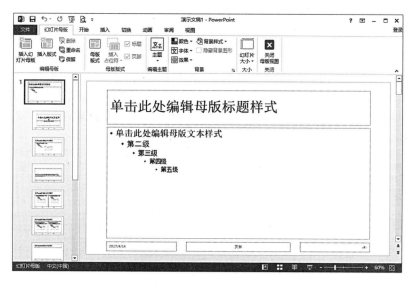

图 4-83　系统默认的幻灯片母版

可以看出,当前母版定义了幻灯片中的 5 个占位符(标题、文本、日期、页脚和幻灯片编号),即新建幻灯片时,每张幻灯片中可能包含这些内容,具体包含的内容由幻灯片版式决定。每一个内容既可以通过默认主题进行格式化,也可以自定义格式。

通常情况下,需要设置母版背景图片,具体操作如下:

①在左侧缩略图列表中,单击"母版缩略图",右侧窗格显示母版编辑状态。

②单击要插入母版的图片文件,按 Ctrl+C 组合键将其复制到剪贴板,然后按 Ctrl+V 组合键复制到母版。此时可以看到母版下所有的版式缩略图都添加了上述图片。

③调整图片的大小、位置,或右击图片,在快捷菜单中选择叠放顺序。

在大纲窗格中,母版下面的幻灯片为该母版的版式列表,鼠标移到版式幻灯片上显示版式名称及使用该版式的幻灯片信息。在某张版式幻灯片上单击,在右侧窗格可以对该版式进行修改和编辑。

3. 幻灯片版式

为了使幻灯片显示更加灵活,避免千篇一律,母版中又可以定义幻灯片版式。所谓"幻灯片版式",就是定义母版上内容及其位置信息的幻灯片,即幻灯片母版上各占位符对象的大小及排列方式。版式中布局的对象来源于母版中定义的占位符,但个数可以不同。例如,母版定义了一个文本占位符,在定义版式时,可以布局多个文本对象。同一页面可以选择不同的版式,可以改变页面内容的布局。幻灯片母版本身也是一种幻灯片板式,可以在模板中添加其他幻灯片版式。对于一张幻灯片,可以从一种版式切换为另一种版式。对象布局会发生变化,如果切换的版式包含的对象个数不同,新增对象在占位符位置显示空,如一栏内容的版式改成两栏的。如果新版式对象数少,则需要手工将原有的对象内容合并。

一个幻灯片母版可以包含多种幻灯片版式,母版幻灯片本身也是一种幻灯片版式。

在幻灯片版式中,包含的内容来自母版版式中的占位符对象。设计一种幻灯片版式,就是在页面上设计所包含的占位符、占位符的大小和位置,同时对每个对象定义格式,包括字体、颜色、背景、填充等,这种格式化可以使用主题,也可以自定义。

①幻灯片内容及位置。当定义了母版后,每种版式中幻灯片的内容也就确定了。选择"幻灯片母版"选项卡,在"编辑母版"功能区单击"插入版式"按钮,插入一个自定义版式。接下来,就可以在该版式上添加内容了。单击"插入占位符"按钮,打开占位符列表,如图4-84所示。

图4-84 在版式中插入占位符

根据需要插入相应类型的占位符,并调整位置和大小。插入占位符对象后,单击占位符,根据占位符类型不同,会打开不同的选项卡,可以对占位符进行格式化。设计完成后,在左侧的版式列表中,右击"新建版式",在快捷菜单中,执行"重命名版式"菜单命令,可以为用户新建版式命名。然后,在新建幻灯片时就可以选择该版式了。

②标题和页脚。在"幻灯片母版"选项卡,在"母版版式"功能区,包括"标题"和"页脚"两个复选框,可以设置版式是否显示标题和页脚。在一个演示文稿中,在母版版式中设置了页眉、页脚后,我们知道,并不是所有的幻灯片都要显示页眉、页脚,如标题幻灯片(文档中的第一张幻灯片,标题版式)、分节幻灯片(节标题版式)可能不需要显示页眉、页脚。因此,在默认情况下,虽然母版中包含了页眉、页脚占位符,幻灯片版式也有,但幻灯片并不显示页眉、页脚。

要让一个版式的幻灯片显示页眉、页脚,先选择"幻灯片版式",然后选择"插入"选项卡,在"文本"功能区,单击"页眉和页脚"按钮,弹出"页眉和页脚"对话框,如图4-85所示。

图 4-85　"页眉和页脚"对话框

在页脚下面的列表中,显示母版中输入的页脚文字,勾选"页脚"复选框,然后单击"应用"或"全部应用"按钮,则该版式的幻灯片将显示页脚内容。

③幻灯片版式的添加和删除。一个幻灯片母版,通常不要定义太多的版式,否则在新建幻灯片时,幻灯片版式多,不便于选择,也不便于后期的维护。因此,在设计幻灯片版式时,需要认真考虑、权衡,不随便定义没用的版式。如果是已经存在的演示文稿,在版式列表中,鼠标指向某个版式时,显示使用该版式的幻灯片。如果某种版式没有被任何幻灯片使用,右击版式,在快捷菜单中,执行"删除版式"菜单命令,可以删除版式。如果版式被幻灯片使用,则不能删除。如果还是希望删除版式,先把使用该版式的幻灯片修改为其他版式,然后才可删除版式。

一般情况下,一个演示文稿中设计一个母版(包含若干版式)就够了。但是有些条件下,一个模板不能全部实现用户的幻灯片设计要求。因为在母版下的所有板式中,可以删除占位符,但不能删除母版中添加的背景图片、LOGO 信息等内容。如果幻灯片不希望出现这些背景图片,则无法删除。此时,可通过设计第二个母版的方式来实现。第二个母版不添加任何内容,设计一个版式,只添加一个图片占位符和一个文本内容占位符,如图4-86 所示。

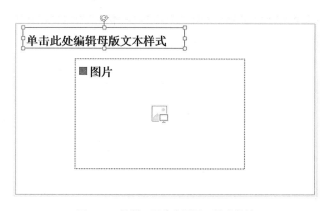

图 4-86　母版 2 图片全屏展示版式设计

图片占位符居中,大小不要全屏,否则单击占位符插入图片时,图片会按照占位符大小裁剪。在占位符外复制图片,则不做图片裁剪操作,然后手工调整图片大小和位置即可。因为页面上没有了母版中的标题图片和页脚图片,所以有效地扩大了图片展示空间。

4.4.4　新建幻灯片

当演示文稿幻灯片母版和幻灯片版式设计完成后,接下来就可以制作幻灯片了。在 PowerPoint 中,选择"视图"选项卡,在"演示文稿视图"功能区,单击"普通视图"或"大纲视图",即可进入演示文稿制作界面。要插入幻灯片,操作的方式很多,可选择"开始"选项卡或"插入"选项卡,都可插入幻灯片。也可以在普通视图左侧的幻灯片列表中右击,在快捷菜单中执行"插入"命令。PowerPoint"开始"选项卡如图 4-87 所示。

图 4-87　PowerPoint"开始"选项卡

在"开始"选项卡"幻灯片"功能区,打开"新建幻灯片"下拉列表,在幻灯片版式列表中单击需要的版式,插入一张新幻灯片。此时,在左侧窗格显示一张空白幻灯片,右侧幻灯片编辑窗格显示幻灯片版式。如果要修改版式,可打开"版式"下拉列表,选择新的版式即可。接下来,即可在版式上输入幻灯片内容了。

幻灯片的编辑,包括文本的输入和格式化、各种对象的插入和格式化等,这和 Word 字处理器类似。有时候会遇到幻灯片不显示页脚内容,而母版和选择的版式中都含有页脚,此时,需要选择相应的幻灯片版式,选择"插入"选项卡,在"文本"功能区,单击"页眉和页脚"按钮,弹出"页眉和页脚"对话框,选择显示页脚即可。

1. 文本输入与格式化

在 PowerPoint 中,文本是以文本对象的形式插入在幻灯片页面上的。通常情况下,母版版式都含有标题、内容两个占位符,可以输入文本内容。内容占位符和文本占位符差不多,只是内容占位符除插入文本外还可用于插入其他对象。

文本内容输入后,通常要做格式化,在"开始"选项卡,包括"字体"和"段落"功能区,可以完成文本的格式化,与 Word 中的设置方法一样。如果在幻灯片页面上直接设置文本格式,那么幻灯片上格式设置优先于母版中的格式设置。为保持文本格式的统一,建议在幻灯片上不要直接设置,而是事先在母版中设置好文本样式。

如果希望占位符中的文本段落分不同的等级,可对文本段落进行降级或升级处理。降级是一级变二级、二级变三级的变化。升级操作正相反,由低等级文本改变为高等级文本。最高的为一级文本,最低为五级文本。

2. 图形绘制

在幻灯片上,通常还可以绘制图形。在"开始"选项卡的"绘图"功能区,包含大量的绘制工具,包括线条、形状、流程图、箭头、标注、动作按钮等,还提供了文本框工具。可以单击相应的绘图工具,在幻灯片上绘制图形。

①形状作为一个对象存在,可以通过对象四周的控制柄块放大、缩小、旋转。对于标注类的图形,还包含一个控制标注指向的控制柄块,可以按下鼠标左键,将标注指向沿着任何方向旋转和拖动,以实现正确的标注。

有一些形状对象可以在其中插入文本,这时的形状就变成了异形的文本框。例如,本章中有些插图里的文字就放在"云形"形状中,标注图形也包含文字。

②文本框和占位符有一定差别,但仍然可以通过文本框在页面上插入占位符以外的文字,并且对它进行格式设置。但是,文本框中的文字不会在大纲列表中显示出来。

3. 插入表格、图表、SmartArt 图形、图片对象

在幻灯片母版内容占位符中,显示了一组可插入的对象,包括表格、图表、SmartArt 图形、图片、视频文件等。它可以实现表格、图表、SmartArt 图形、图片、剪贴画和媒体剪辑等内容的插入,其他对象可以直接通过"插入"功能区实现插入,如艺术字、形状、文本框、数学公式等。对象的格式设置方法与 Word 中完全一样,不再重复。

4. 插入多媒体对象

"媒体"是音频和视频的总称。这两种对象在 Word 和 Excel 中很少使用,但是作为面向大众群体传播信息的演示文稿,声音和视频的运用就显得尤为重要。优美的背景音乐,极具感染力的解说,真实动感的视频剪辑,除了更能吸引观众的注意力和引起心理上的共鸣以外,可使所描述的信息更为丰富和翔实。

(1)插入声音

在幻灯片上插入声音是经常要做的工作,它们可以是音乐、解说等。声音对象插入后,它和其他对象不同的是在幻灯片上只出现一个代表声音对象的小图标,单击该图标就可以播放声音。

声音的来源:文件中的音频;从剪辑库中插入;从录音中插入。这里只介绍从文件中插入声音的方法。PowerPoint 支持多种声音文件格式,如 WAV、MID、MP3 等。声音插入的方式有两种:插入和链接到文件,默认的方式是前者。

①选择"插入"选项卡,在最右侧包含"媒体"功能区,单击"音频"列表按钮,显示"PC 上的音频…"和"录制音频…"命令,执行"PC 上的音频…"命令,则弹出"插入声音"对话框。

②选择声音文件的路径,从列表中找到要插入的文件名。

③单击"插入"按钮,然后关闭"插入声音"对话框。这时我们会发现在幻灯片的中心位置出现一个喇叭图标 🔊,这就是我们插入的声音对象。可以将喇叭图标拖放到幻灯片页面的任意位置。当选中该对象时,在对象的下方显示音频播放工具栏,可以对声音文

件进行播放、暂停等操作。

（2）插入视频

在插入视频之前先准备好视频素材，对于自己所拍摄的视频剪辑，最好通过视频编辑软件进行一定的编辑，切忌将一些素材原封不动地堆砌在幻灯片上。

①选择"插入"→"媒体"→"视频"，在列表中选择"文件中的视频"，弹出"插入视频"对话框。

②选择视频文件的路径，从列表中找到要插入的文件名。

③单击"插入"按钮，然后关闭"插入视频"对话框。这时我们会发现在幻灯片中显示视频图像，可以更改视频图像的大小和位置，即定义播放窗口的大小和位置。当选中该对象时，将显示出视频播放的工具栏。

（3）媒体对象的播放设置

当选中一个媒体对象时，系统将自动打开"播放"选项卡，如图 4-88 所示，通过它的功能区可以完成对当前媒体对象的播放设置。

（a）音频对象工具栏

（b）视频对象工具栏

图 4-88　媒体对象"播放"功能区

①"预览"工具：用来测试播放。

②"书签"工具：设置起始播放点，设置了书签后，可以从书签位置开始向下播放。

③"编辑"工具：音频编辑/视频编辑，可对媒体做简单的编辑工作；淡入/淡出：设置媒体播放开始以及结束时的淡入淡出效果。

④"音频选项/视频选项"工具：播放的设置、音量大小、开始的方式（单击开始、自动开始）以及播放的控制（视频是否全屏播放、未播放时是否隐藏、音频是否播放后隐藏、循环播放、播完返回等）。

5.更改幻灯片版式

当幻灯片编辑完成后，根据需要可以改变当前版式，即重新布局页面内容。选择"普通视图"，在左侧的幻灯片列表中，右击幻灯片，打开快捷菜单，指向"版式"级联菜单命令，显示母版版式列表。或选择"开始"选项卡,在"幻灯片"功能区单击"版式"下拉列表,显示幻灯片版式列表,如图 4-89 所示。

图 4-89　母版中包含的幻灯片版式

单击相应的版式,则幻灯片以该版式显示。如果切换前版式和新的版式内容定义不同,必要时可进行手工调整。例如,切换前为标题内容版式,要切换为两栏版式,则幻灯片右侧显示一个空的文本对象占位符。可以将左侧的内容手工复制到右侧一部分。

4.4.5　定义动画

在幻灯片放映时,我们希望幻灯片上的对象能够按照演讲者的思路在屏幕上呈现,包括出现顺序、出现方式等,这就是"幻灯片动画"概念。可以说,动画是指给幻灯片对象添加的特殊视觉或声音效果。例如,可以使多个文本项目逐条显示,或在显示图片时播放掌声等。它可以使幻灯片上的文本、图形、图像、图表和其他对象具有动画效果,这样可以更好地表达演讲者的思路,突出重点,还可以增加演示文稿的趣味性。

如果我们把一个演示文稿看成一部情景剧,那么一张幻灯片就可以看成该剧中的一个场景。在这个场景中,各色演员粉墨登场,这些演员就是幻灯片上插入的各种对象。定义动画就是定义这些对象如何入场、如何表演和怎样退场,增加这些对象在不同阶段的动画效果,可使我们的演示文稿活泼流畅、动感十足。

1.动画的分类

在 PowerPoint 中,动画分为 4 种类型。
①进入,是指入场的动画,即对象进入画面时的动画效果。
②运动路径,对象出现后,可以设置它按一定路径运动。
③强调,对象出现之后,为了引起观众的注意,可增加一定动画效果,强调一下该对象。
④退出,离场的动画,即对象从幻灯片上消失时的动画效果。

2.添加/删除动画

在幻灯片中,为对象添加动画是通过动画选项卡完成的,选择"动画"选项卡,在"动画"功能区显示了一组系统预定义的动画样式列表,在"高级动画"功能区,包含一个"插入动画"按钮,两者都可以为所选对象添加动画,如图 4-90 所示。

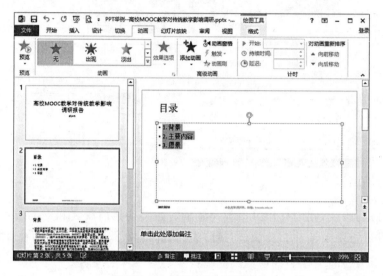

图 4-90　PowerPoint"动画"选项卡

根据演讲者的设计思路,对幻灯片上的对象可以依次添加动画效果。为对象添加动画的方式很多,打开"动画"功能区右侧的下拉列表,可以看到系统预定义的所有动画,如图 4-91 所示。

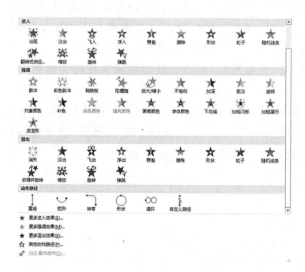

图 4-91　系统预定义动画列表

在预定义动画列表中,列出了四类动画中可以设置的动画,可以为每一个对象添加进入、强调、退出的动画,各类动画添加的方法一样。

下面以为文本对象添加进入动画为例,介绍对象添加动画的基本过程:

①在"普通视图"的幻灯片编辑窗格,选择要添加动画的对象。如果是文本对象,可以选择多行或一行。也可以按下 Ctrl 键,选择多个对象。

②选择"动画"选项卡,单击"动画"功能右侧的列表按钮,或单击"高级动画"功能区的"添加动画"按钮,打开系统预定义动画列表,单击希望的动画按钮即可。对象添加动画后,在对象占位符的左上角显示代表动画顺序的一个数字框。单击该数字框,可以选择当前动画,并对动画进行修改、设置、删除,或修改动画出现顺序。

③预览动画,选择"动画"选项卡,在幻灯片页面左侧显示动画对象列表(数字框),单击某数字框,即选择一个动画对象,在动画功能区显示该动画名称。最左端的"预览"按钮可用,单击"预览"按钮,则显示当前动画对象的动画效果。

对象设置了动画后,可以对动画做进一步的设置。如果想删除动画,首先选择"动画"选项卡,幻灯片上将显示动画对象数字框。单击幻灯片左侧的动画对象数字框,然后按Del 键,删除动画。或在"动画"功能区列表中,单击左侧的"无"按钮,可以将所选对象上添加的动画删除。删除动画只是删除附加在对象上的动画对象,对象本身不删除。

3.动画选项设置

在对象上添加动画时,每种动画都有一种默认的设置。例如飞入动画,默认是从下向上,实际情况是飞入可能会有多个方向。因此,为对象添加动画后,往往需要对动画进行一些设置,以满足用户需求。修改动画的默认设置是通过效果选项来实现,不同类型的动画,效果选项不同。设置动画选项的基本过程如下:

①选择"普通视图",在幻灯片编辑窗格,选中已经添加动画的对象,或单击相应的动画对象数字框。

②选择"动画"选项卡,在"动画"功能区,单击右下角的 标记,或直接单击功能区右侧的"效果选项"按钮,都可以弹出效果选项对话框。不同的动画,其动画选项设置对话框不同,如飞入动画选项设置对话框如图 4-92 所示。

图 4-92　飞入动画选项设置对话框

在飞入动画选项设置对话框中,包含两个选项卡,可以分别设置动画的运动方向、声音效果以及开始方式、延迟的时间、速度、重复次数等。其中,开始方式默认为单击开始,也可以设置为某一时间之后开始。对于幻灯片中最常见的文本对象,还可以设置是文本整体发送还是以某一级文本发送。设置完成后单击"确定"按钮。

当设置了动画后,在对象左侧显示一个带矩形框的数字,表示该动画的出现次序。单击动画次序编号,在"动画"功能区列表中,显示对应的动画被选中。如果要调整动画次序,单击"计时"功能区的"向前移动"或"向后移动"按钮,可调整当前动画的播放顺序。

在对象上添加动画是个复杂的过程,往往需要反反复复的调整。对于每一次的调整,都可以通过"动画"选项卡最左端的"预览"按钮来查看动画的设置效果。

4. 动作路径设置

所谓"动作路径",即内容对象运动的路径。在 PowerPoint 中,动作路径可以看作是一种独立的动画,也可以在已经添加了动画的对象上添加动作路径,以设置对象动画的动画路径。例如,为对象添加"飞入"动作,可以只定义飞入的方向,也可以定义飞入的路径,路径定义比单纯方向设置更加细致。动作路径实际上是一种"强调"的动画效果,即设置对象按一定的路径从一个位置运动到另一个位置。设置"动作路径"的过程如下:

①选择"动画"选项卡,选定要设置动作路径的动画对象。

②在"高级动画"功能区,单击"添加动画"按钮,从下拉列表中找到动作路径区域,常见的动作路径如图 4-91 所示,选择某种动作路径。

③动作路径的编辑。当选择了一种动作路径后,自动进入路径编辑状态,可以用鼠标拖动出希望的运动路径。如要设置文本对象的运动路径,如图 4-93 所示。

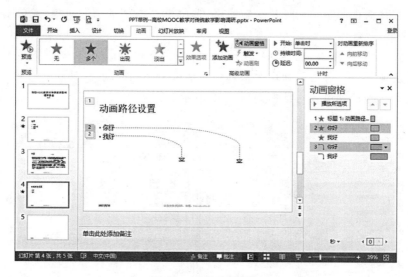

图 4-93　设置动画路径

在上述动画路径设置中,我们同时选择了两行文本添加动画,两行文本将同时沿着两个路径运动到各自的终点。如果希望自定义路径,可以选择"自定义路径",然后在幻灯片上从对象开始绘制一条折线,结束后就以这条拆线为动作路径。如果希望动作路径为曲线,可以先选中拆线,然后右击,从快捷菜单中选择"编辑顶点",进入顶点编辑状态,再右击每个顶点,选择"平滑顶点"。完成后退出顶点编辑状态,即完成路径的编辑。

动作路径编辑完成后,可以看到幻灯片中增加了一个新的对象。可见,动画路径是以一个独立的动画对象存在的。当在页面上添加多个动画或动画路径时,添加的顺序默认为动画对象的出现顺序,这通常不符合实际情况。此时,用户应根据实际需要,单击动画对象,在"动画"选项卡右端的"计时"功能区,单击"向前移动"或"向后移动"按钮,调整各种动画对象(含动画路径对象)的出现顺序,以满足需要。

5.动画排序

一张幻灯片,可能添加了多个动画,这就可能涉及动画顺序的调整。选择"动画"选项卡,单击动画对象,在最右侧的"计时"功能区,通过"向前移动"或"向后移动"按钮,可以调整当前动画对象的顺序。

最后需要说明的是,幻灯片动画的操作都是在"动画"选项卡中完成的,在其他选项卡看不到动画对象的存在。幻灯片页面不显示动画对象对应的数字框。

4.4.6 幻灯片切换

在幻灯片上编辑完对象,并为对象添加了动画(含动作路径)后,一张幻灯片基本上就制作完成了。对于一个演示文稿,一般都包含很多幻灯片。在播放演示文稿时,还存在幻灯片之间的切换问题,即一张幻灯片播放完毕,如何切换到下一张幻灯片,也就是幻灯片切换方式问题。所谓"幻灯片切换方式",就是指放映时从上一张幻灯片过渡到当前幻灯片的方式,其中包括了切换时的动态效果和切换方法,以及幻灯片播放持续的时间等。

设置幻灯片切换方式通常在"幻灯片浏览"视图下进行,也可以在"普通视图""大纲视图"下完成。因为幻灯片切换只涉及切换,不涉及幻灯片内容,因此,在"幻灯片浏览"视图下设置切换方式更加方便,也避免因误操作而修改了幻灯片内容。

在"幻灯片浏览"视图中设置幻灯片切换方式,一般操作步骤如下:

①选择"视图"选项卡,单击"幻灯片浏览"按钮,进入"幻灯片浏览"视图。

②在幻灯片列表中,选择一张或多张幻灯片。

③选择"切换"选项卡,在"切换到此幻灯片"功能区,显示系统预定义的切换方式列表,如图 4-94 所示。

设置幻灯片切换方式,即设置"切换到此幻灯片"的方式,也就是上一张幻灯片的结束方式。这有点绕口,在幻灯片上设置自己的结束方式可能更好理解。不知道软件设计师为何这样设计,把上一张幻灯片的结束方式设置到下一张幻灯片上。

④在"切换到此幻灯片"列表中,单击一种切换方式按钮,这时从用户区所选中的幻灯片上可以看到预览效果,并且会在幻灯片右下方出现 标记,表示此幻灯片设置了切换效果。

图 4-94　幻灯片切换选项卡

在"切换"选项卡中,对选择的每一种切换方式,还可以设置切换选项以得到需要的切换效果,以及设置切换时的声音、切换方式等。对于切换方式,分为单击(或按 PgDown 键)和设置自动换片时间两种方式。通过设置自动换片时间,可以精细地控制整个演示文稿的播放时间,便于演讲者对时间的把控。

4.4.7　对象动作设置

通常情况下,在播放演示文稿时,幻灯片是一张张顺序放映的。有时候我们需要控制幻灯片的播放流程,如何去实现呢? 这就是动作的概念。在演示文稿放映时,由演讲者或观众自行操作幻灯片上的某个对象去完成下一步的既定工作,我们说该对象设置了动作。例如,在演示文稿中,我们在第 1 张幻灯片上添加了一个按钮对象,希望在放映这张幻灯片时如果演讲者或观众单击此按钮可切换到第 10 张幻灯片去,就是为这个按钮对象设置一个超级链接到第 10 张幻灯片的动作。对象动作的设置,提供了在幻灯片放映中人机交互的一个途径,使演讲者可以根据自己的需要选择幻灯片的演示顺序和演示内容,可以在众多的幻灯片中实现快速跳转,实现与 Internet 的超级链接,甚至可以应用动作设置启动某一个应用程序或宏。

幻灯片上的任何对象(包括插入母版上的对象)都可以设置动作。一个对象设置了动作后,放映中只要鼠标指针移到该对象上,指针将变成手形,单击就可以执行预设的动作;或当鼠标移过该对象时,就可以执行预设动作。

要在一个对象上设置动作,一般步骤如下:

①选择"普通视图"或"大纲视图"的幻灯片编辑窗格,选定要设置动作的对象。

②选择"插入"选项卡的"链接"功能区,单击"动作"按钮,弹出"动作设置"对话框,如图 4-95(a)所示。

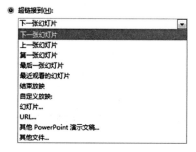

（a）动作操作设置　　　　　　　　　（b）超链接到目标选项列表

图 4-95　动作设置

在"操作设置"对话框中有两个选项卡："单击鼠标"选项卡和"鼠标悬停"选项卡。前者是放映时单击对象时发生动作,后者是放映时当鼠标指针悬停在对象时发生动作。两者在内容上完全一样,这里只介绍前者的设置方法,这些方法同样也适用于后者。

当单击对象时,可以引发以下 4 种动作:

（a）超级链接。选择"超链接到"时,可以设置超级链接的目的位置。在放映时,当单击对象时,将自动跳转到所设定的目的位置。可以超级链接的目标位置如图 4-95（b）所示。设置后,对象显示为蓝色字,文字带有下划线。

（b）运行程序。选择此项后,可在文本框中输入所要运行的应用程序及其路径,也可以单击"浏览"按钮选择所要运行的应用程序（当应用程序有多个文件时选择主文件）。放映时单击对象,会自动运行所选的应用程序。例如,在幻灯片上添加了一个图片 ✑,设想放映时当单击该图片时启动画图程序,则可以在运行程序文本框中输入画图程序的路径和文件名。

（c）运行宏。如果当前演示文稿中包含了宏,可以从列表中选择所要运行的宏。当放映时单击对象,则可以执行所选择的宏。

（d）对象动作。当选定的对象是一个 OLE 对象时,在此对话框中可以设置单击它时的动作。例如,在幻灯片上添加了一个视频剪辑对象,在它的"动作设置"对话框中可以设置对象动作为"打开""编辑"或"播放"。当选择"打开"时,在幻灯片放映中,单击该对象即可打开视频剪辑播放器。

除以上动作设置,还可设置单击对象时发出的声音,确定单击时对象是否突出显示等。

根据需要设置好对象的动作后,最后单击"确定"按钮。

通过以上的动作设置,可以把演示文稿组成一个整体,演讲者可以根据自己的需要随时切换到任何一张幻灯片,快速跳转到其他演示文稿的某一张幻灯片。或在播放演示文稿时,可以启动其他应用程序,打开一个网站等,从而增强演示文稿的综合演示能力。

4.4.8 幻灯片放映

在默认的情况下,PowerPoint 会按照预设的演讲者放映方式来播放幻灯片,而且放映的过程中需要人工控制。而在实际放映时,演讲者可能会对放映方式和过程有不同的需求,如自动循环放映、观众自行浏览放映、按既定的放映方案放映等。此外,在幻灯片放映时,也可能只是放映演示文稿中的一部分内容而不是全部幻灯片,即自定义放映方式。

1.幻灯片放映方式

选择"幻灯片放映"选项卡,如图 4-96 所示。

图 4-96 "幻灯片放映"选项卡

在"开始放映幻灯片"功能区,定义了几种不同的放映方法。其中,自定义幻灯片放映是指用户可以先制定好放映方案,然后按既定方案放映。对于一个演示文稿,其放映时不同的观众有不同的需求,因此,播放的内容可能会有区别,自定义放映就是针对不同的放映要求制定的放映方案。

2.自定义幻灯片放映

在"开始放映幻灯片"功能区,打开"自定义幻灯片放映"下拉列表,选择"自定义放映…",打开"自定义放映"对话框,在该窗口中单击"新建"按钮,可以打开"定义自定义放映"对话框,如图 4-97 所示。

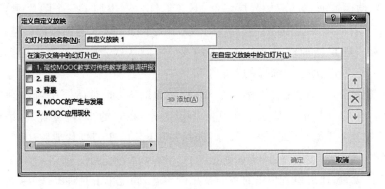

图 4-97 "定义自定义放映"对话框

在"定义自定义放映"对话框,首先输入自定义幻灯片放映的名称,然后从左侧幻灯片列表中选择要放映的幻灯片,添加到右侧的列表框中,选择完毕,调整好播放次序,最后单击"确定"按钮,完成新建自定义放映操作。

当一个演示文稿定义了自定义放映后,在"幻灯片放映"选项卡的"自定义幻灯片放映"下拉列表中,将显示用户新建的用户自定义幻灯片放映名称。利用该列表,对同一个演示文稿,用户可以选择不同的放映内容。

3.排练计时

排练计时是在演示文稿制作完毕后,由演讲者先预演一遍,在预演的过程中,系统自动记录每一张幻灯片播放时所占用的时间。当预演结束后,所记录的每一张幻灯片的放映时间再作为各自的放映时间。这主要是解决演讲过程中每一张片的放映时间不好设定的问题。经过排练计时以后,演示文稿就可以由时间自动控制放映了。

选择"幻灯片放映"选项卡,在"设置"功能区,单击"排练计时",在幻灯片左上角,打开"排练计时"工具栏,包括"开始""暂停""停止""返回"等操作按钮,从中也可看到总的时间和当前的时间,并进入"幻灯片放映"状态。

这时,演讲者开始模拟实际的演讲过程,需要换片时手动换片,这样逐张放映与演讲内容同步进行下去,直到演讲结束。结束放映后,系统提示"是否保留新的幻灯片计时",选择保留,结束排练计时操作,返回先前状态。选择"视图"选项卡,单击"幻灯片浏览"按钮,可以看到每一张幻灯片缩略图的右下角都增加了一个幻灯片放映持续的时间。

4.录制旁白

在无人放映演示文稿时,可以通过录制旁白的方法录好讲演者的演说词。在录制旁白之前一定要确保计算机已经安装声卡(负责将麦克风的声音输入数字化,也可以将数字音频文件转化为声音,由喇叭等播放器输出)和麦克风,接下来按下列步骤操作:

①选择需要录制旁白的幻灯片。

②选择"幻灯片放映"选项卡,在"设置"功能区,单击"录制幻灯片演示"右侧的箭头按钮,显示下拉列表,如图 4-98 所示。

③在下拉式列表中选择"从头开始录制…",或"从当前幻灯片开始录制…",弹出"录制幻灯片演示"对话框。

图 4-98 录制幻灯片旁白

取消选中"幻灯片和动画计时"(因为这些在演示文稿中已经设置好了),单击"开始录制"按钮,进入幻灯片放映状态,并开始录制旁白,同时会出现录制工具栏。录制完成后,退出放映状态。此时,选择"视图"选项卡,单击"幻灯片浏览"视图,在幻灯片上会出现声音文件的小喇叭图标,对应录制的旁白。

对于幻灯片中的旁白,在"幻灯片放映"选项卡的"设置"功能区,单击"录制幻灯片演示"右侧的箭头按钮,显示下拉列表,执行"清除"命令,可清除幻灯片中的计时、旁白数据。

5.设置放映方式

选择"幻灯片放映"选项卡,在"设置"功能区,单击"设置幻灯片放映"按钮,弹出"设置放映方式"对话框,设置声道选择器,如图4-99所示。

在"设置放映方式"对话框可以看出,一个演示文稿的放映可以有多种形式。一般情况下,选择"演讲者放映(全屏幕)"方式,这是常规的幻灯片放映方式,也是创建演示文稿时的默认放映方式。在放映过程中,可以人工控制放映进度。如果希望自动放映演示文稿,可以在"幻灯片放映"选项卡中,执行"排练计时",设置好每张幻灯片放映的时间,这样放映时可以自动放映。

图 4-99
"设置放映方式"对话框

若放映演示文稿的地方是在类似于会议、展览中心的场所,同时又允许观众自己动手操作的话,可以选择"观众自行浏览(窗口)"的放映方式。使用这种方式,窗口中将显示自定义的菜单及快捷菜单,这些菜单命令中不含有可能会干扰放映的命令选项,这样可以在任由观众自行浏览演示文稿的同时,防止观众所做的操作损坏演示文稿。

如果幻灯片放映时无人看管,可以选择使用"在展台浏览(全屏幕)"方式。使用这种方式,演示文稿会自动全屏幕放映,而且如果演示文稿放映完后5分钟仍没有得到人工指令时会自动重新开始播放。在此方式下,由于在展台上只有计算机显示器而没有键盘,所以观众只能用鼠标单击打开超级链接和按动作按钮,以自己的速度来观看放映,而不能改变演示文稿的内容和中止演示过程。使用这种放映方式,必须先为演示文稿进行排练计时,即每一张幻灯片都设置了放映时间。否则,显示器上将会始终只有第一张幻灯片而无法自动放映。当选择此项后,PowerPoint会自动勾选"循环放映,按Esc键终止"复选框。

在右侧上部的"放映幻灯片"区域,可以选择演示文稿中幻灯片放映的范围,或选择用户自定义的放映文件(对应"幻灯片放映"选项卡,自定义幻灯片放映下拉列表)。用户还可以进行放映选项、换片方式等多种设置。如果放映中需要用画笔在屏幕上写写画画,可以定义画笔的颜色。设置完毕后单击"确定"按钮,完成演示文稿的放映方式定义。演示文稿的放映方式与演示文稿一起保存,即一旦设置好放映方式,那么以后再打开该文稿放映,会自动按设置的放映方式放映。

本章小结

本章首先介绍了计算机办公软件的概念,以微软公司的Office办公套件为例,讲解了文字处理、电子表格和演示文稿的制作。在讲解中,采用面向问题求解的思路,以业务讲解为主线,而不是以软件功能为主线。也就是说,针对文字处理、电子表格制作和演示文稿制作3种办公中常见的业务,梳理业务的基本流程,对应业务流程讲解工具软件相应的功能,从而使学习者学习某个软件功能时更有针对性,提高对软件功能的理解。同时,在讲解某个难以理解的功能时,从软件设计师和用户需求的角度出发进行介绍,提高对功能的理解程度,从而提高软件的应用水平,最终提高用户的业务水平。

思考题

1. 什么是文档视图？列举微软公司 Office 办公套件中都定义了哪些常用的文档视图，说明每种文档视图的用途。

2. 在办公业务中，要使用字处理器编辑一个新的文档，写出一般过程。

3. 在 Word 文档中，关于插入对象，回答下列问题：

(1)嵌入式对象和浮动式对象有哪些主要区别？

(2)在画布中可以插入图片吗？

(3)为对象插入题注，如何使得题注和插入对象可以一起移动？

4. 在 Word 文档中，什么是文本框对象？简述其用途。

5. 在 Word 文档中，什么是分节符？简述其用途。

6. 使用 Word(或 WPS)文字处理软件，完成如下任务，写出操作过程。

(1)新建 word 文档，输入下列文字：

> 望岳
>
> （唐）杜甫
>
> 岱宗夫如何？齐鲁青未了。
>
> 造化钟神秀，阴阳割昏晓。
>
> 荡胸生层云，决眦入归鸟。
>
> 会当凌绝顶，一览众山小。

(2)文档格式化。

将标题设置为：仿宋，二号字、加粗，文本居中。

将作者设置为：仿宋，小四号字，居中；段前 0.5 行，段后 1 行，行距 20 磅。

将诗词正文段落设置为：仿宋，小四号，行距最小值 25 磅。

(3)保存文件，操作完成后将文件保存在 D 盘根目录下，并在桌面上建立快捷方式。

7. 在文字编辑中，通常需要特定格式，如报纸期刊的版面、学位论文等。一般情况下，我们会对编辑的文档按照要求进行整篇的格式化，这样做虽然可以满足需要，但缺点是工作麻烦，不便于修改。为此，在字处理器中，都有样式和模板的概念。使用 Word 或 WPS，完成下列操作：

(1)请设计一个 Word 文档模板，定义下列样式：

①标题一：黑体，四号字，居中；段后 1 行，段前分页。

②标题二：黑体，小四号字，居中；段前、段后 0.5 行。

③标题三：黑体，小四号字，左冲齐，无缩进；段前、段后 0.5 行。

④标题四：仿宋，小四号字，加粗，首行缩进 2 字符。

⑤正文：仿宋，小四号字，首行缩进 2 字符，行距固定值 25 磅。

⑥表格正文,仿宋,五号字,左冲齐,无缩进,行距固定值20磅。

⑦插图,居中。

⑧表格题注,仿宋,五号字,居中,段前、段后0.5行。

⑨图注,仿宋,五号字,居中,段前、段后0.5行。

⑩参考文献,仿宋,五号字,悬挂缩进2字符,行距固定值20磅。

(2)将所定义样式保存为一个Word模板,文件名mypaper.dotx

(3)编辑一个Word文档,使用上述模板进行格式化。

8. 编辑一份研究报告文档,包括标题、目录、正文、参考文献几个部分。其中,目录在文档开始,一级目录黑体显示,二级、三级目录依次缩进,目录页码采用罗马数字;正文页码采用阿拉伯数字,都从1开始。利用上一题建立的文档模板对文档进行格式化。

9. 当阅读一个Word文档时,如果需要对文档内容进行批注,如何操作?

10. 在Word字处理器中,在"审阅"选项卡中包含"修订"功能按钮,简述其功能。

11. 关于Excel,简述下列概念:工作簿、工作表、单元格地址、单元格区域、地址绝对引用、地址相对引用、数据填充。

12. 在Excel单元格中,要进行数据输入,有哪些数据类型?

13. 在一个Excel表格中,要一次插入多行,如何操作?

14. 在Excel中,关于行或列隐藏于显示,回答下列问题:

(1)要隐藏行和列,如何操作?

(2)如何知道有隐藏的行和列?

(3)如何取消隐藏?

15. 在Excel中,关于Excel表和数据表,回答下列问题:

(1)数据表和Excel表是一回事吗?简要说明。

(2)什么是排序?简单说明其操作过程。

(3)什么是数据筛选?有哪些类型的数据筛选?简要说明。

16. 使用Excel建立学生成绩数据统计表如下:

	A	B	C	D	E
1	学号	姓名	平时成绩(百分制)	期末考试(百分制)	总成绩
2	2015011001	韩方春	92	96	94.8
3	2015011002	黎丹	93	95	94.4
4	2015011003	李达	95	95	95
5	2015011004	张宏	90	92	91.4
6	2015011005	刘仲明	87	91	89.8
7	2015011006	周家明	65	55	58
8	2015011007	柏玉姝	90	96	94.2
9	2015011008	毕理坚	85	91	89.2

在上述Excel数据表中,完成如下操作,并写出操作过程:

(1)在E列计算总成绩,计算公式为:总成绩=平时成绩*30%+期末考试*70%。

(2)利用数据筛选功能筛选出总成绩不及格(<60)的所有学生记录,然后标注红色,最后显示所有数据。

(3)根据筛选结果将学生的姓名、平时成绩、期末考试和总成绩四列数据用簇状柱形图表示出来,存放到 Sheet1 中适当的位置。

17.某商场 1 月智能手机销售数据表如下:

	A	B	C	D	E
1		智能手机销售情况			
2	品牌	型号	单价	销售数量	合计
3	华为	华为Mate9	3449	1356	
4	华为	华为P9	2290	620	
5	华为	华为P10	3688	1100	
6	华为	华为P10 Plus	4458	978	
7	苹果	iPhone6	2660	500	
8	苹果	iPhone6S Plus	4280	760	
9	苹果	iPhone7	4678	85	
10	苹果	iPhone7Plus	5630	1107	
11	三星	三星GALAXY S4 Edge	2999	350	
12	三星	三星GALAXY S7	3295	420	
13	三星	三星GALAXY S7 Edge	4018	510	

根据上述商品销售数据表,完成如下操作:

(1)在 E 列计算每个品牌手机的销售额。

(2)按手机品牌进行分类汇总,计算每个品牌手机的销售总额。

(3)插入一个柱状图,对不同品牌、不同型号的手机的销售情况进行对比分析。

18.Word 文档和演示文稿都属于一种文本文档,从用途和文档结构等方面,你认为两者有何不同?

19.写出演示文稿制作的一般过程。

20.在 PowerPoint 中,简述主题、幻灯片母版、版式和模板的概念,以及它们之间的关系。

21.什么是占位符?在 PowerPoint 中,有哪些常用的占位符?

22.解释下列概念:幻灯片、幻灯片动画、幻灯片切换、动作。

23.在幻灯片母版中设计了页脚,但在新建幻灯片时,幻灯片不显示页脚,为什么?要让幻灯片显示页脚,如何操作?

24.在 PowerPoint 中,有哪些常用的幻灯片放映方式?简述其特点。

25.要将一个演示文稿中定义的母版、版式信息应用到其他演示文稿,如何操作?

第 5 章　多媒体处理

本章导读

在我们的工作和生活中,除了文本文档,对图形、图像、音频、视频等多媒体素材的处理越来越多,具备一定的多媒体基础知识,掌握简单的多媒体处理技术和工具软件,能够对图形、图像、音频、视频进行简单的处理,已经成为现代社会人们的一种基本技能。和传统的办公软件不同,多媒体处理涉及更多概念,也需要更多的专业知识,工具软件的使用也更加复杂。此外,如果具有一定的美术绘画素养,则可以创作出更好的多媒体作品。

多媒体处理工具很多,既有专业级的工具软件,在图形图像处理中,如 Adobe Photo-Shop、Adobe Illustrator、CorelDRAW 等,也有一些非主流的处理工具,如美图秀秀、光影魔术手等。相对于图像处理,音频处理工具相对简单,常用的工具也很多,如 Adobe Audition(Cool Edit)、GoldWave 等。视频是静态图像和音频的混合物,因此,在掌握了图像和音频处理后,对视频的处理就容易理解了。视频处理工具也很多,既有专业级的,如 Adobe Premiere,也有非专业级的,如 Windows Movie Maker、会声会影(Corel Video Studio)等。本章将以常用的几款工具为例,分别介绍图形、图像、音频和视频的处理方法。

知识要点

5.1:图形,图像,像素,点阵图像,矢量图像,图像大小,图像分辨率,位分辨率,设备分辨率,显示分辨率,打印分辨率,颜色模型,颜色模式,RGB 色值,色相(色调),饱和度,明度,图像压缩,图像文件格式。

5.2:图层,选区,选择工具,选框工具,套索工具(多边形套索、磁性套索),魔棒工具(快速选择),羽化。

5.3:图像调色,色阶,图像变换,缩放,扭曲,斜切,扭曲,透视,变形,图像修复,修复画笔工具,图章工具,柔化处理,模糊工具,锐化工具,涂抹工具,减淡工具。

5.4:图像合成,图层混合模式。

5.5:画笔,铅笔,钢笔,填充,渐变,擦除,路径,锚点,路径描边,路径和选区转换。

5.6:文本图层,文字段落调板,图层样式。

5.7:蒙版,快速蒙版,图层蒙版,矢量蒙版,剪贴蒙版,通道,原色通道,专色通道,Alpha 通道,滤镜。

5.8：音色（音品），音调，音高（音量），声卡，声道，音频压缩标准，噪音，淡入，淡出，混音。

5.9：电影，动画，电视视频，计算机视频，帧频，视频压缩标准，流媒体，线性编辑，非线性编辑，视频效果，视频过渡。

5.1 图形与图像的数字化

我们平常见到的图形和图像，在计算机中都被数字化了，被表达为一个个的像素点。在计算机中，每个像素点都是一种颜色，在显示器等输出设备上输出。由于像素点之间的距离非常小，我们的眼睛感觉不到这些离散的点，看到的是一幅连续的画面。数字化的结果使得计算机对图像可以进行更加灵活的处理，包括图像的放大、缩小、旋转、修复、合成等，同时，还可以进行图形和图像的绘制操作。和手工进行图像绘制和处理相比，计算机处理更加灵活、方便和高效。

5.1.1 图形与图像基本概念

在数学中，根据数学公式，我们可以绘制相应的图形，如矩形、正方形、圆、椭圆、三角形、梯形、抛物线、双曲线等，通常把这种几何形状称为"图形"。和这些几何形状不同，画家在画布上绘画，则是一种色彩的运用，表达的是思想和审美情趣，我们可以将其称为"图像"。

在计算机系统中，从图形到图像，都已被数字化了。它们被表示成一个个的像素点，每个点对应一个颜色值，通过这些像素值的存储和显示来实现图形和图像的存储和显示。在生活中，我们不太考虑图形和图像是否有区别，因为你在一张纸上，画的是一个几何形状还是一幅山水画、一幅人物肖像，对纸张来说，都是一样的。但是在计算机中，图形和图像却有着很大的不同，不管是存储，还是显示，两者都有很大的区别。

1. 图形与图像

在计算机中，图形（Graph）一般是指根据图形的几何特性来对其进行描述的矢量图（Vector Graph）。矢量可以是一个点或一条线，包括使用实心或用有等级变化的色彩填充色块。矢量图也称为"面向对象的图像"或"绘图图像"，矢量文件中的图形元素称为"对象"。每个对象都是一个自成一体的实体，具有颜色、形状、轮廓、大小和屏幕位置等属性。矢量图并不存储图像的像素信息，只是存储每个图形对象的几何信息，因此，失量图在显示时，需要对所包含的所有图形对象进行实时绘制。

从图形概念上，我们可以很容易理解图形的特点，如文件较小，图形的放大、缩小和旋转不会失真，可以制作 3D 图像。从本质上讲，图形是由数学坐标和公式来描述的，因此，图形一般只能描述轮廓不是非常复杂、色彩不是很丰富的对象，如几何图形、工程图纸等。

对于色彩丰富的对象,如花朵,采用图形表达,文件将变得很大,显示效果并不理想。

在计算机中,图像(Image)是指由若干像素点阵构成的点位图,在特定的领域有时也称"光栅图"。在图像中,每个像素都被分配一个特定位置和颜色值。图像的质量与显示器分辨率有关。当以较大的放大倍数显示,或以过低的分辨率打印时,会出现锯齿边缘且会遗漏细节。在缩放及变换时会产生失真。但由于它能记录每个点的数据信息,可以精确地记录下色调丰富的图像,尤其在表现阴影和色彩的细微变化方面。它主要用来描述轮廓复杂和色彩非常丰富的对象,如照片、绘画等。

2.图像处理

图像处理是指将图像信号转换成数字信号,并利用计算机对其进行处理的过程。图像处理最早出现于 20 世纪 50 年代,而作为一门学科形成于 20 世纪 60 年代初期。早期图像处理的目的是改善图像的质量。它以人为对象,以改善人的视觉效果为目的。图像处理中,输入的是质量低的图像,输出的是改善质量后的图像。在天文学研究、医学、航空航天、生物医学工程、工业检测、资源调查、机器人视觉、公安司法、军事制导、文化艺术、广告宣传等各个领域,图像处理技术都有着广泛的应用。

图像处理主要研究的内容有以下几个方面:

①图像变换。由于图像阵列很大,直接在空间域中进行处理,涉及计算量很大。因此,往往采用各种图像变换的方法,如傅立叶变换、沃尔什变换、离散余弦变换等间接处理技术,将空间域的处理转换为变换域的处理,不仅可减少计算量,而且可获得更好的处理结果,如傅立叶变换就经常用于数字滤波处理。

②图像编码压缩。图像编码压缩技术可减少描述图像的数据量(即比特数),以便节省图像传输和处理的时间,减少所占用的存储器容量。压缩可以在不失真的前提下获得,也可以在允许的失真条件下进行。编码是压缩技术中最重要的方法,是图像处理技术中发展最早且比较成熟的技术。

③图像增强和复原。图像增强和复原的目的是为了提高图像的质量,如去除噪音、提高图像的清晰度等。图像增强不考虑图像降质的原因,突出图像中所感兴趣的部分。例如,强化图像高频分量,可使图像中物体轮廓清晰、细节明显。

④图像分割。图像分割是数字图像处理中的关键技术之一。图像分割是将图像中有意义的特征部分提取出来,其有意义的特征有图像中的边缘、区域等,这是进一步做图像识别、分析和理解的基础。

⑤图像描述。图像描述是图像识别和理解的必要前提。图像描述的方法很多,例如,二值图像可采用其几何特性描述物体的特性;一般图像可采用二维形状描述,分为边界描述和区域描述两类方法,对于特殊的纹理图像可采用二维纹理特征描述等。

⑥图像分类(识别)。属于模式识别的范畴,其主要内容是图像经过某些预处理(增强、复原、压缩)后,进行图像分割和特征提取,从而进行判决分类。

随着图像处理技术的不断发展,图像应用的水平也在不断提高,特别是在互联网中,在传统的文字搜索基础上,图像搜索的研究和应用也越来越广泛。

5.1.2　图像大小和分辨率

图像大小是指图像的高度和宽度,常以像素点(Pixels)、英寸(Inches)、厘米(cm)等作为度量单位。一般情况下,图片大小是指图片水平和垂直方向的像素数。同一张图片,在不同的显示器分辨率下显示的大小不同。

在计算机中,存储图像,即存储像素值,因此,图像文件的大小与图像的像素尺寸成正比。不同色彩模式的图像中,每一像素所需字节数也不相同:灰度图像中每一像素由1个字节来表示;24位的RGB图像中每一像素颜色由3个字节来表示;CMYK中每一像素颜色由4个字节来表示,这将使图像更细腻。在给定打印尺寸的情况下,像素多的图像产生更多的细节,文件就越大,编辑和打印速度就更慢。

对于一幅图像,如何进行显示或打印输出呢? 我们知道,一幅图像的大小、所包含的像素数是确定的。当在屏幕上显示或打印输出时,图像像素是直接转换为显示器像素的,因此,图像的输出不仅与图像的大小有关,还与输出设备的分辨率紧密相关。在显示器中,一般用像素来描述,在打印机或出版印刷中用点来描述。

1.图像分辨率

图像分辨率(Image Resolution)是指每单位英寸含有多少个像素点数,常用的图像分辨率单位是PPI(Pixels Per Inch,像素每英寸)。例如,一幅8(宽)英寸×6(高)英寸的图,图像分辨率为100PPI,当保持图像文件大小不变时,即像素个数不变,如果分辨率降为50PPI,则图像尺寸将扩大两倍,即:16(宽)英寸×12(高)英寸。

图像的分辨率、图像尺寸的大小和图像文件的大小之间有着密切的关系。同样尺寸的图像,分辨率越大,单位尺寸内的像素数就越多,文件也越大,图像也越清晰。因此,图像分辨率的叫法有很多种,如图像大小(像素数)、图像尺寸(长宽)等。严格地讲,这几个概念是不同的,但现实中往往并无严格区分,因此,需要根据上下文理解其含义。

2.位分辨率

位分辨率(Bit Resolution)也叫"位深",用来衡量每个像素存储的信息位元数,决定每个像素存放多少颜色信息。例如,一个24位的RGB图像,每个像素都要记录红、绿、蓝三原色的值,所存储的位元数为24bit。

在Photoshop中,图像像素是直接转换为显示器的像素的,即当图像的分辨率高于显示器的分辨率时,图像将显得比指定的尺寸大。

3.设备分辨率

设备分辨率(Device Resolution)又称"输出分辨率",指各类输出设备每英寸上可产生的点数,如显示器、喷墨打印机、激光打印机、绘图仪的分辨率,这种分辨率通常通过DPI(Dot Per Inch,点每英寸)来衡量。图像文件最终通过设备来显示或打印输出,两者既有联系,又不相同。简单地讲,图像分辨率指标的高低反映了图像清晰度的好坏,设备分辨率反映了硬件设备处理图像时的效果。

在工业生产中,设备分辨率还有水平分辨率和垂直分辨率的不同,大多数情况下两者是相等的。例如,电视工业和图像印刷中,有线分辨率 LPI(Line Per Inch)的概念和 PPI 保持一定的数学关系。

4. 显示分辨率

在计算机系统中,显示器是一种重要的输出设备。显示器一般有 CRT 显示器和 LCD 显示器两种。显示器尺寸是指屏幕对角线的长度,单位为英寸(1 英寸＝2.54cm)。常见的有 12 英寸、14 英寸、15 英寸、17 英寸、19 英寸、22 英寸等。显示分辨率又称"屏幕分辨率",是屏幕图像的精密度,是指显示器所能显示的水平和垂直方向的像素数。通常情况下,同一个显示器可设置多种不同的显示分辨率。

早期的显示器常用分辨率为 640×480、800×600、1024×768 等。现在,随着显示器尺寸的增大,根据宽高比的不同,显示屏分成了多种不同的类型,主流的是标准(4∶3)和宽屏(16∶9)。不同的尺寸,可设置的显示分辨率不同。在台式机和笔记本中,常见的显示器分辨率有:

①标准显示器(宽高比 4×3),常见的分辨率有 800×600、1024×768(17 英寸 CRT、15 英寸 LCD)、1280×960、1400×1050(20 英寸)、1600×1200(20 英寸、21 英寸、22 英寸 LCD)、1920×1440、2048×1536(高端 CRT 显示器)。

②宽屏显示器(宽高比 16∶9),常见的分辨率有 1280×720(17 英寸)、1366×768、1360×768(18.5 英寸)、1600×900(20 英寸)、1920×1080(21.5 英寸、23 英寸、23.6 英寸、24 英寸、24.6 英寸、25 英寸、27 英寸)等。

除了上述主流的显示器,还有宽高比为 16∶10 和 5∶4 的显示器,分别有不同的分辨率。

5. 打印机分辨率

所谓"打印机分辨率",是指打印机产生的每英寸的油墨点数(dpi),最佳的打印效果应是使用与打印机分辨率成正比的图像分辨率。多数激光打印机的输出分辨率为 300～1200dpi,或更高。

在涉及分辨率的概念时,图像分辨率中的像素(Pixel)与 dpi 中的点(Dot)是容易混淆的两个概念。所谓"点"(Dot),是硬件设备最小的显示单元,而像素(Pixel)则既可是一个点,又可是多个点的集合。例如,在扫描仪扫描图像时,扫描仪的每一个样点都是和所形成图像的每一个像素相对应的,因此,扫描时设备的 dpi 值与扫描形成图像的 PPI 值是相等的,此时两者可以画等号。但在多数情况下,两者的区别很大。比如,分辨率 1PPI 的图像在 300dpi 的打印机上输出,此时图像的每一个像素,在打印时却对应了 300×300 个点。

5.1.3　颜色与色彩

在计算机中处理的图像都是由一个个的像素点构成的。每一个像素点都是一个代表特定颜色的值,这个颜色值在显示器或打印机上被转换为特定的颜色显示输出。在图像处理中,特别是图像作品的创作中,人们对颜色和色彩的描述要比计算机丰富得多。

1. 颜色和色彩

在日常生活中,我们能看到五颜六色的物体,之所以能看到颜色,是因为该物体发射或反射了光线中同一色相的光波。物体的材质不同,对不同的色光的反射强度也不同,于是一个五彩缤纷的世界就呈现在了我们的眼前。科学研究表明,任何颜色的光都是由红(R)、绿(G)和蓝(B)3 种颜色的光按一定的亮度混合构成的,这 3 种色光称为"光的三原色"。也就是说,由不同比例的三原色光可以混合生成任意的一种色光;反过来也是一样,任意一种颜色都可以分解成 3 种不同比例的原色。

例如,3 种原色光按亮度 0%和 100%(最大值)混合后产生的颜色如图 5-1 所示,其中:红(100%,0%,0%)、绿(0%,100%,0%)、蓝(0%,0%,100%)、黄(100%,100%,0%)、青(0%,100%,100%)、洋红(100%,0%,100%)、白(100%,100%,100%)、黑(0%,0%,0%)。

可以看出,当红色光和绿色光混合时产生黄色光;当红色光与蓝色光混合时产生洋红色光;当蓝色光和绿色光混合时产生青色光。而当 3 种原色以相同的比例混合时产生白色(或灰色)光。

除了颜色,有时候我们还常常讲到色彩。颜色和色彩是两个不同的概念。前者是物体或物质具有的

图 5-1 光的三原色及其混合色

固有属性,一般是从物理学光学的角度认识物体或物质的这一属性。后者是颜色表现出来的状态,常常是多种颜色综合作用的结果。颜色是色彩的基础,即色彩是通过不同颜色的搭配实现的。色彩更多的是从视觉、美学、心理学以及社会学的角度来着手认识和研究。

2. 颜色模式

颜色模式是指在显示或打印图像时定义颜色的方式。颜色模式的基础是颜色模型,良好的颜色模型应能准确地描述和重现现实中的各种颜色。常用的模型有 HSB、RGB、CMYK 等,颜色模式主要包括 HSB 模式、RGB 模式、CMYK 模式、Lab 模式、灰度模式、位图模式和多通道模式等。

①HSB 模式,建立在 HSB 颜色模型基础上,是以人类对颜色视觉上的基本特征来描述的,这 3 个基本特征就是色相(Hue)、饱和度(Saturation)和亮度(Brightness)。HSB 模式将这 3 个特征取值都分为 256 个等级,以它们的不同取值表示颜色。HSB 模式更为符合人对颜色的理解习惯,所以采用这种模式使颜色处理更为直观,并且与 RGB 模式有完全的对应关系。

②RGB 模式,又称为"真彩色模式",它给每个像素的 RGB 分量分配一个从 0(黑色)

到 255(白色)范围的强度值。当三分量的值相等时显示灰色;都为 0 时显示纯黑色;都为 255 时显示纯白色。该模式下,每个像素用 3 个字节(24 位)来表示,可表示 1670 余万种(2^{24})颜色,是屏幕显示的最佳模式。

③CMYK 模式,以打印在纸张上油墨的光线吸收特性为基础,部分光谱被吸收,表示青(Cyan)、洋红(Magenta)、黄(Yellow)、黑(blacK,使用 K 是为了避免与蓝色混淆)。对应的 RGB 色值分别是:

青色,色值为:R=0,G=255,B=255

洋红色,色值为:R=255,G=0, B=255

黄色,色值为:R=255,G=255, B=0

黑色,色值为:R=0,G=0,B=0

CMYK 模式是四通道图像,包含 32(8×4)位/像素,每个像素每种印刷油墨会被分配一个百分比值,最亮颜色分配较低的百分比值,较暗颜色分配较高的百分比值。当四种分量的值都是 0 时,产生纯白色。将 RGB 图像转换成 CMYK 就会产生分色。用印刷色打印制作的图像时,使用 CMYK 模式效果极佳。

④Lab 模式,是一种与设备无关的模式。就是说,不管使用什么设备创建和输出图像,这种颜色模式都将保证图像的颜色一致。Lab 颜色由光亮度分量(Lightness)和两个色度分量(a 分量和 b 分量)组成,a 分量的颜色从绿到红变化,b 分量的从蓝到黄变化。在 Photoshop 的 Lab 模式中,光亮度分量的值的范围为 0~100,两个色度分量的取值范围都是+120~-120。

⑤灰度模式,图像的每一个像素用 0(黑色)~255(白色)的数值表示其亮度,即 256 级灰度。灰度也可以用黑色油墨覆盖的百分比表示,0%表示白色,100%表示黑色。将彩色图像转换成灰度图像时,将丢失所有的颜色信息,就像是我们日常看到的黑白照片。注意,灰度图像和黑白图像是两种不同的模式,黑白图像是指图像的每一个像素只有黑色、白色两种颜色。这种黑白模式也称为"位图模式"。

3. 色相(色调)、饱和度、明度和对比度

在 HSB 颜色模式下,每种颜色有 3 个要素构成,即色相(色调)、饱和度和明度。

所谓"色相"(Hue),就是色彩的颜色,每种颜色代表一种色相,调整色相即是调整图像的颜色。色调就是图形原色的明暗度,如 RGB 图像的原色为 R(Red)、G(Green)、B(Blue)3 种。色调的调整也就是明暗度的调整,其范围为 0~255,包括 256 种色调。例如,灰度模式就是将白色到黑色间连续划分为 256 个色调;RGB 模式中将红色加深就成了深红色。

饱和度(Saturation)是指色彩的鲜艳程度,也称"色彩的纯度",用从 0%(灰色)~100%(完全饱和)来衡量饱和度。饱和度为 0,则彩色图像变成灰色图像。增加饱和度就会增加其彩色程度。在最大饱和度时,每一色相具有最纯的色光。

明度(Brightness)是眼睛对光源和物体表面的明暗程度的感觉,主要是由光线强弱决定的一种视觉经验。如果我们看到的光线来源于光源,明度取决于光源的强度。如果光线来源于物体表面的反射,明度取决于照明光源的强度和物体表面的反射系数。简单

地讲,明度为颜色的亮度,不同的颜色具有不同的明度。

对比度是指不同颜色之间的差异。对比度越大,两种颜色之间的差异越大。例如,增加一幅灰度图像的对比度后,会使其黑白更加分明,继续增加则变成了一幅黑白图像。

4.互补色和中间色

如果两种色光混合后得到白色光,我们称这两种颜色为"互补色",其中一种颜色称为"另一种颜色的反色"。从人类的视觉上来说,互补色也是彼此最不相同的颜色。例如,红与青、绿与洋红、蓝与黄、白与黑分别为互补色。照片与其底片的颜色为互补色。

中间色是指介于两个互补色之间的颜色,如黑色和白色的中间色是不等级的灰度。

5.1.4 图像压缩技术

在计算机中,如何存储图形和图像呢?对于图形,计算机需要存储图形对象的几何信息,包括坐标、形状、大小、轮廓、颜色等图形属性。对于点阵图像,需要存储每一个像素的颜色值。图像的颜色值通常采用 RGB 色值来表示,一个像素点需要 24bit,可见,图像的存储量很大,而这也不便于图像数据在互联网上快速传输。因此,在图像存储和传输中,经常采用数据压缩技术对其进行压缩处理。

1.数据压缩的概念

数据压缩是通过数学运算将原来较大的文件变为较小的文件的数字处理技术,分为无损压缩和有损压缩两种类型。无损压缩是指压缩的数据经过还原后与压缩前的数据完全相同,有损压缩是指允许压缩前和解压后的数据不完全相同,压缩中允许有一定的损失。

图像在计算机中是以数据的形式表现的,这些数据具有相关性,因而可以使用一定的数学方法进行大幅压缩,其压缩的效率取决于图像数据的相关性。

2.常用图像压缩算法

(1)游程编码

一幅图像中往往存在许多颜色相同的图块,在这些图块中,一行上有许多颜色值相同的连续的像素。这种情况下不需要存储每一个像素的颜色值,而仅仅存储一个像素的颜色值,以及具有相同颜色的像素的起始位置以及数目即可,从而实现数据的压缩存储,这种压缩编码称为"游程编码"(RunLength Encoding,RLE),其中连续像素的个数称为"游程"。

游程编码有定长和变长两种。定长游程编码的游程用固定位数的二进制表示。如果相同颜色的像素个数超过这个位数,则进行下一轮游程编码。变长游程编码的游程用不同位数的二进制表示,但需要增加标志位说明二进制的位数。这种方法能有效地利用压缩图像中连续相同颜色造成的相关性,适用于压缩颜色数目较少、色块较大的图像。

RLE 是一种相当经济直观的压缩编码技术,所能获得的压缩比大小主要取决于图像本身的特点。基本思想是:把表征图像每个像素的数据(亮度及颜色值)按照图像的像素位置,从左到右、由上至下地排列成一个一维的数据系列,然后按这一序列顺序编码。每当遇到一串相同数据时,就用该数据及其重复的次数来代替原来的数据串。例如,碰到200个连续相同的像素颜色值为"01",就可以表示为200个"01"。

通常,用计算机绘制的图像适合于游程编码压缩。对于彩色照片,色彩要比计算机绘制的图像丰富,即使相近的颜色,也未必是相同的。因此,用这种方法压缩彩色照片,其压缩效率不是很高。

(2)四叉树编码

如果图像中包括大块的亮度及颜色值相同的区域,可采用四叉树编码。基本思想是:首先将整个图像划分为4个象限,对于象限中像素的数值(亮度及颜色值)不相同的,再进一步细分区域,直到每一个区域的像素的数值都相同为止。这样将产生一个树状结构,树的每一个端点标出相应区域的像素数值。四叉树编码是一种位映射图像的压缩技术。

(3)霍夫曼编码

霍夫曼编码是一种典型的统计编码方法。在数据中总是存在某种非均匀的数值分布,某些数值出现的频率比其他数值高。根据数据中各个符号出现的概率,对出现频率高的符号赋予较短的代码,出现频率低的符号赋予较长的代码,这样就会减少总的代码量,而且不减少信息总的含量,属于无损压缩。

(4)算术编码

算术编码在图像数据压缩标准中是很重要的。在算术编码中,信源用0~1之间的实数进行编码。算术编码用符号的概率和它的编码间隔这两个基本参数来描述,是无损编码。

算术编码可以是静态的或自适应的。在静态算术编码中,信源符号的概率是固定的。在自适应算术编码中,信源符号的概率根据编码时符号出现的频繁程度动态地进行修改。在编码期间估算信源符号概率的过程叫"建模"。需要开发动态算术编码的原因,是因为事先知道精确的信源概率是很难的,而且是不切实际的。动态建模是确定编码器压缩效率的关键。

3. 静态图像压缩 JPEG 标准

JPEG(Joint Photographic Experts Group)标准是由国际标准化组织(ISO)等机构联合组成专家组,于1991年3月制定的静态图像数据压缩的工业标准,是一个适用于彩色和单色多灰度或连续色调静止数字图像的压缩标准。该标准包括无损压缩标准和有损压缩标准两部分:空间方式的无损压缩与基于离散余弦变换(DCT)和霍夫曼编码的有损压缩。空间方式是以二维空间差分脉冲编码调制(DPCM)为基础的空间预测法,虽压缩率低,但可以处理较大范围的像素,解压缩后可以完全复原。

DCT 包含量化过程,解压缩是非可逆的,但可以利用较少的比特数获得相当好的图像质量。压缩比为(20~40):1时,人眼基本上看不出失真。

5.1.5 常用图像文件格式

为了适应不同应用的需要,图像文件可以以多种格式存储。Windows 中的图像以 BMP 或 DIB 格式存储。另外,还有很多图像文件格式,如 PCX、PIC、TIF、GIF、TGA 和 JPG 等等。不同的图像格式可通过工具软件来转换,多数图像处理软件也都允许以不同的格式打开和存储文件。

①PCX 格式。PCX 由 PC Paintbrush 得名,由美国佐治亚州的 ZSoft 公司设计,随该公司的图形图像编辑软件 PC Paintbrush 一起发布,故也经常叫作"ZSoft PCX 图像文件格式",是早期 DOS 图像标准,是微型计算机上使用最广泛的图像文件格式之一。后来,微软公司将 PC Paintbrush 移植到 Windows 中,PCX 格式的图像文件得到了广泛的应用。随着更复杂的图像格式如 GIF、JPEG、PNG 的出现,PCX 格式逐渐被取代。

②BMP 格式。BMP(Bitmap)是 Windows 图形图像的基本位图格式,是微软公司专为 Windows 环境应用图像而设计的,Windows 软件的图像资源多数以 BMP 格式存储。大多数图形图像软件,特别是在 Windows 环境下运行的软件,都支持这种文件格式。BMP 文件有压缩和非压缩之分,一般作为图像资源使用的 BMP 文件都是不压缩的。BMP 支持黑白图像、16 色和 256 色的伪彩色图像以及 RGB 真彩色图像。

③GIF 格式。GIF(Graphics Interchange Format,图形交换文件格式)是由美国在线信息服务机构 CompuServe 公司于 1987 年开发的图像存储格式,属于无损压缩,支持黑白图像及 16 色和 256 色的彩色图像。压缩率一般在 50% 左右,可以存多幅彩色图像。如果把存于一个文件中的多幅图像数据逐幅读出并显示到屏幕上,可构成一种最简单的动画。GIF 格式的文件压缩比较高,文件长度较小,是目前网络上非常流行的图像文件格式。

④TIF 格式。TIF 格式是 TIFF(Tagged Image File Format,TIFF)格式的简称,是由 Aldus 和微软公司合作开发的一种通用位映射图像文件格式,支持从单色模式到 32bit 真彩色的所有图像类型。TIF 格式不针对某一特定的操作平台,可用于多种操作系统及不同机型。TIF 格式文件有多种压缩方式,解压缩比较复杂。

⑤JPG 和 PIC 格式。JPG 和 PIC 格式原是 Apple Mac 机器上使用的一种图像格式。这两种格式的最大特点是文件非常小,而且可以调整压缩比。JPG 文件的显示比较慢,图像的边缘有不太明显的失真。JPG 的压缩比很高,常用于要处理大量图像的场合。它是一种有损压缩的静态图像文件存储格式,压缩比可以选择,支持灰度图像、RGB 真彩色图像和 CMYK 真彩色图像。

⑥PNG 格式。便携式网络图形(Portable Network Graphics)是一种无损压缩的位图图形格式。1995 年早期,Unisys 公司根据它在 GIF 格式中使用的 LZW 数据压缩算法的软件专利开始商业收费。为避免专利影响,人们设计了 PNG 图像格式,设计目的是试图替代 GIF 和 TIFF 文件格式,同时增加一些 GIF 文件格式所不具备的特性。

5.2 图像处理基础知识

在计算机中,图像都是数字化的,图像处理都是通过图像处理工具完成的,所以,图像的处理更加灵活。虽然图像处理软件很多,并各有特点,但图像处理的业务是一样的。因此,只要掌握图像处理的基本概念,理解数字图像的常用术语,掌握一种相对专业的图形处理工具,就能够完成基本的图像处理任务。图像处理工具很多,本书将以使用最为广泛的 Adobe PhotoShop 为例,介绍图像处理知识及工具软件的使用。

5.2.1 图像处理工具软件

在图像处理中,可用的工具软件很多。每种工具软件各有特点,下面对这些常见的工具软件做一个简单说明,以便于在使用时参考。

①Adobe Photoshop,属于专业级图像处理软件,主要用于点阵图像处理,也可以绘制矢量图形,简称"PS"。可以说,PS 是最流行的图像处理软件。

②Adobe Illustrator,矢量图形处理工具,广泛应用于印刷出版、海报书籍排版、专业插画、多媒体图像处理和互联网页面的制作等。

③CorelDRAW,加拿大 Corel 公司的平面设计软件,属于矢量图形制作工具,具有矢量动画制作、页面设计、位图编辑等功能,广泛地运用于商业设计和美术设计。

④ACDSee,由加拿大 ACD Systems 公司推出的一款非常流行的看图工具,具有图片浏览、管理等功能,支持很多种图片格式,自身也带有图片处理功能。ACDSee 现有免费版、付费版、付费专业版等多种版本。

⑤光影魔术手,一款最早因个人兴趣开发的图像处理软件,主要用于数码照片画质的改善提升及效果处理,软件雏形于 2004 年完成,2008 年被深圳迅雷公司[①]收购。2013年,迅雷发布光影 4 版本,照片处理功能日益完善,是摄影作品后期处理、数码照片冲印整理时常用的图像处理软件,可以满足绝大部分人照片后期处理的需要。

⑥美图秀秀,中国美图公司[②]图像处理软件,属于非专业级的图像处理软件,比 PS 简单,具有简单易用、免费等特点,尤其可以在手机上直接处理照片,深受年轻人的喜欢。

除了上述常用的图形图像制作和处理工具,在 Windows 操作系统中,还自带了一个画图程序,也可以对点阵图像进行简单处理。

---

① 迅雷公司,2002 年底创于美国硅谷,创始人为美国杜克大学计算机硕士邹胜龙与程浩,2005 年 5 月正式更名为"深圳市迅雷网络技术有限公司"。主要产品为迅雷下载,还陆续推出了迅雷看看等工具。

② 美图公司(Meitu,inc.),成立于 2008 年 10 月,总部位于中国福建厦门,是中国领先的移动互联网公司,围绕着"美"创造了大量的软件工具和手机 APP,主要包括美图秀秀、美颜相机、BeautyPlus(美颜相机海外版)、潮自拍、美妆相机、美拍(短视频社区)、美图拍照手机等一系列软硬件产品。

5.2.2 Photoshop

1987 年,托马斯·诺尔(Thomas Knoll)正在美国密歇根大学计算机视觉专业攻读博士学位,他买了一台苹果计算机用来撰写博士论文。托马斯发现当时的苹果计算机无法显示带灰度的黑白图像,因此自己写了一个程序图像处理程序 Display,它能够让黑白位图显示器显示灰阶图像。

有一天,托马斯的哥哥约翰·诺尔(John Knoll)看到这个雏形觉得非常有意思。他当时供职于光影魔幻工业特效公司。他建议弟弟托马斯将 Display 做成一个数字图像处理程序,于是两兄弟花了六个月时间,在 1988 年一起完成了这个项目。最初,托马斯想将软件称为"ImagePro",因已经有人注册了,后在一次参展时,在一位观众建议下改名为 Photoshop。

1. Adobe Photoshop 的产生与发展

Photoshop 诞生后,曾和一家扫描仪公司合作,用于处理扫描后的图像。在这期间,约翰前往硅谷向苹果公司的工程师以及 Adobe Systems 艺术总监罗素·布朗(Russell Brown)展示了 Photoshop。两边的展示都很成功,最终在 1988 年 9 月,Adobe 公司决定买下 Photoshop 的发行权。在与 Adobe 达成协议后,诺尔兄弟对 Photoshop 做进一步的完善,1990 年 2 月,Adobe Photoshop version 1.0 问世。

1991 年,Adobe Photoshop 2.0 发布,第二版最显著的特点是集成路径工具和钢笔工具,并且支持 CMYK 模式和 EPS 光栅。

1994 年,Adobe Photoshop 3.0 发布,在程序中引入了图层的概念。Photoshop 并不是第一个引入图层概念的图像处理软件,但 Photoshop 图层的广泛应用令摄影师和设计师的工作变得更加轻松,在很大程度上定义了一个好的图像软件的基础构成,即图层功能。

1996 年,Adobe Photoshop 4.0 发布,对图层功能进一步完善。

1998 年,Adobe Photoshop 5.0 发布,引入了诸如磁性套索工具、可编辑类型、历史面板等重要功能。历史面板是一个非常便利的功能,可以允许操作者撤销多次操作,让文档回档到早期状态。

2000 年,Adobe Photoshop 6.0 发布,优化用户界面,增添液化滤镜,支持矢量图形,优化图层样式界面。

2002 年,Adobe Photoshop 7.0 发布,增强了 Photoshop 处理使用量正不断增长的相机图片的处理能力,增加了修复笔刷和基于矢量的文本。这是 Photoshop 最后一个采用数字后缀命名的版本。

2003 年,随着 Photoshop 逐渐成为 Adobe 设计软件的一部分,Photoshop 更改了版本的命名方式。从第 8 个版本开始,Photoshop 采用 CS(Creative Suite)作为命名后缀。该版本增加了大量的功能,包括图层组、阴影和高光效果、镜头模糊滤镜等。

从 2003 年开始,随着 Adobe Photoshop CS 命名体系的建立,Adobe 公司对产品不断升级和优化,几乎以两年一个新版本的速度不断推出新的版本,主要包括 Adobe Photoshop CS2(2005 年)、Adobe Photoshop CS3(2007 年)、Adobe Photoshop CS4(2009 年)、Adobe Photoshop CS5(2011 年)、Adobe Photoshop CS6(2012 年)。

2013 年 6 月,Photoshop 第 13 个版本发布,命名为 Photoshop Creative Cloud,这意味着 Photoshop CS 命名方式的结束,一种新的命名方式 Creative Cloud 悄然开始。这是对互联网、对云计算的一次拥抱,传统的应用软件已然迈出了融入互联网的步伐。

经过了近 30 年的产品升级和发展,不管是 Adobe Photoshop,还是 AdobeIllustrator,功能已经非常强大,可使设计师的灵感能够自由挥洒。Adobe 产品成了创意领域不可或缺的工具,Adobe Photoshop 也成为人们最常用的图像处理工具。

2. Photoshop 用户界面

Photoshop 功能非常强大,对于一个初学者,或想学习基本的图像处理,并不需要掌握 Photoshop 的全部。因此在本书中,我们并不选择 Photoshop 的最新版本,而是使用流行的 Photoshop CS3 版本进行讲解,介绍图像处理的基本技术。

在计算机上安装 Photoshop CS3,启动后即可显示 Photoshop 工作界面,如图 5-2 所示。

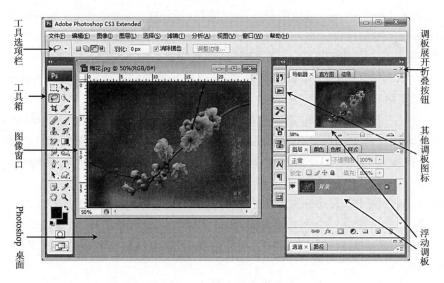

图 5-2　Photoshop 工作界面

Photoshop 窗口界面主要由菜单栏、工具选项栏、工具箱、图像窗口、Photoshop 桌面、浮动式调板(也称"选项面板"或"控制面板")等组成。

①工具箱集中了图像处理中所有的工具,可以单列或双列排列其中的工具图标。多数为工具组,包含了一组工具,图标为当前工具,按下图标稍做停留或右击,就可以显示出它的工具列表,然后选择其他工具。

②工具选项栏。当单击某个工具按钮时,系统自动打开相应的工具选项栏,以便于用户设置相应的操作参数。所选工具不同,对应的工具选项栏的内容也不同。

③图像窗口,打开的图像在此窗口中显示。Photoshop是一个多文档应用程序,可以同时打开多个图像文件,并且可以在不同的图像窗口之间切换、移动和复制编辑的内容。

④浮动式调板,实际上是用来进行图像处理的各种操作窗口,不同的调板有各自的功能,如颜色调板、图层调板、历史调板等。用户可以根据自己的需要随意地打开、关闭、展开、折叠调板,也可以重组调板、优化调板组。

在众多的调板中,导航器是经常用到的调板。在图像处理过程中,由于图像窗口的大小限制和图像编辑过程的需要,经常要放大、缩小以及移动图像,使之在图像编辑窗口中显示出来,这是通过导航调板实现的。

在系统菜单栏中,单击"窗口"主菜单,在菜单列表中,选择"导航器",显示"导航器"浮动调板,如图5-3所示。

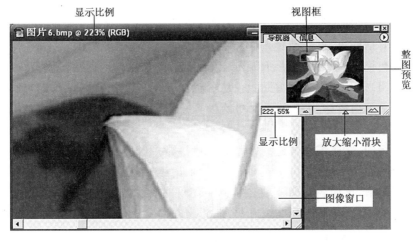

图 5-3　导航器调板

在导航器调板中,可预览整个图像,而其中的视图框(红色方框)就是图像在编辑窗口中显示的部分。当在导航器中拖动视图框时,可以改变图像窗口中显示的内容。

在图像窗口标题栏上,以及导航器的左下角,都显示有当前图像的显示比例。通过拖动放大缩小滑块可以改变窗口中图像的显示比例,也可以在导航器左下角的显示比例文本框中输入新的显示比例,按Enter键后图像视图将改变成新的大小。

在图像处理的过程中,需要我们不断地通过导航器调板改变图像的大小、位置,然后进行图像的处理。

5.2.3　图像文件操作

从概念上讲,程序是对数据的处理,数据可以以文档的方式组织和保存。Photoshop处理的数据是图形和图像,其工作也包含文件的打开与新建操作。

1.新建图像文件

如果要处理一个剪贴板中的图像,或绘制一幅图像,需要新建一个图像文件。在系统菜单中,单击"文件",执行"新建"命令,弹出"新建"对话框,如图 5-4 所示。

图 5-4 "新建"对话框

在"新建"对话框里,进行新建图像相关设置,包括新建图像文件名、图像大小(图像宽度和高度)、颜色模式(位图、灰度、RGB 颜色、CMYK 颜色、Lab 颜色)以及文档背景(白色、背景色、透明)等。如果当前剪贴板上已经保存了图像文件或图像选区,则 Photoshop 自动以剪贴板上的内容作为新文件的初始设置。最后按 Enter 键则可完成新建图像的任务。

在实际应用中,新建图像文件的宽度和高度通常取长度值,如制作一个 $60cm \times 40cm$ 大小的标牌,或是 $170cm \times 120cm$ 的展板等。对于大尺寸的图像,为保证印刷效果,需要设置较高的分辨率,比如 300 像素/厘米,此时图像文件大小将非常大,一般会几个 G 字节。这种情况下,可以减小图像宽度和高度,但分辨率一般要较高。当图像设计完成后,进行图像放大,达到实际需要的物理尺寸。

2. 打开图像文件

如果要对现有的图像文件进行操作,Photoshop 可以一次打开一个或多个文件。操作步骤如下:打开"文件"菜单,执行"打开"命令,弹出"打开"对话框,设置要打开文件的类型,选择一个或多个所需要处理的图像文件,单击"确定"按钮。

当打开多个图像文件时,在菜单栏的右端显示文档按钮,单击该按钮,打开的多个文档将层叠显示,可以选择一个文档为当前文档。或打开"窗口"菜单,在窗口列表的底部显示已经打开的多个文档,选择其中一个作为当前文档。

3. 保存图像文件

在文件操作结束或中间过程中,随时可以对文件进行保存操作。一般步骤如下:选择"文件"菜单,执行"存储"(Ctrl+S)或"存储为"命令(Shift+Ctrl+S),在确定了保存位置、文件名后,单击"格式"下拉列表框右侧的小黑三角,从中选择图像文件格式。通常选择的图片格式是 PSD 格式,以保存完整的图层等信息,便于后期的修改。如果是输出图片文件,一般需要执行"保存为 Web 和设备所用格式"菜单命令。

在"文件"菜单中,还包含"保存为 Web 和设备所用格式"菜单命令(Alt+Shift+Ctrl

＋S),弹出"保存 Web 和设备所用格式"对话框,显示预览图像,在右侧按钮中,可选择保存的文件类型为 GIF、JPG、PNG-8、PNG-24,通过图像品色设置(低、中、高、非常高、最佳),可以调整图像文件大小,以方便网络下载。

将文件保存为网络中的 GIF 格式,可保留图像中的透明信息,使得图片可以部分透明,而不是一个矩形的图片,以满足设计要求。例如,设计一个圆形 LOGO 图片,需要保存为"保存为 Web 和设备所用格式",以使得 LOGO 圆外的部分不遮挡文档内容。

5.2.4 图层

在人工绘画中,画家在画布上绘画,如果绘制过程出现一点问题,则整个绘画作品就可能失败。特别是在绘制的后期,损失将更大。在计算机中,不管是图形绘制还是图像修复,由于图像数字化,就可以通过技术来避免上述情况的发生,其中最核心的技术就是图层功能的引入。图层是 Photoshop 的两大基础概念之一。

1.图层及其特征

所谓"图层",是指一组可绘制和存放图像的电子画布。可以将图层想象成一摞可用来绘制各种图形的透明纸,我们可以随时在这些透明纸上绘制图像和剪贴画,不同的透明纸上所绘的图像是不同的,然后将它们整齐地码放在背景图像上,当从上向下看时,上面的图像便会将下面的图像遮住。适当地调整透明纸的次序,适当地修改和移动各张纸上的图像,就可以使图像以最佳效果显示出来。这样的透明纸就相当于这里的图层。

不是所有的图像处理程序都有图层的概念,如 Windows 系统自带的画图程序就没有图层功能。在 Photoshop 发展的早期也没有图层功能,直到 1994 年,Adobe Photoshop 3.0 发布时,才在程序中引入了图层的概念。可以说,如果没有图层功能的出现,就不会有 Photoshop 软件在今天图像处理领域中的霸主地位。

图层具有三个主要工作特性:

①独立特性。在图像处理过程中,可能会创建多个图层,每个图层上分布不同的图形图像,在一个图层上的操作不会对其他图层产生影响,图层之间是相互独立的。

②透明特性。图层就像是一组码放在一起的透明胶片,上层的图像可以掩盖下方的图像,从上层透明的部分可看到下方的图像。如果没有透明特性,图层就失去了存在的意义。通过显示或隐藏这些透明图层,可以产生不同的图像效果,对整体图像也能更好地把握。

③合成特性。一幅图片可能包含多个图层,我们看到的效果是所有图层的综合显示效果。通过设置图层不同的叠加方法或控制选项,可以得到不同的合成效果,如改变图层的不透明度和填充透明度。

2.图层调板

在 Photoshop 中,一幅图像都是由若干图层组成的,对图层的管理通过图层调板来完成。在系统"窗口"菜单,包含"图层"命令,可以控制图层调板的打开和关闭。例如,打开一幅图片后，Photoshop 窗口及图层调板如图 5-5 所示。

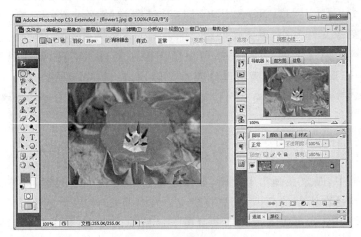

图 5-5　图层调板

默认情况下，系统自动显示一组常用的功能调板，并且把功能相关的调板组织成一组。本质上讲，一个功能调板就是一个窗口，因此，可以将功能调板拖离组，也可以根据个人需要移动组织顺序。

在图层调板中列出了当前图像文件包含的图层，其中在打开一个图像文件时，会自动生成一个名称为"背景"的图层。每一个图层列表项都包含下列信息：

①眼睛图标 👁，用于显示或隐藏图层，单击眼睛图标可以切换状态。图层隐藏时，不能对其进行任何编辑操作。

②图层预览缩图，显示图像内容，可快速识别一个图层。

③图层名称，每一图层都可以定义不同名称以便于区分，若未起名则 Photoshop 会自动依次命名为图层 1、图层 2……

④锁定，在图层列表项的右端有一个锁定图标，分 4 种状态：锁定透明像素 ▫，锁定当前图层的透明区域使其不能被编辑；锁定图像像素 ✐，使当前图层和透明区域不能被编辑；锁定位置 ✛，使当前图层不能被移动；全部锁定 🔒，所有图层都不能被编辑。

在图层列表中，以蓝色显示的图层为当前图层，用户操作通常是对当前图层的操作。一个图像只有一个当前图层，单击"图层名称"或"预览缩图"可以切换。

除了图层列表，在图层调板中，图层列表的上方和下方都包含许多设置选项：

①图层模式下拉菜单，设置当前图层的混合模式，图层混合模式很多，在后边相关的地方再做介绍。

②不透明度，用来改变整个当前图层的透明度。

③填充，改变当前图层中非图层样式部分的透明度。

3.常用图层操作

在调板窗口的底部、图层列表的下方，包含一组操作按钮，分别为：

● *fx*，添加图层样式；

● ，添加图层蒙版；

● ，创建新的填充或调整图层；

● ，创建新组；

● ，创建新图层；

● ，删除图层。

通过上述图层操作按钮，可以完成图层操作，常用的操作包括：

①新建图层，建在当前图层的上方，在当前图层上粘贴剪贴板中的图形对象时，或输入文本、创建路径等操作时，也自动新建图层。

②图层复制，复制图层时将自动弹出"复制图层"对话框，输入新图层的名字，选择目的位置。

③图层位置移动，用鼠标左键按下图层项上下移动，可以调整图层的叠放次序。

④图层合并，分向下合并和合并可见层两种情况。前者按 Ctrl+E 组合键即可，后者要求下一层必须是可见的。后者可按 Shift+Ctrl+E 组合键，合并后的图层放在最底下。

对图层的其他操作，包括添加样式、添加图层蒙版、创建新的填充或调整图层等。

图层是图像数字化处理的核心技术。基于图层的思想，在进行图像绘制或图像处理时，可以将整个图上的不同部分绘制在不同图层上，这样当图像的某个局部出现问题时，不会影响整个图像。此外，还可以设置图层的透明度和样式效果，设置各个图层的显示或隐藏，以及调整图层叠放顺序，这些操作都为图像处理和绘制带来方便。同时，图层还可以重用，可提高图像处理效率。

5.2.5　选区及其操作

在图像处理时，不可避免地会进行图像的复制、删除、修改等操作，这种操作可以是整个图像，也可以是图像的一部分，这就是选区的概念。可以说，选区是我们进行图像处理操作的界定区域，选区和图层共同构成 Photoshop 两大基础概念，其他概念都是在此基础上衍生的。当选定了选区后，很多操作只在当前图层的当前选区有效，如果没有选定选区，则所进行的操作将针对整个图层。在 Photoshop 中，选区用动态的虚线表示，俗称"蚂蚁线"。建立选区的方式很多，最常用的是工具箱中的选择工具按钮。

1.选择工具的使用

在 Photoshop 工具箱的上端，包含三组选择工具，即选框工具、套索工具和魔棒工具，每组工具按钮的右下角显示一个很小的黑色右下箭头 ，右击该按钮，可显示命令列表。

（1）选框工具

单击图标 ，弹出选框类型，如图 5-6(a)所示，同时打开相应的工具选项栏，如图 5-6(b)所示。

（a）选框工具　　　　　　　　　　　　（b）选框工具选项栏

图 5-6　选框工具及其选项

在工具选项栏中，有四个并列的选项按钮，分别是：新选区、添加到选区（在原有选区的基础上增加新选区）、从选区减去（在原有选区的基础上减去新选区）、与选区交叉（新旧选区交叉部分）。在选择选区过程中，按下不同的按钮，可以执行不同的选区操作。

"羽化"选项用于设定选区边界的羽化程度；"消除锯齿"选项用于清除选区边缘的锯齿；宽度和高度用于设定选区的宽度和高度。

在选框工具组中，单行选框和单列选框不构成一个区域，只是选择了一行或一列像素，这通常在网页制作时会用到，可以做一些内容填充。

（2）套索工具

当需要选择不规则的形状的区域时，通常需要使用套索工具。套索工具可以自由地选择一些不规则选区，有套索工具　、多边形套索工具　和磁性套索工具　三种，每个套索工具各有特点，对应的工具选项与选框工具类似。

套索工具　很少单独使用，往往用于选的加选或减选。例如，利用魔棒工具或快速选择工具建立了一个大的选区，希望把里面一些零散的选区合并或去掉，此时使用套索工具非常方便。套索工具通过按下鼠标左键，拖动鼠标可以建立一个边界任意的区域。

多边形套索工具　可以依次单击，最后双击，定义一个多边形选区。

磁性套索工具　，顾名思义，有磁铁吸附的意思，特别适合选取不规则且图形与背景反差大的图像选区。使用磁性套索工具创建选区示例如图 5-7 所示。

图 5-7　使用磁性套索工具创建选区

在磁性套索工具选项栏中，"宽度"选项设置检测的边缘范围，在该范围内选取反差最大的边缘,数值为 1~40,数值越小,所检测的范围越小;"对比度"选项设置选区边缘的灵敏度,数值越大,则要求边缘与背景的反差越大;"频率"选项设置选取时的节点数,数值越大,所产生的节点数越多;"光笔压力"选项用于设定笔刷的压力。

在使用选择工具时,使用快捷键(在英文输入法状态)可以方便用户操作。常用的有:按 CapsLock 键,十字笔头和圆形笔头⊕切换;按"["键和"]"键,可增大或减小笔头直径大小。

(3)魔棒工具

在图像处理时,有时候我们需要选取图像中的某种颜色区域,在技术上,这是最容易实现的。为此,Photoshop 提供了一组魔棒工具,其功能就是用来选取图像中色彩一致的区域。当在图像中单击某一点时,与之颜色相同或在容差范围内的点都自动溶入选区中。示例如图 5-8 所示。

图 5-8 使用魔棒工具建立选区

我们要选取红色的花朵,单击魔棒工具,然后在红色花朵上单击,即可建立一个看起来零散的选区。此时,可以单击套索工具,按下鼠标左键将这些零散的选区选进一个选区,即把零散的选区合并了,这也是自由套索工具最常使用的情景。

在魔棒工具选项栏中,"容差"选项用于控制色彩的范围,其值为 0~255,默认 32。数值越大,所选颜色范围就越大,数值越小,所选颜色就越接近。要定义一个平滑边缘,请选择"消除锯齿"。"连续的"选项用于选择单一颜色范围,即选区是否必须连续。"用于所有图层"选项选择所有图层中的颜色数据,否则只对当前图层起作用。

在魔棒工具组中还包含一个快速选择工具,它是魔棒工具的升级版。画笔经过时,相似的颜色被选择,可以快速得到选区。通过工具选项或快捷键,可以设置笔头的大小。

在 Photoshop 操作时,为提高操作效率,经常需要使用一些常用的快捷键。使用光标移动键可以微调选区。在选区操作时,按下 Shift 键,为选区添加操作,此时在鼠标右下角显示加号(+);如果想减小选区,可按下 Alt 键,则选区操作为选区减操作,鼠标右下角显示减号(-)。如果要释放已经选择的选区,可按 Ctrl+D 组合键,这是一个最常用的操

作快捷键。

2.选区常用操作

在进行选区操作时,除了可以使用工具箱中的选择工具,在系统菜单栏中还有一个"选择"菜单,包含了全选、反选、按颜色范围选择、修改选区、羽化选区、扩展选区、变换选区、载入选区、保存选区等菜单命令。

①反向,即反向选择,选择当前选区之外的所有像素。

②颜色范围,按颜色选择,可以在对话框中从画布上吸取某一颜色,设置好颜色容差,选择与该颜色相近的所有颜色为选区。

③在"修改"命令组中,有几个选区修改命令:边界,即原来的"描边"命令,以当前选区的边界线为中心,设定一个宽度值,建立一个以边界线为中心,具有一定宽度的边界区域选区。平滑,用来平滑选区的边界,平滑半径可以指定。扩展和收缩,扩展和收缩选区。羽化选区,羽化是一种半透明处理,可使得不同图层的融合比较自然。

当选区创建完成后,可以对当前图层选区内的内容进行删除(Delete)、移动(移动工具)、复制(Alt+)等操作。当对选区进行复制时,需要先按下 Alt 键,再单击移动工具按钮,移动工具显示一白一黑两个箭头,表明复制状态。

3.选区的羽化处理

所谓"羽化",就是使选区的边缘达到朦胧的效果,逐渐与其他图层的图像融合。从技术上讲,选区羽化是一种沿蚂蚁线内外侧进行不同程度的半透明处理,使得不同图层图像的融合更加自然。此时选区的内容不再是选区内部,还包括了选区边缘外部在羽化半径范围内的图像。下面通过一个例子介绍对选区羽化的方法。

【例5-1】 有一张天坛祈年殿图片[见图5-9(a)],希望将此图片的四周羽化成椭圆形的图像[见图5-9(b)],写出操作步骤。

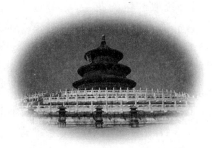

| (a)原始素材 | (b)羽化处理 |

图 5-9　图片羽化示例

根据题目要求,对素材图片进行羽化处理,一般过程如下:

①在"文件"菜单,执行"打开…"菜单命令,打开素材图片文件。或新建一个图片文件,将素材文件复制到新建图像文件,即创建一个新的图层。

②单击祈年殿图片图层,设置为当前图层。如果图片图层显示为背景图层,则按下Ctrl 键,双击背景图层,将背景图层改为普通图层。

③在工具箱中,选择"椭圆选框工具",然后在工具选项栏的"羽化"后面的文本框输入羽化值,比如:15。然后,使用椭圆选框工具画出一个椭圆选区,如图 5-10 所示。

图 5-10 建立选区

需要说明的是,选择了椭圆选框工具后,应立即设置羽化半径,不能等选区完了后再设置羽化半径。也可以通过"选择"菜单的"修改"→"羽化"命令完成。

④在"选择"菜单,执行"反向"命令,进行选区的反向选择。然后单击,按删除键 De-lete,将选区删除。如果是背景图层,则删除的区域用背景色填充。如果是普通图层,则删除区域为透明,边界半透明,即可看到羽化后的效果,如图 5-11 所示。

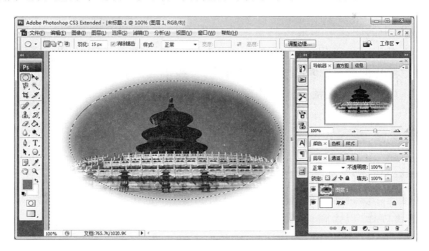

图 5-11 羽化图片

在右侧的图层窗格,可以看到两个图层,背景图层为一白色背景。图层 1 为素材图片图层。我们看到的图片是两个图层的混合显示结果,其中图层 1 中椭圆的外部是透明的,边缘为半透明的,因而将下面的白色背景图层显示出来,这通过图层列表的缩略图也可以看出来。如果取消背景图层显示,羽化的效果将看得更加清楚。

羽化是进行图像处理的常用手段,为了更清晰地理解羽化效果,一般在创建选区前并不设置工具选项中的羽化半径,而是等选区创建完成后,执行"选择"→"修改"→"羽化…"菜单命令,输入羽化值,对选区进行羽化。然后可以按 Ctrl+C 组合键将选区复制到剪贴板,然后按 Ctrl+V 组合键,此时自动创建一个新的图层,包含选区内容,位置和原先图层的位置相同。此时,可以看到选区羽化后,其内容包含了选区边缘外部的羽化部分。

4.选区的保存

在图像处理过程中,创建一个选区是一件颇为费事的工作。为了使选区能重复使用,我们可将选区保存起来,以备以后再次使用。在 Photoshop 中我们可以保存多个选区,以后一旦再次打开该文件(文件格式有所限制)时,所保存的选区仍可以打开使用。

当选择好选区后,选择菜单"选择"→"保存选区",弹出"保存选区"对话框,选择目的文件、通道、输入选区名,单击"确定"按钮即可完成。以后再次打开该文件时,只要选择菜单"选择"→"载入选区",选择文件名、选区名,单击"确定"按钮,就可以打开原来保存的选区。

从技术上讲,Photoshop 中的选区是作为一个新的通道保存的,因此,用户可以通过通道操作完成选区的建立、编辑、转换和应用。可见,通道操作也是建立选区的一种手段。

5.3　图像处理

我们生活中的图像来源最多的是来自于图像扫描、数码相机或图片截屏等操作,此外,有些计算机程序也可以绘制图像。这些不同来源的图像,有时候我们要进行一些处理,可能是对图片的修复,也可能是图片的放大、缩小或旋转等。Photoshop 有强大的图像处理能力,因此,人们生活中常把处理过的图像称为 PS 图像。

5.3.1　图像修复

图像修复是最常见的图像处理方式之一。简单地讲,图像修复就是根据需要对图像进行修改,这些修改可能是对图像中的瑕疵进行剔出,也可能是增加图像修饰,或利用素材图像进行再创作,以达到预想的效果。

在 Photoshop 工具箱中,提供了许多图像处理工具,灵活使用这些工具,可以对图像进行各种各样的处理或再创作。常用的图像修复工具有:

●污点修复画笔工具 ,可用来去除图像上的污点。

●修复画笔工具 ,用来修复图像,即用图像上的其他部分修正图像。

●修补工具 ,修补图像。

●红眼工具，用来消除照相时产生的红眼现象。

●仿制图章工具，可以从图像中选取一复制点，将该点附近的图像复制到其他位置。

●图案图章工具，可先在选项工具栏预设一种图案，将图案复制到图像中。

下面我们通过几个具体的例子，介绍这些工具的使用。

1. 污点修复画笔工具的使用

无论是绘画还是传统的照片，在漫长的岁月中，不可避免地会受到温度、湿度的影响，原始作品会产生污点。通过对这些作品的数字化，利用图像处理技术可对图像中的瑕疵进行处理。例如，有一幅老照片（见图 5-12），照片中有几处污点，可使用 Photoshop 进行修复。

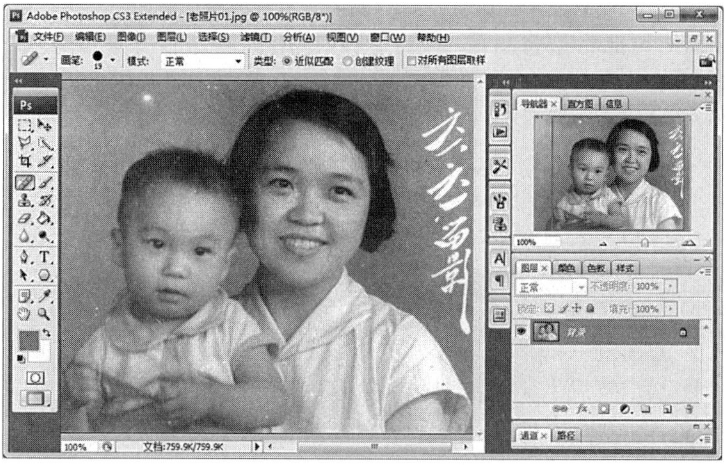

图 5-12　老照片的修复

（1）工具选项

在图中的老照片上，除了背景有些变色，还存在几处明显的污点，对于这些污点的处理最简单的工具就是使用“污点修复画笔工具”。在工具箱中，单击“污点修复画笔工具”，打开对应的工具选项栏。在进行图像修复前，先对工具选项进行说明。

①画笔，单击“画笔”下拉列表，可以对画笔进行设置，包括画笔直径、硬度（0%～100%）和间距（0%～100%）。修复画笔工具类似于我们生活中的毛笔刷，在使用毛笔刷时，用力不同，产生的效果也不一样，在 Photoshop 中用硬度来表示这种不同。默认情况下，画笔的硬度为 100%，可以较好地控制画笔范围。硬度降低，画笔外围显示朦朦胧胧的羽化效果。

画笔间距是指点与点之间的距离，我们使用画笔画出一条线条时，其实画的是一个个的点：间距小，则看到的是连续的线条；间距大，则看到的是一个个离散的点。

②模式，即画笔的叠加模式。修复画笔都有一个颜色，当在图像上拖动时，画笔颜色和图像本身的颜色如何融合，这就是模式。修复画笔可选的模式有正常、替换、正片叠加、滤色、变暗、变亮、颜色、明度。

③类型，即修复画笔采用何种方式修复图像。近似匹配是指取画笔周围的像素来修复画笔内的图像。创建纹理则以画笔区域内的像素修复图像。

（2）修复过程

根据对修复画笔工具选项的介绍，下面给出老照片修复的一般过程：

①在图层调板中，在背景图层右击，在快捷菜单中执行"复制图层…"命令，复制一个普通图层。图像修复在新的图层上进行，避免对原始图像的破坏。

②单击复制的图层，作为当前图层。单击工具箱中的污点修复画笔工具 ▨。

③在"污点修复画笔工具"工具选项栏中，选择模式为"正常"，类型为"近似匹配"，调整笔头直径大小，在图片上的小白色斑点上单击，可以看到，笔头内的白色斑点被笔头周边的颜色替换，达到了去除污点的目的。

2.修复画笔工具的使用

在图片修饰时，可能希望将图像中的一些部分用其他处的图像替换，而又尽量少地留下替换的痕迹。例如，在图 5-13 的素材图片中，雪地上有一道黑色的车辙痕迹，如何消除这个黑色车辙呢？

图 5-13　图像处理图片素材

在图像处理中，传统的选取图像然后进行复制、粘贴是无法达到图像修复效果的要求的。在 Photoshop 中提供了一个修复画笔工具，其功能是设置一个图像源点，用源点附近的图像去覆盖目的点附近的图像，并进行融合处理，以达到修复图像的目的。

对于图片素材，有两处需要修复，即小屋前的车痕和小屋窗子内部看到的车痕。使用修复画笔工具进行修复，基本操作步骤如下：

①在 Photoshop 中，打开素材图像文件。单击修复画笔工具 ▨，适当调整画笔的主直径为 30 个像素，选择模式为"正常"。

②设置图像源点，指针指向深色车辙左侧的白色路面处，按下 Alt 键，指针形状变成 ⊕，然后单击，设置"源点"完成。如果需要调整笔头大小，在英文输入状态下，按"["或"］"键增加或减小笔头大小。

③移动鼠标指针到欲去除的车辙位置。按下鼠标左键沿车辙涂抹，可以看到标识源位置显示一个"＋"字形光标，与圆形笔头随着鼠标指针同时移动，如图 5-14 所示。

图 5-14　修复画笔工具的使用

在鼠标拖动过程中,源点附近的图像复制到目标点附近,完成后放开鼠标左键。在目标点处,源点处图像和目标点处图像进行融合运算,以降低边界痕迹。

用同样的方法消除小屋后面的车辙,减小笔头直径,发现图像融合后目标图像处图像偏黑色,这与融合模式有关。此时,打开"历史记录"调板,恢复到修复前状态,然后在模式列表中,选择"替换",重新进行修复即可。

3. 仿制图章工具的使用

图章是我们生活和工作中常用的一个工具,在合同签订时,经常需要加盖公司印章。在 Photoshop 中提供了仿制图章和图案图章两个工具,可用于图像的修复和创作。其中,仿制图章工具和修复画笔工具相似,操作也相同,都是先定义图像源点,然后将源点图像(笔头内)复制到目标位置,不同点是复制时不与所覆盖的图像做融合处理。

【例 5-2】　有一幅梅花素材图片,使用仿制图章在花枝上增加一个新的花蕾和花朵,如图 5-15 所示。

(a) 原图　　　　　　　　　　(b) 仿制的花朵和新位置

图 5-15　梅花素材图片

要在素材上仿制一个花朵和花蕾,可能想到使用选区工具,先选择要复制的图像内容,再进行粘贴。这样制作的效果并不理想,一种简单的制作方法是使用仿制图章工具或修复画笔工具。两者的使用方法相似,本处使用仿制图章工具,操作步骤如下:

①打开素材图像文件,单击仿制图章工具,调整画笔的直径为 15 个像素。

②设置仿制的图像点,将指针指向花朵 1 的花蒂部位时,按下 Alt 键,指针形状变成⊕,单击,确定仿制图像源点位置。默认情况下,仿制图章的笔头很小,在英文输入状态下,按"["或"]"键增加或减小笔头大小。

③复制图像源到目的位置,移动鼠标,将指针指向仿制花朵 1 的目的位置,指针的中心放在新花朵的花蒂应在的部位,松开 Alt 键。然后按下鼠标左键开始涂抹,在涂抹过程中,注意图像源位置量不要涂到花朵之外,直到整个花朵呈现出来。

在上述图像仿制过程中,因为花蕾图像较小,可以在导航器调板拖动缩放滑块放大图像,图章笔头可以全部圈住花蕾,因此在目标位置单击一下就可以了。花朵的复制需要慢慢地拖动鼠标,直到整个花朵都在目标位置呈现出来。在结束复制时,可以看到复制到目标位置的图像替换了原有的图像,而使用修复画笔工具时复制图像和目标图像最后做了融合处理,这是修复画笔工具和仿制图章工具的主要不同。

5.3.2 图像调色

Photoshop 中提供了大量的图像处理命令,用以改变图像的质量。因为一幅图像由一系列的像素组成,每个像素体现为相应的 RGB 色值,因此,对图像的调整即是对像素色值的设置。可进行的颜色调整有色阶的调整、图像的亮度及对比度的调整、曲线调整、色彩平衡、色相及饱和度的调整、去色、替换颜色、可选颜色、通道混合器和渐变映射、反相、色调均化、阈值、色调分离等,这些命令集中于"图像"菜单的"调整"命令组中。

当一幅打开的图像已经设置好选区时,图像的调整只针对当前图层的选区内部分。当图像没有设置选区时,则调整将作用于整个图层。

1. 色阶

在图像的 RGB 颜色模式中,假设颜色的位分辨率为 8,即每种颜色由 8 位二进制表示,有 2^8(256)个灰阶,称为"色阶",色阶值范围是 0~255。同一种颜色,色阶值越小,显得越灰暗,色阶值越大,显得越亮。可见,色阶是一个颜色的亮度指标,和颜色本身无关,是对图像色调的调整。

理论上讲,RGB 颜色模式中可以有 256×256×256 种颜色。但是,显示器不一定能充分表达出所有颜色的区别,肉眼也不能区分出相近的颜色阶度。例如,对比度不佳的液晶显示器,可能会把 RGB(10,10,10)的颜色跟 RGB(12,12,12)的颜色显示得一样,而且即使显示有区别,我们的肉眼也是区分不出来的,看上去它们都是黑的。

在数字图像中,我们可以为任意像素点的颜色赋值,从而修改像素呈现的颜色。例如,对两个相近的颜色,通过修改一个颜色值,来加大两者的差距,从而观察不同的细节。在图像处理软件中,通常通过色阶图来形象地展示图像中像素点的色阶分布情况。色阶图是一个柱状图表,对应了每个色阶中像素点的数量,表达了图像整体的明暗关系。

在 Photoshop 系统菜单中,执行"图像"→"调整"→"色阶"菜单命令,弹出图像"色阶"对话框,如图 5-16 所示。

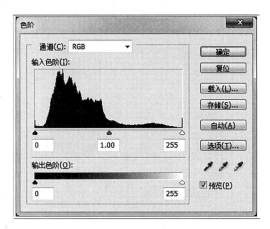

图 5-16 "色阶"对话框

所谓"输入色阶",是指数字图像本来的色阶范围,水平方向对应颜色的 256 个灰阶,垂直方向代表图像中每个灰阶的像素点数。在水平方向有黑、白、灰三个滑块,黑色滑块代表最低亮度(也称"黑场"),白色滑块代表最高亮度(也称"白场"),灰色滑块控制暗部区域和亮部区域的比例平衡(也称"灰场"),以丰富中间调细节。

拖动黑、白两个滑块,对应的数值也随着改变,同时可以看到图像显示效果的变化,即像素的颜色值发生了变化。我们无法获知 Photoshop 修改像素 RGB 色值的计算规则,但滑块移动的规则是:黑色滑块向右滑动,对应的色阶值变大,暗部区域更暗;白色滑块向左滑动,亮部区域更亮;灰场(中间色调)滑块向左滑动,增加中间色调的亮度,从而达到增加图像细节的效果。

所谓"输出色阶",是指为输出设备指定最小的暗调色阶和最大的高光色阶。因为大多数输出设备(通常是印刷机)既不能打印最黑的暗调值(接近色阶 0)中的细节,又不能打印最白的高光值(接近色阶 255)中的细节,所以有必要指定图像的高光和暗调值(为它们设置目标值)。指定最小的暗调色阶和最大的高光色阶,有助于将重要的暗调和高光细节置于输出设备的色域内。

总之,输出色阶范围决定了我们看到的图像的色阶范围,它的调整直接影响到图像的输出效果。但是一般情况下,不调节输出色阶,通常是调整输入色阶,通过调整输入色阶来调整图像的对比度。某些时候将图像整体变亮和变暗时,要用到输出色阶,即通过调整输入色阶和输出色阶调整图像的亮度和对比度。此外,在"色阶"调整对话框,还可以通过"通道"选择对不同的颜色通道进行调整,或使用"自动色阶"命令自动把图像调整为最佳色阶。

除"色阶"命令,还可以使用"曲线"命令来调整色阶。

2. 曲线

在"图像"→"调整"级联菜单中,包含"曲线…"命令,该命令也是一个使用非常普遍的色阶调整命令,执行"曲线…"命令,弹出"曲线"对话框,如图 5-17 所示。

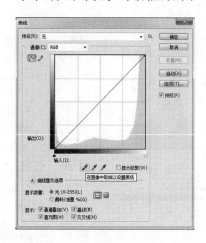

图 5-17 "曲线"对话框

在对话框中,通过一个直方图表示了图像色值的分布情况。在直方图坐标中,水平轴表示像素原来的色值,垂直轴表示调整后的色值,即输出的色阶,坐标系中的曲线为色值调整曲线。用户可以通过单击在曲线上增加调节点,通过鼠标拖动改变曲线的形状。调整时注意观察图像显示效果的变化,直到达到最佳的效果为止。

如果只需要调整一种颜色,或各颜色分别调整时,可以从"通道"列表中选择通道。

上方的"预设"列表列出了预设的调整方案供选用,可提高效率。

从本质上讲,在计算机中,图像调整就是修改图像中像素的 RGD 色值,这是手工绘画无法做到的,也是数字化的巨大优势。图像处理软件中的所有命令都来源于实际的用户需求,因此,图像的调整命令很多,在此不再一一介绍。

【例 5-3】 有一张黑白色的灰度人物图片,希望处理成彩色图片,原始图片和效果如图 5-18 所示。

(a)原始图片　　　　　　　　　　　　(b)处理后图片效果

图 5-18 图像调整

将黑白图像调整为彩色图像,可以通过选区颜色填充来实现,也可以通过颜色调整来实现,可以按以下步骤完成:

①打开原始图片文件,再按该图片的大小新建一个空白,颜色模式为 RGB 的图片。

②将人物图片全选后复制到新的空白图片上,下面的操作都是针对复制后的图片。

③使用快速魔棒工具,选择人物黑色西装外衣。

④选择菜单"图像"→"调整"→"色彩平衡",弹出"色彩平衡"对话框,拖动不同颜色的调整滑块,完成后单击"确定"按钮,结果如图 5-19 所示。

图 5-19 选区内进行色彩平衡

在拖动滑块的过程中,可以看到图像效果的变化。必要时用同样的方法打开"亮度"→"对比度"对话框,调整亮度和对比度。

⑤按 Ctrl+D 组合键取消选区,重复(3)(4),分别对皮肤、衬衣、汗衫领口进行颜色调整,必要时可进行其他的图像调整命令,最后完成黑白图像的彩色化处理。

在上述操作过程中,使用了快速选择工具,而不是魔棒工具,可使选区的创建更加高效。对于比较小的细节,需要减小笔头的直径,以便于精细地创建选区。

5.3.3 图像变换

对于数字图像,还经常进行各种各样的变换操作,如放大、缩小、旋转、裁剪等。在 Photoshop 中,图像的变换操作组织在"编辑"菜单中,分为变换和自由变换两种,其中变换又分为缩放、扭曲、斜切、扭曲、透视、变形等。

图像变换可以是整个图像的变换,也可以创建选区,对选区内容进行变化。在图像的各种变换中,自由变换相对复杂,简要介绍如下:

执行"编辑"→"自由变换"菜单命令,或按 Ctrl+T 组合键,图像显示自由变换操作控制点和工具选项栏,如图 5-20 所示。

在图像的四周,有八个控制图像变换的点,当鼠标移到这些点上时,显示可以对这些控制点进行拖放或旋转。在图像的中心位置,显示一个中心点标记◇,该中心点是图像旋转等操作的中心参考点,可以拖动到任何位置。

在工具选项栏的右端,有一个切换按钮,单击该按钮,可以在自由变换和变形模式之间进行切换。默认为自由变换,切换到变形模式,图像上显示变形控制线,可以对对象做任意的变形操作,将图像变形的面目全非。

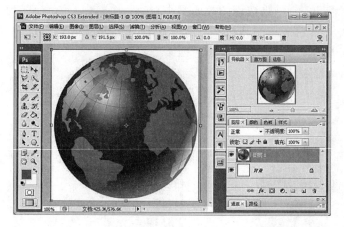

图 5-20　图像自由变换

5.3.4　柔化处理

在许多图像处理中,需要对图像进行柔化模糊处理,如人物肖像照片中皱纹的去除或减淡、美化皮肤(又称"磨皮")等。使用 Photoshop 修复画笔、图章等工具,配合变亮(Lighten)图层模式的笔刷可以除去面部的皱纹,使皮肤恢复平整,起到美颜的作用。但是,并非所有的图片都是要将皱纹除去,比如上了年纪的人,或是有面部表情的情况下自然产生的皱纹,这些皱纹都是应该保留的,我们需要做的只是减淡这些皱纹,而不是去除,这样修改后的图片才能更自然、更真实。对于磨皮,也可以通过模糊工具来完成。

在 Photoshop 工具箱的第二个工具组区域,有两组工具,包含模糊工具、锐化工具、涂抹工具、减淡工具、加深工具和海绵工具。利用这些工具,可以进一步对图像进行精细的加工和处理。

①模糊工具，是将涂抹的区域变得模糊,模糊有时候是一种表现手法,将画面中其余部分做模糊处理,就可以凸现主体。模糊工具的操作类似于喷枪的可持续作用,鼠标在一个地方停留时间越久,这个地方被模糊的程度就越大。

使用模糊工具可以很方便地进行小区域的柔化处理,效果较好。如果要处理的地方比较多,模糊的尺度就较难把握。因此,一般情况下直接使用模糊工具的情况不多,更多的情况是使用蒙版等相关工具。

②锐化工具，用来锐化(清晰化)图像,锐化的原理是提高像素的对比度而看上去清晰,一般用在事物的边缘,但不可以过度锐化。PS 里的锐化工具是将图像中模糊的部分变得清晰。锐化工具在使用中不带有类似喷枪的可持续作用性,在一个地方停留并不会加大锐化程度。锐化程度一般不能太大,否则会失去良好的效果。

③涂抹工具，是在图像上拖动颜色,使颜色在图像上产生位移,感觉是涂抹的效果。用此工具在图像上涂抹,可使用画笔覆盖的部分颜色混合,使图片上缺失颜色的区域进行重新上色,并且颜色和周边区域一致,产生类似于模糊的效果。此外,涂抹可以用来改变一个图形的形状,可以起到拉伸修长的效果。涂抹工具经常用于修正物体的轮廓,制

作白云、火苗、发丝、加长眼睫毛等。

④减淡工具，将图像亮度增强，颜色减淡，可以把图片中需要变亮或增强质感的部分颜色加亮。减淡用具用来增强画面的明亮程度，在画面曝光不足的情况下使用非常有效。例如，拍摄一张夜空图，天上的星星亮度有强有弱，可以利用减淡工具加强一些星星的亮度。减淡工具通常和色阶工具有类似的效果。

⑤加深工具，用来将图像变暗，颜色加深。

⑥海绵工具，可提高图像颜色的饱和度，就像用来吸色的海绵一样。

在进行鼠标绘画时，我们画出来的作品往往不自然，很生硬，除了我们缺少绘画素养，技术上的原因也很重要，很多情况是在使用加深、减淡等工具时，对于压力（也就是曝光度）和模式（高光、中间调、暗调）等概念的认知不到位，无法很好地掌握和应用。

在使用时，压力（曝光度）一般控制在 10% 以内。因为压力太大，涂出来会效果太明显，出现颜色一块一块的现象。对于图层模式，一般选择"中间调"。用中间调模式加深或减淡时，被加深或减淡的地方颜色会比较柔和，饱和度也比较正常。

【例 5-4】 使用 Photoshop，除了对已有图像进行处理，还可以进行鼠标绘图。绘制一幅高山、白云、鸟飞的祥和景象，如图 5-21 所示。

图 5-21 鼠标画笔绘图示例

要绘制上述图像，基本思路是：使用渐变、画笔、涂抹等工具绘制完成。在绘图的过程中，首先使用双色（天蓝、淡蓝）线性从上到下过渡，形成蓝天的背景，然后使用白色画笔，以不同的画笔主直径和硬度，画出白云，再用涂抹工具对白云进行一定的涂抹修饰。对于山峰的绘制，可以使用深颜色的画笔，不断地变换画笔的大小和硬度，最后再对细微的笔峰痕迹通过涂抹工具进行必要的修整即可。对于其中的飞鸟，则是采用鸟形的艺术笔尖完成。

5.4 图像合成

在图像数字化技术出现以前，图片的修改和合成都是非常困难的。手工绘制不仅难度大，而且往往都是破坏性的，处理后的效果也很不理想。但是在数字化后，利用图像处理软件,在图片素材上进行修改、合成和再创作变得越来越容易,图像合成的效果也越来越逼真。

5.4.1 图层混合模式

在计算机中,一幅图像通常由若干图层组成。在图形绘制和图像处理时,根据需要将图像的不同部分绘制在不同的图层上,对每个图层的操作可以不影响其他图层,这就保证了图像处理的灵活性。此外,还可以设置图层的透明度、是否显示、图层样式以及叠放顺序,最终得到一个所有可见图层的综合效果。

对于一幅图像,当有多个图层时,通常情况下,一个图层中的每一个像素点,如果不是透明的,则对它下面图层相应的像素点产生遮挡,我们最终看到的图像的每一个像素是所有图层相应像素融合后的整体效果。如何通过对多个图层中对应点像素点的 RGB 色值进行计算来得到图像像素最终的 RGB 色值呢? 这就是图层的混合问题。

理论上讲,图层混合可以是所有可见图层。但在图像处理软件中,图层混合计算都是对两个相邻的可见图层进行的。在上面的图层中设置和下面图层的混合模式,因此为了描述方便,上面的图层称为"混合图层",下面的图层称为"基层"。所谓"图层混合模式",就是指一个层与其下图层的色彩叠加方式。在这之前我们所使用的是正常模式,还有很多种混合模式,它们都可以产生迥异的合成效果。当一个图层设置了混合模式后,混合图层和基层的像素 RGB 值并未发生改变,只是显示效果随着混合模式的改变而改变。将两个图层的任何一个隐藏显示,可以看到另一个图层并未发生变化。

在 Photoshop 的图层调板中,对于非背景图层,都可以设置混合模式和透明度。在图层混合模式下拉列表,可以设置的混合被分为不同类型,如图 5-22 所示。

图 5-22　图层的混合模式

①正常模式(Normal),显示上层图层图像,不进行图像的混合,即下层图层对上层图层没有任何影响。

②溶解模式(Dissolve),将上层图层的图像以散乱的点状形式叠加到下层图层的图像上,对图像的色彩不产生影响,与上层图像的不透明度有关。当上层图像的填充和不透明度都是 100% 时,边缘效果明显。

③变暗模式(Darken),用于滤除图像中的亮调部分。在该模式下,对混合的两个图层相对应区域 RGB 通道中的颜色亮度值进行比较。在混合图层中,比基色图层暗的像素保留,亮的像素用基色图层中暗的像素替换。总的颜色灰度级降低,造成变暗的效果。

④正片叠底(Multiply),将上、下两层图层像素颜色的灰度级进行乘法计算,获得灰度级更低的颜色而成为合成后的颜色。计算公式为:

$$结果色R = \frac{混合色R \times 基色R}{结果色G、B分量的计算方法相同}$$

简单地讲,图层合成后的效果是低灰阶的像素显现而高灰阶的不显现,即深色出现、浅色不出现。上层中的浅色区域把下层中的深色部分显现出来。

⑤颜色加深(Color Burn),使用这种模式时,会加暗图层的颜色值,加上的颜色越亮,效果越细腻。让底层的颜色变暗,有点类似于正片叠底,但不同的是,它会根据叠加的像素颜色相应地增加对比度。和白色混合没有效果。计算公式为:

$$结果色 = \frac{(混合色+基色-255) \times 255}{混合色}$$

如果"混合色+基色-255"出现负数,则直接归零。

⑥线性加深(Linear Burn),和颜色加深模式一样,线性加深模式通过降低亮度,让底色变暗以反映混合色彩。计算公式为:

$$结果色 = 混合色+基色-255$$

如果得出数值小于0,则直接归零。

⑦深色模式(Darker Color),通过计算混合色与基色的所有通道的数值,然后选择数值较小的作为结果色。因此,结果色只跟混合色或基色相同,不会产生另外的颜色。

⑧变亮模式(Lighten),与变暗模式相反,是对混合的两个图层相对应区域RGB通道中的颜色亮度值进行比较,取较高的像素点为混合之后的颜色,使得总的颜色灰度的亮度升高,造成变亮的效果。用黑色合成图像时无作用,用白色时则仍为白色。

⑨滤色模式(Screen),与正片叠底模式相反,将上、下两层图层像素颜色的灰度级进行乘法计算,获得灰度级更高的颜色而成为合成后的颜色。计算公式为:

$$结果色 = \frac{255-混合色的补色 \times 基色的补色}{255}$$

简单地讲,图层合成后的效果是高灰阶的像素显现而低灰阶的不显现,即浅色出现、深色不出现,产生的图像更加明亮。

⑩颜色减淡(Color Dodge),加亮图层的颜色值,加上的颜色越暗,效果越细腻。与颜色加深刚好相反,通过降低对比度,加亮底层颜色来反映混合色彩。计算公式为:

$$结果色 = \frac{(混合色 \times 基色)}{(255-混合色)+基色}$$

混合色为黑色(颜色值为0),结果色就为基色;混合色为白色,结果色就为白色。基色为黑色,结果色就为黑色。

⑪线性减淡(Linear Dodge),类似于颜色减淡模式。但是通过增加亮度来使得底层颜色变亮,以此获得混合色彩。计算公式为:

$$结果色 = 混合色+基色$$

若结果大于255,则取最大值255。

⑫浅色(Lighter Color),通过计算混合色与基色所有通道的数值总和,哪个数值大就选为结果色。因此,结果色只能在混合色与基色中选择,不会产生新的颜色。

在 Photoshop 中,除了上述类型的混合模式,还有融合、异象和色彩类型的混合模式。其中,融合型主要用于对上、下层进行不同程度的融合,异象型主要用于制作异象效果,色彩型主要依据图像的色相、饱和度、明度等基本属性,完成图像的混合,具体的混合模式在此不再介绍,需要的读者请参考 Photoshop 专门书籍。

在实际应用中,利用图层混合模式,可以方便地进行两个图层图像的合成。一般操作步骤如下:

①选择相邻图层的上面图层,在图层调板,双击混合模式列表,然后按上下箭头,可以查看不同混合模式下,图像的混合显示效果,最终确定某种混合模式。

②选择橡皮擦工具,在橡皮擦工具栏,选择柔角画笔,设置不透明度、流量大约在 60%。按快捷键"["或"]"调整笔头大小。

③沿着上面图层的边缘,连续单击鼠标左键,擦除笔头内的图像,实现和下面图层的融合,类似羽化效果,从而达到较好的图像合成目的。

5.4.2 综合举例

有两个图片素材,一张是小女孩图片,一张是风景图片(见图 5-23),希望能将小女孩素材图片中的小女孩抠出来,然后和风景图片合成为一个小女孩在草地上的图片。

图 5-23 原始图片素材

根据要求,要实现两幅图片的合成,可按下列步骤操作:

①运行 Photoshop,执行"文件"→"打开…"菜单命令,在"文件打开"对话框选择两个图片素材文件,然后单击"确定",将两个图片文件打开。

Photoshop 为多文档应用程序,在"窗口"菜单,可以看到打开的所有图像文件。每一个文档有一个文档编辑窗口。默认情况下,当前文档窗口最大化。单击菜单栏右端的"还原"按钮,可以看到各个打开的文档窗口。单击不同窗口,可以切换当前文档。例如,单击女孩文档窗口,如图 5-24 所示。

图 5-24　同时打开两个图片素材文件

打开一个图片文件时，图片作为背景图层。可以对背景图层复制，新建一个普通图层。或按下 Ctrl 键，双击背景图层，则背景图层变为普通图层。

②在"女孩"文档中，复制背景图层。然后将复制的图层用鼠标拖放到"风景"文档窗口，则在"风景"图片中添加了一个新的图层，命名该图层为"女孩"。接下来，图像的合成就可以在"风景"文档中完成了，可以关闭"女孩"图片素材了。

③单击女孩图层，进行抠图，使用磁性套索工具选择选区，其间可以使用套索工具对选区加选和减选，以便得到比较精细的选区，如图 5-25 所示。

图 5-25　抠图——创建女孩选区

创建选区完成后，接下来将女孩选区复制到一个新图层。

④按 Ctrl＋C 组合键将选区内的图像复制到剪贴板，然后按 Ctrl＋V 组合键，此时在图层调板新建一个图层，包含抠出的女孩图像。如果对抠图不满意，可以单击"历史记录"按钮，打开历史记录调板，恢复到选区步骤，重新调整选区。

至此,文件中包含三个图层,即背景、女孩、图层 1,修改图层 1 名字为女孩 1。将女孩图层设为隐藏。

⑤如果需要改变女孩图像的大小,选择"女孩 1"图层,执行选择菜单"编辑"→"变换"→"缩放"命令,或直接按 Ctrl＋T 组合键,进入图像缩放状态,调整女孩图像大小,完成后按 Enter 键,结果如图 5-26 所示。

图 5-26　女孩和风景合成

可以看到,女孩是浮在草地上的,这显得很不真实。实际情况是,女孩的小腿部应该埋没在杂草中。因此,要从背景中复制女孩脚下的部分草丛,移动图层到最上层,进行一定的处理后,盖住女孩的脚腿部。

⑥单击背景图层,作为当前图层。使用选框工具在女孩小腿部建立一个矩形选区。按 Ctrl ＋ C 组合键复制选区到剪贴板,然后按 Ctrl＋V 组合键粘贴后建立起新图层,名字为图层 2,包含选区的一个矩形内的草丛。在图层列表中,将图层 2 移动到图层列表最顶部,显示图层 1,隐藏其他所有图层。可以看到,图层 2 中的草丛和背景图层选区的部分位置一样,如图 5-27(a)所示。

⑦对图层 2 进行羽化处理。图层 2 中的小草遮挡了女孩小腿部的同时,显得很不自然,因为矩形小草选区的上边界是很生硬的,应该对草丛的上边缘进行羽化处理。

我们只需对矩形选区上边缘进行羽化处理,左侧、右侧和底部不要进行羽化处理。我们知道羽化是对一个选区的边缘进行的,要只对选区的上边缘进行羽化,操作步骤如下:

选取图层 2(草丛图层),定义选区,如图 5-27(b)所示。新的选区上边缘和草丛的上边一致,其他边缘都离开草丛边界一定距离,以保证羽化时不会被羽化到。

执行"选择"→"修改"→"羽化…"菜单命令,输入羽化值,比如:5,对选区进行羽化,结果如图 5-27(c)所示。

然后按 Ctrl＋C 组合键,将羽化后的选区复制到剪贴板,然后按 Ctrl＋V 组合键,创建新图层 3,包含上边缘羽化后的草丛,位置和原先的位置不变,如图 5-27(d)所示。

此时,显示图层 1,可以看到女孩的小腿部比较自然地埋没在草丛中了,如图 5-27(e)所示。

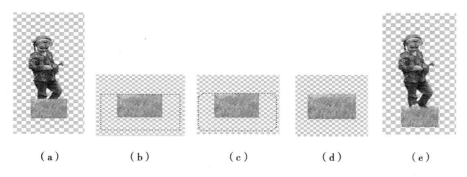

（a）　　　　　（b）　　　　　（c）　　　　　（d）　　　　　（e）

图 5-27　草丛上边缘的羽化处理过程

最后，将背景图层设为显示，可以看到合成后的图像结果，如图 5-28 所示。

图 5-28　图像合成结果

经过上述处理，小女孩的腿部埋在草丛中就很自然了，最后保存文件，完成图像的合成。

5.5　鼠标绘图

在图形和图像处理中，除了对已有的图像进行处理，还可以通过工具软件来进行图形和图像的绘制，即鼠标绘画。在 Photoshop 中，图形和图像的绘制工具分为两类。一类是画笔绘图，即直接在当前图层上绘制或编辑像素图形，如画笔、填充、模糊、图章、橡皮等。另一类是矢量绘图工具，包括钢笔工具、形状工具等，使用这类工具可以绘制矢量图形，创建工作路径，也可以将工作路径转换成选区，然后完成绘图。

5.5.1　画笔工具和铅笔工具

在传统绘画中,根据内容题材、所使用的材料、工具和技法不同,绘画被分为很多种类。其中,按照使用的材料、工具和技法的不同,绘画可分为油画、水彩画、水墨画、素描、铅笔画、钢笔画、版画等多种画种。按照内容题材的不同,每一画种还可以进一步划分。在 Photoshop 中,提供了画笔、铅笔和钢笔三类工具,用于图形的绘制,其功能各不相同。

1.画笔工具

在画家手中,画笔的概念是广义的,泛指绘画的各种工具,可以是一支毛笔,也可以是一支黑色铅笔、彩色铅笔或钢笔。在绘画中,画笔和铅笔、钢笔不同,它是比较柔性的,可以画出边缘柔和的线条,而铅笔和钢笔则很锐利,可以画出边缘生硬的线条。画家总是会根据绘画种类的不同,选择使用不同的绘画工具。

在 Photoshop 中,画笔类似于中国的毛笔或毛笔刷,经常用来给物体上色。通过设置流量控制选项,可以改变颜色的深浅。Photoshop 定义多种画笔工具,包括画笔工具、修复画笔工具、污点修复画笔工具。默认状态下,画笔工具笔头直径是 1,显示为一个十字笔头;污点修复画笔直径大于 1,显示为一个正圆的笔头。当画笔直径大于 1 时,可以通过 CapsLock 在正圆笔头和十字笔头之间切换。

当选择画笔工具后,窗口上方显示画笔工具选项栏,如图 5-29 所示。

图 5-29　画笔工具选项栏

在画笔工具选项栏,可以对画笔进行如下设置:

①工具预设,可以设置画笔的形状和画图方式。

②画笔预设,可以设置画笔笔尖主直径和硬度。主直径是指画笔笔头的大小。硬度是指线条的柔和程度,0 时线条最柔和,100% 时最硬。同时还显示一组可选的环比笔头列表,如图 5-30 所示。

③模式,画图模式的选项很多,如正常、溶解、正片叠加等,与图层混合模式类似。

④不透明度,在画布上绘图时,如果是要在已有图像的区域上绘制,新绘制的内容要不要覆盖原先的内容呢? 这就是透明度的问题,100% 是完全不透明,即完全覆盖原有的内容。

⑤流量,可用来设置绘图速度,流量越小,速度越慢。

除使用工具选项栏对画笔进行画图参数设置,在工具选项栏的右端,有一个"画笔调板"按钮▤,单击该按钮,可以打开画笔调板,如图 5-31 所示。

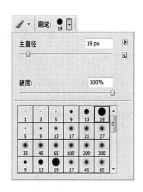

图 5-30 画笔预设

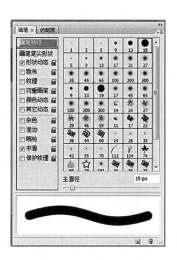

图 5-31 画笔调板

在默认情况下,画笔绘画是在当前图层上进行的。如果图层上创建了选区,绘画将被限制在当前图层的选区内进行,这在有些情况下非常有用。例如,画笔笔头通常是圆形的,如果要画一些直线边缘,可以创建多边形选区,在选区边沿绘制的图像是直线边缘。

2.铅笔工具

在实际工作中,我们经常借助于直尺和铅笔来绘制线条。在 Photoshop 中,铅笔工具和生活中的铅笔一样,是生硬的,主要用途是为了构图,勾线框,可以按照下列步骤绘制线条:

①首先显示标尺和网格线。在"视图"菜单,选择"标尺"命令,显示标尺。指向"显示"级联菜单,选择"网格线",在图层上显示网格线,以便于定位。选择"对齐"命令,设定各种对齐方式。

②设置画笔颜色,在绘图工具箱,单击底部的"设置前景色"按钮,打开"拾色器"对话框,如图 5-32 所示。

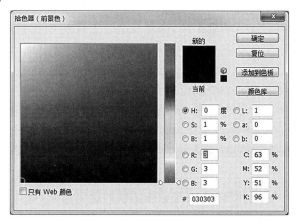

图 5-32 "拾色器"对话框

在"拾色器"对话框,通过色相条选取颜色,左侧的色板则可以是颜色的不同色阶,根据需要选取,同时显示了所选颜色对应的不同颜色模型中的色值。如果不能绘制颜色,通常是颜色模式设置不对造成的。此时,选择"图像"菜单,指向"模式",可看到当前的颜色模式,然后选择相应的颜色模式即可。

③在工具箱中,单击"铅笔工具",就可以绘制各种直线段了。在第一个点单击,然后按下 Shift 键,在第二个点单击,可以在两点之间画一条直线段,如图 5-33 所示。

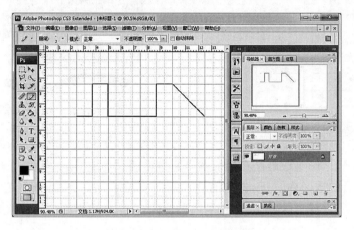

图 5-33　铅笔工具与直线段绘制

如果设置了对齐,则不能画任意的斜线,要能从"视图"菜单中取消"对齐"选项。在绘制过程中,一般设置不透明度为 100％,否则显示的颜色和前景色不一致。

此外,在画笔工具组中,还包含颜色替换画笔![icon],用法与画笔一样,但是它仅用来替换原来的颜色,对与当前背景色相同的区域和透明区域不起作用。

5.5.2　填充与擦除

填充工具组用来在选区或当前图层中填充颜色或渐变效果,包含两个工具:油漆桶工具和渐变工具。前者用来在选区中填充前景色或图案,后者可以在选区中填充颜色渐变效果。如果建立选区时设置了羽化半径,则填充选区会产生羽化效果。将羽化半径设为0,则填充时将不出现羽化效果。

1.油漆桶工具

油漆桶工具的基本功能是用前景色填充当前图层或选区,是一种纯色填充。单击填充工具![icon],显示工具选项栏,其包含的选项工具有:

①填充方式,是前景色填充还是图案填充。当选择图案填充时,还可以通过图案列表选择图案。

②不透明度,指填充的颜色或图案与原先图像的透明关系,默认不透明度为 100％。

③容差,如果选区内不是单色,则选区内的单击点周围颜色值与单击点的颜色值之差小于容差的可以被填充,否则不能被填充。

④消除锯齿,是指在填充区边缘进行平滑处理。

⑤连续,表示只填充连续的颜色区域,否则选区内所有与单击点颜色之差小于容差的像素点都被填充。

2．渐变工具

使用渐变工具可在选区内填充两种颜色之间、一种颜色和透明之间、多种颜色之间的渐变效果。当按下渐变工具时,窗口上方将出现渐变工具选项栏,在此设置渐变参数。工具栏中的渐变图案列表中列出预设的多种渐变图案,用户可以根据需要修改其中的颜色。渐变方式中,▥为线性渐变,▥为径向渐变,▥为角度渐变,▤为对称渐变,▥为菱形渐变。另外,还有模式、不透明度、反色、仿色等参数。

3．橡皮工具

在图像绘制过程中,有时候会需要对图像擦除,Photoshop 提供了多个擦除工具。

①橡皮工具▱,用来擦除图像,被擦除的区域为透明,工具选项与画笔类似。如果图层中设置了选区,只能对选区内容进行擦除。

②背景色橡皮工具▱,用来擦除背景颜色。

③魔术橡皮工具▱,使用该橡皮单击图像,可以擦除与单击点的颜色差小于溶差值的颜色,经常会得到一些意想不到的效果。

5.5.3　路径与钢笔工具

在图形绘制时,有时候我们可能要绘制一些光滑的曲线条、一些几何图形,或让画笔、文字沿着特定的轨迹输出。在 Photoshop 中,提供了路径功能,和图层、选区一样,路径也是 Photoshop 的重要概念。路径需要通过钢笔工具、自由钢笔工具和形状工具来创建,具有强大的可编辑性。路径可以与选区互相转换,也可以用画笔描边,常用于辅助抠图和图形绘制。

1．路径

在 Photoshop 中,路径是通过矢量绘图的方式绘制的线条,可以是直线或曲线。这里的曲线为 Bezier 曲线。当使用自由钢笔等工具绘制路径时,曲线并不可能非常光滑,但是通过拖动路径上的锚点,可以使路径曲线变得光滑,这是选区工具无法做到的。一条典型的路径示例如图 5-34 所示。

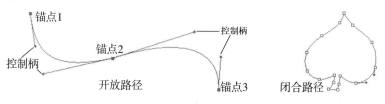

图 5-34　路径示意图

一条路径是由路径线(直线或曲线)连接一系列锚点而构成的。锚点是路径线上起关键控制作用的节点。当选中锚点时,如果连接它的是曲线路径,则在该锚点上会出现控制柄,拖动控制柄可以改变曲线的曲率。路径有开放路径和闭合路径两种,前者不要求路径的首尾相接,后者则要求路径的首尾必须相接,形成一个闭合的区域。

2. 钢笔工具与路径编辑

Photoshop 提供了多个路径编辑工具,使用这些工具可以编辑出任意复杂的路径。通过路径上的锚点和控制柄,还可以将路径曲线变得非常光滑。

①钢笔工具组,包含的工具有:钢笔工具 ⬚,单击锚点画折线;自由钢笔工具 ⬚,按下左键画曲线;添加锚点工具 ⬚;删除锚点工具 ⬚;转换点工具 ⬚,单击曲线锚点时可将它转换成折线点,当在折线锚点上拖运鼠标左键时则将锚点转换成曲线锚点。

使用钢笔工具创建路径的一般步骤是:选取钢笔工具,依次单击,建立直线片段;或按下左键,拖动鼠标,建立曲线片段。最后,将鼠标移出画布,单击选择工具,在路径外部任一点单击,取消选择,路径建立完毕。

②形状工具组,包括矩形、直线、椭圆、多边形、自定义形状等。当选择形状工具后,在工具选项栏包含 3 个按钮:形状图层 ⬚、路径 ⬚ 和像素填充 ⬚,根据需要选择不同的选项按钮,以创建形状图层、路径或填充图像。

③选择工具组,有两个工具:路径选择工具 ⬚,单击可以选中整个路径,显示路径上的锚点,移动路径。直接选择工具 ⬚,单击选择路径上的锚点,可以完成锚点的移动、改变曲率、直线与曲线转换、删除锚点等操作。通过锚点操作,可以使路径变得非常光滑。右击锚点,打开快捷菜单,可以执行删除锚点等操作。

当创建了路径后,在"编辑"菜单中,包含"自由变化路径"和"变换路径"两个菜单项,其中变换路径又分为缩放、旋转、斜切、扭曲、透视、变形等多种形式,可以将路径变换成任意形状。

3. 路径操作

在一个图像文件中,可以创建多条路径,对于这些路径,可以进行各种各样的操作。

①选择路径,使用路径选择工具 ⬚ 在路径上单击,可选择一条路径。按下 Shift 键,陆续单击多条路径,可选择多条路径。示例如图 5-35 所示。

②合并路径,当选择了多条路径后,在路径选择工具选项栏,显示"组合"按钮,单击"组合"按钮,可以将所选路径组合为一条路径。

③路径冲齐,在工具选项栏,还包含了一组路径冲齐按钮,可以对所选的路径进行冲齐操作。

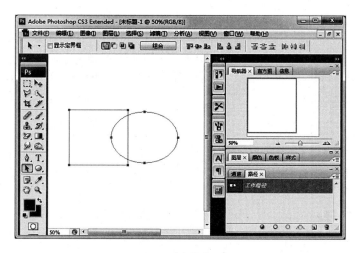

图 5-35　路径操作示例

4．路径调板

在 Photoshop 中，设计了路径调板，可列出文档中创建的路径。在调板的底部，还包含一组操作按钮，主要有：

①填充路径，用前景色填充封闭路径，实现图形绘制。

②描边路径，沿着路径用铅笔描边，得到和路径一致的线条。通过修改铅笔工具的笔头直径可以修改描边线条的粗细。通过路径选择工具移走或删除路径，即可得到一个和路径一直的图形。

③将路径转换为选区，是创建选区的一种方法。

④从选区生成工作路径，将选区转换为路径。

5.5.4　矢量绘图

利用路径，可以完成多种形式的图形绘制，包括描边路径（修改铅笔工具直径，即修改描边线条粗细）、填充路径等，删除路径后，图形的填充和描边线条将保留下来。因此，结合矩形、圆角矩形、椭圆、多边形、直线、自定义形状等形状工具，Photoshop 中的图形绘制功能更加强大。

【例 5-5】　在流程图等图表绘制时，连接线通常带有箭头，以表达顺序。现要求绘制一条带箭头的直线，写出操作步骤。

要绘制直线，可能想到使用铅笔工具，通过"视图"菜单命令，显示标尺和网格参考线，画出直线。但是，直线箭头不好处理。一种简单的方法是利用形状工具，建立路径，然后对路径进行描边和填充。操作步骤如下：

①选择直线工具，在工具选项栏，单击"路径"按钮，在"粗细"文本框输入：2px。打开形状按钮右侧的"几何选项"下拉列表，如图 5-36 所示。

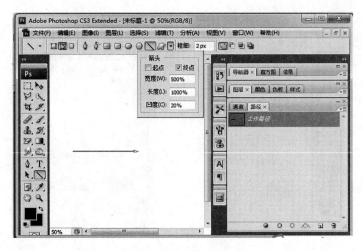

图 5-36　使用路径绘制图形

②在"几何选项"下拉列表中选择"终点"，在"凹度"文本框输入：20%。不同的凹度设置，绘制的箭头形状不同，0%为平地箭头。

③按下鼠标左键，画出一条直线。

④在通道调板，单击"用前景色填充路径"和"用画笔描边路径"，

⑤选择路径选择工具，单击路径，然后按 Delete 键，将路径删除，则剩下一个带箭头的黑色直线，末端箭头为 ➡。

或在工具选项栏，单击"形状图层"按钮，直接画出直线，效果相同。

【例 5-6】　利用路径绘图的方法绘制一幅简单的荷叶图。

在图形绘制时，如果涉及一些比较光滑的线条，通常需要使用路径来绘制。利用铅笔工具绘制时，移动鼠标不可能保证绘制的线条是光滑的，且不可能精细调整。路径具有高度的可编辑性，特别是通过拖动路径中的锚点，可以使路径线条光滑。

使用路径工具绘制荷叶图的一般过程如下：

①创建一个新文档，画布大小适当，新建一个图层，并且作为当前层。

②选择"自由钢笔工具" ，按下鼠标左键移动，在画布上绘出荷叶的草图，鼠标绘图绘制的路径不可能非常光滑，需要通过锚点进行调整，如图 5-37(a)所示。

③选择"直接选择工具" ，单击路径，显示路径上的锚点和控制柄。对荷叶的边缘曲线进行调整，调整每个锚点的位置、曲率，形成一条完整的光滑的曲线，如图 5-37（b）所示。

④继续用同样的方法对其他路径线条进行修整，使其比较光滑，如图 5-37（c）所示。

⑤用"路径选择工具" 选择所有路径，通过"复制""粘贴"命令粘贴一次路径，如图 5-37（d）所示。

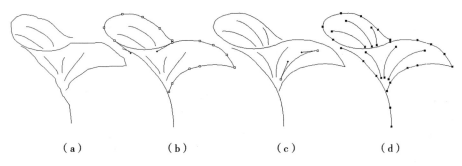

图 5-37　荷叶绘制步骤(一)

⑥按方向键将新粘贴的路径(当前路径)向右移动几个像素,如图 5-38 (a)所示。

⑦编辑荷叶边,消除两个荷叶边交叉的情况,如图 5-38 (b)所示。

⑧将荷叶边的两端封闭,形成闭合路径,如图 5-38 (c)所示。

⑨将其他线条都形成闭合的路径,如图 5-38 (d)所示。

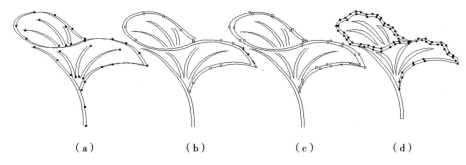

图 5-38　荷叶绘制步骤(二)

⑩单击"路径选择工具",选择所有路径[见图 5-39 (a)],鼠标指针指向路径,右击,从快捷菜单中选择"填充路径",弹出"填充路径"对话框,如图 5-39 (b)所示。

⑪设置好填充参数,单击"确定",结果如图 5-39 (c)所示。

⑫隐藏路径,荷叶图绘制完成,最终结果如图 5-39 (d)所示。

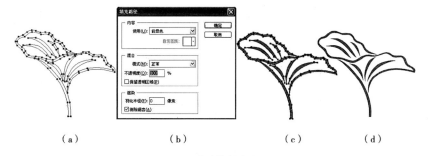

图 5-39　荷叶绘制步骤(三)

5.6　文本图层

在图形和图像的处理和绘制中，不可避免地要用到文字。在 Photoshop 中，包含强大的文字处理功能。对于输入的文本，单独占用一个图层，称为"文本图层"。

5.6.1　新建文本图层

在 Photoshop 中，包含一组文字工具：横排文字工具**T**、竖排文字工具**IT**、横排文字蒙版工具、竖排文字蒙版工具，可根据需要选择使用。要在图像上输入文字，单击工具箱中的文字工具，进入文字处理状态。在图像窗口中的任意位置，按下鼠标左键拖动，出现一个文本输入框，同时在当前图层的上方新建一个文本图层，如图 5-40 所示。

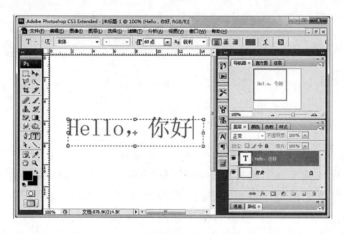

图 5-40　输入文字

在文本输入框输入需要的文字。文字输入完成，单击工具箱右上角的移动工具，退出文字编辑状态，文字图层名称改为输入的文字。此时，可以通过移动工具调整文字位置。如果需要修改文字，可以单击文字工具，在文本图层的文字上单击，即可进入文字编辑状态。如果需要让文字沿着一定的轨迹显示，可以创建路径。当在路径附近单击"文字编辑"按钮时，文本输入框将沿着路径显示，使得输入的文字沿着路径轨迹显示。

在文字工具选项栏右侧有一个"显示/隐藏字符和段落调板"按钮，用于打开或关闭字符和段落调板，字符和段落调板如图 5-41 所示。在此调板中，可以设置文本的字符格式和段落格式，如字体的大小、高度、宽度、字符间距、行间距、段落对齐方式等。当字体大小确定后，可以设置水平缩放和垂直缩放比例，对字体大小进行缩放。例如，要得到特大字，可设置高度缩放比例为 600%，宽度缩放比例为 350%。

在图形和图像处理中，对输入的文字除了设置字形、字号、颜色，往往还需要做一些美工处理,如扇形文字、拱形文字、旗帜文字、波浪文字、鱼眼文字、挤压文字等,即设置文字样式。要设置文字样式,可单击工具选项栏中的"创建文字变形"按钮 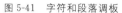,弹出"变形文字"对话框,如图5-42所示。

在"变形文字"对话框,可以实现文字的艺术变形。对于每一种变形,还可以进一步设置变形参数,以满足变形效果设计的需求。

图5-41　字符和段落调板

图5-42　"变形文字"对话框

当图片中文字图层较多时,可以从图层列表中单击,选择某个文字图层。也可以先单击移动工具 ,然后按下 Ctrl 键,在图像上单击文字,即可将所单击的文字图层选中。还可以先单击文本工具 T,再单击文字即可选择文字图层。此时,单击移动工具 ,则退出文字选择状态。

文本图层实际上是矢量图层,如果文本图层和其他的图像图层合并,则文本自动转换为图像,此后就无法再进行一些文本的专门操作了。

5.6.2　图层样式

对于文本,除了可以通过设置文字样式来得到一些特殊的设计效果,还可以通过设置图层样式来增加一些图层的特殊效果,如文字图层中文字的凹凸、发光、阴影、描边等。图层样式是应用于一个图层或图层组的一种或多种效果,是后期制作图片以期达到预期效果的重要手段之一。图层样式的功能强大,能够简单快捷地制作出各种立体投影、各种质感以及光影效果的图像特效。

在系统菜单中,单击"图层"菜单,指向"样式",打开"样式"级联菜单,显示了可以设置的图层样式列表。或在图层调板的底部,单击"添加图层样式"按钮 fx,弹出"图层样式"对话框(见图5-43)。对于每一种图层样式可以分别设置。

在"图层样式"对话框,选择一种样式,可以对该样式效果进行详细设置。设置过程中可以从"图像"窗口中预览设置效果,以便于调整设置。

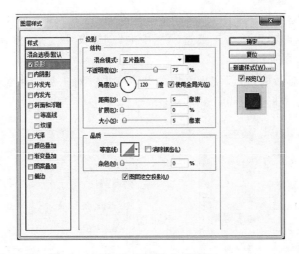

图 5-43　图层样式对话框

　　当图层增加样式后,在图层调板的图层列表项上增加 fx 标识,图层列表项的下方增加样式列表,其中含有样式名和"显示/隐藏"状态标识 👁,图层列表项上增加 按钮,单击它可以折叠或展开样式列表。例如,对图 5-40 中的文字设置渐变叠加、描边、投影后,出现的效果如图 5-44 所示。

图 5-44　图层样式效果示例

　　渐变叠加可以看出原先文字的样子,不同的颜色可以区分原先的文字和描边的不同。投影效果可以增强文字的立体感,如果设置了描边,投影的距离要大一点,否则看不出图影效果。除了图层样式,图层混合选项的设置也将影响图层的显示效果,具体情况参见5.4.1 图层混合模式的讲解。

5.7 蒙版、通道与滤镜

在数字化图像处理中,除了要满足业务需求,一些技术上的设计可以有效地提高图形图像处理和绘制的效率。在软件系统设计中,首先要满足传统人工业务工作的需求,但又不是完全照搬,可以对传统业务处理进行优化和发展,实现传统人工操作无法实现的功能。在 Photoshop 中,蒙版、通道和滤镜技术就凸现了数字化图像处理的强大优势,它使得图形图像处理更加高效和完美。

5.7.1 图层蒙版

"蒙版"(Mask)一词来源于传统的绘画和摄影领域,为了选择绘画和照片中的一部分来编辑,蒙版可以遮盖住不需要编辑的部分,对图像起到一种保护作用。在 Photoshop 中,蒙版是浮在图层之上的一块挡板,它本身不包含图像数据,只是对图层的部分数据起遮挡作用,当对图层进行操作处理时,被遮挡的区域不会受影响。

从技术的角度讲,蒙版就是一种特殊的选区,但它的目的并不是对选区进行操作,相反,而是要保护选区的不被操作。从这样的角度讲,蒙版虽然是选区,但它跟常规的选区不同。常规选区表现了一种操作趋向,即对所选区域进行处理;而蒙版正好相反,它是对所选区域进行保护,让其免于操作,而对非掩盖的地方应用操作。

在实际应用中,蒙版的作用是控制图层的显示。例如,可以让同图层的某个区域显示、隐藏,或呈现出半透明效果。在控制透明度方面,虽然也可以设置图层的不透明度,但这种设置是面向整个图层,而蒙版可以对一个个的区域设置不同的透明度。

1. 快速蒙版

在 Photoshop 工具箱的底部,有一个"以快速蒙版模式编辑"按钮 ⊡ ,按下该按钮,画布即进入快速蒙版编辑状态,即编辑一个快速蒙版。在快速蒙版编辑状态,使用画笔可以直接在画布上画出被蒙版保护的图像区域。编辑快速蒙版时使用黑色涂抹要设置的被保护区,被保护的部分在画布上呈半透明的红色。快速蒙版编辑完成后,单击"以标准模式编辑"按钮,刚刚绘制的快速蒙版显示为反向选区(即蒙版以外为选区),接下来图形绘制时,蒙版内的内容被保护。

在标准模式编辑状态,编辑的快速蒙版区域在选区外(显示为反向选区)。在图像绘制时,因为建立了选区,只能在选区内绘制,所以蒙版区域被保护,即绘图工具经过蒙版区域时,不能在蒙版区域内绘制内容,如图 5-45 所示。

标准模式　　　　　快速蒙板模式　　　　蒙板转为选区　　　　涂抹后的效果

图 5-45　快速蒙版的使用效果

　　因为在图像处理时,如果有选区,所有操作都是对当前图层、当前选区的操作,如果未建立选区,操作只是对当前图层的操作,因此,对蒙版区域就起到了保护作用。

2. 图层蒙版

　　图层蒙版可以理解为在当前图层上面覆盖一层玻璃片,这种玻璃片可以是透明的、半透明的和完全不透明的。在蒙版上(即玻璃片上)可以用各种绘图工具涂色,涂黑色的地方蒙版变为完全不透明的,看不见当前图层的图像。涂白色使涂色部分变为透明的,可看到当前图层上的图像,涂灰色使蒙版变为半透明的,透明程度由涂色的灰度深浅决定。

　　在图层调板的图层列表中,单击要添加图层蒙版的图层(背景图层不可添加蒙版),然后单击底部的"添加图层蒙版"按钮 🔘 ,则在当前图层添加一个图层蒙版。在图层调板的图层列表中,在列表项图层缩略图的右边显示一个纯白的图层蒙版缩略图,意即默认的图层蒙版是完全透明的,对图层的原始图像显示不做任何隐藏处理。如果按下 Alt 键,单击"添加图层蒙版"按钮 🔘 ,则添加一个纯黑色的图层蒙版。

　　在图层列表项中,可以单击"图层缩略图"或"图层蒙版缩略图",分别对图层或图层蒙版进行编辑。当单击"图层蒙版缩略图"时,可以看到工具箱中底部的前景色和背景色颜色按钮变成黑白色,即表明蒙版中的图像为黑白灰度图像。

　　单击"图层缩略图",进入图层蒙版编辑状态,根据对图层图像处理的效果需求,选取前景色为黑色、白色、灰色,编辑图层蒙版,以起到对图层显示效果的控制作用。黑色的区域将完全遮挡图层该区域图像的显示,灰色会半透明地显示对应区域的图像,如图 5-46 所示。

　　上述图层蒙版显示了很强的图层显示效果的控制作用。从图层蒙版缩略图看,图层蒙版选取了图层蒙版的上半区域,使用灰色进行径向渐变填充,从而得到上述显示效果。

　　如果要更改图层蒙版区域,可以在按下 Alt 键的同时单击"蒙版缩览图",蒙版就会取代图片单独显示,可以看实际的蒙版状态,这时可以用画笔等工具,用黑、白、灰等颜色,按自己的需要来修改图层蒙版区域。然后再在按下 Alt 键的同时单击"蒙版缩览图",即可返回显示图像。

　　图层蒙版和图层是相对独立的。在图层蒙版缩略图上,右击,在快捷菜单中可以执行"停用图层蒙版""删除图层蒙版""启用图层蒙版"等操作,也可以将图层蒙版加入选区中。使用图层蒙版,可以保护图层原图像不被破坏。另外,通过图层蒙版还可产生一些特殊的滤镜效果而不用更改原图像,属于一种非破坏性的图像处理。

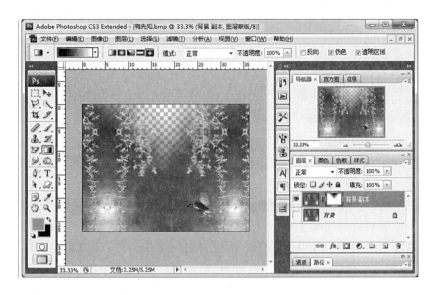

图 5-46　图层蒙版示例

3.矢量蒙版

　　矢量蒙版是指利用钢笔、形状工具创建路径,在封闭路径内填充来得到的蒙版。矢量蒙版拥有路径的优点,可以自由变换形状。使用矢量蒙版可以产生具有锐利边缘的蒙版,这种蒙版的边缘放大后不会出现锯齿形,可以无限缩放。矢量蒙版上的图形可以通过创建路径的方法绘制,即通过矩形、圆角矩形等形状工具创建。一个矢量蒙版示例如图 5-47 所示。

图 5-47　矢量蒙版示意图

　　为了得到上述图形效果,在背景图层上面新建一个图层,使用渐变工具填充图层。然后在图层上单击"添加图层蒙版"按钮,添加图层蒙版。

　　在图层 1 中,单击"图层蒙版缩略图",默认是全白色,即不遮挡图层 1 显示。此时,使用黑色油漆桶填充,则蒙版变为全黑色,则对应的图层内容全部不显示,即可显示下面的图层,类似图层1隐藏显示。然后用白色画出几个心的形状(工具选项栏的"填充像素"按钮),即显示图层为心的形状。

4. 剪贴蒙版

蒙版的概念在不断发展,其作用也不断扩展和变化。快速蒙版遵循了图层绘画保护的初始想法,图层蒙版则更主要地用于对图像显示的控制。矢量蒙版来源于形状图层,也是对图层显示的一种控制。可见,蒙版的概念已经从早期的区域保护发展成图层的显示控制了。

从显示控制的角度出发,我们可能在一张图画上剪出一个剪贴画或文字轮廓。也可以说,图像按照剪切画的轮廓显示。这样的显示效果可以用图层蒙版绘制,但就如鼠标绘图一样,很难使用画笔画出光滑的线条。从线条的角度讲,可以用矢量蒙版实现。但是,为了包含更多轮廓的处理,如文字轮廓,Photoshop 引入了剪贴蒙版的概念。

理论上讲,剪贴蒙版也是一种矢量蒙版,但又不同于一般的矢量蒙版,它通过一个闭合的形状路径或文字轮廓,确定图像显示的范围。剪贴蒙版由两个或两个以上的图层构成,底下的图层称为"基层",定义形状或轮廓,上面的图层是要通过基层轮廓显示的图像,称为"顶层"。基层只能有一个,顶层可以有若干个。下面通过实例介绍剪贴蒙版的创建过程。

【例5-7】 有一幅繁华城市的图片,希望制作一个"中央商务区"文字图层,采用笔画较粗的字体显示,文字轮廓内显示城市图片。

要实现上述功能,需要使用剪贴蒙版,一般操作步骤如下:

①在 Photoshop 中,打开城市图片文件。该文件为背景图层,复制该图层,创建一个普通图层。

②单击"文字"按钮,在图像编辑窗口输入文字:中央商务区。

③在文字工具选项栏,单击"显示/隐藏字符和段落调板"按钮,打开文字调板,选择笔画较粗的字体,如华文琥珀、加粗,选择点数为72,然后垂直缩放框输入:500%,水平缩放框输入:150%。

④调整图层顺序,将图片图层调整到文本图层的上方。

⑤单击图片图层,在"图层"菜单执行"创建剪贴蒙版"菜单命令。或按下 Ctrl 键,选择两个相邻的图层,然后按下 Alt 键,当鼠标移动到两个图层中间的分割线时,单击。建立剪贴蒙版后,上方图层缩略图缩进,并且带有一个向下的箭头。

上述操作完成后,显示结果如图 5-48 所示。

在上述图层中,文本图层为基层,上面的城市图片为顶层。基层必须是一个矢量图层,顶层可以有多个。剪贴蒙版的使用可以使对象的形状和对象的图像效果分离开来,起到"下形上色"的功能,从而产生剪贴画的效果。

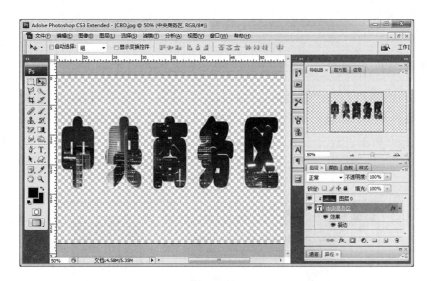

图 5-48　剪贴蒙版示例

5.7.2　通道

在数字化图像中,每一个像素点其实都是一个颜色值,虽然不同的颜色模式保存的色值分量不同,但每一个分量都是相对独立的,这就为颜色的处理带来了方便,这也是传统的人工图像处理无法做到的。为了对图像颜色分别处理,在 Photoshop 中,定义了通道的概念。所谓“通道”,就是允许某种颜色通过的意思。由图像中通过的颜色的不同色阶值构成的图像,是原始图像的一个组成部分。

1. 颜色模式与通道分类

在数字化图像中,像素点颜色值的存储与颜色模式相关。不同的颜色模式,对应的颜色通道不同。在 Photoshop 中,通道可以分为三类。

①原色通道。对于一幅图像,它依据自身的颜色模式而存在对应的通道,例如,RGB 颜色模式下,图像有 4 个颜色通道,1 个复合通道(RGB 通道)和 3 个分别代表红色、绿色、蓝色的通道;CMYK 模式下,图像有 5 个通道,1 个复合通道(CMYK 通道)和 4 个分别代表青色、洋红、黄色和黑色的通道;LAB 模式下,图像有 4 个通道,1 个复合通道(LAB 通道)、1 个明度分量通道和 2 个色度分量通道。

颜色通道的作用就是保存图像的颜色信息。每一个通道对应于一种颜色,如 RGB 模式图像有红、绿和蓝 3 个通道,这种通道称为“原色通道”。在通道调板中,只要单击 1 个原色通道,画布立即改变为该色的灰度图像,这时只能使用灰度色编辑该色图像。

②Alpha 通道。这是使用最多的通道之一,简单说来,其主要功能是保存和编辑选区。一些在图层中不易得到的选区,都可以通过灵活使用 Alpha 通道来创建。与原色通道不同的是,Alpha 通道用来保存选区信息,包括选区的位置、大小、羽化程度等信息。

③专色通道。“专色”的学名为“预混色”,是一种特殊的预混油墨,用来替代或补充印

刷色。专色通道就是为专色印刷时提供一个范围的特殊通道,其中的白色区域代表了专色的印刷范围。

2.通道调板及操作

在 Photoshop 中,打开"通道调板"窗口,可以看到,在通道调板中默认有 4 个通道:RGB 彩色通道和红、绿、蓝三原色通道。当单击颜色通道时,画布将变成单色的灰度编辑状态,如图 5-49 所示。

图 5-49　RGB 图像通道示意

黄色是由红色和绿色构成的,RGB 色值为:255,255,0,因此,在红色和绿色通道中,两朵黄色的花朵都是色阶最高的图像。

在通道调板底部的几个操作图标的功能是:

①将通道作为选区载入 ⬭,单击此按钮可以将当前选择的通道所保存的选区调出。

②将选区存储为通道 ⬛,在选区激活状态下,单击此按钮可以将选区保存为通道。

③创建新通道 ⬛,按默认设置新建一个 Alpha 通道。

④删除当前通道 🗑,删除当前通道的命令按钮。

⑤复制通道,鼠标指针指向通道,右击,可以从快捷菜单中选择复制通道命令。

⑥通道显示为选区,按下 Ctrl 键单击通道,可以将该通道作为选区显示出来。

3.Alpha 通道

当使用选择工具或路径创建了选区后,可以使用 Alpha 通道保存选区。在 Alpha 通道,黑色区域对应非选区,白色区域对应选区,灰色对应不同的选择深度,Alpha 通道可以使用从黑到白共 256 级灰度色。相反,也可以编辑 Alpha 通道图像,从而创建非常精细复杂的选区。例如,使用快速选择工具,选取三朵花,然后在通道调板,单击"将选区存储为通道命令"按钮 ⬛,则创建一个 Alpha 通道,如图 5-50 所示。

图 5-50　将选区创建为 Alpha 通道

Alpha 通道是进行选区操作非常重要的工具，在通道调板，隐藏其他通道，可以对 Alpha 通道图像进行编辑，从而得到新的选区。因此，只要我们熟练地运用通道操作，就可以形成任意复杂的选区，并且利用这些选区完成图像处理工作。

【例 5-8】　有一枯树素材图片［见图 5-51(a)］，应用通道操作的方法抽出其中的枯树树干，并丢弃杂乱的细小树枝。

操作步骤如下：

①打开素材文件，并打开"通道"调板。

②分别查看和比较 3 个颜色通道，寻找一个对比度最为清晰的通道，在本例中为"蓝"通道，复制该通道，如 5-51(b)所示。

③将复制的"蓝 副本"更名为"枯树选区"，如图 5-51(c)所示。

④关闭所有颜色通道，选中并且显示"枯树选区"通道，画布如图 5-51(d)所示。

⑤多次执行"图像"→"调整"→"亮度/对比度"命令，增强图像的对比度。

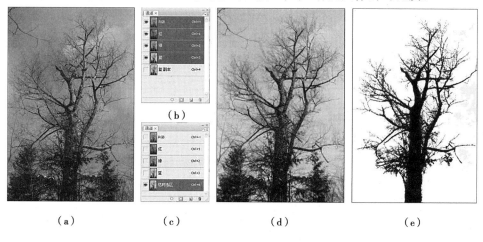

（a）　　　　　（c）　　　　　　（d）　　　　　　（e）

图 5-51　通道应用示例(一)

⑥用画笔、橡皮擦等工具，交替使用黑、白两色修改图像，去除画布上多余的内容，最后形成的图像如图 5-51（e）所示。

⑦选择菜单"图像"→"调整"→"反相"，图像如图 5-52（a）所示，Alpha 通道完成。

⑧按下 Ctrl 键单击"枯树选区"通道，显示所有颜色通道，隐藏 Alpha 通道，回到"图层"调板，可以看到载入的选区如图 5-52（b）所示。

⑨复制选区，再将图像粘贴到一个单色层的上层，显示的效果如图 5-52（c）所示。

（a）　　　　　　　　　　（b）　　　　　　　　　　（c）

图 5-52　通道应用示例（二）

5.7.3　滤镜及其应用

在传统摄影中，滤镜（Filter）是指安装在镜头前用于过滤自然光的镜头，又称"滤光镜"。例如，UV（紫外）镜头，该镜能基本消除紫外线及杂光对胶片感光的影响，同时对镜头起保护作用，是高原地区摄影的必配镜头。天光镜，吸收紫外线，全天候适用，室外摄影时可减少日光下由散射光引起的阴影部分偏蓝现象，保持自然色彩，同时有保护镜头之用。此外，常见的滤镜还有红镜、橙镜、黄镜、绿镜、蓝镜、灰镜、荧光镜、减光夜景镜、渐变镜、雾化镜等。滤镜的种类繁多，通过在镜头前安装滤镜，可以拍摄出丰富多彩的艺术效果。

在 Photoshop 中，滤镜主要是用来实现图像的各种特殊效果，可以强化图像的效果并掩盖其缺陷。使用不同的滤镜，可以毫不费力地将图像变形、扭曲、交错，或显示为三维效果等。滤镜的操作是非常简单的，但是真正用起来却很难恰到好处。滤镜通常需要同通道、图层等联合使用，才能取得最佳艺术效果。要想用好滤镜，不仅需要一定的美术功底，还需要对滤镜的熟悉和操控能力，甚至需要具有很丰富的想象力。这样，才能有的放矢，创作出具有较高艺术水准的图像作品。

1.滤镜的分类

在 Photoshop 中,包含大量不同风格及用途的滤镜,可将滤镜分为两类:一种是内部滤镜,即安装 Photoshop 时自带的滤镜;另一种是外挂滤镜,由第三方开发的滤镜,在 Photoshop 中需要安装后才能使用。和相机滤镜一样,Photoshop 中的滤镜种类繁多、功能齐全、数量众多,有统计数据表明,Photoshop 可用滤镜数量近 1000 种。

2.滤镜的使用

在 Photoshop 中,滤镜功能组织在"滤镜"系统菜单中。在"滤镜"菜单中,根据滤镜效果的不同,将滤镜分成了不同的类型,每种类型又包含多种效果的滤镜。尽管滤镜数量众多,效果各异,但是使用滤镜的步骤基本相同。

下面以对一幅图像的背景进行模糊处理为例,介绍滤镜的使用过程。

【例5-9】 有一幅人物素材图片[见图 5-53(a)],图中背景较为凌乱,希望将图像的背景模糊,前景人物保持清晰。

①打开人物素材图片,首先使用选择工具选取人物,然后执行"选择"→"反向"菜单命令,选取人物背景作为选区,如图 5-53(b)所示。

（a）原始图片素材　　　　　　　　（b）选择人物背景

图 5-53　滤镜应用示例

在使用滤镜时,如果图层上创建了选区,则对选区图像使用,否则将对整个图层应用滤镜效果。

②在"滤镜"菜单中,执行"模糊"→"高斯模糊"菜单命令,弹出"高斯模糊"对话框,如图 5-54(b)所示。

在"高斯模糊"对话框,调整模糊半径,其值越大,模糊的程度也越大。在调整过程中,可以看到图像窗口中人物背景选区中的图像模糊程度的变化。当达到模糊效果后,单击"确定"按钮,结果如图 5-54(c)所示。

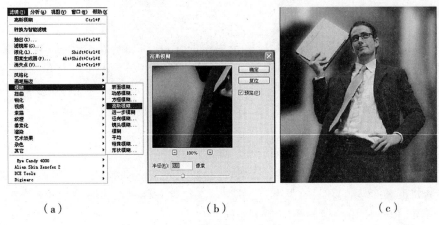

（a） （b） （c）

图 5-54 滤镜应用过程示例

不同的滤镜,需要设置的项目不同,但应用滤镜的过程是一样的。在 Photoshop 中,滤镜的种类和数量众多,只有在使用过程中不断体会,不断积累经验,才能使滤镜的使用更加恰当,充分发挥出滤镜的艺术效果。

3.滤镜的应用

在使用滤镜时,除了对图像或选区进行艺术渲染,还可以使用滤镜进行抠图操作。在 Photoshop"滤镜"菜单中,包含一个"抽出"命令。所谓"抽出",是指从图像中抽出一个图像对象,即抠图。在前面的例子中,我们都是通过创建选区的方法实现抠图,该方法存在两个缺点:创建选区操作麻烦;很多情况下边缘复杂,无法设置选区。例如,被抠的图像含有毛发细丝,设置选区时或损失毛发,或所抠的图像非常不自然。

在滤镜中,使用"抽出"命令可以很容易地实现对复杂图像的抠图。另外,使用"抽出"命令还可以抽取图像中的纹理。例如,有一女孩人物照图片素材,希望将女孩的图像抠出,以便于进行图像的合成等操作。

采用"滤镜"菜单中的"抽出"命令,从素材图片中抽出女孩图像,操作步骤如下:

①打开图片素材文件,文件图像自动设置成为背景图层。为了保护原图像,利用复制、粘贴,形成新图层。下面操作只在新图层上进行,背景图层暂时隐藏。

②在"滤镜"菜单中,执行"抽出…"命令,弹出"抽出"对话框,如 5-55 所示。

在"抽出"对话框的工具箱中,提供了如下的工具:边缘高光器工具 、填充工具 、橡皮擦工具 、缩放工具 、抓手工具 等。

在"工具选项"中,我们可以定义画笔的大小、高光颜色(用于设置图像的边缘)和填充颜色(用于填充图像的内部)。当选中"智能高光显示"时,Photoshop 将忽略画笔的大小,自动应用刚好覆盖住边缘的画笔大小绘制边缘并且能自动捕捉至对比最明显的边缘。

在"抽出"选项区,可以设置抽出对象的平滑程序、通道、强制前景色等。

（a）　　　　　　　　　　　　　　　　（b）

图 5-55　"抽出"操作步骤（一）

③在对话框中，在图像区先用边缘高光器工具 画出抽出图像的边缘，形成一个封闭的区域，如图 5-56(a)所示，即通过高光颜色界定需要选择抽取的部分。

④用"填充工具" 在区域内填充，即填充完全抽取的部分，如图 5-56 (b)所示。

（a）　　　　　　　　　　　　　　　　（b）

图 5-56　"抽出"操作步骤（二）

⑤完成后单击"确定"按钮，可以看到抽出的图像如图 5-57 (a)所示。将所抽出的图像复制到另一个作为背景的素材文件中，可以看到，所抽取图像的发丝非常自然，如图 5-57 (b)所示。

在 Photoshop 中，滤镜功能非常强大，除了可用于抠图，其"液化"命令在图像制作与图像合成中也经常被使用。液化功能可以对图像进行各种变形和扭曲，如对图像作推、拉、旋转、反射、折叠、膨胀、收缩等处理。这类似于在一块透明的玻璃上面对一摊有一定黏度、混合了不同颜色的液体，我们可以搅动它形成不同的图案一样。这也是"液化"这个名字的由来。液化滤镜所创建的扭曲图像是细微的或是剧烈的，这使得"液化"命令成为修饰图像和创建艺术效果的强大工具。

（a）　　　　　　　　　　　　　　　（b）

图 5-57　"抽出"后的人物与图像合成

5.8　音频与音频处理

在计算机时代,几乎所有的事物都数字化了。数字、文本、图形、图像、声音、电影、电视,无一例外。在多媒体处理中,声音以数据的形式保存与播放,成为多媒体信息处理的一个重要组成部分,本节先介绍音频处理的基本知识,然后通过一个常用的波形软件 GoldWave 介绍音频处理的基本内容和基本处理过程。

5.8.1　音频处理概述

声音是一种物理现象。当物体振动时,迫使物体周围的空气分子也随之振动,从而引起空气压力的变化,当压力的高低变化以波的形式通过空气传播到人的耳朵时,使耳膜产生振动,从而使人听到声音。利用声音录制设备,把说话声、歌声、乐器声等声音录制下来,然后以音频文件的方式存储,利用音频播放软件进行播放。所谓音频(Audio),通常是指人耳可以听到的声音,即频率为 20Hz~20kHz 的声波,也泛指存储声音内容的计算机文件。

1.声音的基本参数

声音(Sound)是物体振动产生的声波,是通过介质(空气或固体、液体)传播并能被人或动物听觉器官所感知的波动现象,最初发出振动的物体叫"声源"。声音以波的形式振动传播,是声波通过任何物质传播形成的运动。

从原理上讲,发声体振动,产生声波,通过介质,声波传入耳道,使耳膜振动,通过神经使耳蜗内的液体振动,再通过神经进入大脑,大脑经过辨认才能识别这是声音。当频率在

20Hz 以下、20kHz 以上时,人就听不到了,因为频率太高或太低耳膜都不会发生振动。

①周期,泛指事物在运动、变化过程中,某些特征多次重复出现,其连续两次出现所经过的时间间隔。声音作为一种波形,周期则指以规则的时间间隔重复出现相同的波形,这个时间间隔称之为"周期"。由于声音是自然产生的,所以不可能是非常平滑和具有相同的周期。具有可识别周期的声音通常比较悦耳,如各种乐器的声音、歌声等。非周期的声音通常比较刺耳,如噪音、刹车声等。

②频率,是指物质在单位时间内(1s)完成周期性变化的次数,是描述周期运动频繁程度的量。为了纪念德国物理学家赫兹的贡献,人们把频率的单位命名为"赫兹",简称"赫",符号为 Hz。每个物体都有由它本身性质决定的与振幅无关的频率,叫作"固有频率"。频率概念在力学、声学、电磁学、光学与无线电技术中有广泛的应用。

除基本单位,频率通常还使用更大的单位:kHz、MHz、GHz 以及 THz[①],其换算关系如下所示:

$$1kHz=1000Hz,1MHz=1000kHz,1GHz=1000MHz,1THz=1000GHz$$

在研究过程中,通常还将声波划分成以下几个波段:次声波,频率低于 20Hz;声波,频率为 20Hz~20kHz(人能听见的声波);超声波,频率高于 20kHz。

日常生活中,音调实际上就是对声音频率的描述。当频率快时,也就是频率高时,声音尖锐,反之则低沉、粗犷。声音的质量也与频率范围有关,如果声音的可变化频率越大,则声音的质量越高。

③振幅,和其他波一样,声波也同样有振幅。在日常生活中,音量就是对声波振幅的描述。在声学中,振幅用来定量研究空气受到的压力的大小。

对于一个具体的声波而言,在一定的时间段内,如果我们能知道每个时刻波的频率和相应的振幅,就可以将这个波重新描绘出来,再现这个声波。

在自然界中,声波的频率和振幅时刻都在变化,形成不规则波,但是可以将之分解成多个规则波的线性组合。

根据声音的物理表现,声音有 3 个要素:第一,音色,即声音的特色,不同发声体发出的声音的品质不同,由发声体的材料、结构、形状决定。不同发声体发出的音色各不相同,反映了声音的品质,也叫"音品"。第二,音调,即声音的高低。音调的高低由物体振动的快慢决定,对应发声体振动的频率。频率越大,音调就越高,频率越小,音调就越低。第三,响度,即声音的强弱,又称"音量"。响度与发声体的振幅有关,振幅越大,响度越大,振幅越小,响度越小。同时,响度也是人对声音高低强弱的主观感受。响度还跟距发声体的远近有关。

2.常用音频设备

(1)声卡(Sound Card)

1984 年,世界上第一块声卡——ADLIB 魔奇音效卡在英国的 ADLIB AUDIO 公司

---

① 为了避免与计算机中的"K"(1024)混淆,在频率单位中,工程师协会(IEEE)和大多数其他地方都更喜欢使用"kHz"表示千赫兹,而非"KHz",这里的"k"代表十进制的 1000,而不是 1024。

诞生。虽然这块神奇的声音处理设备是单声道的，音质也很差，但它的诞生，开创了计算机音频技术的先河。1989 年 11 月，新加坡创新科技公司成功开发了首张 Sound Blaster 声卡，较为完美地合成了音频效果。从此，计算机进入有声时代。今天，人们可以利用计算机或智能手机听音乐、看电影、玩有声游戏、拨打网络电话，计算机已具备了完美的声音处理功能。

所谓"声卡"，也称"声音卡""音频卡""声效卡"等，是多媒体技术中最基本的组成部分，是实现声波与数字信号相互转换的一种计算机硬件。声卡的基本功能是从话筒中获取声音模拟信号，通过模数转换器(A/D)，将声波振幅信号采样转换成一串数字信号，存储到计算机中。重放时，这些声音数字信号送到数模转换器(D/A)，将数字信号以同样的采样速度还原为模拟波形，放大后发送到扬声器等声音播放设备发出声音。

声卡是计算机和外部声音设备的接口，因此，在声卡上通常有以下几种接口：

①话筒输入口(MIC)，用于连接麦克风(话筒)，用于话筒输入信号，可以将自己的歌声录下来。

②扬声器输出口(Speaker，SPK)，连接扬声设备(音箱、耳机等)，用于声音输出。

③MIDI 游戏摇杆接口，几乎所有的声卡上均带有一个游戏摇杆接口，来配合模拟飞行、模拟驾驶等游戏软件，这个接口与 MIDI 乐器接口共用一个 15 针的 D 型连接器。该接口可以配接游戏摇杆、模拟方向盘，也可以连接电子乐器上的 MIDI 接口，实现 MIDI 音乐信号的直接传输。

④线型输入(Line In)接口，将品质较好的声音、音乐信号输入，通过计算机将该信号录制成一个音频文件。常用于外接辅助音源，如影碟机、收音机、录像机及 VCD 回放卡的音频输出。

⑤线型输出(Line Out)接口，用于外接音箱功放或带功放的音箱。

现在，几乎所有的计算机和智能手机都安装了声卡，以进行声音的输入、输出。作为一种计算机外围设备，声卡主要分为板卡式、集成式和外置式三种接口类型，以不同的方式连接到计算机中。第一，板卡式，早期计算机多采用板卡式声卡，声卡插到计算机总线插槽中，即插即用，只要安装声卡驱动即可使用。第二，集成式，直接集成在计算机主板上，不占用总线插槽。集成式声卡可分为软声卡和硬声卡。软声卡只集成了一块信号采集编码芯片，声音部分的数据处理运算由 CPU 完成，对 CPU 的占用率较高。硬声卡的设计与板卡式声卡相同，只是将两块芯片集成在主板上。第三，外置式，通过 USB 接口与计算机连接，具有使用方便、便于移动等优势。

(2)话筒

话筒，也称"麦克风"(Microphone)，学名为"传声器"。它是将声音信号转换为电信号的能量转换器件，也称"微音器"。按声电转换原理，分为电动式(动圈式、铝带式)、电容式(直流极化式)、压电式(晶体式、陶瓷式)、电磁式、碳粒式、半导体式等。按电信号的传输方式，分为有线和无线两种。

从应用表现上讲，话筒有专业型和内置式两种。专业型话筒常用于录音、会议、演出等场合。内置式话筒通常是指设置在数码摄像机内的话筒，用作拍摄录音之用。将话筒都安装在机体内，好处是能节省空间，携带方便。但是，内置式话筒可能会在录音的同时录下机器的转动声音,这些噪音在后期制作中很容易分辨,却很难分离和去掉。

现在计算机中都安装了声卡。在台式计算机中,在机箱的前面通常会看到话筒和耳机插口,可以外接话筒、耳机或音响。在笔记本等便携计算机中,声卡也是集成的,通常情况下,在笔记本屏幕的上方,可以看到一个摄像头,在摄像头的两侧,看到两个小孔,这就是笔记本的内置话筒。笔记本的耳机接口一般在笔记本的两侧,有明显的耳机标记。

(3)扬声器

扬声器又称"喇叭",是常用的音频输出设备。扬声器的种类繁多,而且价格相差很大。音频电能通过电磁、压电或静电效应,使其纸盆或膜片振动周围空气造成音响。按换能机理和结构,扬声器可分为动圈式(电动式)、电容式(静电式)、压电式(晶体或陶瓷)、电磁式(压簧式)、电离子式和气动式等不同类型。

从应用表现上,扬声器分为内置扬声器和外置扬声器两种。外置扬声器即一般所指的音箱,内置扬声器是指 MP4 播放器具有内置的喇叭,这样用户不仅可以通过耳机插孔还可以通过内置扬声器来收听 MP4 播放器发出的声音。

(4)其他音频设备

目前,市面上的音频设备还有很多,如录音机、各种音乐播放器、电子乐器等。

3. 声音的数字化

要将自然界中的声音数字化,包括声音的采集、存储和重放三个方面。声音是一个连续的波形,而在计算机中,数据都是离散的,不可能精确地表达连续数据,因此,必须按照一定的时间间隔进行采样,然后把这些采样数据记录、存储和处理。声音的重放比较简单,只需要知道波的频率和振幅,就能重新描绘出波的原来形状,再现这个声波。

(1)采样频率

对于一个连续的声音波形,如何采样才能够保证声音的连续和不失真呢?采样频率,即 1s 内采样的次数。显然,采样的频率越高,丢失的信息量就越少。声高的音调高,说明声音频率高、周期短,采样的频率也要相应提高。采样的频率越高,单位时间内获取的样本数目就越多,数字化后的音频信号的保真度就越高,获得的听觉效果就越好,同时信息量也大大增加。在实际工作中,没有必要无限制地增大采样频率,这是因为人的声音本身不可能无限制地快速变化、人耳的分辨率有限制、高采样率意味着加大信息的存储量。

根据抽样理论,对于随时间连续变化的模拟信号波形,如果采用该信号所含的最高频率的两倍进行采样,就可以保证在还原该信号时,波形基本不失真。由于人耳听觉的上限频率为 20kHz,因此当采样频率达到 40kHz 以上时,就可以达到较好的听觉效果,如 CD 音乐盘采用的就是 44.1kHz 的采样频率。当前声音的采样频率主要有三种标准,分别是 44.1kHz、22.05kHz、11.025kHz。采样频率越高,保真度也越好。

(2)量化等级

每次采样得到的声音样本都是表示声音波形的一个振幅值。量化等级即每个样本量化后共用多少个离散的数值来表示,在计算机中可以认为是用多少个二进制位来表示。若每个样本用 8 位的二进制数表示,则共有 $2^8 = 256$ 个量级。若每个样本用 16 位二进制表示,则共有 65536 个量级,CD 盘就采用这样的标准。

在量化的过程中,量化等级是用来对振幅的描述。如果量化等级越高,也就是量化时采用更多的二进制位来表示振幅,就能更真实地体现声波振幅的变化和原始状态。在计算机进行量化时,如果量化精度较低,则量化结果只能表示小范围内的振幅变化,而增加量化精度将大大提高系统对每一个振幅变化的敏感程度,但是随着量化精度的提高,系统的信息量也急剧增加。为了能更加真实地体现原始波形,需要增加采样频率和量化等级。

（3）信噪比

信噪比(Signal Noise Ratio,SNR)是指一个电子设备或电子系统中信号与噪音的比例。这里的信号是指来自设备外部需要通过这台设备进行处理的电子信号,噪音是指经过该设备后产生的原信号中并不存在的无规则的额外信号（或信息）,并且该种信号并不随原信号的变化而变化。信噪比的计量单位是 dB(分贝)。

信噪比的计算公式为:$SNR = 10\lg(PS/PN)$,其中 PS 和 PN 分别代表信号和噪音的有效功率。在音频放大器中,我们希望的是该放大器除了放大信号,不应该添加任何其他额外的东西。因此,信噪比越高,保真度也越高。对于信噪比较低的系统,会出现背景噪音及失真。

狭义上讲,信噪比是指放大器输出信号的功率与同时输出的噪音功率的比,设备的信噪比越高,表明它产生的噪音越少。一般来说,信噪比越大,说明混在信号里的噪音越小,声音回放的音质量越高,否则相反。信噪比一般不应该低于 70dB,高保真音箱的信噪比应达到 110dB 以上。

（4）声道数

在高品质的视听器材中,通常包含多个通道。所谓"声道数",是指一次采样所记录的声音波形的个数。如果是单声道,则只产生一个声音波形,而双声道产生两个波形（双声道立体声）。立体声不仅音色与音质好,而且更能反映人们的听觉效果。但是随着声道数的增加,将使所耗用的存储容量成倍增加。

为什么有多个声道呢？不同的声道可以辨别声源的方向和距离。例如,一颗子弹从左飞向右,这一运动的声音需要至少两个声道才能表现出来。如果是头顶的飞机飞过的声音,除了左、右,还有上、下和前、后,两个声道就不够了,这样就出现了多声道、环绕音等,如左右两路主声道、中置声道、左右两路环绕声道和一路重低音声道。

4. 音频压缩标准

音频信号是多媒体信息的重要组成部分,可分为电话质量的语音信号、调幅广播质量的音频信号和高保真立体声信号（如调频广播信号、激光唱片音盘信号等）。数字音频压缩技术标准分为电话语音压缩、调幅广播语音压缩、调频广播及 CD 音质的宽带音频压缩三种。

在语音编码技术领域,各个厂家都在大力开发与推广自己的编码技术,使得在语音编码领域的编码技术产品种类繁多,兼容性差,各厂家的技术也难以得到快速推广。所以,需要综合现有的编码技术,制定出全球统一的语言编码标准。自 20 世纪 70 年代起,国际电报电话咨询委员会(CCITT)第 15 研究组和国际标准化组织(ISO)已先后推出了一系列的语音编码技术标准。其中,CCITT 推出了 G 系列标准,而 ISO 推出了 H 系列标准。

①电话(200Hz～3.4kHz)语音压缩,主要有国际电信联盟(ITU)的 G.711(64kbit/s)、G.721(32kbit/s)、G.728(16kbit/s)和 G.729(8kbit/s)等建议,用于数字电话通信。

②调幅广播(50Hz～7kHz)语音压缩,采用 ITU 的 G.722(64kbit/s)建议,用于优质语音、音乐、音频会议和视频会议等。

③调频广播(20Hz～15kHz)及 CD 音质(20Hz～20kHz)的宽带音频压缩,主要采用 MPEG-1 或 MPEG-2 双杜比 AC-3 等建议,用于 CD、MD、MPC、VCD、DVD、HDTV 和电影配音等。目前,常用的是 MPEG Audio 音频编码方案。

MPEG Audio 音频编码方案将数字化后的高质量音频信号进行压缩,形成一个相对低速率的数字码流。它一般可分为 Layer1、Layer2、Layer3 三个层次,层次之间的差别是:层次越高,其算法的复杂性越高,总体上的编码延迟也越高,相应地在性能上也有大幅度的提高。其中,MPEG Audio Layer-3 是使用最为广泛的编码方案。

MPEG Audio Layer-3 作为一种高效的编码方案,以低码率为设计起点。它采用了 MPEG 视频中才应用的熵编码,大大减少了编码的冗余度,还使用了位缓冲器来消除存储器中的冗余假象,所有这些使其表现出极高的性能。

5.音频文件格式

将声音存储为音频文件,文件格式实际上就是有关声音和音乐的数字信息的组织方式,不同的组织方式在计算机文件的存储中就表现为不同的扩展文件名。在计算机系统中,操作系统根据文件扩展名的不同分别对应不同的处理程序。

波形文件实际上就是对声波的数字化记录,因为流行的平台不同、压缩的方式不同、应用的目的不同,因此有很多不同的类型。在 Windows 系统中,主要是以 WAV 文件为主,MP3 文件是在波形文件的基础上经过压缩以后形成的,而 RM(RAM)文件则是在波形文件的基础,根据 Internet 传输的需要进行了重新组织。

①WAV 音频格式,是 Windows 操作系统下的标准音频格式。WAV 音频文件也称为"波形(WAVE)格式文件"。和其他音频格式不同,它的数据是没有经过压缩而直接对声音波形进行采样记录的数据。所以说它的音质最好,但同时它的体积非常庞大。凡是具有 CD 音质、未压缩的立体声音频文件每秒钟的声音需要大约 150kB 的硬盘空间。也就是说,我们如果录制一曲长为 1min 的乐曲,所得到的 WAV 文件将达到 9MB。

②WMA 音频格式,是微软公司的音频文件格式,音质要强于 MP3 格式,以减少数据流量但保持音质的方法来达到比 MP3 压缩率更高的目的。WMA 的压缩率一般都可以达到 1:18 左右。WMA 的另一个优点是内容提供商可以加入防拷贝保护。这种内置的版权保护技术可以限制播放时间和播放次数,甚至播放的机器等。

另外,WMA 还支持音频流技术,适合在网络上在线播放。它不需要安装额外的播放器,只要安装了 Windows 操作系统就可以直接播放。

③MP3 音频格式,全称为 MPEG-1 Audio Player 3,是由一位德国自由软件人在 1987 年开发出来的,并且在 1989 年获得专利,在 1992 年被 MPEG(Moving Picture Experts Group)规范采纳,作为音频的压缩标准,专门用于压缩影像的伴音技术。它采用了有损压缩方法(压缩过程是不可逆的),减少甚至完全剔除某些人耳分辨不出的声音元素,

从而达到高压缩比的目的,通常的压缩比为 1:(10~12)。一张 650MB 容量的 CD,可以记录大约 70min 的声音,但同样容量的 MP3 文件可以记录的声音长度接近它的十倍。并且,MP3 还可以根据不同需要以多种不同的采样率进行编码。因为它有体积小、音质接近 CD、制作简单、便于交换等优点,非常适宜在网络上传播。

④RealAudio 音频格式,是美国 RealNetworks 公司开发的网络广播技术中用于传输声音和图像文件的格式。RealAudio 是事实上的网络广播标准,主要适用于网络上的在线音乐欣赏。现在,RealAudio 的文件格式主要有 RA(RealAudio)、RM(RealMedia,RealAudio G2)、RMX(RealAudio Secured)等。这些格式的特点是可以随网络带宽的不同而改变声音的质量,在保证大多数人听到流畅声音的前提下,令带宽较富裕的听众获得较好的音质。

⑤MIDI 格式,MIDI(Musical Instrument Digital Interface)意为乐器数字接口。这个接口标准定义了 MIDI 设备通过 MIDI 接口发送编码来相互通信。这些编码相当于乐谱,它们包括音符、节拍、乐器种类及音量等。接口设备的合成器接收到这些数字编码后,便可对这些编码进行解码而生成音乐。

当把 MIDI 应用到计算机上时,就使得计算机成为各 MIDI 设备间进行通信的控制器,它可控制 MIDI 设备奏乐,并可以对产生的音乐进行记录、存储和重放(MIDI 文件形式)。

5.8.2 使用 GoldWave 工具

音频处理在音乐后期合成、多媒体音效制作、视频声音处理等方面发挥着巨大的作用,是修饰声音素材的最主要途径,能够直接影响声音的质量。用于音频处理的软件很多,常见的有 GoldWave、Cool Edit Pro、Adobe Audition。以 GoldWave 为例,介绍音频处理的基本内容和在 GoldWave 中的处理过程。

金波音乐编辑器(GoldWave)是由加拿大 GoldWave Inc. 公司研发的音频编辑软件。它集声音编辑、播放、录制和转换于一体,内含丰富的音频处理特效,包括一般特效如多普勒、回声、混响、降噪到高级的公式计算。需要指出的是,GoldWave 毕竟只是一个小型的音频处理软件,对于一般用户做一些简单的音频处理是够用的,但是对于那些专业的音乐制作的用户,则可以选择大型的更专业化的音频处理软件。

1. GoldWave 界面构成

GoldWave 属于标准的绿色软件,不需要安装且体积小巧,解压后将文件夹保存到硬盘下的任意目录里,直接运行系统主文件 GoldWave. exe 即可。打开后显示 GoldWave 界面,如图 5-58 所示。

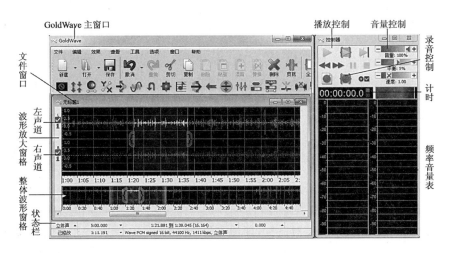

图 5-58　GoldWave 主窗口

GoldWave 界面由主窗口和播放控制器窗口两部分组成。主窗口是一个标准的 Windows 应用程序窗口，含有标题栏、菜单栏、工具栏、状态栏等窗口元素。GoldWave 是一个多文档应用程序，可以同时打开多个音频文件，每一个音频文件占用一个文件窗口。在一个文件窗口中，分上、下两个窗格，下面窗格显示整个音频文件波形图，上面窗格显示被放大、编辑部分的波形。如果打开的文件是单声道文件，则上、下都只有一个波形显示；如果打开的是双声道（立体声）文件，则两个窗格中都显示有两个波形，分别为左、右声道的波形。

①波形放大窗格，显示音频文件或其中的一个音频段落。当音频文件较长时，显示整体波形的一部分。在波形显示区域的下方有一个指示音频文件时间长度的标尺〔以秒（s）为单位〕，含较小的时间比例和放大波形，便于详细地观测波形振幅的变化，方便音频编辑操作。

可以设置波形放大窗口的显示时间，执行"查看"菜单下的放大、缩小命令，或直接设置放大波形窗口的时间长度（如 1s、10s、1min、10min 等）。如果想更详细地观测波形振幅的变化，可以加大纵向显示比例，方法同横向一样，执行"查看"菜单中的垂直放大、垂直缩小命令，从而进行细致的观测。

②整体波形窗格。当音频文件总的时间长度大于波形放大窗格时，在下部窗格显示水平滚动条，滚动条的时间长度对应放大波形窗口的时间长度。在上部窗格中显示的波形段部分在下部窗格中用白色框线标识出来（对应水平滚动条）。拖动水平滚动条，可以将不同时间区段的音频波形在上部窗格放大显示，以便于进行精细的编辑处理。

在进行音频编辑的过程中，经常需要选定被编辑处理的波形段，被选中的波形段用蓝底亮色表示，而没有被选中的用黑底暗色表示。当编辑双声道文件时，左、右声道的波形分别用白色和红色表示，可以选定其中之一，也可以左、右声道都选定。

③播放控制器窗口，浮动于主窗口之外，可以通过主窗口中的"窗口"菜单控制其打开和关闭。当处于关闭状态时，主要功能工具自动以工具栏的形式出现在主窗口中。在该窗口中，主要包含播放控制面板、视觉窗格和频率音量表窗格，不需要后两个窗格时可以

将其关闭。

播放控制面板,主要有以下工具:全文件播放 ▶、选区播放 ◀、单击时间标尺播放 ▶、向后倒放 ◀◀、向前快速播放 ▶▶、停止 ■、暂停 ❚❚、音量控制 ━ ◀)＋、平衡控制 ━ ▶ ＋、速度控制 ━ ✕ ＋、开始录音 ●、停止录音 ■、控制器属性设置 ⊙☑。

频率音量表窗格,在音频播放时用来显示各不同频率的音量大小。

2. 声音录制

通过计算机录制声音,计算机需要安装声卡,然后通过声卡的话筒接口采集声音,将声音录制成音频文件。现在的计算机都安装了声卡,外部接口很容易看到。

使用 GoldWave 可以录制声音,而且录音是其主要功能之一。在"文件"菜单,执行"新建…"命令,弹出"新建声音"对话框,如图 5-59 所示。

图 5-59 "新建声音"对话框

在"新建声音"对话框,可以设置新文件的声道数、采样速率和初始化长度(小时:分钟:秒),默认初始时间为 10.0s。新文件的内容可以通过录音、波形段的粘贴得到。如果单击"录音"按钮,则开始录音,当时间到了初始设置的长度时,录音自动停止。因此,在设置初始时间时,要设置的略长一些,最后用不完,可以剪掉剩余的时间。

在录音过程中,或录音结束后,单击"停止录音"按钮,再单击主窗口工具栏的"保存"按钮,弹出"保存声音文件"对话框,输入声音文件名,选择音频格式(.WAV),将当前的录音数据保存为音频文件。

3. 声音播放

GoldWave 可以播放 WAV、MP3 等大多数的音频文件。要播放音频文件,在"文件"菜单,执行"打开…"菜单命令,选择要播放的音频文件,将文件打开。然后在播放控制器面板中,单击"播放"按钮 ▶ 即可。播放可以从头开始,也可以设置播放位置,从任意位置开始播放。如果要从任意位置播放,将鼠标指针指向时间刻度(上、下窗格皆可)上,这时鼠标指针变成 形状,单击即从被单击的位置开始向下播放。

5.8.3 音频编辑

我们录制的声音,或其他的一些声音素材,可以使用 GoldWave 进行编辑和处理,如声音剪辑、去噪、声音合成等。声音数字化后,声音的编辑将变得更加简单和方便。在剪辑的过程中可以利用我们所熟悉的剪贴板操作来完成处理。

1.设置选区

为了对声音编辑,需要先选定要编辑的波形段,即设置选区,然后再进行裁剪、复制、移动等处理。在打开一个音频文件时,默认全部选择。和文本、图形图像的编辑一样,对音频的编辑通常也需要选择一段内容,然后对选区的内容进行编辑处理。在 GoldWave中,选定波形段在上、下两个窗格中都可以进行。一般地,对于大区段的选择可在整体波形窗格中进行,而小区段或细微波形的选择可在放大波形窗格中完成。

设置音频选区的一般操作步骤是:

①确定要设置的选区,在设置选区位置时,通常需要将鼠标移到时间刻度尺上,显示播放按钮 ,然后单击,开始从当前位置播放,以确定选区的位置。此时,在"窗口"菜单中,选择不同的控制器窗口,打开播放控制器,以便于对播放进行暂停 、停止 、前进 、后退 等操作。

②设置起始标记,将鼠标指针指向波形图的某位置,单击,设置完成。

③设置结束标记,将鼠标指针指向波形图的某位置,右击,打开快捷菜单,执行"设置结束标记"命令,即可将结束标记设置在所指向的位置上。

④调整选区的起止位置,将鼠标指向起始标记或结束标记时,鼠标指针变成 形状,按下鼠标左键左、右拖动,松开时调整完成。

在一个音频文件中设置波形段选定示例如图 5-60 所示。

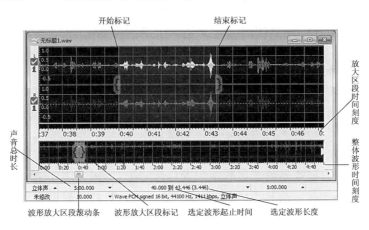

图 5-60　声音文件窗口

除了在波形上单击来设置选区,还可以执行"编辑"→"选区"→"设置…"菜单命令,弹出"设置选区"对话框,如图 5-61 所示

默认情况下,选择两个声道,如果要对单个声道进行操作,在上部的波形放大窗格上右击,弹出快捷菜单,执行"选择声道…",弹出"声道选择器"对话框,如图 5-62 所示。

图 5-61　"设置选区"对话框　　　　图 5-62　"声道选择器"对话框

在"设置选区"对话框,可以直接设置开始时间和结束时间,而且设置更加准确。如果被设置的起止位置超出放大区域,可以通过拖动滚动条改变放大区域的显示内容后再设置。当选区设置完成后,选区波形区域显示为蓝色背景。如果也取消选区,在"设置选区"对话框开始和结束文本框中都输入 0 即可,此时选区被取消。或执行"编辑"→"选区"→"移动开始到结束"等菜单命令,也可以取消当前选区,波形图窗格背景恢复为黑色。

2. 剪切、复制和移动

对于设置的波形段选区,可以通过剪贴板操作完成音频的剪切、复制和移动等操作。在具体操作中,注意以下几点:

①对于双声道的波形文件,如果只选中了一个声道,则剪切时只切选定声道的音频,后面的音频向前移动,这可能会出现两个声道不一致的情况。

②当打开多个不同的音频文件时,可以在不同的文件之间进行复制、移动、裁剪等操作。当单声道的音频片段粘贴到双声道的文件(该文件的两个声道都被选定)中时,两个声道都换成相同的单声道音频;当双声道的音频片段粘贴到单声道文件中时,将会丢失立体声效果。当双声道的目的文件只选定一个声道,而被粘贴的是双声道音频时,只粘贴目的文件选定声道的音频,另一声道的音频不粘贴。

③复制选区音频,首先选取要复制的波形段,按 Ctrl+C 组合键复制到剪贴板,在要复制的目标位置单击(成为新的选区起始位置),然后按 Ctrl+V 组合键,将剪贴板中的片段复制到插入点处,即选区的起始位置。粘贴后,插入点后的原音频自动向后推移,新粘贴的音频片段自动设为选定波形段,即新的选区。

3. 消除噪音

在日常工作和生活中,我们录制讲话、报告、广播等,不可能在录音棚中进行。由于设备和环境的因素,录制的声音中可能会掺杂一些噪音。即使通过话筒录制声音,环境噪音或设备电流的嗡嗡声都有可能被录制下来,降低了录音质量。当声音被数字化后,通过音品文件处理,可以实现消除噪音的目的。

在 GoldWave 中,要消除噪音,可以按照下列方法操作:

①如果使用 GoldWave 录制声音,如录制讲话、广播等声音,由于环境原因,产生噪音

是必然的。在开始正式录音前,单击控制器的红色录音按钮![按钮],录取几秒钟的噪音,然后开始正式录音。

从录制过程显示的波形图(见图 5-63)看,前几秒的振幅很小,最后的几十秒钟也很小,这些是噪音。后面的部分是因为设定的时间长度比需要录音的实际时间长造成的。从波形上看,噪音和正常的声音波形有明显的差异。当声音录制完成后,保存音频文件。然后将鼠标移到时间刻度标尺上,在噪音对应的时间刻度处单击,播放音频数据,可以听到明显的机器噪音。

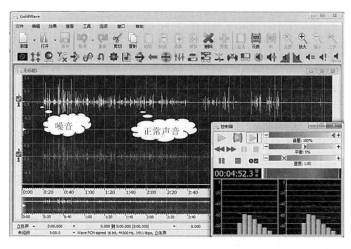

图 5-63 声音录制过程

要消除噪音,首先要确定噪音,然后才能够将音频文件中的噪音删除。但是我们不能和字处理器中的查找/替换命令一样对音频文件进行处理,因为无法输入噪音。因此,噪音只能从音频文件本身获取。在 Goldwave 中,有两种方法,即消除初始噪音和剪贴板噪音。初始噪音就是默认开始的音频为噪音,剪贴板噪音则是将噪音复制到剪贴板,这样就获得了噪音,就可以去除音频文件中的噪音了。

②消除初始噪音,就是将初始部分默认为噪音,作为噪音样本,消除该部分噪音。在波形图上右击,弹出快捷菜单,执行"选择全部"快捷菜单命令,将全部声音选中。在菜单栏上,执行"效果"→"滤波器"→"降噪…"菜单命令,弹出"降噪"对话框,如图 5-64 所示。

在"降噪"对话框,有很多选项。此时,只需要单击"预置"下拉列表,其中包含了多个选项:初始噪音、非常轻的嘶嘶声/隆隆声、减少嗡嗡声、剪贴板噪音板、明亮嘶嘶声、频率峰值限制器、输出初始噪音等。此时,选择"初始噪音",然后单击"确定"按钮。

③剪贴板噪音板。如果噪音不在开始位置,或初始噪音消除得不够理想,可以根据其他模式来降噪。

首先,观察声音波形图,确定噪音位置,然后使用鼠标选中该段噪音。在工具栏单击"复制"命令按钮,将噪音选取出来,即取样。然后在菜单栏上执行"效果"→"滤波器"→"降噪…"命令,弹出降噪对话框,在"预置"下拉列表中选择"剪贴板噪音板",然后单击"确定"按钮,完成噪音的去除。

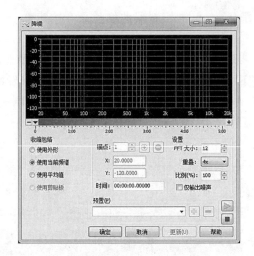

图 5-64 "降噪"对话框

经过降噪处理后,在波形图中可以看到降噪的效果,噪音部分的声波变成一条直线或类似一条直线。此时播放该段音频,几乎听不出噪音,噪音基本上被彻底消失了。

对于音乐等音频文件,在正常情况下,没有音乐的地方应该是一条细线,如果有噪音,这些地方就可能成为粗线。将这些粗线顺着时间轴横向放大,可以清楚地看到噪音的波形。选取一段没有音乐只有噪音的片段,按 Ctrl+C 组合键将这段噪音复制到剪贴板。然后选择全部音频文件,按照上述同样的方法,使用剪贴板噪音板,可去除噪音。此时,消除噪音后的波形在没有音乐的地方变成一条细线。

4.更改音量

对于声音,人们最直观的感受就是声音大小,即音量(Volume)。音量又称"响度""音强",是指人耳对所听到的声音大小、强弱的主观感受。在声音的波形图上,表现为振幅大小。对音量大小、强弱的感受源自物体振动时所产生的压力,即声压。物体振动,通过不同的介质,将其振动能量传导开去。人们为了将声音的感受量化成可以监测的指标,就把声压分成"级",即声压级,以便能客观地表示声音的强弱,其单位称为"分贝"(dB)。人耳可以听到的声音的响度的最小值,即最微弱的可闻声,大约为 1dB。

人们对声音强弱变化的感受是相对的。例如,用小提琴来演奏最强音,我们并不觉得声音有多大,但若用一个大型交响乐队在音乐厅里演奏,就会使人有震耳欲聋之感。此外,音量还与声源的距离和音色有关。例如,频率为 20Hz、响度为 80dB 的声音(纯音)与频率为 1kHz、响度为 10dB 的声音听起来一样响,也就是说,要想使 20Hz 的声音和 1kHz 的声音听起来有一样的响度,需将 20Hz 声音的声压加大七倍。甚至某个纯音,只有 10Hz,其声压大到可能造成灾害的程度,但我们却听不到。声音频率在 1~6kHz 时,人类听觉感知的声压的变化就比较敏感。

在 GoldWave 中,可以对音量进行调整,即把选区的音量增大或减小,一般步骤是:

在系统菜单中,选择"效果"菜单,指向"音量"级联菜单,包含一组音量处理命令,如图 5-65 所示。执行"更改音量…"菜单命令,弹出"更改音量"对话框,如图 5-66 所示。

图 5-65 "音量"级联菜单　　　　　　图 5-66 "更改音量"对话框

在"更改音量"对话框,可以单击"预览"按钮播放,体会当前的音量,然后在音量调整刻度条上,拖动滑块调整音量大小,最后单击"确定"按钮即可。此时,可以看到音频波形图上被调整的区段振幅发生了变化,实现了音量调整。

5. 淡入和淡出

在电影、电视或舞台演出中,在时间和空间的转换时,在场景画面、音乐的开始和结束时,为了避免生硬的切换,往往需要有一个过渡。例如,一个画面从完全黑暗到逐渐显露及至完全清晰,即淡入。相反,一个画面从完全清晰到逐渐暗淡及至完全隐没,即淡出。对于声音或音乐,在开始或结尾的部分也通常采用淡入淡出效果。声音在开始的时候无声,然后以线性方式慢慢增大起来;在演唱的结尾部分,声音不是突然消失,而是缓缓低下去,直到无声,从而产生非常舒缓的视听效果。在这里,"淡"是时间和空间的分割。淡入意味着一个新的剧情段落的开始,淡出则意味着一个剧情段落的结束。

对于一部完整的作品,在演出过程中,都会很好地处理这种淡入和淡出效果。但是,如果是视频、音频,若处理不好,可能就造成图像、声音等的突然出现和突然消失,直接影响表现效果。在 GoldWave 的音量控制中,包含了"淡入""淡出"效果处理命令。淡入就是将音量从低(一般是音量从 0 开始)到高逐渐增加,直到音量的大小正常为止,避免了音量突然增加给人的生硬感。淡出是指将音量从正常大小逐渐减小,直到最低或声音消失。

在音频中加入淡入和淡出效果,可以针对整个文件,也可以针对一个音频段落。设置淡入和淡出效果的一般步骤是:

①打开音频文件,默认全部选择,设置要增加淡入或淡出效果的音频选区。

②在工具栏中,单击"淡入选区"按钮，或"淡出选区"按钮，也可以通过菜单"效果"→"音量"→"淡入"/"淡出"来实现,弹出"淡入"或"淡出"对话框。如图 5-67 所示。

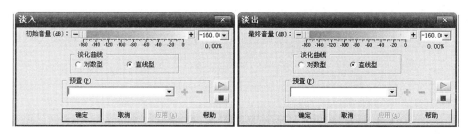

图 5-67 "淡入"对话框和"淡出"对话框

在预置列表中，包含了音量变化的不同选项，包括 50% 到完全音量、静音到完全音量等。选择了预置选项后，单击"确定"按钮，完成音频选区的淡化处理。从波形图上可以看到淡化处理后的波形变化，如图 5-68 所示。

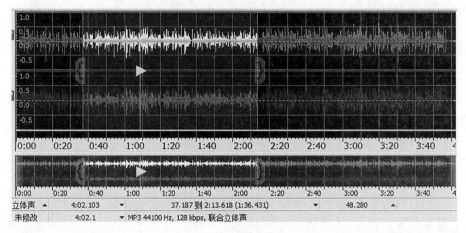

(a)原始波形曲线

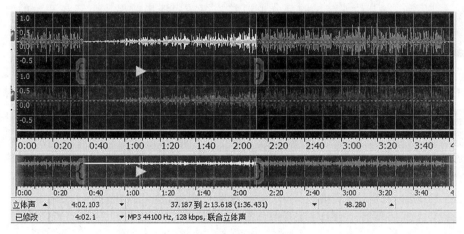

(b)淡入处理后的音频波形

图 5-68　增加淡化处理后的音频波形变化

对音频选区进行淡入和淡出操作后，将使得音频段落之间的过渡舒缓而不生硬，产生良好的视觉和听觉效果。淡入和淡出操作不会增加时间，即不增加音频文件的时间长度。

6. 混音

在音乐创作中，有时候需要把多种来源的声音，整合至一个立体音轨(Stereo)或单音音轨(Mono)中，称为"混音"(Audio Mixing，MIX)。混音中用到的原始声音信号，可能分别来自不同的乐器、人声、管弦乐，或收录自现场演奏、录音室内。在混音的过程中，将每一个原始信号的频率、动态、音质、定位、残响和声场单独进行调整,让各音轨最佳化,之后再叠加成最终成品上,从而制作出一般听众在现场录音时不能听到的层次分明的完美效果。

在 GoldWave 中,混音功能是通过剪贴板完成的。例如,希望将一段背景音乐和一段解说录音合成到一起,形成带有背景音乐的解说,基本操作过程如下:

①在混音前先将要加入的音频处理好,再将它复制到剪贴板上。如果是作为背景音,其音量和目标声音的强弱对比在"混音"对话框设置。

②打开目标音频文件,选定被混音的波形区段(默认为全选),选取要混音的波形段,或整个音频文件。

③单击工具栏的"混音"按钮 ,或执行"编辑"→"混音"→"混音…"命令,弹出"混音"对话框,如图 5-69 所示。

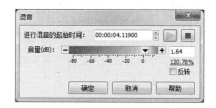

图 5-69 "混音"对话框

所谓"混音",就是将剪贴板中的音频和目标文件中的选定区域混合。在"混音"对话框,除了可以设置混音的起始位置(默认起始位置是选区的起始位置),单击"预览"按钮 ,然后通过拖动音量控件上的滑块上,可调整混入声音音量的高低,以使得目标声音和背景音强弱合适,最后单击"确定"按钮,将剪贴板中的声音混合到当前音频文件中。

对于音频文件,除了上述处理,还可以对选区进行插入内容、插入静音、删除、替换等各种各样的编辑操作。

5.8.4 特殊音频效果的应用

前面讨论了利用 GoldWave 来对声音进行诸如复制、删除等的一些简单的处理,这些功能虽然是最常用的,但在实际的音频处理中,这些功能显然是远远不够的,经常需要在声音中增加一些特殊的效果。例如,在一个科幻电影中为其中的机器人增加带有机械质感的配音,希望把一首歌曲中的人声削弱或消除,甚至偏移、改变播放时间、增加回声、声音渐弱、交换声音等。

在 GoldWave 工具栏中,提供了大量的特殊效果处理工具。利用这些工具,进行必要的参数设置,可使所选定的波形段产生特别的声音和音质,提高音频文件的表现能力。常用特殊效果工具的图标、名称和功能如表 5-1 所示。

表 5-1　　　　　　　　　　　　GoldWave 部分特效工具列表

图标	名称	作用
	压限器/扩展器	可用来压限或者扩展某些频率的声音信号
	多普勒	动态地改变或者弯曲所选波形的斜度
	动态	用于改变所选波形的幅值，可以限制、压缩或加大波形的幅度值
	回声	为所选的声音增加回声效果
	镶边器	用来产生特殊的立体声效果，如机器人效果、太空效果
	倒转	所选波形正负交换，即波形以 0 音量的时间轴为轴旋转 180 度
	机械化	为选区内的波形加入机械特性音质
	音高	改变选区的音高
	混响	所选波形增加混响效果，如房间或音乐厅混响效果
	反向	使所选的波形反向，即所选的波形倒放
	自动偏移去除	扫描并自动去除选区的直流偏移
	均衡器	调节各个频率的音量大小
	参数均衡器	使用参数来平调节音量大小
	低/高通滤波	可以选择把声音中的高频信号或低频信号过滤掉
	带通/带阻滤波	只让某个频率范围的信号通过或者让某个范围的频率不通过
	降低噪音	把声音中不想要的噪音去掉
	爆破音/嘀嗒声	删除从老式录音带提取的声音当中的爆破音和嘀嗒声
	静音消除	用来删除或缩短声音中的无声部分
	频谱滤波器	基于频谱图像的缩减或推进频率，通过频谱分析的方法进行滤波
	自动增益	自动调整音量来改变选区的电平输出
	更改音量	调整选区的音量
	淡入	淡入选区，将选区音量进行淡入效果处理
	淡出	淡出选区，将选区音量进行淡出效果处理
	匹配音量	匹配平均音量为绝对电平
	最大化音量	规格化/最大化音量
	外形音量	用于调整选区内不同时刻的音量变化
	声像	动态控制左右声道平衡
	消减人声	用于消减所选波形的人声
	声道混音器	用于所选波形左右声道混音
	时间	改变选区的时间或速度
	旁白	淡化选区并和剪贴板中的旁白音频混音

这些特效的应用方法非常简单,只要设定好选区,单击相应的特效工具按钮即可。关键是适当地设置特效的参数。不同的特效所要设置的参数也不同,具体介绍略。

5.9 视频处理

在我们的工作和生活中,每天都会接触到各种各样的影视节目、广告宣传、学习视频等视频内容。同时,随着数码摄像机、智能手机应用的普及,无论是工作学习,还是外出旅行,人们都习惯将过程录制下来,以视频文件的方式进行保存。对于录制的原始视频文件,通常需要进行处理,如剪辑、添加声音、字幕以及特效等各种各样的操作。视频处理是件非常复杂的技术,特别是在影视作品的拍摄和后期制作中,不仅需要熟练地使用视频处理软件系统,还需要很多的专业知识。随着视频处理软件的发展,对于普通用户,只要掌握视频的基本概念和基本处理方法,视频处理不再高不可攀,而是一种常用的基本技能。

5.9.1 电影与动画

在影视艺术高度发达、数字化技术已经普及的今天,回顾电影艺术的产生与发展,对于理解视频数字化依然有重要的意义。19 世纪的欧洲被称为"科学的世纪",工业革命①如火如荼,第一次工业革命的热潮尚未消退,第二次工业革命已悄然兴起。在西欧和北美,工业革命促成了技术与经济上的巨大进步,各种自然科学学科,如物理、化学、生物学、地质学等逐渐成形,科学研究不断取得重大突破,并影响到社会科学(社会学、人类学、历史学等)的诞生或重塑。

在这样的时代背景下,1839 年,法国人达盖尔根据文艺复兴以后在绘画上小孔成像的原理,并使用化学方法,将形象永久地固定下来,发明了达盖尔照相法,照相术由此诞生。然而,人们并不满足于静止的照片,而是幻想着有一天能够将它们相互联系起来,忠实地记录形象动作和自然空间的物质现实。1872 年,英国摄影师爱德华·幕布里奇最先将照相法运用于连续拍摄。为了验证马在奔跑时是否会四脚离地,他将 24 架照相机排成一行,运用多架照相机给一匹正在奔跑的马进行连续拍摄的实验。当马跑过的时候,照相机的快门被打开,马蹄腾空的瞬间姿态便被依次拍摄下来。实验进行了 5 年,1878 年获

---

① 工业革命(The Industrial Revolution)开始于 18 世纪 60 年代,通常被认为发源于英格兰中部地区,是资本主义工业化的早期历程,即资本主义生产完成了从工场手工业向机器大工业过渡的阶段。工业革命是以机器取代人力、以大规模工厂化生产取代个体工场手工生产的一场生产与科技革命,一般将这一时期称为"第一次工业革命"(18 世纪 60 年代~19 世纪 50 年代),又称"蒸汽时代"。1870 年前后,科学技术快速发展,新的发明不断出现,特别是电力和电器的发明和广泛应用,传统的以蒸汽动力为代表的工业生产被电力设备所改造,人类社会进入电气时代,这一时期称为"第二次工业革命"(19 世纪 60 年代~20 世纪 40 年代)。20 世纪,人类爆发了两次世界大战。第二次世界大战(1939 年 9 月 1 日~1945 年 9 月 2 日)后的 1946 年,电子计算机问世,标志着计算机时代的来临,生物克隆技术、航天技术等现代科技也快速发展,又称"第三次工业革命",人类社会进入后工业社会。

得成功。后来,幕布里奇获得了"拍摄活动物体的方法及装置"的专利权,也推动了电影的诞生。

1882 年,法国人马莱利用左轮手枪的间歇原理,研制了一种可以进行连续拍摄的摄影枪。此后,他又发明了软片式连续摄影机。终于以一架摄影机取代了幕布里奇用一组照相机拍摄活动物体的方法。在欧洲,许多国家中的科学家、发明家们也都研制了不同类型的摄影机。其中,美国发明家爱迪生和他的机械师狄克逊为了使胶片在摄影机中以同样的间隔进行移动,发明了在胶片两边打上孔洞的牵引方法,解决了机械传动的技术问题,"活动照相"的"摄影术"得以完成,拍摄活动照片的摄影机日臻成熟。

摄影术和摄影机的发明,将活动的物体以一定的时间间隔连续地拍摄下来。如何来观看这些连续拍摄的静止照片才能重现当时的运动情景呢? 早在照相术出现以前,1824 年,英国伦敦大学教授皮特·马克·罗葛特在他的研究报告《移动物体的视觉暂留现象》中指出,人眼在观察景物时,光信号传入大脑神经,需经过一段短暂的时间,光的作用结束后,视觉形象并不立即消失,这种残留的视觉称"后像",视觉的这一现象被称为"视觉暂留"(Persistence of Vision),也称"视觉暂停"现象或"余晖效应"。人眼的视觉暂留时间是多少呢? 实验表明,对于中等亮度的光刺激,视觉暂留时间为 0.05~0.2s,因此,当连续的图像变化超过每秒一定数量的画面时,人眼便无法分辨每幅单独的静态画面,因而产生平滑、连续运动的视觉效果。1895 年,法国摄影师卢米埃尔兄弟在爱迪生等人的发明基础上,研制成了世界上第一架比较完善的电影放映机,即活动电影视镜,终于把活动影像投到了银幕上,标志着电影这一新的艺术形式的正式诞生[1]。

根据视觉暂留的原理,电影的放映是相对简单的。对于摄影机拍摄的连续静止画面,以怎样的速度播放才能产生连续的动感画面呢? 对于中等亮度的光刺激,视觉暂留时间为 0.05~0.2s,也就是说每秒要播放 5~20 幅画面即可。但是,事实并非这么简单,电影在较低的放映速度下,比如 16~24 格每秒,即使已经构成了运动画面的幻觉,亮度的变化仍会被人眼察觉到闪烁,即频闪,亮度越高闪烁越明显。因此,现代电影放映机采用了许多新的技术,比如:两片式叶子板、三片式叶子板,每秒播放 16 幅画面,每格画面在银幕上重复出现两次或三次,以解决频闪问题。

从原理上讲,每秒钟播放画面的数量越多,播放效果越好,但是大幅提升拍摄和放映速度,会增加胶片成本。在电影发展史上,电影的拍摄、放映速度不断提高,从每秒 16 格、18 格发展到 24 格。每秒 24 格的放映速度是 1930 年确定的,24 格普通 35mm 胶片等于每秒 456mm。对于当时片上发声的技术来说,这是记录最高 5kHz 声音的光学声迹的最短必要长度,如果再短则声音容易失真,所以每秒不能低于 24 格的长度。其实,放映机一般都采用双片式或三片式叶子板,因此,电影的刷新频率是每秒 48 次或 72 次,而不是只有 24 次那么低,只是单个画面重复出现两次或三次而已。

在电影诞生的一百多年里,电影不但真实地记录了当时的历史场景,而且作为一种艺术形式,电影和文学、绘画、音乐、舞蹈、戏剧等艺术形式不断结合,极大地丰富了人们的生

---

① 1895 年 12 月 28 日,在巴黎卡普辛路 14 号大咖啡馆的地下室,卢米埃尔兄弟公开售票放映了自己制作的影片《工厂大门》和《火车到站》,这一天被称为"电影的诞生日"。

活和娱乐活动。此外,电影作为一种传播媒体,通过塑造人物,在价值观、道德观、人生观教育中,发挥着特别的作用。

几乎和电影在同一时期诞生的还有另外一种艺术形式,这就是动画。动画同样基于人眼的视觉暂留现象。1824 年,英国人约翰·A·帕瑞思发明了"幻盘"(留影盘)。1832 年,比利时人约瑟夫·普拉托把画好的图片按照顺序放在一部机器的圆盘上,在机器的带动下,圆盘低速旋转。圆盘上的图片也随着圆盘旋转,从观察窗看过去,图片似乎动了起来,形成动的画面,这就是原始动画的雏形。1892 年 10 月 28 日,法国人埃米尔·雷诺首次在巴黎著名的葛莱凡蜡像馆使用自己发明的光学影戏机向观众放映光学影戏,标志着动画的正式诞生。

动画的概念不同于一般意义上的动画片,其原始定义为使用绘画的手法,创造生命运动的艺术。今天,动画被看作是集合了绘画、漫画、电影、摄影、音乐、文学、数字媒体等众多艺术门类于一身的综合艺术表现形式。从技术规范的定义角度,所谓"动画",就是采用逐帧拍摄对象并连续播放而形成运动的影像技术。从原理上讲,动画和电影相同。两者的不同在于动画的每帧图像都是由人工或计算机产生的,而电影电视的每帧图像都是通过摄影机、摄像机实时摄取自然景象或活动对象获得的。

5.9.2　电视与计算机视频

电影和动画都是投射到墙壁或屏幕上的,是一种机械实现,电子技术的发展将他们电子化了,这就是电视。早在 19 世纪时,人们就开始讨论和探索将图像转变成电子信号的方法。在 1900 年,"Television"一词就已经出现。1925 年,英国工程师约翰·洛吉·贝尔德(John Logie Baird)发明了机械扫描式电视摄像机和接收机,即电视机(Television Video,TV),实现了利用电子技术及设备传送活动的图像画面和音频信号,即电视视频(Video)。同电影相似,电视利用人眼的视觉停留现象显现一帧帧渐变的静止图像,形成视觉上的活动图像。电视系统发送端把景物的各个微细部分按亮度和色度转换为电信号后,顺序传送。在接收端按相应几何位置显现各微细部分的亮度和色度,重现整幅原始图像。1926 年,贝尔德向英国报界进行了一次播发和接收电视的表演。1929 年,英国广播公司开始长期连续播发电视节目。1930 年,实现了电视图像和声音的同时发播。

1.电视视频

电视的发展纷繁复杂,几乎是同一个时期有许多人在做同样的研究,分类也五花八门。传统上,电视分为显像管电视(黑白、彩色)、晶体管电视、等离子电视等,早期的电视采用模拟信号传输声音和图像,又称"模拟电视"。在现代分类中,电视分为数字电视(Digital Television,电视)、网络电视(Web Television,计算机)、互联网电视(IPTV,计算机/电视)等,均采用数字信号,进行编码、存储和传输。

2.视频信号的数字化

普通照相机在胶卷上靠溴化银的化学变化来记录图像。20 世纪 60 年代,在卫星侦测等军事目的的驱动下,人们开始研究利用光电效应而不是胶片来拍摄并记录影像的可能性。这种研究包括了新型成像元件光感应式的电荷耦合器件(CCD)和互补金属氧化物半导体(CMOS),光线通过镜头或镜头组进入照相机,通过成像元件转化为数字信号,数字信号通过影像运算芯片储存在存储设备中。1975 年,在美国纽约罗彻斯特的柯达实验室中,一个孩子与小狗的黑白图像被 CCD 传感器所获取,记录在盒式音频磁带上,成为世界上第一张数码照片,也标志着数码相机(Digital Camera,DC)的诞生。

随着数码相机、数码摄像机的诞生,传统的电影、动画、电视的拍摄、存储和放映方式都发生了根本的变化。传统的视频表示方式改变为数字方式。它采用数字的方式拍摄、记录、传输、加工和存储视频声像。和传统视频形式相比,数字视频以计算机文件方式存储,存储简单,可进行无数次复制,可长时间存放,可以进行非线性编辑,可以很容易增加特技效果甚至产生现实中不存在的影像场面,可以进行网络传输、在线点播等。

3.视频压缩标准

通常情况下,一个数字视频数据与图像数据和音频数据相比,数据量更大。较大的文件大小不仅需要占用更多的存储空间,而且不便于网络传输。因此,需要对原始拍摄的视频数据进行必要的压缩处理。视频编码标准主要由 ITU-T 和 ISO/IEC 开发,常见的是 MPEG(Moving Picture Experts Group)标准,它是国际标准化组织 ISO(International Standardization Organization)与国际电工委员会 IEC(International Electrotechnical Commission)于 1988 年专门针对运动图像和语音压缩制定的压缩标准。

除了 MPEG 通用标准,还存在很多专用格式,比较流行的有 C-Cube 公司的 M-JPEG、英特尔公司的 IVI(tm)(Indeo Video Interactive)、苹果公司的 QuickTime(tm)、微软公司的 Media Player(tm)和 RealNetworks 公司的 RealPlayer(tm)等。

4.常用视频文件格式

①AVI(Audio Video Interleaved,音频视频交错)格式,是由微软公司于 1992 年随 Windows 3.1 一起推出。AVI 格式允许视频和音频交错在一起同步播放,其特点是图像质量好,可跨平台,缺点是体积大,没有统一的压缩标准。媒体播放器播放 AVI 视频格式文件时,播放器的版本与 AVI 格式版本必须兼容。

②WMV(Windows Media Video)格式,是微软公司开发的一系列视频编解码和其相关的视频编码格式的统称,是 Windows 媒体框架的一部分,1999 年推出第一个版本。WMV 格式视频文件属于流媒体范畴,支持边下载、边播放,适合在网上传输和播放。

③ASF 格式是高级串流格式(Advanced Streaming Format)的缩写,是微软公司为 Windows 98 所开发的串流多媒体文件格式,支持流式播放。

④MOV(Movie 缩写)格式,也称"QuickTime 格式",是苹果公司开发的一种音频、视频文件格式,支持流式播放。MOV 格式采用有损压缩,存储空间要求小,具有很好的跨平台型,被 Apple Mac OS、Microsoft Windows 操作系统平台支持,Adobe Premiere 等非线编工具都支持该视频格式。

⑤RM(Real Media)格式,是 RealNetworks 公司开发的一种新型流媒体视频文件格

式,可以根据网络数据传输的不同速率制订不同的压缩比率,从而实现低速率的网络视频文件的实时传送和播放。

⑥RMVB 格式,是 RM 流媒体格式的升级视频格式。VB 即 VBR(Variable Bitrate),为可变比特率或动态码率的意思。它打破了原先 RM 格式那种平均压缩采样的方式,在保证平均压缩比的基础上,设定了一般为平均采样率两倍的最大采样率值。将较高的比特率用于复杂的动态画面,而在静态画面中则灵活地转为较低的采样率,合理地利用了比特率资源。

⑦MPEG/MPG/DAT 格式。MPEG 为运动图像压缩算法国际标准,现已被几乎所有的计算机平台共同支持。和前面某些视频格式不同的是,MPEG 采用有损压缩方法减少运动图像中的冗余信息从而达到高压缩比的目的,平均压缩比为 50∶1,最高可达 200∶1。同时,图像和音响的质量也非常好,在微型计算机上有统一的标准格式,兼容性好。

⑧DVDRip 格式。DVD(Digital Video Disc,高密度数字视频光盘)格式相比 VCD(Video Compact Disc,视频压缩光盘)格式,具有更加优秀的画质音质,但文件太大(一张 DVD 盘大小在 5G 左右,可记录 135min 的视频画面),不便于在网上传输。将 DVD 的视频、音频、字幕剥离出来,再经过压缩或其他处理,然后重新合成多媒体文件,在更小的文件尺寸上达到 DVD 的视听享受,这就是 DVDRip(Rip,拆开、撕裂)。

DVDRip 核心技术分为三部分:用 Mpeg4 等压缩视频,用 MP3 或 AC3 等压缩音频,然后将视频、音频部分合并成一个 AVI 文件,最后再加上外挂的字幕文件就形成了一个完整的视频文件。

5.流媒体的概念

所谓"流媒体"(Streaming Media),是指采用流式传输方式、通过网络播放的媒体格式。它并不是为视频所独有,也可以是音频或其他多媒体文件。流媒体在播放前并不下载整个文件,只将开始部分内容存入内存,在计算机中对数据包进行缓存并使媒体数据正确地输出。流媒体的数据流随时传送、随时播放,只是在开始时有些延迟。显然,流媒体实现的关键技术就是流式传输。流式传输主要指将整个音频、视频及三维媒体等多媒体文件经过特定的压缩方式解析成一个个压缩包,由视频服务器向自己计算机顺序或实时传送。

在采用流式传输方式的系统中,用户不必像采用下载方式那样等到整个文件全部下载完毕,而是只需经过几秒或几十秒的启动延时即可在自己的计算机上利用解压设备对压缩的多媒体数据解压后立即播放和观看。此时,多媒体文件的剩余部分将在后台的服务器内继续下载。与单纯的下载方式相比,这种对多媒体文件边下载、边播放的流式传输方式不仅使启动延时大幅度地缩短,而且对系统缓存容量的需求也大大降低,极大地减少了用户的等待时间。

5.9.3 视频编辑方式

无论是电影还是电视,当拍摄完成后,还需要进行后期加工和制作。由于影像资料的拍摄和存储方式不同,视频编辑的方式悬殊。影视编辑的发展经历了多种方式:传统影视视频(胶片,磁带)的物理剪辑方式、电子编辑方式和非线性编辑方式。非线性编辑的产生和发展与计算机技术的发展是分不开的,是完全数字化的视频编辑方式。

1. 线性与非线性编辑

在视频编辑领域,"线性"与"非线性"的概念主要是从视频和音频信息的存储方式出发来区别的。一般来说,存储信息的顺序与接收信息的顺序相关或一致的方式称为"线性方式",存储信息的顺序和接收信息的顺序不相关或不一致的方式称为"非线性方式"。

在传统的电视节目制作中,电视编辑是在编辑机上进行的。编辑机通常由放像机、特技发生器、字幕机、录像机组成,编辑人员通过放像机选择一段合适的素材,然后把它记录到录像机中的磁带上,再寻找下一个镜头,接着进行记录工作,如此反复操作,直至把所有合适的素材按照节目要求全部顺序记录下来。由于磁带记录画面是顺序的,无法在已有的画面之间插入一个镜头,也无法删除一个镜头,除非把这之后的画面全部重新录制一遍,所以这种编辑方式就叫"线性编辑"。它给编辑人员带来很多的限制,编辑效率很低。

非线性编辑是相对于传统上以时间顺序进行线性编辑而言的。非线性编辑借助计算机来进行数字化制作,几乎所有的工作都在计算机上完成,不用反反复复在磁带上寻找,突破单一的时间顺序编辑限制,可以按各种顺序排列,具有快捷简便、随机的特性。除此之外,非线性编辑在用计算机编辑视频的同时,还能进行效果处理,如添加特技等。非线性编辑需要专用的编辑软件、硬件,现在绝大多数的电影电视制作机构都采用非线性编辑系统。

2. 非线性编辑系统

非线性编辑系统是使用数字磁盘存储媒体进行数字与数字合成的影视后期制作计算机软硬件综合系统。通俗地说,非线性编辑系统是一种对媒体进行加工和处理的设备,主要用于电视节目的后期制作,也可以用于电影剪辑、多媒体光盘制作和计算机游戏制作等领域。

从视频编辑的业务流程上讲,非线性编辑系统的工作流程包括以下几个步骤:

①素材采集与输入。采集就是将模拟视频、音频信号转换成数字信号存储到计算机中,或将外部的数字视频存储到计算机中,成为可以处理的素材。输入主要是把处理过的图像、声音等,导入到非线性编辑系统中。

②素材编辑。素材编辑就是设置素材的入点与出点,以选择最合适的部分,然后按时间顺序组接不同素材的过程。

③特技处理。对于视频素材,特技处理包括转场、特效、合成叠加。对于音频素材,特技处理包括转场、特效。令人震撼的画面效果,就是在这一过程中产生的。而非线性编辑软件功能的强弱,往往也是体现在这一方面。

④字幕制作。字幕是节目中非常重要的部分,包括文字和图形两个方面,几乎没有无法实现的效果,并且还有大量的模板可以选择。

⑤输出和生成。节目编辑完成后,就可以输出回录到录像带上,也可以生成视频文件,以保存到磁盘或刻录到光盘中。

　　根据计算机视频非线编业务需要,市场上有许多非线性编辑工具软件,可以分为专业级和非专业工具两类。例如,Adobe 公司的 Adobe Premiere 功能强大,属于专业级非线性编辑工具,配合自己的视频特效系统 After Effect 后期制作软件,可以创造出不凡的效果。在非专业领域,微软公司的 Windows MovieMaker 系统则是包含在 Windows 操作系统中的小型非线性编辑系统,适合普通用户进行一般的视频处理。此外,Corel 公司[①]的会声会影也是一款强大的视频制作、剪辑软件,具有强大的视频编辑功能,拥有上百种视频转场特效、滤镜覆叠效果,可以制作出炫酷的视频动画效果。

5.9.4　视频处理工具

　　在视频数字化后,就可以用计算机来进行视频编辑了。在视频编辑领域,有三款常用的工具软件:Adobe Premiere、Windows Movie Maker 和 Corel VideoStudio Ultimate(会声会影)。Premiere 属于专业级视频编辑软件,功能强大,不适合新手。Windows Movie Maker 是微软公司在 Windows 操作系统上开发的一款免费的小型视频处理软件,属于入门级视频编辑软件,适合制作简单的网络视频。会声会影也是一款不错的视频处理工具,有 30 天试用版和付费版多种版本。

　　以 Windows Movie Maker 为例,介绍视频处理的基本方法。

　　首先,在网络上搜索该软件,然后登录软件的官方网站,下载最新的 Windows Movie Maker 简体中文版(免费下载),并在计算机上安装。

1. Windows Movie Maker 主窗口

　　运行 Windows Movie Maker 程序,显示 Movie Maker 主窗口,如图 5-70 所示。

图 5-70　Windows Movie Maker 系统界面

----

　　① Corel Corporation Inc.(加拿大科亿尔公司),是一家专注于多媒体技术开发的软件公司,成立于 1985 年,总部位于加拿大渥太华。其主要产品有图形设计软件 Corel DRAW、美术绘画软件 Corel Painter、视频编辑和 DVD 制作软件会声会影以及压缩软件 WinZip 等。

①任务窗格。在此窗格中按顺序列出了视频制作的基本工作步骤,用户只要单击所要进行的任务,就可以进入相应的工作状态。任务窗格可以通过按钮▤任务关闭和打开。

②收藏窗格。单击👆收藏按钮可以打开收藏窗格。它类似于操作系统中的文件夹窗格,包含 3 个子文件夹:视频效果、视频过渡和收藏。素材资料以文件夹树形结构组织,当选中一个文件夹时,在内容窗格中可以显示出该文件夹的所有素材列表。

③内容窗格,显示"收藏"中当前文件夹的所有素材列表,如视频音频剪辑、图片等等。用户可以随时通过监视器预览这些素材,或将它拖入视频编辑窗格以进行电影制作。内容列表可采用缩略图或详细信息的视图形式。

④监视器,播放视频剪辑、效果等项目,查看作品的效果,也可以用来播放内容窗格中所选定的音频、视频和图片素材。

⑤视频编辑窗格,电影制作的主要工作区域,分情节提要和时间线两种显示视图,可通过视频编辑窗格上侧的切换按钮切换。

2.视频编辑窗格视图

所谓"视频编辑",就是对相关的视频、音频素材进行剪辑、合并、添加效果、添加片头、片尾等,这些素材称为"视频剪辑对象"。视频编辑窗格有情节提要和时间线两种不同的显示视图,根据需要可以随时在这两种视图之间进行切换。

①情节提要视图,可按播放顺序显示出当前项目的剪辑对象,包括片头、片尾、视频效果及过渡效果等,可以知道项目的主要对象以及它们的播放次序,示例如图 5-71 所示。

图 5-71　情节提要视图

在情节提要视图,显示视频剪辑对象缩略图,左下角显示蓝色星星标志✭,表明视频剪辑添加了效果,如果星星灰化,则不包含视频效果。视频剪辑之间可以插入视频过渡,无过渡显示灰色箭头标记。

在视频剪辑对象列表的上侧包含一组命令按钮,包括声音控制、录制旁白、放大、缩小、播放控制以及视图切换。

②时间线视图,上下排列着视频(过渡、音频)、音频/音乐、片头重叠五条轨道,过渡轨和音频轨可以隐藏。各视频对象以及声音、配音、过渡、旁白等按它的实际播放时间长度沿时间线排列在各自的轨道上,示例如图 5-72 所示。

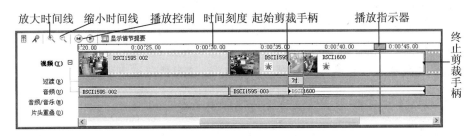

图 5-72　时间线视图

在时间线视图,可针对不同轨道上的不同剪辑实现播放、分割、合并或调整等编辑工作。当需要改变时间线视图的大小时,可以单击时间线上方的相应工具,单击 🔍 可放大时间线,单击 🔍 可缩小时间线。当单击菜单"查看"→"适屏缩放"时,时间线将缩放到最合适的大小。鼠标移到时间刻度标尺上时,显示播放指示器,单击可播放视频。

3.时间线上的轨道

在时间线上,添加到项目中的剪辑对象,根据其类型分别显示在相应的轨道上。标题文字显示为粗体的轨道为当前轨道。

①视频。通过视频轨道可以看到已在项目中添加了哪些视频剪辑、图片或片头片尾。视频轨道可以扩展显示出它相应的音频,以及已添加的视频剪辑的过渡效果。将剪辑添加到时间线上后,源文件的名称将出现在该剪辑中。如果为图片、视频或片头添加了视频效果,剪辑上将会出现一个小图标"★"或"★",表示该剪辑已添加了视频效果。

②过渡,显示已添加到时间线的所有视频剪辑对象的过渡效果。时间线上的视频剪辑添加过渡后,该过渡的名称将显示在时间线中。可以拖动在选中过渡时出现的起始剪裁手柄来延长或缩短它播放时的持续时间。

③音频,显示已添加到项目的所有视频剪辑中包含的音频。它是在视频采集时,一并录制下来的音频。音频轨道上的音频剪辑不能单独删除,但是可以设置声音效果,也可以将声音复制到音乐/声音轨道上。

④音频/音乐,显示添加到项目的所有音频剪辑,它们按照播放顺序排在时间线上。通常是单独录制的旁白、背景音乐等,独立于视频剪辑,可以单独删除。

⑤片头重叠,显示已添加到时间线的所有与视频剪辑重叠的片头(不与视频重叠的片头片尾位于视频轨道上)。我们可拖动在选中片头时出现的起始剪裁手柄或终止剪裁手柄来延长或缩短它的持续时间。

在上述 5 条轨道中,过渡轨道和音频轨道上显示的剪辑对象隶属于视频剪辑对象,因此可以根据需要,使其显示或隐藏。

5.9.5　电影项目与素材

视频处理是对已拍摄素材的处理、加工和再创作,因此,视频处理的第一步就是将所需要的素材导入到视频处理工具中。在 Windows Movie Maker 中，进行电影编辑任务的第一步工作是创建一个新的电影项目，对编辑环境进行初始化，以及管理当前的工作状态。一部视频编辑与制作可能需要很长的时间，在工作过程中，需要保存当前的编辑成果和工作状态，以便下次在已有基础上继续编辑工作，这需要通过电影项目来管理。

1. 新建或打开电影项目

运行 Windows Movie Maker 时，系统自动创建了一个名为"无标题"的电影项目，可以立即进入到电影编辑工作中。也可以通过选择菜单"文件"→"新建项目"来新建一个电影项目。打开一个电影项目后，接下来就可以导入素材进行视频处理和创作了。在视频处理过程中，在工作告一段落，或工作一段时间后，需要对项目进行保存操作，以保存当前的工作成果。避免因为死机等原因造成损失。

项目的保存非常简单，单击"保存项目"按钮（Ctrl＋S）即可。如果是一个新建项目，保存时，弹出"另存为"对话框，提示输入项目的名称以及选择存储路径。保存项目将对项目素材、编辑状态和成果一并保存，以便以后能够在当前工作基础上继续进行。

对于一个项目，可以设置相关信息，包括项目标题、作者、版权信息、分级信息和说明信息。另外，也可以查看电影的播放长度。打开"项目属性"对话框的方法很简单，只要选择菜单"文件"→"属性"即可。

2. 导入素材

在电影任务第一步捕获视频中，就是导入素材。也就是说，在视频编辑之前我们要先将素材导入到项目当中。素材可以是已有的视频、音频、图片、旁白等多媒体文件，也可以连接外部设备，如数码摄像机、录音设备、DV 摄像机等。一般情况下，视频编辑主要指对已有的素材文件进行的编辑。在进行编辑以前，需要将素材导入到电影项目中，一般步骤如下：

在电影任务窗格，单击"导入视频""导入图片"或"导入音频或音乐"，弹出"导入文件"对话框，如图 5-73 所示。

图 5-73　"导入文件"对话框

如果导入的是视频文件,在"导入文件"对话框的底部将有一个复选框:"为视频文件创建剪辑",勾选该框时,在导入的过程中将对较大的视频文件进行分割,分割成若干个较小的视频剪辑文件。对于早期的磁带摄像机拍摄的视频,在转化为数字视频文件后,虽然是一个视频文件,但记录了不同的拍摄时间。因此,将按照拍摄时间进行分割,视频剪辑对象名称为拍摄日期和时间,该命名方式便于视频的分割。

例如,导入一段早期拍摄的视频文件,勾选"为视频文件创建剪辑"复选框,视频导入后的显示结果如图 5-74 所示。

图 5-74 导入视频自动分割为多个视频剪辑

视频文件被剪辑为多个视频对象,可以单击一个对象,在右侧的窗口放映,以查看内容。对不需要的视频片段,可直接删除,或者将视频剪辑拖放到视频编辑窗格。

在 Windows Movie Maker 中,执行导入文件操作时,并不存储源文件的真正副本,而是创建引用该源文件的剪辑,并在内容窗格中显示出该剪辑。被导入文件的源文件仍保留在被导入时的位置。因此,将文件导入项目后,请不要移动、重命名或删除视频素材的原始文件,否则将会发生错误。

3. 素材管理

在一个电影项目中,可以导入若干素材。对于导入的素材,或创作的剪辑对象,可以进行删除操作。单击"收藏"按钮,在窗口左侧,显示"收藏"窗格,列出了当前项目中包含的素材,以及创建的视频效果、视频过渡等剪辑对象。在对象上右击,打开快捷菜单,可进行复制、删除等操作。

5.9.6 数字视频编辑

视频数字化后都以文件的方式来存储,即视频工具软件的文档。在计算机中,所有的数字文档都是可编辑的,虽然文档的内容悬殊,有文本、图形、图像、音频、视频等不同形式,但编辑的概念是一样的。

1.添加剪辑对象

对于已经导入的视频剪辑或图片,虽然已经出现在电影项目中,但只是一些创作素材,并未成为电影中的一部分。要将这些素材添加到创作的电影中,需要将其添加到视频编辑窗格中,然后根据需要进行编辑处理。在电影中添加视频的方法很简单,一般步骤如下:

①单击"收藏"按钮,显示收藏窗格。在内容窗格上单击要添加的视频剪辑。

②在"剪辑"菜单中,执行"添加到时间线"或"添加到情节提要"(注:由视频编辑窗格的当前视图决定)菜单命令,或按下鼠标左键,直接将视频剪辑拖放到视频编辑窗格中,如图 5-75 所示。

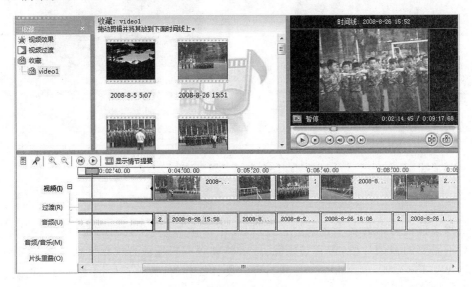

图 5-75　电影制作界面

在"时间线"视图下,剪辑将按其长度显示在视频轨的相应位置。在"情节提要"视图下,它表现为一个个的剪辑对象。单击一个剪辑对象,在右侧播放窗格单击"播放"按钮,可以播放所选视频剪辑,以便于视频剪辑的编辑。

当将一个图片添加到项目中时,默认的播放时间为 5s,可以通过拖动该图片的终止剪裁手柄改变它的播放持续时间长度。

2.剪辑对象的移动和删除

从原理上讲,一个影片由一系列的剪辑对象组成,在"情节提要"视图和"时间线"视图,列出了影片中的所有剪辑对象。和文本文件的编辑类似,有时候需要对文档内容进行添加、删除、修改和移动操作。在编辑视频文档时,选择"时间线"视图,单击剪辑对象,按下鼠标左键可以左右拖动,以移动剪辑对象位置,单击 Delete 键删除剪辑对象。

3.拆分剪辑

拆分剪辑就是将一个视频剪辑拆分成两个或多个。如果要在剪辑中间插入图片或视频过渡,此操作将非常有用。拆分剪辑对象的一般过程是:

①选择"时间线"视图,如果视频剪辑时间较短,单击"放大时间线"按钮，以便于更精确的定位。当视频时间较长时,单击"缩小时间线"按钮，以便快速定位。

②将鼠标移动到时间标尺上,单击,观察"监视器"窗口中图像的变化,可以通过"上一帧"按钮或"下一帧"按钮，确定要拆分的位置。

③单击监视器窗口右下角的"拆分"按钮，则视频从当前帧拆成两段,显示两个剪辑对象,名字和原剪辑对象相同。

4.合并剪辑

合并剪辑就是将两个或多个在时间线上连续排列的视频剪辑合并。与拆分剪辑类似,可以在内容窗格、"情节提要"视图和"时间线"视图上合并连续的剪辑。

在视频编辑窗格中,按下 Ctrl 键,依次单击相邻的视频剪辑对象,选定两个或以上的剪辑。然后在"剪辑"菜单中,执行"合并"命令(Ctrl＋M)。也可以选中相邻的剪辑后右击,在快捷菜单中选择"合并"命令。

5.裁剪

对于一个剪辑对象,有时候需要将部分内容删掉,即裁剪。例如,将一个剪辑的开始或结尾片段裁剪掉。裁剪并不是从素材中删除信息,而是将被裁剪的部分隐藏起来,可以随时通过清除裁剪点来将剪辑恢复为原来的长度。裁剪操作只针对添加到编辑窗格中的对象,只影响最终保存输出的视频文件,对原始视频不影响。

在 Windows Movie Maker 中,裁剪操作只能在剪辑对象的两端进行。在"时间线"视图上,对于当前选中的视频剪辑,它的左端和右端分别出现一个起始裁剪手柄和终止裁剪手柄。当鼠标指针指向这两个手柄时,指针变成红色的形状,按下左键拖动可将剪辑中多余的部分裁剪掉,这样可以对剪辑对象从两端向内裁剪,即裁剪掉片头和结尾片段。如果要对剪辑对象的中间片段进行裁剪,可以先拆分剪辑对象,再从两端裁剪。

在剪辑对象裁剪过程中,利用拖动剪裁手柄的方式对片头、结尾片段的裁剪无法观察帧画面,不好精细地定位目标位置。要精细地定位目标位置,可按下列步骤操作:

①将鼠标指针移到时间标尺上,在目标位置附近单击。此时,观察窗口显示当前位置的帧画面,然后通过观察窗口"上一帧""下一帧"按钮,确定目标位置。

②位置确定后,在"剪辑"菜单中,执行"设置起始裁剪点"(即起始端,裁剪掉左侧片首片段)或"设置终止裁剪点"(即结束段,裁剪掉右侧片尾片段)命令,裁剪掉时间线到片尾或片头的视频片段。

如果被剪裁的部分确实不再有用,也可以从剪裁点位置拆分成两个剪辑,把多余的剪辑删除即可。如果要清除剪裁点,先选中剪辑对象,再执行"剪辑"→"清除剪裁点"菜单命令。

5.9.7　添加效果

在影视作品中,我们经常听到特效一词。所谓"特效",就是指特殊效果,通常是指由计算机软件制作出的现实中一般不会出现的视觉、听觉效果。在电影中添加效果是视频创作中常用的操作。例如,为了使视频变旧以便呈现出经典老片的电影效果,可以向视频剪辑或图片添加一种旧胶片的视频效果。在 Windows Movie Maker 中,内置了二十多种视频效果。在电影中,视频剪辑、图片或片头的整个播放过程都可以呈现一种或多种视频效果。

1. 添加视频效果

添加视频效果可使视频特效作用于视频剪辑对象。在视频剪辑对象上添加特效,可按下列步骤操作:

①单击"收藏"按钮,显示收藏窗格,单击视频效果文件夹,则在内容窗格显示系统内置的视频效果列表。在列表中,单击某效果项,可以在观察器窗口查看效果。

②将选中的视频效果拖放到视频编辑窗格的目的剪辑对象上即可。视频剪辑添加效果后,在"情节提要"视图中,剪辑对象缩略图左下角的五角星 ★ 显示为蓝色,如图 5-76 所示。

图 5-76　添加视频效果

如果要删除视频剪辑上添加的效果,在"情节提要"视图中,右击剪辑对象缩略图左下角的五角星 ★,在快捷菜单中执行"删除效果"命令即可。或在剪辑对象上右击,在快捷菜单中执行"视频效果…"命令,弹出"添加或删除视频效果"对话框,删除已经添加到剪辑对象上的视频效果。

2.添加视频过渡

在"情节提要"视图可以看到,一部电影都是由若干电影剪辑构成的,剪辑对应电影中的一些片段。在电影放映时,这些片段之间如何过渡,才使观众感到自然,这就是视频过渡的概念。视频过渡控制所制作的电影如何从播放一段剪辑(或图片)过渡到播放下一段剪辑(或图片)。视频过渡在一段视频剪辑刚结束,而另一段剪辑开始播放时呈现。

默认情况下,新添加的剪辑没有过渡效果,播放时直接切换。在 Windows Movie Maker 中,内置了大量的过渡形式。在相邻的视频剪辑之间添加过渡效果,操作步骤如下:

①在收藏窗格,单击视频过渡文件夹,在内容窗格中显示所有过渡效果列表。

②在剪辑对象编辑窗格,切换到"情节提要"视图,两个剪辑之间将显示过渡效果图标,没有过渡效果时图标呈灰色。

③将选中的效果拖到两个剪辑对象之间的过渡效果图标上,可以看到剪辑对象之间显示一个蓝色缩略图,不同的过渡效果图标不同,即添加了过渡效果,如图 5-77 所示。

图 5-77　在视频剪辑之间添加视频过渡

用户可以更改视频过渡的播放持续时间,最长可达两段相邻剪辑中较短剪辑的持续时间。方法是:切换到"时间线"视图,单击"过渡"轨道,显示过渡效果对象,按下过渡的左裁剪手柄拖动,向左拖动为增加播放时间,向右拖动为缩短播放时间。如果时间线比例太小,单击"放大时间线"按钮,可以清晰地看到过渡效果的持续时间,如图 5-78 所示。

在拆分、剪切、复制或移动视频剪辑或图片时,视频效果保持不变。例如,在剪辑中添加了灰度视频效果,然后拆分该剪辑,则两段剪辑都将具有灰度视频效果。但是合并两段视频剪辑时,则第一段剪辑中使用的视频效果将应用到新合并的剪辑中,而第二段剪辑中使用的相关视频效果将被删除。

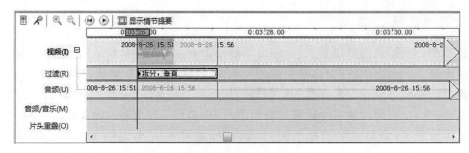

图 5-78　时间线视图查看过渡效果

5.9.8　音频处理

在影视拍摄中,声音往往是后期制作的。对于普通用户,生活场景的一些拍摄则通常将声音一同录制。因此,从"时间线"视图中可以看到,一个电影项目中有两个声音轨道:"音频"轨道,是视频剪辑中所包含的声音,是在视频拍摄时所捕获的,与影像无法分离。此轨道上的声音不能单独删除(否则视频剪辑将一并删除),但是可以设置为静音,以及添加淡入、淡出等声音效果。"音频/音乐"轨道,用来放置为电影增配声音、旁白或背景音乐的音轨,和视频剪辑对象是相对独立的。

1. 在时间线上添加声音

要在电影中添加声音文件,首先将要添加的声音文件导入到收藏文件夹中。然后将视频编辑窗格切换到"时间线"视图下,在时间标尺上单击,将播放指示器定位到声音的起始位置。将声音文件从内容窗格拖放到"音频/音乐"轨道上,可以看到在"音频/音乐"轨道上添加了音频剪辑对象。

对于添加到"音频/音乐"轨道上的音频剪辑对象,在其上按下鼠标左键,可以左右移动对象的时间位置,即声音出现的时间。

2. 声音剪辑的拆分和合并

在为电影配音的过程中,经常需要对声音进行拆分和合并,首先选择"音频/音乐"轨道(选择后文字显示为黑体),然后按以下步骤操作:

①拆分音频剪辑,将播放指示器定位到拆分点,单击监视器窗口右下角的"拆分"按钮 ⊕,或执行"剪辑"→"拆分"命令。如果拆分前的音频剪辑已经增加了效果,则拆分后的两个音频都含有相同的效果。

②合并音频剪辑,按下 Ctrl 键,依次单击相邻的音频剪辑,选定相邻的多个音频剪辑,然后执行"剪辑"→"合并"命令。

3. 音频效果的添加和删除

包含多个音频剪辑时,声音的突然出现或消失,不同音频对象之间的过渡,都会影响人们的收听体验。因此,为减缓声音的突然变换,需要对音频剪辑对象添加效果。无论是

"音频/音乐"轨道上的独立音频剪辑,或"音频"轨道上的声音,都可以添加新效果。可以使用的音频效果有静音、淡入、淡出、音量四种,一个剪辑可以添加一种或多种效果。

在音频剪辑对象上添加效果的一般步骤是:在音频剪辑对象上右击,在打开的快捷菜单中包含 4 种可以添加的音频效果,选择某音频效果即可。添加音频效果后,对应的菜单项前加"√"标记。再次单击,则删除该效果。添加效果后,在监视器窗口单击"播放"按钮,可以看到添加效果后的音频变化。

4. 旁白和背景音乐的叠加

所谓"旁白",是指戏剧角色背着台上其他剧中人对观众说的话,也指影视片中的解说词。说话者不出现在画面上,但直接以语言来介绍影片内容、交代剧情或发表议论,包括对白的使用。

在电影制作中,我们经常会遇到背景音乐和旁白声音叠加的情况,即在背景音乐的音量被降低的情况下播放旁白。在 Windows Movie Maker 中,从旁白的添加中可以知道,旁白和背景音乐占用了同一条轨道,这就给制作带来了一些麻烦。解决这个问题的方法是利用音频处理工具,对旁白和背景音乐进行混音处理,得到一个音频文件,然后再加入电影项目当中。

此外,Windows Movie Maker 中还有旁白录制功能,并且能把所得到的旁白添加到项目中,同时也保存为声音文件,以备进一步处理的需要。具体操作过程如下:

①将视频编辑窗格切换到"时间线"视图下,否则系统会自动切换过去。

②为了与视频剪辑、图片、片头或已添加到时间线的其他对象保持同步,在录制旁白之前要先把时间线上的播放指示器定位在"音频/音乐"轨道的空位置上。

③单击视频编辑窗格上方工具栏中的"旁白时间线"按钮 🎤,在内容窗格中打开"旁白时间线"界面,按照系统提示操作即可。

不是所有的视频处理软件都有一个"音频/音乐"轨道,专业版的视频处理工具有更多的音频视频轨道,使得编辑处理更加灵活,功能也更加强大。

5.9.9 添加片头、片尾

在一个完整的电影作品中,片头、片尾、文本剪辑以及叠加于视频画面上的文本,都是整个作品的有机组成部分。在 Windows Movie Maker 中,可以根据需要向项目添加基于文本的信息以增强效果。用户可以将文本添加到电影中的不同位置,在电影的开始或结尾处,在一段剪辑的前后,与一段剪辑重叠。在指定的时间范围内播放,片头的播放就像一个视频剪辑一样。

1. 添加文本剪辑

要添加片头、片尾,先打开任务窗格,在步骤"编辑电影"中,单击"制作片头或片尾",这时任务窗格关闭,内容窗格显示片头添加位置选择界面。片头的位置分四种情况:电影开头、选定剪辑之前、选定剪辑之后、选定剪辑之上;片尾的位置只有一种,就是在电影结尾。

当选择"选定剪辑之上添加片头"时,文字将叠加在选定剪辑上,而在时间线上,文本将被放在选定剪辑位置的"片头重叠"轨道上。选择其他添加方式时,片头(或片尾)将作为一个视频剪辑插入在"视频"轨道的指定位置上。

例如,选择在"电影开头添加片头"时,内容窗格显示文本输入界面,随着文本的输入,右侧观察窗显示片头效果,如图 5-79 所示。

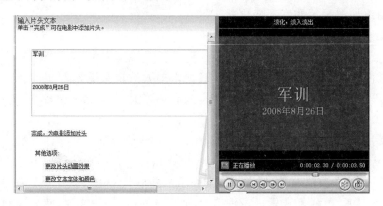

图 5-79　添加片头、片尾

对于片头文本,有主标题、副标题两个文本框。当选择"在电影结尾添加片尾"时,显示电影制作人员清单输入界面。在输入文本的过程中,注意监视器的文本显示效果。

如果对显示效果满意,则单击"完成,为电影添加片头",则在视频剪辑列表中添加一个文本剪辑对象,否则可单击"更改片头动画效果"或"更改文本字体和颜色"进行修改。

2.更改片头/片尾动画效果

当添加片头/片尾时,系统设置了默认的显示效果。如果对效果不满意,可以根据需要修改,一般步骤如下:

在输入片头文本界面,单击"更改片头动画效果"时,显示选择片头动画列表,可以选择片头文本的动画效果,有片头单行、片头双行、片尾三种类别。单击"更改文本字体和颜色"时,可以设置标题文本的字体、字型、文字颜色、背景颜色、缩放字号、设置文本的透明度、文本对齐方式等。当进行上述设置时,右侧的监视器窗口将实时显示。

当片头/片尾的文本、动画效果、字体设置完毕后,单击"完成,为电影添加片头",所制作的片头即添加到时间线上指定的位置,如图 5-80 所示。

在 Windows Movie Maker 中内置的片头、片尾效果有限,要设计更加复杂的片头、片尾效果可利用其他工具软件来制作完成。

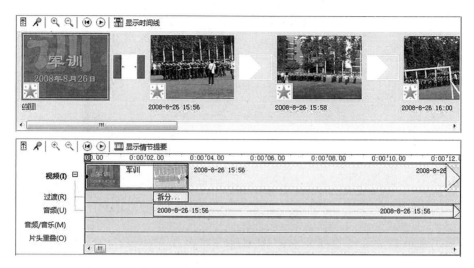

图 5-80 添加片头后的视频编辑窗格

3.修改文本剪辑

当添加了片头、片尾后,作为一个独立的视频剪辑,还可能进行如下的调整:

①调整播放持续时间。当需要修改文本剪辑的播放持续时间时,可以在"时间线"视图中选定该文本剪辑,然后按下"起始剪裁手柄"或"终止剪裁手柄",左右拖动,即可以增长或缩短该文本剪辑的播放时间。

②修改位置。对于位于"视频"轨道上的文本剪辑,改变位置的方法与其他视频剪辑一样,不再重复。对于位于"片头叠加"轨道上的文本剪辑,只要按下此剪辑在轨道上前后拖动,就可以改变它的位置。

③修改文字及格式。对于片头文本的更改,选中片头剪辑(或选中"片头叠加"轨道上的片头剪辑)右击,从快捷菜单中选择"编辑片头"命令,即可以进入片头修改界面重新输入文本,或更改动画效果和文本格式,最后单击"完成"。

5.9.10 保存电影文件

当电影项目制作完成后,最后需要保存为一部电影。用户可以将电影保存到计算机上,也可以写入到 CD 上,还可以选择将电影录制到 DV 摄像机中的磁带上。下面介绍保存电影文件到本地计算机上的过程。

打开任务窗格,在步骤"完成电影"中单击"保存到我的计算机",启动"保存电影向导",如图 5-81 所示。

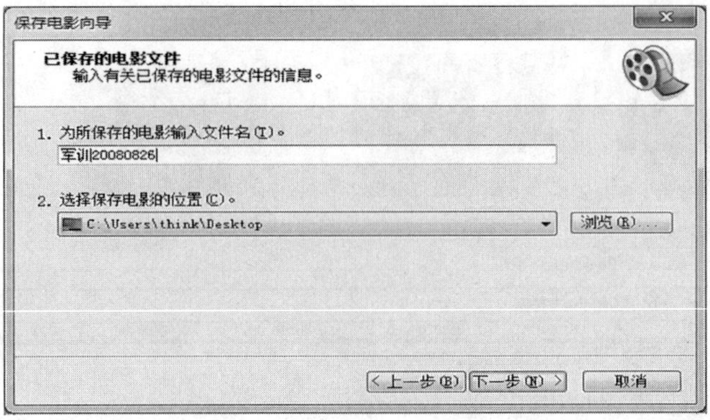

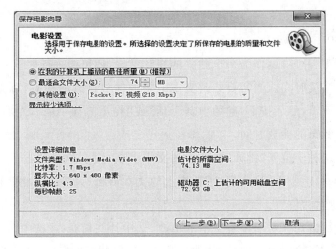

图 5-81　保存电影向导(一)

在对话框中输入电影文件的文件名,确定文件的保存位置,完成后单击"下一步"按钮,显示电影设置的对话框,如图 5-82 所示。

图 5-82　保存电影向导(二)

在此可以进行电影质量的相关设置,另外,还可看到电影文件的大小、画面分辨率等信息,设置完成后单击"下一步"按钮,将电影保存到指定的位置。

Windows Movie Maker 所形成的电影文件采用 WMV 格式,若需要其他格式的电影文件,可通过一些视频格式转换软件进行转换(视频格式转换软件网络上很多,本书不再介绍)。

本章小结

本章介绍了多媒体技术中涉及的主要三种媒体类型及其处理,即图形图像、声音和视频。其中,在内容上以图形图像的讲解为主,因为视频最终也是由一系列连贯的静态图像构成的。在讲解图形图像处理时,首先讲解图形图像的基本概念,然后以 Photoshop 软件工具为例,介绍了图形图像处理的基本过程。在内容组织上,以用户业务需求为主线,避免了传统的以软件功能为主线组织内容所带来的用户对所讲内容不知所云的弊端。对于音频处理和视频处理技术,由于教材篇幅所限,重点介绍了其中的基础概念,并对常用的工具软件进行了简要介绍,对作品创作和软件功能未做深入讲解。

思考题

1.关于图形图像,解释下列名词:图形、图像、点阵图像、矢量图像、像素、图像大小。

2.关于分辨率,回答下列问题:

(1)什么是图像分辨率和位分辨率?

(2)什么是显示分辨率? 列举几种常用的现实分辨率。

(3)同一图像文件,在不同的显示分辨率下显示的大小一样吗? 为什么?

3.关于颜色与色彩,解释下列名词:色彩模式、色相、色调、饱和度、对比度。

4.每一个应用软件,都有特定的功能,简述 Photoshop 的主要功能。

5.在 Photoshop 中,如何显示和隐藏浮动调板? 图像导航器调板的主要用途是什么?

6.图层是 Photoshop 的基础核心概念之一,简述你对图层的理解。在图层调板中,可以对图层进行哪些操作?

7.关于 Photoshop 的选区,回答下列问题:

(1)在选择工具中,单行选框工具和单列选框工具有何用途?

(2)套索工具的主要应用是什么?

(3)除了选择工具,还有哪些方法可以创建选区?

(4) 扩大选区和减小选区需要哪两个键配合? 如何实现反选和扩边?

(5)如何实现选区的移动?

8.什么是选区的羽化? 如何对一个选区羽化?

9.在图像处理中,修复画笔工具和仿制图章工具都可以实现源图像内容的复制,如何操作? 两者有何区别?

10. 怎样在图像上添加文字? 如何设置文字的格式?

11.关于 Photoshop 的路径,回答下列问题:

(1)什么是路径? 为什么使用路径?

(2)路径和选区有何关系?

(3)如何使用路径绘制流程图?

12.在人物肖像照片中,显现皱纹的原理是什么? 如何处理,可以让皱纹减淡?

13.什么是蒙版? 在 Photohop 中,有哪些类型的蒙版? 简述其特点。

14.什么是通道? 通道的主要用途是什么?

15.有如下素材图片,需要修复墙面的污点和破损的位置,以及去除地面的文字,位置已用数字与箭头标注出。简述该图片修复时使用的工具和方法。

16.关于声音,解释下列名词:音调、音高(音量)、音色。

17.在多媒体计算机中,有哪些常见的音频设备? 简要说明。

18.什么是声音数字化? 简述声音数字化的基本过程。

19.在音频处理中,主要包括哪些操作? 简要说明。

20.通过 GoldWave 录下自己的声音,把它保存为一个声音文件。在 GoldWave 中打开该文件,为它增加上回音(回音 3 次)的特效。另外准备一个音乐文件,在 GoldWave 中将它剪裁成与上面自己录制的声音文件相配的长度大小,将这两个文件进行混音处理,即制成一个含背景音乐的声音文件。注意,在有话语声音的位置,音乐的音量应该适当降低。最后保存为一个 WAV 格式的文件。

21.什么是电影、动画和视频?

22.什么是流媒体?

23.常用的视频格式有哪些? 简要说明。

24.什么是非线性编辑技术? 与线性编辑技术的主要区别是什么?

25.简述非线性编辑的一般过程。

26.什么是视频效果? 什么是过渡效果? 如何为一个视频剪辑增加视频效果? 如何为它添加过渡效果?

27.如何在视频中叠加文字? 如何增加片头和片尾?

28.如何设置背景音乐的效果? 可以为背景音乐增加哪些效果? 如何去掉视频拍摄时录下的声音?

29.如何录制旁白? 如何将背景音乐和旁白进行混音?

30.准备一些视频片段,使用 Windows Movie Maker 将这些素材编辑成一部完整的电影,其中必须增加字幕、背景音乐、过渡效果、片头片尾,必要时可增加一些旁白。

第6章 计算机网络

本章导读

在20世纪初,人们关于通信的研究主要集中在电话、电报的通信上,不断研究怎样使通信跨越更大的地理范围和实现更长距离的通信,以及寻求提高传输速度的方法。随着计算机的发明和计算机技术的飞速发展,计算机技术和通信技术的结合推动了计算机网络的产生和发展。计算机网络,特别是互联网的出现和广泛应用,不断改变着人们的通信、工作、学习、生活、娱乐、社会交往方式以及思想观念。今天,我们所处的无疑是一个网络时代,计算机网络技术已经成为信息社会最关键的核心技术之一,计算机网络成为当今社会最主要的社会基础设施。

本章介绍了计算机网络的基本概念、网络的功能及分类等基础知识,介绍了计算机网络的基本原理,即网络模型和网络协议,讲解了其中的思想和智慧。进一步介绍了网络硬件和网络设备的功能和简单工作原理,以加深对计算机网络模型、网络协议和网络通信的理解。在此基础上,介绍了计算机网络的应用,包括互联网及其发展、互联网中的服务等,并讲解了网络信息安全的相关知识和原理。最后,从通信、传播媒介、电子商务、社交网络、网络生态的层面介绍了互联网的社会效应,让互联网的发展给我们启示,并引起我们的深度思考。

知识要点

6.1:网络,计算机网络,局域网(LAN),广域网(WAN),城域网(MAN),OSI参考模型,网络协议,TCP/IP网络模型,IP地址,子网掩码,网卡,中继器,网桥,交换机,路由器,网络地址转换(NAT),宽带路由器。

6.2:ARPA计划,阿帕网(ARPAnet),网络控制协议(NCP),TCP/IP协议,互联网(Internet),万维网(WWW),连接到互联网。

6.3:客户/服务器(C/S)模式,域名,域名解析(DNS),根域名服务器,顶级域名服务器,应用域名服务器,域名注册,DNS客户,本地域名解析,DNS缓存,HTTP协议,浏览器/服务器(B/S)模式,统一资源定位符URL(网页地址、网址),电子邮件,SMTP协议,POP3协议,远程维护,Telnet,终端服务,远程桌面,远程控制。

6.4:网络信息安全,信息泄露,信息窃取,窃听、流量分析,冒名顶替,信息篡改,行为否认,授权侵犯,恶意攻击,数据加密,数据加密标准(DES),常规密钥密码体制(对称密码体制),公开密钥密码体制(非对称密码体制),RSA 公钥加密算法,数字签名,防火墙(Firewall),计算机病毒,木马(Trojan)。

6.5:电子商务,电子商务模式,网络社交工具,电子公告板(BBS),网络论坛,即时通信(IM),博客(Blog),微博,社交网站(SNS),六度分隔理论,主我与客我理论,网络社会生态学。

6.1　计算机网络技术

在人类社会中,网络是一个普适的概念,一般用来对交通系统、通信系统及各类管道系统进行建模,从而形成诸如交通网络、电信网络、邮政网络、有线电视网、自来水管网、煤气管网、污水管网等。网络通常可以用图来表示,节点表示各连接的对象,节点间的连接形成边或弧,可以赋以具体的物理含义,形成一个赋权图,即网。

在计算机领域,计算机网络则是指将分布在不同地理位置的计算机,通过通信线路连接在一起形成的网络,其目的是实现计算机之间的通信和资源共享。计算机网络彻底改变了计算机的单机运行模式,互联网、基于网络的计算,如分布式计算、网格、云计算等,都是建立在计算机网络基础上的。

6.1.1　计算机网络的产生与发展

在 1946 年世界上第一台电子计算机 ENIAC 问世后的十多年时间里,由于价格昂贵,计算机数量极少,且主要应用于军事、政府和科研机构。为了解决这一矛盾,人们研究将一台计算机经过通信线路与若干台终端直接连接,以共享主机计算资源。这是一种以单个计算机为中心的远程联机系统,并不属于现代意义上的计算机网络,是计算机网络最早期的雏形,称为面向终端的计算机网络。例如,20 世纪 50 年代初美国军方建立的半自动地面防空系统 SAGE(Semi-Automatic Ground Environment)[①],可认为是最早期的面向终端的计算机网络。

现代意义上的计算机网络是由美国国防部高级研究计划局(ARPA)建立的,现代计算机网络的许多概念和方法,如分组交换技术都来自 ARPAnet。ARPAnet 不仅进行了租用线互联的分组交换技术研究,而且做了无线、卫星网的分组交换技术研究,其结果导致了 20 世纪 70 年代末 TCP/IP 的问世。1980 年前后,ARPAnet 上的所有计算机开始了TCP/IP 协议的转换工作,并以 ARPAnet 为主干网建立了初期的 Internet。1983 年 1 月

[①] 20 世纪 50 年代初,美国为了自身的安全,在美国本土北部和加拿大境内,建立了一个半自动地面防空系统。SAGE 系统由美国麻省理工学院林肯实验室于 1951 年为美国空军设计,1963 年建成。SAGE 系统是人类历史上首次计算机技术和通信技术的结合,开启了计算机网络的新时代。在 SAGE 系统中,美国在加拿大边境设立警戒雷达,通过通信线路连接到北美防空司令部信息处理中心的大型电子计算机。计算机接收警戒雷达发回的数据(飞机方位、距离和高度等),并将这些信息迅速传到空军和高炮部队,使其有足够的时间做战斗准备。

1日，ARPAnet的全部计算机开始运行 TCP/IP 协议，并在 UNIX(BSD 4.1)上实现了 TCP/IP。

计算机网络的兴起和发展既有问题需求的推动，也是计算机技术发展的必然。我们大致可以将计算机网络的发展分为3个阶段。

①远程终端连接网络。20世纪50年代到60年代早期，计算机网络的形式是将分布在各处的终端(键盘和显示器)与主机通过通信线路与远程主机相连，远程主机是网络的中心和控制者，用户通过本地终端使用远程主机，网络只提供终端和远程主机之间的通信。

②计算机之间的连接。20世纪60年代中期开始，出现、发展了若干个计算机互连的系统。例如，美国的 ARPA 网，实现了多个主机之间的连接和计算机之间的通信，开创了计算机与计算机通信的时代，出现了现代意义上的计算机网络。

③计算机网络互联。1981年，国际标准化组织(ISO)制定了开放系统互联(OSI)参考模型，为不同厂家生产的计算机之间的互联给出了标准和规范。同时，TCP/IP 的研制成功，各种异构网络之间的互联技术被攻破，这些都导致了互联网的产生和发展。

6.1.2 计算机网络的功能和分类

计算机网络彻底打破了计算机的单机应用模式，不仅实现了计算机之间、网络之间的通信和资源共享，同时作为一种社会基础设施，计算机网络还推动着许多新技术、新概念的出现，改变了我们的工作、生活、社交和商业模式。

1.计算机网络的基本功能

计算机网络的功能可以分为以下3个方面：

(1)计算机网络通信

在没有计算机网络的环境中，要实现计算机之间的数据传递是通过磁盘或光盘等移动存储介质完成的。人们将计算机 A 中的数据复制到磁盘或光盘中，再将磁盘或光盘插入计算机 B 中，来拷贝所需要的数据，从而实现计算机之间的数据传递。

用磁盘传递数据的方法有很多的缺陷。首先，工作效率很低；其次，不能保证数据的实时性和一致性，这将导致许多计算机应用无法实现。例如，在一个企业中，销售部门需要库存数据，通常情况下销售和库存管理是分布在两台不同的计算机上实现的，如果没有网络，数据将不能及时地沟通，这就无法保证数据的一致性。

在计算机网络的环境中，上述问题可以得到很好的解决。人们将计算机通过通信线路连接在一起，企业的公共数据存储在一台专用的计算机中，在网络操作系统和通信软件的支持下，信息的传递将直接通过通信线路来完成，这就保证了数据的一致性，并大大提高了人们的工作效率。现在，由于 Internet 的发展，计算机将在更大的范围内实现通信，计算机网络通信和传统的电话、电报通信一样，已经成为更加快捷、方便和廉价的通信手段。

(2)资源共享

计算机网络除了能够实现计算机之间的通信，还能够实现计算机之间的资源共享。

资源共享可以分为硬件资源、软件资源和数据资源共享 3 个方面。

①硬件共享。在计算机独立工作模式下,所有的硬件设备都是独占式的。例如,在一台计算机上安装的光盘驱动器、打印机、扫描仪等,其他的计算机将无法直接使用。如果一位用户使用的计算机上没有安装打印机,要想完成打印任务,要么将数据拷贝到连有打印机的计算机上,要么将打印机安装到自己的计算机上。这两种方法都不方便。

在计算机网络的环境中,可以方便地实现硬件设备的共享。用户可以将连接在本地计算机的硬件设备,如打印机、光盘驱动器等共享,允许其他的用户通过计算机网络来使用。通过计算机网络,用户可以将自己的文件在连接到其他计算机的打印机上直接输出。另外,常用的共享设备还包括大容量硬盘等。

②软件共享。软件共享是指在网络环境中,用户可以将某些重要的软件或大型软件只安装到网络中的特定服务器上,而无须在每位用户的计算机上安装一个备份。一方面,有些软件对硬件的环境要求较高,有的计算机不能安装。在这种情况下,用户可以通过计算机网络来使用安装在特定应用服务器上的软件。另一方面,软件共享还可以更好地进行版本控制。如果在每一台计算机上安装相同的软件,在软件升级时,用户必须升级每一台计算机上相应的系统。

除此之外,在许多没有硬盘的计算机上,即早期的无盘工作站计算机上,计算机网络的软件共享是必需的。

③数据共享。今天,计算机的应用范围越来越大,不再局限于个别的业务处理,企业、政府部门或高等院校正在实现以计算机应用为特征的信息化,越来越多的业务都依赖于计算机和计算机网络的支撑。

例如,一个现代化的企业在实现管理现代化的过程中,从市场、供应、技术、生产、库存、设备、人力资源、财务到办公等各个职能部门都实现了计算机化管理。每一个部门的计算机应用都可能用到其他部门的数据,如果没有计算机网络,各个部门之间的数据将无法实时传递。在计算机网络中,可以建立整个企业使用的基础生产数据库,由各个应用程序通过网络来使用和更新,即实现数据共享。数据共享保证了系统数据的整体性、一致性和实时性。

(3)网络基础设施

随着计算机技术和网络技术的发展,计算机网络的功能也不断向纵深发展。除了传统的通信和资源共享,计算机网络已经成为分布式计算、网格、云计算以及各种软件体系架构所必需的硬件支撑环境。

通过计算机网络,人们可以把一个需要非常巨大的计算能力才能解决的问题分成许多小的部分,然后把这些部分分配给不同的计算机来处理,最后把计算结果综合起来得到最终的结果,即实现分布式计算(Distributed Computing)。网格计算(Grid Computing)则阐述这样一个简单的概念:使用网格计算能够整合服务器、存储系统以及网络,使之成为一个很大的高性能服务系统。对一个终端用户或应用来说,网格看起来就像一个庞大的虚拟计算机。

可见,无论是分布式计算还是网格,都离不开计算机网络的支撑。此外,各种软件应用体系也必须构建在计算机网络基础上,如 C/S 模式、B/S 模式等。总之,计算机网络已经成为计算机应用的最主要的硬件支撑环境和基础设施。

2. 计算机网络的分类

传统的计算机网络分类方法是根据计算机分布的地理位置划分的，一般分为局域网、广域网两种，后来由于光纤传输的发展，又出现了城域网的概念。

（1）局域网

局域网（Local Area Network，LAN）是指地理分布范围较小的计算机网络，一般用于短距离内的计算机通信，可以是一个大楼内，或是一组相邻的建筑物之间，或是一个办公室内部计算机的互联。对于局域网，由于地理位置相对较近，计算机之间的连接通常采用直接架线或部署无线，而不需要通过电信部门的通信服务，使用成本低，这也是局域网的主要特征。此外，局域网还具有可靠性高、安装方便和管理方便等优点。按照网络标准和连线方式不同，局域网分为以太网、令牌环网络和 FDDI 网络等。

（2）广域网

广域网（Wide Area Network，WAN）就是在一个更大的地理范围内建立的计算机通信网，通常使用电信运营商提供的设备和通信线路作为信息传输平台，从而将分布在不同地区的计算机系统或网络连接起来，实现计算机之间的通信和资源共享。例如，用户可以借助调制解频器（Modem），通过公用交换电话网 PSTN 和其他的计算机或网络进行连接。

对照开放式系统互联参考模型（Open System Interconnect Reference Model），广域网技术主要位于底层的 3 个层次即：物理层、数据链路层和网络层。在实际应用中，广域网通常由两个或多个局域网通过网络设备连接而成，互联网可以说是目前最大的广域网。通过广域网，人们可以实现更大范围的计算机通信。

（3）域网

城域网（Metropolitan Area Network，MAN）是介于局域网与广域网之间，在地域上覆盖一个城市，用来将分布在城市各地的计算机系统或网络连接起来的计算机通信网。城域网采用宽带局域网技术，以 IP 和 ATM 电信技术为基础，以光纤作为传输媒介，是一种集数据、语音、视频服务于一体的高带宽、多功能、多业务接入的多媒体通信网络。

建设城域网的目的和局域网及广域网不同，其主要目的就是建立一个通信网络，通过它将位于同一城市内不同地点的主机、数据库以及 LAN 等互相连接起来，完成接入网中的企业和个人用户与在骨干网络上的运营商之间全方位的协议互通。城域网可以看作一个城市的信息通信基础设施，是国家信息高速公路（National Information Infrastructure，NII）与城市广大用户之间的中间环节。

城域网一般分为骨干层、汇聚层和接入层。骨干层的主要功能是给业务汇接点提供高容量的业务承载与交换通道，实现各叠加网的互联互通；汇聚层主要是给业务接入点提供业务的汇聚、管理和分发处理；接入层则是利用光纤、双绞线、同轴电缆、无线接入技术等传输介质，实现与用户连接，并进行业务和带宽的分配。

6.1.3 开放系统互联与 OSI 参考模型

要建立计算机网络,需要解决两个核心问题,首先是计算机之间的物理连接问题,其次则是网络中各设备间的通信问题。前者涉及设备接口和标准化问题,后者则涉及通信协议问题。对于设备接口,我们看到的往往是它的物理外观和尺寸,如计算机主机上通常配置显示器接口、键盘接口、声卡接口、串行端口(COM)、若干个网络接口,以及若干 USB接口等,这些接口分别可以连接相应的外围设备。对于每一个接口,都遵循相应的工业标准,以保证所连接的外部设备和计算机之间的通信。

在计算机网络技术发展的初期,不同的厂商提出了各自的网络体系结构。IBM 公司于 1974 年提出了世界上第一个网络体系结构 SNA(System Network Architecture),随后其他公司也相继提出了自己的网络体系结构,如 DEC 公司的 DNA(Digital Network Architecture)、美国国防部的 TCP/IP 等。市场上出现了多种网络体系结构并存的局面,其结果是各厂商的设备互相不兼容,不同的网络体系结构不能实现网络互联,这大大阻碍了计算机网络技术的应用和发展。

1. OSI 参考模型的提出

为了促进计算机网络的发展,国际标准化组织①于 1977 年成立了一个委员会,在现有网络的基础上,提出了不基于具体机型、操作系统或公司的网络体系结构,以保证不同厂商生产的计算机、网络设备之间能够相互通信。ISO 在 1978 年提出了开放系统互联参考模型,即著名的 OSI/RM 模型(Open System Interconnection/Reference Model)。OSI 参考模型是对计算机网络的抽象,是一种通用的网络体系架构,将计算机网络中的通信问题划分为 7 层,如图 6-1 所示。自下而上依次为:物理层(Physics Layer)、数据链路层(Data Link Layer)、网络层(Network Layer)、传输层(Transport Layer)、会话层(Session Layer)、表示层(Presentation Layer)、应用层(Application Layer)。各层功能定义如下:

| 7 应用层 |
| 6 表示层 |
| 5 会话层 |
| 4 传输层 |
| 3 网络层 |
| 2 数据链路层 |
| 1 物理层 |

图 6-1 OSI 参考模型

●应用层(Application Layer),提供网络和用户应用软件之间的接口服务。这些应用软件通常是指用于网络通信的软件程序,这些程序需要实现应用层协议。在计算机网络体系结构中,处于网络通信最上层的应用层是最为复杂和多变的,基本的网络应用层服务包括数据传输、文件访问等。

●表示层(Presentation Layer),由于网络环境的异构性,不同的硬件和软件平台所

---

① 国际标准化组织(International Organization for Standardization,简称 ISO)是世界上最大的非政府性标准化专门机构,前身是国家标准化协会国际联合会和联合国标准协调委员会,成立于 1947 年 2 月 23 日。简称 ISO 不是组织英文名称的缩写,它来源于希腊语,意为"相等"之意。ISO 的任务是促进全球范围内的标准化及其有关活动,以利于国际间产品与服务的交流,以及在知识、科学、技术和经济活动中发展国际间的相互合作。ISO 成员由来自世界上100 多个国家的国家标准化团体组成,代表中国参加 ISO 的国家机构是国家质量监督检验检疫总局。

表示的数据格式不同。表示层提供通用的数据格式,以便在不同系统的数据格式之间进行转换,保证通信双方数据的可识别。例如,数据的压缩和解压缩、加密和解密等工作都由表示层负责。

● 会话层(Session Layer),为通信双方提供建立、维护和结束会话连接的功能,包括访问验证和会话管理等通信机制,如服务器验证用户登录便是由会话层完成的。

● 传输层(Transport Layer),将上层生成的数据分段(Segment),负责数据的可靠传输和流量控制。

● 网络层(Network Layer),将传输层生成的数据分段封装(Encapsulate)成数据包(Packet),包中封装有网络层报头,其中含有源站点和目的站点的网络逻辑地址。根据数据包的目标网络地址,实现网络间的路由(路径选择),将数据从一个网络传送到另一个网络,直到目标网络。

网络层为传输层数据提供了端到端的网络数据传送功能,使得传输层摆脱路由选择、交换方式、拥挤控制等网络传输细节。

● 数据链路层(Data Link Layer),将网络层的数据包封装成数据帧(Frame),数据帧含有源站点设备和目的站点设备的物理地址(MAC 地址)。数据链路层关心的问题包括物理地址、网络拓扑、错误通告、数据帧的有效传输和流量控制。

● 物理层(Physical Layer),提供计算机及网络设备物理接口的机械、电气、功能和过程特性,如规定使用电缆和接头的类型、传送信号的电压等。在这一层,数据帧对应的比特流被转换成媒体可传输的电、光等信号,并在媒体中传输。

在一个物理网段内,根据数据帧所包含的物理目标地址,信宿接收信源发送来的数据,并从第一层开始逐层向上传送(解封装),最终到达应用层,由应用层的用户应用程序接收数据并处理收到的数据,从而实现两台设备之间的通信。

2.数据封装与解封装

在 OSI 参考模型中,信源方从应用程序产生数据(第七层、第六层和第五层),经过传输层,传输层协议将上层数据分割成数据段(Segment);数据段到达网络层,网络层协议在数据段上封装上逻辑地址(如 IP 地址),变成数据包(Packet),逻辑地址用于网络寻址(路由);然后传给下层,即数据链路层,数据链路层将物理地址(MAC 地址)添加到数据包中,形成数据帧(Frame),数据帧在网络中传输,计算机根据数据帧的目的 MAC 地址决定是否接收数据。这样的一个过程称为"数据封装"(Encapsulation)。

封装后的数据帧是一种特定格式的比特串。在物理层,比特串被编码成可传播的电信号或光信号,发送到通信媒体,进行信息传输。在接收方,计算机根据数据帧的目的 MAC 地址决定是否接收数据。当数据被接收后,在信宿端,信息从第一层到第七层经过一个和数据封装相反的过程,即"解封装"(Deencapsulation),将收到的数据流还原为用户应用程序识别的数据,从而实现了计算机之间的通信。数据封装和解封装过程如图 6-2所示。

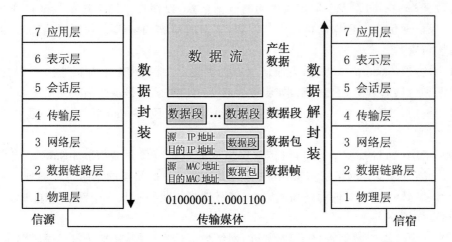

图 6-2　数据的封装与解封装

数据的封装和解封装都是通过相应的网络协议完成的。在完整的数据通信中,还包括为了获得信宿的物理地址而进行的广播、数据包从一个网络到另一个网络时的路径选择等更加复杂的工作,最终完成数据从信源到信宿的传输,实现网络中运行在两台设备上的两个应用程序之间的数据通信。

3. OSI 分层的智慧

OSI 模型将复杂的网络通信问题分解为 7 个相对独立的步骤,并确定了每一步的功能和彼此之间的联系。网络分层表现了如下诸多优点:首先,问题分解降低了通信问题的复杂度,分层实现了功能的模块化划分,各层的功能实现相对独立,耦合性低;其次,各层上网络协议的设计和实现可以很好地模块化,协议程序之间的联系和调用关系简单,便于维护;最后,数据封装和解封装过程很清晰地描述了各层之间的服务关系,也清晰地描述了网络中两个应用程序之间通信的完整过程。

从本质上讲,OSI 参考模型定义了一个开放系统的层次结构、层次之间的相互关系以及各层所包括的可能的任务,每一个要接入网络的设备,包括计算机、交换机、路由器等各种网络设备,都应该根据其功能和在 OSI 中所处的层次,提供相应的功能,这就保证了设备之间的互联和通信。OSI 参考模型并没有提供一个可以实现的方法,而是描述了一些概念,用来协调进程间通信标准的制定。可见,OSI 参考模型并不是一个标准,可以说是一个在制定标准时所使用的概念性框架,或者说是一个元标准。

开放系统互联 OSI 参考模型是一个抽象的模型,并不是实际可操作的网络标准,但是制定 OSI 参考模型及 OSI 的分层思想给了我们许多启示,包括工业标准化问题、复杂问题分解思想、网络协议的思想等,这些思想对我们的科学研究和问题求解都具有启发意义。

6.1.4 网络协议的智慧

在 OSI 参考模型中,每一层都定义了相应的功能,而各层的这些功能又如何实现呢?我们知道,从计算机的角度出发,所有的功能都是通过执行程序来实现的。在网络中也不例外,所有的网络设备,如交换机和路由器等,也都具有执行程序的功能,虽然他们没有计算机这样的键盘和显示器。这种被执行的、完成各层功能的程序就是网络协议。

首先看关于网络协议的学科定义,百度百科给出的网络协议的定义是:网络协议是为计算机网络中进行数据交换而建立的规则、标准或约定的集合。《计算机科学技术百科全书》(第二版)(清华大学出版社,2005 年版)给出的定义是:网络协议是计算机网络和分布式系统中互相通信的对等实体之间交换信息时所必须遵守的规则集合。对等实体是指在计算机网络体系结构中处于相同层次的通信进程。

上述概念从思想上对网络协议的概念进行了定义,但过于抽象,我们可以从以下两个方面来理解网络协议:

①网络协议是一种特定的数据格式。先看这个例子,中国内陆的居民身份证号码是一个 18 位的字符串,如果你看到一个这样的串,你可能容易知道这个串代表的人的出生年月日。但是,如果让计算机来处理,来提取一个身份证号码对应的人的出生日期,程序又如何做呢? 如果没有关于身份证编码的知识,计算机程序是无法提取出生日期的,因为程序不能理解身份证号码的语义。可见,要给一个数据或一组数据以语义,必须要对数据进行形式化的定义和说明,或称"数据编码"。我国的 18 位居民身份证编码规则如下:

根据中华人民共和国国家标准 GB 11643-1999 中有关居民身份证号码的规定,居民身份证号码是特征组合码,由 17 位数字本体码和 1 位数字校验码组成。排列顺序从左至右依次为:6 位数字地址码、8 位数字出生日期码、3 位数字顺序码和 1 位数字校验码,如图 6-3 所示。

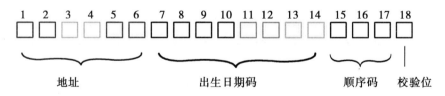

图 6-3　中国内陆居民身份证号码编码规则

(a)地址码,身份证前六位为地址码,表示编码对象第一次申领居民身份证时的常住户口所在县(市、旗、区)的行政区划代码,如 370112 代表了山东省济南市历城区。

(b)出生日期码,身份证第七位至第十四位为出生日期码,表示编码对象出生的年、月、日,其中年份用 4 位数字表示,月份和日期分别占 2 位,小于 10 的数字前面补 0,年、月、日之间没有分隔符。例如,1981 年 5 月 11 日就用 19810511 表示。

(c)顺序码,身份证第十五位到第十七位为顺序码,是县、区级政府所辖派出所的分配码,每个派出所分配码为 10 个连续号码,如"000~009"或"060~069",其中单数为男性分配码,双数为女性分配码,如遇同年同月同日有两人以上时顺延后面的分配码。

(d)校验码,身份证最后一位为校验码,是根据前面十七位数字码,按照 ISO7064：1983. MOD 11-2 校验码计算出来的检验码。利用校验码,可以容易判断一个身份证号码是否合法,但不能判断是否为假身份证。

可见,如果确定了身份证的编码规则后,对于任意的一个身份证号码字符串,程序就可很容易地获取其对应的出生日期了,这就是编码的目的,即对数据进行形式化和语义描述。网络协议的思想和身份证编码相同,每一种网络协议都定义了特定的数据格式,定义了协议的字段、字段长度及其含义,这样就使得协议或程序能够理解数据。因此,我们说协议是一种特定的数据格式。在计算机学科,同样思想的还有文件格式,如 JPG 文件、GIF 文件等,都对应特定的格式,只有知道文件格式,才可以将文件正确地打开和显示。

②网络协议是运行在各种网络设备上的程序或协议组件。协议是一种特定的数据格式,谁负责把用户数据封装成这种特定的格式呢？这就是协议程序。可见,协议是以程序的方式在计算机或网络设备上运行的。两个通信的程序必须支持同样的网络协议才能通信,即能够理解相应的协议单元数据。例如,在浏览网页时,在 Web 浏览器的地址栏中输入：http://网址/路径/网页文件,其中的 http 即应用层协议,Web 浏览器将使用该协议和 Web 服务器之间进行通信。浏览器和 Web 服务器将彼此要传送的数据封装成 HTTP 格式。

通常情况下,协议程序是一种操作系统组件,无须用户编写。用户根据通信需要,选择安装相应的网络协议。当然,由于互联网的普及,TCP/IP 协议通常是默认安装的。具有通信功能的应用软件都会包含通信模块,主要就是调用相应的网络通信协议,如 Web 浏览器、各种即时通信程序等。

6.1.5 TCP/IP 网络模型

最初想到让不同计算机之间实现连接的,是美国加州大学洛杉矶分校网络工作小组负责人伦纳德·克兰罗克(Leonard Kleinrock)[1]。1970 年,克兰罗克及其小组着手制定最初的主机对主机通信协议,它被称为"网络控制协议"(Network Control Protocol,NCP)。该协议在局部网络条件下运行稳定,但随着网络用户的增多,NCP 逐渐暴露出两大缺陷：NCP 只是一台主机对另一台主机的通信协议,并未给网络中的每台计算机设置唯一的地址,结果就造成在越来越庞大的网络中难以准确定位需要传输数据的对象；NCP 缺乏纠错功能,这样一来,数据在传输过程中一旦出现错误,网络就可能停止运行。且随着出错机器增多,网络性能快速降低。

---

[1] 伦纳德·克兰罗克(Leonard Kleinrock,1934 年～),美国加州大学洛杉矶分校(UCLA)计算机教授,在计算机网络理论领域做出了重要贡献,提出了分组包交换(Packet switching)理论。该理论成为互联网的关键技术,ARPA 网是第一个采用该理论的计算机网络系统。他本人被称为"互联网之父"。

1. TCP/IP 协议的研发

1972 年,网络控制程序 NCP 诞生两年后,NCP 协议的共同开发者文顿·瑟夫[①]获得斯坦福大学电脑科学与电子工程助教职位,组织学生展开了一系列的有关新协议的专题讨论。一次次的"头脑风暴",最终让文顿·瑟夫与罗伯特·卡恩[②]一起共同完成了传输控制协议(Transport Control Protocol,TCP)的初步设计工作。TCP 对 NCP 进行了改进,其中网络协议之间的不同通过使用一个公用互联网络协议而隐藏起来,并且可靠性由主机保证而不是像 NCP 那样由网络保证,以便进一步减少网络的作用,这就有可能将不同的网络连接到一起,而不用考虑它们的不同。即在不同的网络之间通过一台计算机连接,为每个网络提供一个接口并且在它们之间来回传输数据包,这就是后来的网关,即路由器设备。

这个设计思想更细致的形式由瑟夫于 1973~1974 年开发完成。1974 年 12 月,瑟夫和同事共同发表了第一份 TCP 协议的详细说明,当时并没有将 TCP 和 IP 分开。经过大量的实验,他们逐渐认识到应该将 TCP 和 IP 分开,建立两个协议,这就是后来的 TCP 协议和 IP 协议。在同一时期,施乐开发了 PARC 通用包协议,两者当时都有重要影响,人们在两者之间摇摆不定。美国国防部高级研究计划署 ARPA 于是与 BBN 科技公司、斯坦福大学和伦敦大学签署了协议,开发不同硬件平台上网络协议的运行版本,先后开发了 TCPv1、TCPv2、TCP/IPv3 和 TCP/IPv4。1975 年,两个网络之间的 TCP/IP 通信在斯坦福大学和伦敦大学之间进行了测试。1977 年 11 月,三个网络之间的 TCP/IP 测试在美国、英国和挪威之间进行。1978~1983 年,其他一些 TCP/IP 原型在多个研究中心之间开发出来。1983 年 1 月 1 日,在 ARPA 网中,NCP 被永久停止使用,全部转换为 TCP/IP 协议,因此,这一天被认为是互联网发展史上的一个重要的纪念日。

在网络协议的竞争中,TCP/IP 取得了成功,其很重要的一个因素是它对为数众多的低层协议的支持。这些低层协议对应 OSI 模型中的第一层(物理层)和第二层(数据链路层)。每层的所有协议几乎都有一半数量支持 TCP/IP,如以太网(Ethernet)、令牌环(Token Ring)、光纤数据分布接口(FDDI)、端对端协议(PPP)、X.25、帧中继(Frame Relay)、ATM、Sonet、SDH 等。正是 TCP/IP 将底层的细节给隐藏了,从而实现了不同网络之间的通信,这也注定了 TCP/IP 的成功。

19 世纪 80 年代,各种网络使用的协议并不相同,既有使用 TCP/IP 的 ARPA 网,也有使用其他协议的网络。瑟夫大胆提出了在网络内部各自使用自己的协议,网络之间使用 TCP/IP 协议的设想。正是这一设想,导致了互联网的诞生,也奠定了 TCP/IP 在互联网中不可替代的地位,成为互联网技术的基石。

---

① 文顿·瑟夫(Vinton G. Cerf,1943 年~),先后在加州大学洛杉矶分校、斯坦福大学、美国国防部 DARPA 工作。19 世纪 70 年代,与罗伯特·卡恩(Robert E. Kahn)合作设计了 TCP/IP 协议及互联网的基础体系结构,被称为"互联网之父"。

② 罗伯特·埃利奥特·卡恩(Robert Elliot Kahn,1938 年~),常称鲍勃·卡恩(Bob Kahn),美国计算机科学家。他发明了 TCP 协议,并与文顿·瑟夫一起发明了 IP 协议,被称为"互联网之父"。

2. TCP/IP 网络模型

TCP/IP 模型是美国国防部高级研究计划署[①]为其 ARPA 网研发的网络通信模型。TCP/IP 模型将网络分成四层,将 OSI 参考模型中的第一层和第二层合并成为网络接入层(Network Access Layer);对应 OSI 参考模型中的第三层(网络层),称为"Internet 层";OSI 参考模型中的第四层不变,仍然为传输层;将 OSI 参考模型中的第五层、第六层、第七层合并成一层,称为"应用层"(Application)。TCP/IP 网络模型如图 6-4 所示。

与 OSI 参考模型相比,TCP/IP 网络模型有大量的协议支持,用以实现每一层的功能,因此得到了更加广泛的应用。从功能上讲,所谓的"协议"就是一种程序,用以实现相应层的功能,如将数据封装成特定的格式的数据包。普通的应用程序,如字处理软件 Word、图像处理软件 Photoshop 等,都有相应的用户界面。而协议并无类似的可见的用户界面,它是在操作系统启动后自动启动运行的,类似于操作系统的服务程序,可实现特定的功能。TCP/IP 网络模型对应的协议如图 6-5 所示。

图 6-4　TCP/IP 网络模型

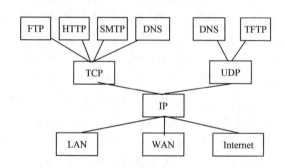

图 6-5　TCP/IP 网络模型对应的协议

在 TCP/IP 模型中,核心协议是 TCP 协议和 IP 协议。TCP 协议为传输控制协议(Transmission Control Protocol),工作在 TCP/IP 模型的传输层,主要功能是数据分段、流量控制,以及为应用程序提供可靠传输服务。所谓"可靠传输",就是要控制数据的丢失、重复和乱序问题,这是数据通信中必须要解决的问题。对于这一系列的困难问题,TCP 比任何其他的传输协议做得要好。IP 协议为互联网协议(Internet Protocol),是 TCP/IP 协议,工作在网络层,所有的 TCP、UDP、ICMP、IGMP 数据都被封装在 IP 数据包中传送。IP 协议的功能是负责路由(路径选择),提供不可靠、无连接的服务,不负责保证传输可靠性,流控制、包顺序等其他对于主机到主机协议的服务。IP 协议隐藏了不同网络之间的差异,很好地解决异构环境下的网络互联问题。

[①]　美国国防部高级研究计划署(Advanced Research Projects Agency,ARPA)成立于 1958 年 2 月,又称"DARPA"(Defense ARPA),是在 1957 年苏联发射世界第一颗人造地球卫星 Sputnik 的背景下诞生的,其目标就是负责前瞻性科研项目的研发,以确保美国在诸多技术领域上的绝对领先。

3. 网络编址

在 TCP/IP 网络模型中,一个很重要的概念就是每台计算机都有一个唯一的网络地址。通过 TCP/IP 协议实现了网络之间的互联,网络地址可以确定网络中唯一的一台计算机,建立在 TCP/IP 模型下的网络互联概念如图 6-6 所示。

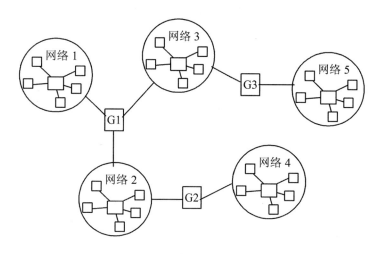

图 6-6 网间网示意图

不同的物理网络技术,有不同的编址方式;不同物理网络中的主机,有不同的物理网络地址。因此,网间网技术必须将不同物理网络技术统一起来。在统一的过程中,首先要解决的就是地址的统一问题,为全网的每一网络和主机都分配一个网间网地址,这就是通常讲的 IP 地址,以此屏蔽物理网络地址的差异。

目前,们所用的 IP 协议是 v4 版本,即:IPv4。IPv4 是 1981 年由 RFC791 标准化的,每个 IP 地址长 32bit,由网络标识和主机标识两个部分组成。网络标识确定主机属于哪个网络,主机标识确定网络中一台具体的主机。IP 地址的格式为:网络标识. 主机标识。

(1)IP 地址的表示

IPv4 地址长 32bit,用 4 个十进制整数表示,每一个整数都给出一个 IP 地址中二进制数的 8 位,并且在每一个数字之间用点分开,称为"点分十进制表示法"。例如,IP 地址为 11001010 11000010 00000111 01000010 记为:202. 194. 7. 66。

当地址长度确定后,网络号(Network ID)长度将决定整个网间网中能包含的网络的数量,主机号(Host ID)长度则决定每个网络能容纳的主机数量。

(2)IP 地址的分类

在 TCP/IP 协议中,IP 地址主要分为三类:A 类、B 类、C 类地址。在不同的类中,网络标识符和主机标识符所占的位数不同。

A 类 IP 地址示意如图 6-7 所示。

图 6-7 A 类 IP 地址示意

只有大型网络才需要使用 A 类 IP 地址,也只有大型网络才允许使用 A 类 IP 地址。对于 A 类 IP 地址,虽然网络标识符占用了 8 位,但由于第一位必须为 0,因此只可以提供 2^7 个 A 类型网络(实际为 $2^7-2=126$ 个)。由于主机标识符占了 24 位,每一个 A 类网络中,可以包含 $2^{24}-2$ 台主机(16777214 台)。

B 类 IP 地址示意如图 6-8 所示。

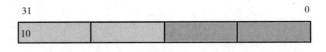

图 6-8 B 类 IP 地址示意

中型网络可以使用 B 类 IP 地址。对于 B 类 IP 地址,网络标识符占 16 位,但由于前两位必须为 10,因此只可以提供 2^{14} 个 B 类型网络(实际为 $2^{14}-2=16382$ 个)。由于主机标识符占了 16 位,每一个 B 类网络中,可以包含 $2^{16}-2$ 台主机(65534 台)。

C 类 IP 地址示意如图 6-9 所示。

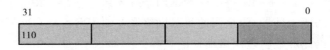

图 6-9 C 类 IP 地址示意

一般的小型网络使用 C 类 IP 地址。对于 C 类 IP 地址,网络标识符占用了 24 位,但由于前三位必须为 110,因此可以提供 2^{21} 个 C 类型网络(实际为 $2^{21}-2=2097150$ 个)。由于主机标识符占 8 位,每一个 C 类网络中,只有 2^8-2 台主机(254 台)。

假如,某个 IP 地址为 W. X. Y. Z,则 A、B、C 类网络属性如表 6-1 所示。

表 6-1 　　　　　　　　　　　　　　A、B、C 类网络属性表

类别	网络标识符	主机标识符	第一位数	网络数	每网络中的最大主机数
A	W	. X. Y. Z	1～126	126	16777214
B	W. X	. Y. Z	128～191	16382	65534
C	W. X. Y	. Z	192～223	2097150	254

(3)广播地址和私有地址

除了以上 A、B、C 三个主类地址,还有 D 类与 E 类地址以及保留的特殊用途地址。

保留的特殊用途地址主要包括广播地址和私有地址。所谓"广播",就是当一个数据包中的接收方的 IP 地址为广播地址时,将有多于一台的主机接收到相同的数据包。直接广播(Direct Broadcast)是针对某个指定网络的广播,直接广播地址是一个有效的网络地址,以及主机位全为"1"的地址。本地广播(Local Broadcast)就是针对发送方所在的局域网的广播,32 位全部为"1"的地址为本地广播地址。

另外,还有一些特定的 IP 地址没有被分配,这些地址称为"私有地址"(Private Address)或"专用地址"。保留的私有地址如表 6-2 所示。

表 6-2 　　　　　　　　　　　　　　 私有地址

类别	私有地址范围
A	10.0.0.0～10.255.255.255
B	172.16.0.0～172.31.255.255
C	192.168.0.0～192.168.255.255

私有地址通常用于不与 Internet 连接的企业内部,可以任意地使用。另外,还可以结合网络地址转换(NAT)实现到 Internet 的连接,这种方案通常用于宽带网中的 IP 地址分配。采用私有 IP 地址的主机可以容易地访问 Internet,但外部的主机要访问一个具有私有 IP 地址的主机将非常困难,因为私有 IP 地址的主机不一定是唯一的,需要经过NAT 转换。

4. 子网编址

在 TCP/IP 网络中,网络内部的通信和网络之间的通信是不相同的。网络之间的通信需要经过路由来完成,也就是说,需要路由器来进行路径寻址,计算机的 TCP/IP 属性中必须设置默认网关地址。否则,即使两台计算机都连接到同一台交换机的端口,两台计算机之间也是不可达的。这给网络增加了安全性,但是,采用"网络标识.主机标识"的 IP 地址表示法,对于 A 类、B 类网络来讲,一个网络中可容纳的主机数量众多,很少有哪个机构拥有如此巨量的主机,会造成 IP 地址资源的巨大浪费。

由此想到,将主机号部分进一步划分为子网号和主机号两部分。这样不仅可以节约网络号,又可以充分利用主机号部分巨大的编址能力,于是便产生了子网编址技术。

(1)子网编址模式下的地址结构

一般地,32 位的 IP 地址被分为两部分,即网络号和主机号。而子网编址的思想是,将主机号部分进一步划分为子网号和主机号,即:网络号.子网号.主机号。在原来的 IP地址模式中,网络号部分就标识一个独立的物理网络。引入子网模式后,网络号部分加上子网号才能唯一地标识一个物理网络。子网编址使得 IP 地址具有一定的内部层次结构,这种层次结构便于分配和管理。

(2)子网掩码及其表示

一个物理网络选定其子网地址模式后,如何方便有效地将子网模式表达出来呢? IP协议规定,每一个适应子网的节点都有一个 32 位的子网掩码:如果子网掩码中某位为 1,

则对应的 IP 地址中的位为网络地址(包括网络号和子网号)中的一位;如果位模式中的某位为 0,则对应的 IP 地址中的位为主机地址中的一位。这种机制通常是通过向主机位借位来形成的。一个 C 网络的主机位占 8 个比特,子网编址技术可以对主机位从左往右借位,来形成子网。一个 C 类网络 192.168.1.0,如果子网掩码为 11111111 11111111 11111111 11000000,则前三个字节为网络地址,后一个字节中的前两位代表子网,最后的六位为该网络中的主机地址。也就是说,这个 C 类网络从主机位借了两位,用于化分子网,共分成 4 个子网,每个子网中有 $2^6=64$ 台主机。被划分子网掩码最直接的标识方式是一个 32 位的位模式,这种方法既笨拙又容易出错,很少被人采用。一般采用类似前面 IP 地址的点分十进制方法表示,如上述的子网掩码记为:255.255.255.192。

采用从左向右借位,在 C 类网络中,主机字段共 8bit,从左向右每位的权值是 $2^7,2^6$,$\cdots,2^1,2^0$,即 128,64,$\cdots$,2,1。这样,如果借两位,子网掩码第四字节的值就是 1100 0000,即 128+64=192;如果借 3 位,则为 11100000,即 128+64+32=224,依次类推。

采用子网编址后,可以将一台主机的 IP 地址记为:192.168.1.66/255.255.255.192,其中斜杠的前面部分表示 IP 地址,后面部分表示子网掩码,或记为 192.168.1.66/26,斜杠的后面部分表示子网掩码的长度。

采用子网编址后,会浪费一些 IP 地址,因为在一个网络中,主机位全为 0 的 IP 地址为网络号,主机位全为 1 的 IP 地址为广播地址,无论是网络号还是广播地址,都是不可分配的。

(3)子网掩码的应用

子网掩码技术增大了子网数量,减少了子网中主机的数量,改进了 TCP/IP 通信。例如在 Windows 中,网上邻居只显示和本机所在同一子网的计算机列表。同一子网中的计算机可以不经过网关进行通信,甚至不需要设默认网关地址。否则,必须设置和本机处于同一网络的默认网关地址,才能够与外部主机进行通信。例如,执行 ping 命令时,ping 命令程序将根据本机的 IP 地址和子网掩码以及目标主机的 IP 地址进行判断,看两台计算机的网络号是否相同,如果是同一网络,程序会发 ARP 广播,获取对方的 MAC,根据目标主机的情况返回正常的时间,或是"Request timed out"信息。如果计算机的网络号不同,计算机没有设默认网关,由于不同网络间的通信需要网关,则执行 ping 命令时,显示"Destination host unreachable",即使两台计算机就连接在一台交换机上,通信也是不可进行的。

5. IPv6

随着互联网的发展,目前流行的 IPv4 协议暴露出两个致命的缺陷:地址只有 32 位,IP 地址空间有限,这导致 IP 资源非常匮乏;不支持服务质量(Quality of Service,QoS)的想法,无法管理带宽和优先级,故而不能很好地支持现今越来越多的实时语音和视频应用。这促使了 IPv6 技术的出现,用以逐步取代现有的 IPv4 网络。

IPv6 是 IP 协议的新版本,标准化工作始于 1991 年,主要部分在 1996 年完成。它的地址长度为 128 位(16 个字节),长度是 IPv4 的 4 倍,可分配的地址数量为 3.4×10^{38} 个,每人可拥有的地址数量为 5×10^{28}。IPv6 的地址格式是,将 128 个比特分成 32 个十六进制数,每 4 个一段,共有 8 段,段与段之间以":"分隔,每个段中的前导位 0 可以不写,在同一个地址

中,若干个连续的为 0 的段可以简写为"::"。例如,下列写法都是正确的 IPv6 地址:

2031:0000:130f:0000:0000:09c0:876a:13

2031:0:130f:0:0:09c0:876a:130b

2031:0000:130f::09c0:876a:130b

目前,Windows 和 Linux 操作系统主机默认的协议是 IPv4 协议,要配置 IPv6 协议需要进行一系列的安装和配置。在 Windows XP 中,由于本身已经自带了 IPv6 功能,所以不需要另外安装,只不过默认是不启用的。如果要启用 Windows XP 下的 IPv6,只要在命令行方式下输入 ipv6 install 就行了。在 Windows 其他版本中,可以使用 net start tcpip6 和 net stop tcpip6 命令启用和关闭 IPv6 功能。

6.1.6 网络设备及其功能

在计算机网络中,除了计算机,实现计算机之间连接和通信的还包括一系列的网络设备,包括中继设备、交换设备和路由设备等。这些设备工作在 OSI 模型的物理层、数据链路层和网络层,在网络通信中起着信号放大、数据转发和寻找路径的作用,是建立计算机网络不可或缺的组成部分。

1. 网络接口卡(网卡)

网络接口卡(Network Interface Card,NIC),简称"网卡",是插入计算机主板总线插槽上的一个硬件设备,负责将计算机连接到网络中。随着微电子技术的发展,目前大多数的网卡和其他的接口卡(如显卡、声卡等)都被集成在计算机的主板中了,称为"板载网卡"。在 OSI 参考模型中,网卡属于数据链路层设备,完成数据帧的封装。同时,网卡又完成了计算机到网络的物理层连接,具有物理层的功能。因此,网卡又称为"一、二层设备",一块普通网卡如图 6-10 所示。

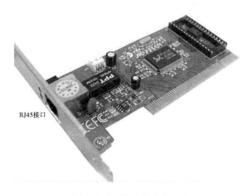

RJ45接口

图 6-10 网络接口卡(NIC)

在计算机内,网卡插到计算机的数据总线插槽上。网卡上设计有网络接口,该接口和网线连接,最终通过网线连接到网络设备。不同的网络接口适用于不同的网络类型,目前,常见的接口主要有以太网的 RJ-45 接口、细同轴电缆的 BNC 接口和粗同轴电缆的

AUI 接口、FDDI 接口、ATM 接口等。除此之外,现在无线网卡的应用也很普及,特别是在笔记本计算机中,往往同时安装一个 PCMCIA 网卡和无线网卡,以增强移动上网能力。

2. 中继器

由于信号在网络传输介质中有衰减,在线路上传输的信号功率会逐渐衰减,衰减到一定程度时将造成信号失真,因此会导致接收错误。中继器(Repeater)就是为解决这一问题而设计的。中继器工作在物理层,完成物理线路的连接,对衰减的信号进行放大,保持与原数据相同,从而延长网络传输距离。

从理论上讲,中继器的使用是无限的,网络因此也可以无限延长。事实上这是不可能的,因为网络标准中都对信号的延迟范围作了具体的规定。例如,在以太网的 10Base2 布线中,就规定了 5－4－3－2－1 布线规则,即网络中最多有四个中继器,将网络划分成五个网段,其中,三个网段可以连接主机,两个网段用于拓展网络长度,构成一个冲突域。

在可靠传输中,发送方在规定的时间内如果没有收到接收方的确认,将重传数据。实际的情况是,数据传输需要时间,这种时间不仅包含信号在媒体中的传播时间,还包括中继器的时间延迟、网卡的时间延迟等,因此,确认数据要到达发送方需要一定的时间。如果网线太长、中继器数量过多,当确认数据发出后,尚未到达发送方,但时间已经超时,发送方因未收到确认数据将重发数据,而这种重发是不应该的。

3. 集线器

集线器又称"Hub",也属于网络物理层互联设备,其功能和中继器类似,可以说是多端口的中继器(Multi-Port Repeater)。在计算机网络中,集线器有多个端口,用于连接多台计算机,或集线器之间进行级联,从而构建星型或扩展星型网络拓扑。一个简单的集线器示意图如图 6-11 所示。

集线器的基本工作原理是使用广播技术,各节点计算机发出来的信号通过集线器集中,集线器再把信号整形、放大后,信息包被广播发送到其他所有端口。从外形看,通过集线器连接的各个节点分别有独立的网线,但是在集线器的内部采用共享方式,因此,采用集线器的网络在集线器内部是共享媒体的,会产生冲突。集线器连接所有设备构成一个冲突域,数量越多,冲突的概率快速提高,网络的整体性能会迅速降低。

图 6-11　集线器(Hub)
示意图

4. 桥连接器

网桥(Bridge)是一个网段与另一个网段之间建立连接的桥梁,是一种数据链路层设备。网桥端口读取每一个数据帧,根据源 MAC 地址和目的 MAC 地址决定是否转发到另外一个网段,这在一定程度上提高了网络的有效带宽。下面通过图 6-12 介绍网桥的工作原理。

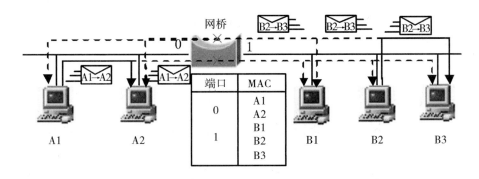

图 6-12　网桥工作原理示意图

在图 6-12 所示的网络中,如果没有网桥,当计算机 A1 和 A2 进行通信时,其他的主机都不能通信,因为所有主机共享媒体,否则将产生冲突。当增加网桥后,由于网桥是一种智能设备,有一个 MAC 地址表,它通过读取端口的数据帧的源 MAC 地址,来学习每个端口下的主机 MAC。这样就形成一个端口-MAC 表,当端口在遇到数据帧时,桥会根据数据帧中源 MAC 地址和目的 MAC 地址是否同属于一个端口,来决定是否将数据帧转发到另一个网端口。

这就意味着 A1 和 A2 通信的同时,处于另一个网段的两台主机(如 B2 和 B3)也可以同时通信,也就扩大了网络的通信能力。

5.交换机

交换机(Switch)是一种能够在通信系统中完成信息交换功能的设备。所谓"交换",就是将数据从一个端口转发到另一个端口。交换技术避免了传统广播技术所带来的数据冲突,可以大大提高网络的通信能力。根据网络覆盖范围的不同,交换机一般分为广域网交换机和局域网交换机两大类。广域网交换机主要是应用于电信城域网互联、互联网接入等领域的广域网中,提供通信用的基础平台。局域网交换机应用于局域网络,用于连接终端设备,如服务器、工作站、集线器、路由器、网络打印机等网络设备,提供高速独立通信通道。如果不做特殊说明,我们说的交换机即指局域网交换机。

6.路由器

路由器(Router)属于网络层互联设备,用于连接多个逻辑上分开的网络。路由器属于广域网设备,其基本功能是根据数据包的目标 IP 地址负责将数据包从一个网络转发到另一个网络。另外,路由器在网络中还能起到隔离网络、隔离广播、路由转发以及防火墙的作用。

路由器的基本功能是路径选择,也就是说,当数据包到达路由器时,路由器会根据数据包所包含的逻辑目标地址(即目的 IP 地址),查找路由表,决定下一个要发往的网络。因此,在路由器中,路由表对于路由器功能的实现起着决定性的作用。

路由表是一个"目标网络/下一跳"对照表,存储了路由器中可到达的目标网络,以及要到达该目标网络下一跳的路由器端口。路由表中的路由信息分为静态路由和动态路由两种类型。通过手工配置的路由信息,称为"静态路由";通过路由协议(Routing Protocol)自动学习的路由信息,称为"动态路由"。下面通过图 6-13 说明路由表的学习和维护过程。

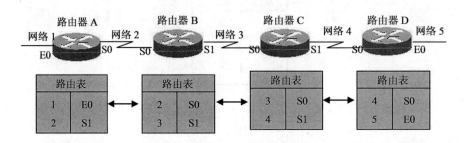

图 6-13　路由表及其学习过程图示

每个路由器都有一个路由表,当对路由器进行配置时,这种配置包括配置每个端口的 IP 地址、路由协议(Routing Protocol)和被路由协议(Routed Protocol)等。当配置了路由器端口的 IP 地址后,在路由表中首先会生成相应的目标网络和端口号,即生成静态路由信息。因为这些网络是路由器直接连接的网络,显然是可达的。

路由器运行两种类型的协议,即路由协议和被路由协议。路由协议用于维护路由表,负责将当前路由器的路由信息通知给相邻的路由器。根据不同的协议算法,有距离矢量、最短路径和混合路由等不同的路由协议,这些协议包括 RIP(Routing Information Protocol)、OSPF(Open Shortest Path First)等。路由协议主要实现用户数据的封装,这和计算机上的协议相同,如 IP 协议、IPX 协议、Appletalk 协议等。可见,路由器可以连接不同类型的网络,实现多种网络技术的互联。

7. 宽带路由器

宽带路由器不是严格意义上的路由器,它没有路由表,也没有路由功能。本质上讲,宽带路由器是一种网络地址转换设备。所谓"网络地址转换"(Network Address Translation,NAT),属接入广域网技术,是一种将私有(保留)IP 地址转化为合法 IP 地址的转换技术,是将 IP 数据包中的 IP 地址转换为另一个 IP 地址的过程。在实际应用中,NAT 主要用于实现私有网络访问公共网络的功能。这种通过使用少量的公有 IP 地址代表较多的私有 IP 地址的方式,将有助于减缓可用 IP 地址空间的枯竭。

宽带路由器被广泛地应用于各种类型互联网接入方式和各种类型的网络中。NAT不仅完美地解决了 IP 地址不足的问题,而且还能够有效地避免来自网络外部的攻击,隐藏并保护网络内部的计算机。工作方式如图 6-14 所示。

使用宽带路由器,必须将 ISP 线路连接到宽带路由器的 WAN 端口,宽带路由器的 LAN 端口可以直接连接到用户计算机,也可以连接交换机等设备,让更多的用户共享一个宽带用户账户。此外,如果是无线宽带路由器,用户还可以无线上网。

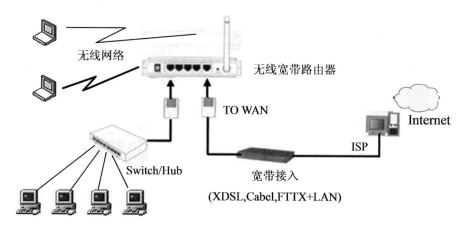

图 6-14 使用宽带路由器的共享宽带接入网络拓扑结构

6.2 互联网

人类对科学技术的追求从来都不会停下脚步,当计算机和计算机的连接成功后,科学家开始究网络与网络的互联问题。1968 年,美国国防部高级研究计划署针对当时的远终端连接网络(中央控制式网络)存在的巨大安全风险,提出了建设无中央控制节点的计算机网络的计划,即 ARPA 网。ARPA 网的成功,推动了网络互联的发展,使计算机网络的发展进入到第三个阶段,即网络互联阶段,也就是今天的互联网(Internet)。

在互联网中,分布了各种各样的服务器系统,人们既是信息的消费者,也是信息的制造者。同时,互联网还推动着计算机应用模式的不断发展,B/S 架构、网格计算、云计算等新的计算模式都是建立在互联网之上的,互联网已经成为信息社会的重要基础设施。今天,互联网技术已经相当成熟,我们已经进入了一个"不怕做不到,就怕想不到"的互联网时代。

6.2.1 ARPA 计划

20 世纪五六十年代,冷战的阴云笼罩全球,东西方阵营对彼此的技术发展高度敏感,心存戒心,美国甚至担心苏联的飞机会绕道北极,空袭美国本土。1951 年,美国麻省理工学院成立林肯实验室,专门研究针对苏联空袭的防范措施,其中一个重要的研究项目就是为美国空军设计半自动地面防空系统(Semi-Automatic Ground Environment,SAGE)。该系统的任务是:通过部署在美国北部边境的警戒雷达,将天空中飞机目标的方位、距离和高度等信息通过雷达录取设备自动录取下来,然后通过数据通信设备传送到北美防空司令部的信息处理中心,以计算飞机的飞行航向、飞行速度和飞行的瞬时位置,判断敌机是否来犯,并将这些信息迅速传到空军和高炮部队,使他们有足够的时间做战斗准备。

SAGE 系统分为 17 个防区,每个防区的指挥中心配有两台 IBM 计算机,通过通信线路连接防区内各雷达观测站、机场、防空导弹和高射炮阵地,形成联机计算机系统。由计算机程序辅助指挥员决策,自动引导飞机和导弹进行拦截。SAGE 系统最早采用了人机交互的显示器,研制了小型计算机形式的前端处理器,制定了数据通信的最初规程,并提供了多种路径选择算法。SAGE 软件开发计划成了软件工程开发中"最崇高"的事业之一。当时美国程序员的数目大约为 1200 名,有 700 人为 SAGE 项目工作。系统于 1963 年建成,被认为是计算机技术和通信技术结合的先驱。

1. 美国国防部高级研究计划署 ARPA

1957 年,苏联发射了世界上第一颗人造地球卫星 Sputnik[①],引起了美国的极大震惊,从此拉开了太空时代的序幕。美国总统艾森豪威尔的反应之一就是创建国防部高级研究计划署,该机构将帮助创造革命性新技术,从而确保美国军队再不会在技术方面被人羞辱,避免再发生类似让人措手不及的状况。1958 年 2 月,美国国防部高级研究计划署(Advanced Research Projects Agency,ARPA)成立,其目标就是负责前瞻性科研项目的开发,以确保美国在诸多技术领域上的绝对领先。

ARPA 成立后,便邀请物理学、信息技术、材料学和其他领域的顶尖专家加入,然后给予他们大量的资金和充分的自由。高级研究计划局成立初期的研究重点主要集中在火箭、宇宙空间探索、弹道导弹防御以及核试验的探测等方面,直到后来才逐渐扩大了研究范围。在 ARPA 中,其核心机构之一是信息处理处(Information Processing Techniques Office,IPTO)。它一直关注计算机图形、网络通信、超级计算机等研究课题,也是后来 ARPA 网的设计部门。

半个多世纪过去了,ARPA 一直给人一种神秘感。除了在美国太空计划等军事领域,ARPA 扮演着关键角色,我们生活中的许多重大技术发明也都归功于 ARPA,如互联网、卫星全球定位系统(Global Positioning System,GPS)、隐形技术以及计算机鼠标等。然而,ARPA 的许多项目也备受指责,造成大量的资金浪费。或许,允许冒险甚至失败也是 ARPA 文化的一部分。

2. ARPA 网

20 世纪 60 年代,SAGE 系统开创了计算机网络的先河,类似 SAGE 的计算机网络不断出现,这类网络被称为"中央控制式网络"。其特点是都有一台中央主机,用于存储和处理数据,其他计算机都作为终端,通过通信线路和中央主机连接。终端和主机直接连接,不经过其他线路,优点是便于管理,但是也存在巨大的风险,一旦切断任何一条线路,将导

---

① 苏联发射的人类第一颗人造卫星"伴侣号",于 1957 年 10 月 4 日由苏联的 R7 火箭在拜科努尔航天基地发射升空,它是一只直径为 58cm、重 83kg 的金属球,沿椭圆轨道绕地球运转,距地面的最大高度为 900km,绕地球一圈约 98min。作为人类历史上的第一颗人造地球卫星,卫星内部装有温度计、电池、无线电发射器(随着温度的变化而改变蜂鸣声的音调)和氮气(为卫星的内部提供压力),外部装有 4 根鞭状天线。经过 92 天太空飞行后,在重返地球时烧毁。Sputnik 的成功发射,给政治、军事、技术、科学领域带来了新的发展,也标志着人类航天时代的来临,还直接导致了美国和苏联的航天技术竞赛。

致通信中断。如果中央主机被摧毁,则整个系统即刻崩溃。

中央控制式网络有重大的安全隐患,这让 ARPA 的研究人员忧心忡忡。因为,20 世纪 60 年代以后,美国军方的指挥越来越依赖于中央控制式网络。如果在战争状态,一旦任何的一条通信线路被毁,则导致指挥失灵,调度瘫痪。这促使研究人员尝试研发新的计算机网络系统,以克服中央控制式网络的风险,这就是分布式网络。

在分布式网络中,不设中央计算机,每台计算机都是一个计算节点,各个节点都通过线路连接。节点之间的通信不再依赖于中央主机。如果某条线路中断,通信可以选择其他线路进行,而不至于导致通信中断。这一全新的网络方案最早由雷纳德·克兰罗克(Leonard Kleinrock)提出。1961 年,他发表了题为《大型通信网络的信息流》的论文,第一次详细论述了分布式网络理论。克兰罗克曾在 MIT 的林肯实验室工作,是 ARPA 网之父拉里·罗伯茨的挚友和网络启蒙老师。在随后的时间里,美籍波兰人保罗·巴兰(Paul Baran)发表了一系列分布式网络理论的文章,提出了分布式网络的核心概念,即包交换(Packet Switching):要传播的数据被封装成一系列的数据包,这些包沿着不同的路径传输,在信宿端被重新组织到一起。这样,即使部分线路被毁坏,还可以选择其他线路传输。

1965 年,在兰德公司(Rand)的全力支持下,巴兰正式向美国空军提出建立分布式网络的计划,受到美国国防部的高度重视。按照分布式网络的原理,在某个节点遭到毁坏的情况下,不影响整个网络的通信,而且网络越大,整体安全性越高。与此同时,英国物理学家 D. W. 戴维斯也提出了分布式网络理论,同巴兰的想法如出一辙。美国军方采纳了分布式网络理论。就这样,基于分布式网络理论的 ARPA 网建设得到了美国军方的立项。

美国高级研究计划署的重要机构之一是信息处理技术处(IPTO),致力于网络通信、图形图像处理和高性能计算研究。20 世纪 60 年代,林肯实验室的拉里·罗伯茨[1]在分布式网络方面的研究受到了美国军方的注意。于是,IPTO 处长鲍勃·泰勒(Bob Taylor)出面邀请拉里·罗伯茨加入 ARPA,并主持 ARPA 网络项目。1967 年,罗伯茨来到 AR-PA,出任 IPTO 处长,开始着手筹建分布式网络,并进行规划和设计。1968 年 6 月,罗伯茨正式向 ARPA 提出了自己的研究报告《资源共享的计算机网络》,其核心思想就是让 ARPA 的所有计算机相互连接,让大家彼此共享各自的研究成果。

根据该研究报告,美国国防部开始建设 ARPA 网。最初的 ARPA 网由西海岸的 4 个节点构成。其中,一个节点选在加州大学洛杉矶分校,因为罗伯茨 MIT 的同事雷纳德·克兰罗克正在该校主持网络研究。一个节点选在斯坦福研究院,因为那里有道格拉斯·恩格巴特(D. Engelbart)等一批网络先驱人物。另外的两个节点选在加州大学巴巴拉分校和犹他大学。1969 年底,ARPA 网正式投入运行。

今天,冷战的阴云早已散去。但是,在 ARPA 网基础上发展起来的互联网已经成为一个国家继领土、领海、领空、太空之后的第五疆域,犹如没有硝烟的战场,技术竞争将更加激烈,甚至关乎一个国家、一个民族的发展和兴衰。

---

[1] 拉里·罗伯茨(Larry Roberts,1937 年~),先后在 MIT 林肯实验室工作,后加入 ARPA,是 ARPA 网的规划和设计者,被称为"ARPA 网之父",也是互联网之父之一。

6.2.2 互联网的诞生

在 ARPA 网诞生之际,大部分的计算机并不能互相兼容,如何让这些不同硬件、不同系统的计算机互联,成为网络研究的焦点和难点。这导致了对 TCP/IP 协议的研究,也成就了今天的互联网。

1. TCP/IP 协议的研制成功

早期的 ARPA 网,计算机之间采用 NCP 通信协议。NCP 存在两个重要缺陷,即网络中的主机没有设置唯一的地址,且缺乏纠错能力。随着 ARPA 联网主机数量的增多,网络性能迅速下降。1972 年,罗伯特·卡恩邀请 NCP 通信协议的设计者文顿·瑟夫研究一种新的改进型的协议,以替换 ARPA 网中的 NCP。这项研究就是后来著名的 TCP/IP 协议。

1975 年,两个网络之间的 TCP/IP 通信在斯坦福大学和伦敦大学之间进行了测试。1977 年 11 月,3 个网络之间的 TCP/IP 测试在美国、英国和挪威之间进行。随着 TCP/IP 协议研究成功,彻底解决了不同计算机系统之间的通信问题,计算机互联的主要障碍被解决。

1975 年,ARPA 网的运行管理移交给美国国防通信局(DCA)。1982 年,DCA 将 ARPA 网各站点的通信协议全部转为 TCP/IP。1983 年 1 月 1 日,在 ARPA 网中,NCP 被永久停止使用。同时,ARPA 网被分成两部分,一部分作为军用,称为"MILnet",另一部分作为民用。ARPA 网开始从一个实验型网络向实用型网络转变,成为全球互联网正式诞生的标志。从此,互联网,这个美国军方和科研机构的"宁馨儿",脱离军方领域,进入了其民用和实用化发展的新阶段。1983 年 1 月 1 日,被认为是互联网发展史上的一个重要纪念日。

2. 互联网发展的几个重要阶段

如果把 Internet 的发展划分阶段的话,那么 1969~1982 年的这个时期可以看成是互联网的提出、研究和实验阶段。这时的互联网以 ARPA 网为主干网,同时运行 NCP 协议和 TCP/IP 协议。由于 ARPA 网采用离散结构,不设中央网络控制设备,实现了网络渠道的多样性,从而减少了系统彻底崩溃的可能性,网络的生存能力得到了保证,实现了 ARPA 的最初构想。1983 年 1 月 1 日,NCP 协议停止运行,所有联网主机全部运行 TCP/IP 协议。随着 ARPA 网一分为二,标志着互联网的诞生,也是互联网实用发展阶段的开始。

1983~1989 年可以看作是互联网的实用发展阶段。为了使全美国的科学家和工程师都能够共享那些过去只有军事部门和少数科学家才能够使用的超级计算机设施,美国国家科学基金会(National Science Foundation,NSF)于 1985 年提供巨资建设了全美 5 个超级计算中心,同时建设了将这些超级计算中心和各科研机构相连的高速信息网络 NSFnet。1986 年,NSFnet 成功地成为互联网的第二个骨干网。NSFnet 对互联网的推广起到了巨大的推动作用,使得互联网不再是仅有科学家、工程师、政府部门使用的网络,互联网进入了以资源共享为中心的实用服务阶段。可以说,NSF 的介入是互联网发生的第一次飞跃。1989 年 3 月,随着超级文本系统的出现,互联网进入了一个新的发展阶段。

1990 年以后,互联网开始进入它的商业化发展阶段。随着万维网的兴起,众多的商业机构开始介入互联网,进一步推动了互联网的民用化发展。此时,NSF 意识到自己的使命已经完成,1995 年 4 月 30 日,NSF 网停止运行。取而代之的是美国政府指定的三家商业公司,即太平洋贝尔公司、美国科技公司和斯普林特公司,至此,互联网完全商业化了。从此,互联网用户开始向全世界扩展,并以每月 15％的速度迅速增长,每 30min 就有一个网络连入互联网。随着网上通信量的急剧增长,互联网开始不断采用新的技术以适应发展的需求,其主干网由政府部门资助开始向商业计算机公司、通信公司转化。

3.互联网的构成

互联网(Internet)不同于一般的局域网和广域网,任何部门、组织或个人都可以将自己的网络或计算机连接到互联网,成为互联网的一部分。互联网的开放性,使其成了一个覆盖全球的计算机网络,各种不同类型的、不同规模的、分布在世界各地的计算机网络,通过遍布全球的通信线路和广域网设备连接在了一切,互联网概念如图 6-15 所示。

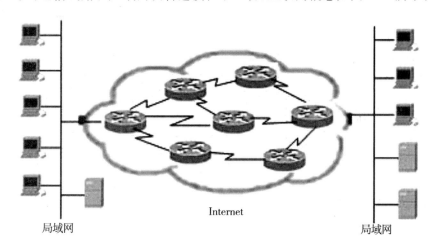

图 6-15　互联网概念图

在互联网中,每一台计算机都有一个逻辑地址(IP 地址),计算机之间或网络设备之间通过统一的 TCP/IP 进行通信。在互联网中,分布着无以计数的各类服务器,包括 DNS 服务器、Web 服务器、E-mail 服务器、FTP 服务器、网络新闻服务器、流媒体服务器,以及各种各样的应用服务器,如网络游戏、视频点播等。正是这些数量众多、功能各异的服务器,为全球的互联网用户提供了各种样的网络服务,不断改变着人们的工作、学习、生活、社会交往和娱乐方式。

6.2.3　万维网(WWW)

在 20 世纪 90 年代以前,互联网应用主要限于科研领域,互联网中的信息交流还没有一种统一的手段,根据交流的信息不同(如图片、文字等)需要调用不同的互联网服务,很不方便。1989 年 3 月,在瑞士日内瓦粒子物理研究实验室欧洲核子研究中心(CERN)工作的蒂姆·伯纳斯-李(Tim Berners-Lee)[①]开发了一个超级文本系统。1990 年年底,第一个基于字符界面的 Web 客户浏览程序开发成功。1991 年 3 月,客户浏览程序开始在互联网上运行。1991 年年底,CERN 向高能物理学界宣布了 Web 服务。1991 年 5 月,蒂姆·伯纳斯-李将其发明命名为"World Wide Web"。万维网在因特网上一露面,便引起了轰动。

在计算机网络的发展历史上,如果说 ARPA 网是人类通信方式上的一次革命的话,那么 WWW 则是网络使用方式上的一次革命。美国著名信息专家、《数字化生存(Bing Digital)》一书的作者尼古拉·尼葛洛庞帝(Nicholas Negroponte)教授认为:1989 年是互联网历史上划时代的分水岭,这一年出现的万维网技术给互联网赋予了强大的生命力,把互联网带入了一个崭新的时代。

1. WWW 定义

什么是 World Wide Web 呢? 从万维网诞生起,人们就没有给它一个确切的定义。我们可以从互联网的构成和服务来理解 Web。从组成上讲,互联网是由成千上万的网络通过通信线路和网络设备连接而成的,或说是一个全球范围的网间网。在互联网中,分布了成千上万的无以计数的计算机,这些计算机扮演的角色和所起的作用不同。有的计算机可以收发用户的电子邮件,有的可以为用户传输文件,有的负责对域名进行解析,更多的机器则用于组织并展示本网络的信息资源,方便用户的获取。所有这些承担服务任务的计算机我们统称为"服务器"。根据服务的内容,这些服务器有 Web 服务器、文件传输服务器(FTP 服务器)、E-mail 服务器、DNS 服务器,以及各种应用服务器等。

所谓"Web 服务器",就是将本地的信息用超级文本组织,向用户提供在互联网上进行信息浏览服务的计算机。因此,可以将 World Wide Web 看作是由互联网中所有的 Web 服务器构成的网络。通过网页中的超链接,一个 Web 服务器可以指向其他的 Web 服务器,那些 Web 服务器又可以指向更多的 Web 服务器,这样,一个全球范围的由 Web 服务器组成的 World Wide Web 就形成了。在万维网中,Web 服务器和 Web 浏览器之间采用 HTTP 应用层协议进行通信。

[①]　蒂姆·伯纳斯-李(Timothy John Berners-Lee,1955 年 6 月 8 日~),英国计算机科学家,南安普顿大学与麻省理工学院教授。1990 年 12 月 25 日,罗伯特·卡里奥在 CERN 和他一起成功通过互联网实现了 HTTP 代理与服务器的第一次通讯,被称为"万维网之父"。2017 年,他因"发明万维网、第一个浏览器和使万维网得以扩展的基本协议和算法"而获得 2016 年度图灵奖。

2.Web 服务器

在计算机网络中,可以将计算机分为两类,即服务器和客户机。所谓"服务器",就是提供网络服务的计算机。服务器计算机一般需要安装服务器操作系统,如 Unix、Windows Server 2003、Linux 等网络操作系统。在服务器上,根据功能需要安装服务器程序。所谓"服务器程序",即一种侦听程序,其基本功能是侦听用户请求,为用户提供服务。和传统的用户应用程序不同,服务器程序通常没有漂亮的用户界面。一台服务器计算机可以安装一个服务器程序,也可以安装多个服务器程序。

客户机是指普通的用户计算机,通常不以提供网络服务为目的,安装的操作系统是Windows XP 等客户机操作系统。客户机上安装的程序也是各种应用软件,如 Word、Excel、PPT 等各种办公软件,Photoshop、Flash 等各种工具软件,上网用的 Web 浏览器、MSN、QQ 等应用软件。可见,服务器和客户机的区分不仅是操作系统不同,安装的程序也不相同,服务器上要安装服务程序,客户机上则要安装应用软件。同时,要使用服务器上的服务程序,需要客户机上安装相应的客户端程序或做客户端的配置。例如,Web 浏览器是 Web 服务器的客户端程序,通过 TCP/IP 协议设置,可以将一台计算机设置为DNS 客户或 DHCP 客户等。

简单地讲,用户通过 Web 浏览器访问 Web 服务器,Web 服务器将用户要浏览的网页发送给用户的浏览器。要使一台计算机成为一台 Web 服务器,首先要在服务器上安装服务器操作系统,如 Unix、Windows Server 2003、Linux 等;其次要安装专门的 Web 服务程序,如 Windows Server 内置的 IIS(Internet Information Server)服务组件、Apache/Tomcat 等。

3.Web 浏览器

在计算机网络中,服务器和客户总是成对出现的,用户通过客户端程序使用服务器,或通过特定的设置将计算机设置为特定服务的客户机。所谓"Web 浏览器"(Browser),就是前面经常提到的 Web 客户端程序。用户要浏览 Web 页面,必须在本地计算机上安装 Web 浏览器软件。通过在浏览器地址栏中输入 URL 资源地址,Web 服务器才能把地址中指定的网页文件发送到客户端浏览器,并在浏览器窗口中打开。

从本质上讲,Web 浏览器是一种用于网页浏览的应用软件,有两大功能:第一,Web 浏览器是 HTML 和 XML 格式的文档阅读器,能够对网页中的各种标记进行解释显示。第二,Web 浏览器是一种网页客户端程序的解释机。如果网页中包含客户端脚本程序,浏览器将执行这些客户端脚本代码,从而增强网页的交互性和动态效果。不同版本的浏览器都需要遵循 HTML 规范中定义的标记集,同时为了便于脚本编程,每个浏览器程序本身也提供了相应的浏览器内置对象,类似于传统软件开发中的函数库及其标准库函数。

在 Web 发展初期,浏览器程序主要分成两类。一类是以 Lynx 为代表的基于字符的Web 客户机程序,主要在不具备图形图像功能的计算机上使用。Lynx 是由美国堪萨斯大学的卢(Lou Montulli)等研制的。Lynx 操作通过光标键在页面的超链接间移动,类似于搜索引擎,因此,目前 Lynx 常用于检查网站。另一类是以 Mosaic 为代表的面向多媒体计算机的 Web 客户机程序。它可以在各种类型的小型机上运行,也可以在 IBM PC 机、Macintosh 机以及 Unix 操作系统软件平台上运行。目前,Web 浏览器软件产品很多,除了微软公司的 IE(Internet Explorer)浏览器,常见的浏览器有 Maxthon(遨游)、Firefox(火狐狸)、Opera 等。此外,Google、360 安全卫士等也分别推出了自己的 Web 浏览器产品。

在万维网的发展中,还有一位杰出的人物,他就是马克·安德森(Marc Andreessen),是他改造了互联网的使用界面。在早期,万维网只有文字,没有图像、声音,也没有色彩。对普通用户来说,仍缺乏一种简单的使用界面。安德森在就读伊利诺斯大学时,开始在学校里的国家超级计算中心(NCSA)做兼职工作,由于感觉到互联网界面的难以使用,他和同事贝纳一起合作,经过 6 个星期的辛苦工作,在 1993 年 1 月写出了 Unix 版的马赛克(Mosaic)浏览器。1994 年 4 月,只有 24 岁的安德森,同硅谷风险投资家吉姆·克拉克一起创立了 Mosaic 通讯公司,集中全力开发网络浏览器。Mosaic 通讯公司后更名网景公司,1995 年上市,1998 年 11 月 24 日被世界最大的因特网服务提供商——美国在线 AOL 收购。

6.2.4 连接到互联网

互联网是由无以计数的计算机组成的,那么,计算机如何连接到互联网呢? 将计算机连接到互联网可分为局域网连接和拨号连接两种类型,其中局域网连接又分为有线和无线两种形式,拨号连接则有通过 Modem 的电话拨号、宽带模拟拨号连接、无线上网卡连接等不同的接入方式。不同的连接方式,采用的接入技术不同。

1.通过局域网连接

如果某个局域网已经接入到互联网,局域网中的计算机可以通过局域网连接方式很容易地接入到互联网。例如,通过校园网,现在大部分的高校和中小学都建立了校园网,并且接入了互联网,用户可以很容易地通过校园网接入互联网。局域网连接有固定连接和无线连接两类。目前,许多机构都部署了无线连接,同样属于局域网连接,只要计算机中安装了无线网卡,即可检测到无线信号,进行无线网络连接。

将计算机通过所在的局域网连接到互联网非常简单,只需要对计算机进行简单的 TCP/IP 协议配置即可。如果计算机安装了 Windows 操作系统,在计算机的控制面板文件夹中,双击“网络连接”图标,打开“网络连接”窗口,可以看到系统已经建立的网络连接。其中,通常都包含一个“本地连接”,它是在计算机安装了局域网卡后,系统自动建立并启用的网络连接。右击“本地连接”图标,在快捷菜单中执行“属性”命令,配置本地连接的 TCP/IP 属性,即输入 IP 地址、子网掩码、默认网关以及 DNS 服务器的 IP 地址。要设置的网络连接的 TCP/IP 各属性值与所在的网络有关,具体取值可向网络管理员询问。

本地连接的 TCP/IP 协议配置完成后,可用 ping 命令检验各个配置的情况。如果网关工作正常,则该计算机就能够连接到互联网了。通过局域网连接到互联网后,通过 Web 浏览器(如 Windows 操作系统自带的 IE 浏览器),在地址栏输入网址,用户就可以在互联网中进行网页浏览了。

2.固定电话连接与无线上网卡

在没有局域网、宽带接入和 WLAN 的环境,用户可以用电话线和 Modem,通过拨号上网的方式连接到互联网。目前,拨号上网也分为两种方式:第一种是通过 Modem 和一条固定的电话线路的拨号上网方式;第二种就是通过无线上网卡方式。从功能上讲,无线上网卡就是一种无线 Modem,因此,两者都属于拨号上网的范畴。

使用固定电话拨号上网,除了需要有固定电话,还需要在计算机上安装 Modem。现在的计算机一般内置了 Modem,因此,只要咨询当地的电信部门拨号上网的特服号码,以及账号、密码等信息即可拨号上网。

无线上网卡类似于移动电话的 SIM 卡,购买一台无线上网卡设备,插入无线上网卡即可使用。无线上网卡设备本质上是一个无线 Modem,外形类似一个 U 盘,体积很小,通过 USB 接口和计算机连接,使用非常方便。自身带有安装程序,不需要特别的配置。无线上网卡资费通常是按照包月或流量计算,价格低廉,适合于地点不固定的移动上网用户。

3.宽带接入与互联网连接共享

所谓"宽带接入",是指在目前拨号上网速率的上限 56kbps 以上的互联网接入方式。宽带接入主要有 3 种接入方式,分别是 ADSL、CableModem 和 FTTX+ LAN 以太网接入技术。第一种是对传统电话线进行改造,实现宽带接入;第二种是利用现有的有线电视网,用户需要增加一个有线调制解调器;第三种则是重新铺设线路,光纤到楼、双绞线入户,为用户提供独享带宽。目前,一般多采用以太网技术实现社区宽带网接入。

近几年来,中国电信、中国网通、中国联通、中国铁通、中国移动以及一些有线电视运营商等各大电信运营商在原来一些传统的窄带接入如 PSTN 电话线、ISDN 综合业务数字网的基础上,开始在结合自身传统优势和各种宽带接入网技术特点的基础之上,纷纷推出了相应的宽带接入服务。为了让家庭用户、SOHO[①]用户、网吧、小型公司或小型企业用户能安全地共享一个账号高速接入宽带互联网,在运营商网络边缘安装一个接入宽带路由器,来完成多用户的共享宽带接入。

4.网络连接的配置

无论采用什么样的网络连接方式,一个网络连接本质上就是该计算机和网络的一个连接通路,有线和无线只是通信媒体的不同。在这个通信线路上,传输数据,根据 TCP/IP 模型与 OSI 封装和通信原理,这就需要对这个网络连接配置 TCP/IP 网络协议。

在 Windows 操作系统中,用户建立的所有的网络都被组织在一个名称为"网络连接"的系统文件夹中。在该文件夹中,可以新建网络连接,也可以右击某个网络连接的图标,执行"属性"命令,对网络连接进行配置。要将计算机连接到互联网,对网络连接必需的配

---

① SOHO,即 Small Office Home Office,家居办公,大多指那些专门的自由职业者,如自由撰稿人、平面设计师、工艺品设计人员、艺术家、音乐创作人等,代表了一种自由、弹性而新型的生活和工作方式。

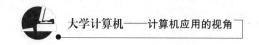

置项目有 IP 地址、子网掩码、默认网关和 DNS 服务器。

6.3 网络服务

建立计算机网络的目的是通信和资源共享。通信是计算机网络的基础。无论是最早的远程终端连接的计算机网络,还是现代意义上的分布式计算机网络,通信都不是建立网络的唯一目的。例如,远程终端连接的计算机网络,各个终端通过通信线路和中央主机连接,把数据发送到中央主机,中央主机则将运算结果返回终端。可见,通信只是一种实现特定计算任务的手段。在现代计算机网络中,大家利用网络传输文件、收发邮件、网页浏览,或开展网上商务活动、享受网络娱乐等,这就是网络服务的概念。可见,建立网络的目的是为联网用户提供所需要的服务,或为特定的计算任务提供网络通信设施。

6.3.1 计算机应用的客户/服务器模式

随着计算机网络技术的发展,计算机的应用模式在不断变化,也就是说,计算机程序的运行方式也在变化。例如,要上网浏览网页,在 Web 浏览器地址栏输入网址,按回车键后,Web 浏览器程序做了什么呢? 实际上,它根据用户输入的网址,在网络中找到要连接的网站,即一台 Web 服务器,然后把网址数据发送到 Web 服务器,Web 服务器从 Web 浏览器发送的网址中提取网页文件,然后把网页文件发送给 Web 浏览器。可见,用户的网页浏览并不是由一个简单的 Web 浏览器独自完成的,还涉及了网络中的 Web 服务器。

把 Web 浏览等相似的计算机应用模式称为"客户/服务器(Client/Server,C/S)模式",它是随着计算机网络技术的发展而产生的,计算机网络是建立客户/服务器应用的基础。对客户/服务器模式,可以给出如下的定义:客户/服务器模式是一种典型的两层计算模式,它将应用一分为二,前端是客户机程序,几乎所有的应用逻辑都在客户端进行和表达,客户机完成与用户的交互任务,具有强壮的数据操纵和事务处理能力,后端是服务器程序,一般负责数据管理,提供数据库的查询和管理、大规模的计算等服务。客户机程序和服务器程序通过特定的网络协议进行通信。客户/服务器应用模式概念如图 6-16 所示。

图 6-16　客户/服务器应用模式概念图

在计算机网络中,客户/服务器模式是计算机应用的典型模式,许多其他的应用形式大都也是建立在客户/服务器模式之上的。和传统的单机应用程序不同,客户机程序和服务器程序都包含通信模块,并通过特定的通信协议来传输数据。

1.服务器程序

在计算机的客户/服务器应用模式中,服务器有硬件和软件两个层面的含义。在软件层面,服务器就是指一个特定功能的服务器程序,如 DNS 服务器、Web 服务器、邮件服务器等。所谓"服务器程序",简单地讲就是一个服务程序,它仅仅需要监听合适的端口,建立连接,然后发送数据。服务器程序的开发总是和客户端软件的开发相辅相成的。服务器第二个层面的含义是指一台服务器计算机,它主要是相对于普通的个人计算机而言的,通常情况下,服务器计算机的硬件指标更高,以支持更大的负载和计算。

在很多情况下,将计算机分为服务器和客户机,主要就是根据计算机上安装的软件来确定划分的。安装服务程序的计算机通常称为"服务器",安装应用软件的计算机称为"客户机"。有时候根据网络中是否安装了服务器,将计算机网络分为服务器网络和对等网。所谓"服务器网络",就是指网络中有服务器,可以为联网用户提供网络服务。反之,如果网络中没有特定的服务器,都是由客户机连接而成的,这样的网络就是对等网。在对等网中,如果彼此都不提供服务,大家连在一起的目的是什么呢?绝对不提供服务的网络是没有意义的,因此,在 Windows 网络中,每台计算机都会默认安装"文件和打印机共享"服务组件,可以把自己的文件夹和打印机共享,这也是网络服务。

2.客户端程序

客户端程序是指安装在客户端的程序,是应用程序和用户的接口,和普通的用户程序在界面上相似,所不同的是具有网络通信功能,以实现和服务器程序的通信,共同完成一个特定的计算机应用,如 Web 浏览器、E-mail 客户端程序 Outlook 等。

在计算机网络中,大量的计算机应用都采用了客户/服务器模式,除了上面提到的网页浏览、域名解析、DHCP 服务等也都是采用 C/S 模式工作的。此外,各种远程控制软件,包括黑客木马程序等,也都采用 C/S 模式工作。

6.3.2 域名与域名解析

在互联网中,要实现计算机之间的通信,每台计算机必须有一个 IP 地址,这可以从网络模型的数据封装过程来理解。因此,在互联网中,每台联网的主机都有一个唯一的 IP 地址,这个地址可以是一个固定的 IP 地址,也可能是一个由 ISP[①] 临时分配的动态 IP 地址,或是通过一种具有网络地址转换(Network Address Translation,NAT)功能的设备,如宽带路由器,通过 Internet 连接共享的方式来访问互联网。

理论上讲,访问一台计算机必须要记住计算机的 IP 地址,但是要记住大量的 IP 是很困难的,甚至可以说是不现实的。这就产生了域名的概念。所谓"域名"(Domain name),

---

① ISP(Internet Service Provider),互联网服务提供商,即向广大用户综合提供互联网接入业务、信息业务和增值业务的电信运营商。ISP 通过特服电话号码或宽带进小区的方式为用户提供互联网接入服务,并按照流量或时间收费。

是用于标识和定位互联网上一台计算机的具有层次结构的计算机命名方式,与计算机的 IP 地址相对应。相对于 IP 地址而言,计算机域名更便于理解和记忆。

在计算机通信中,域名必须转换为 IP 地址,因此,互联网中提供了域名解析服务 (Domain Name Service,DNS)。DNS 是一种名称解析服务,其基本功能就是为用户提供从 DNS 域名到 IP 地址的解析翻译工作。DNS 采用客户/服务器模式工作,其客户就是通过域名访问互联网的程序,如 Web 浏览器等。DNS 服务器则是互联网中的专门机构,负责运营的。

在互联网中,域名解析是由专门的 DNS 服务器完成的,这些 DNS 服务器构成一个域名系统,是整个互联网运行的基础。根据所处的层次不同,DNS 服务器分成 DNS 根服务器、DNS 顶级服务器和应用 DNS 服务器,分别由具体的 DNS 管理机构负责维护,并提供域名注册服务。

1.域名结构与分类

DNS 域名是 IP 地址的符号表示,由主机名和域名两个部分构成。域是分层组织的,每个域又可以包含子域,之间用“.”来分开。例如,在域名 www.sdu.edu.cn 中,www 是服务器主机名,sdu.edu.cn 代表主机所在的域,其中 sdu 域是 edu 的子域,edu 域是 cn 的子域。

一个完整的域名由两个或以上的部分组成,各部分之间用“.”来分隔,最后一个“.”的右边部分称为顶级域名(Top-Level,TLD),最后一个“.”的左边部分称为二级域名(Second-Level,SLD),二级域名的左边部分称为三级域名,依次类推,每一级的域名控制它下一级域名的分配。

①顶级域名。一个域名由两个以上的词段构成,最右边的就是顶级域名。目前,国际上出现的顶级域名有 com、net、org、gov、edu、mil,以及国家或地区的代码,其中最通用的是 com 域名、net 域名、org 域名。

● com,适用于商业实体,是最流行的顶级域名,任何个人都可注册 com 域名。

● net,最初用于网络机构,如 ISP,任何个人都可注册 net 域名。

● org,用于各类组织机构,包括非营利团体,任何个人都可注册 org 域名。

国家代码,如 cn(中国)、fr(法国)和 au(澳大利亚)这样两个字母的域名称为“国家代码顶级域名”(Country Code TLDs),可以辨明域名持有者的国家或地区。国家代码与 com、net 等域名属同一级别。

②二级域名。顶级域名左边的部分为二级域名。例如,在 www.sdu.edu.cn 中,edu 就是顶级域名 cn 下的二级域名。

2.域名管理机构

在互联网中,DNS 是一个分布式的层次域名服务系统。DNS 服务器分为根域名服务器、顶级域名服务器和应用域名服务器三种。域名系统是整个互联网稳定运行的基础,根域名服务器则是整个域名体系最基础的支撑点,所有互联网中的网络定位请求都必须得到根域名服务器的权威认证。所有的根服务器均由美国政府授权的互联网名字与编号分配机构——国际域名管理中心(Internet Corporation for Assigned Names and Numbers,ICANN)统一管理,它负责全球互联网根域名服务器、域名体系和 IP 地址等的管理,网址为 http://www.icann.org/。

在 IPv4 下,全球共有 13 台逻辑根域名服务器,这 13 台逻辑根域名服务器名字分别为"A"至"M",1 台为主根服务器,放置在美国,其余 12 台均为辅根服务器,美国 9 台、欧洲 2 台(位于英国和瑞典)、亚洲 1 台(位于日本)。在根域名服务器中不存储每个域名的具体信息,只储存负责每个域(如.com、.net 等)的域名解析的域名服务器的地址信息。

通过 13 台根域名服务器为全球的互联网用户提供域名解析服务显然是不现实的,许多国家设置了根域名服务器镜像服务器,因此,真实的根服务器分布于全球各大洲,数量众多。例如,从 2003 年开始,中国互联网络信息中心(CNNIC)[①]、信息产业部、中国电信等已经陆续引进了 6 组根域名服务器镜像,包括 1 台 F 镜像、3 台 I 镜像、1 台 J 镜像、1 台 L 镜像。

建立根域名服务器镜像服务器,在国际根域名服务器不能提供服务时,可保证国内的域名服务器首次解析某个域名时,不再必须到国外的根域名服务器获得顶级索引,保证国内的站点由国内的域名服务器来解析。此时,虽然国外用户连接到我国的网络会出现问题,但是我国可以自己解决中国境内的域名解析问题,保证国内网络正常使用。

3. 域名解析过程

DNS 名称解析是由一系列的 DNS 服务器计算机共同完成的,这些计算机按照域构成层次结构。在每台 DNS 服务器上都设置了根域名服务器的 IP 地址,以便将 DNS 解析工作转到根域名服务器,根域名服务器负责找到域名中的顶级域名服务器,顶级域名服务器负责找到相应的与域名对应的应用域名服务器。DNS 服务器层次结构示例如图 6-17 所示。

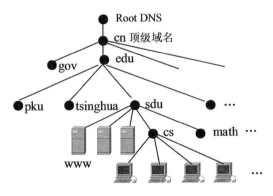

图 6-17 DNS 域名层次结构示例

在上面的层次结构中,cn 是根域(即"."域)的子域,edu 是 cn 的子域,sdu 是 edu 的子域,cs 是 sdu 的子域。一般情况下,每一个域需要架设一个 DNS 服务器,存储域中所注

---

① 中国互联网络信息中心(China Internet Network Information Center,CNNIC)是经国家主管部门批准,于 1997 年 6 月 3 日组建的管理和服务机构,行使国家互联网络信息中心的职责。

册的计算机的域名和 IP 地址。同时,在 DNS 服务器中,还存储了根域名服务器的 IP 地址,以及它包含的子域的 DNS 服务器的域名和 IP 地址。一个域也可以不设专门的 DNS 服务器,而是将域中计算机的域名和 IP 地址存储在父域或其他域的 DNS 服务器中。

在层次结构图中,除了根域以外的所有 DNS 服务器都必须向它的上层 DNS 服务器注册自己的 DNS 名称和 IP 地址,同时记录自己所在域内所有主机的 DNS 域名和 IP 地址。当用户需要进行 DNS 域名解析时,请求首先被送到该计算机网络连接属性中所设定的首选 DNS 服务器,DNS 服务器使用区域信息和本地缓存信息进行地址解析,如果不能完成解析任务,将启用一个递归过程,将解析任务转给 DNS 根域名服务器。

例如,在某台计算机 w1 上,查询域名 cs. sdu. edu. cn 的具体的解析过程如下:

①查询请求首先被送到 w1 的首选 DNS 服务器(在 TCP/IP 协议属性中设置),若在该 DNS 服务器上找不到 cs. sdu. edu. cn 对应的 IP 地址,该 DNS 服务器将查询任务转给根域名服务器(Root DNS)。根域名服务器是互联网公认的,每个 DNS 服务器上都存储了根 DNS 服务器地址列表。

②根域名服务器(Root DNS)根据登记的数据,查找域名的顶级域名,即判断 cs. sdu. edu. cn 是登记在 cn 域,接下来将查询任务转给 cn 域的 DNS 服务器。

③cn 域名服务器根据登记的数据,判断 cs. sdu. edu. cn 是登记在 edu 域,将查询任务转给 edu 域的 DNS 服务器。

④edu 域名服务器根据登记的数据,判断 cs. sdu. edu. cn 是登记在 sdu 域,将查询任务转给 sdu 域的 DNS 服务器,在 sdu 域名服务器上可以找到 cs. sdu. edu. cn 的 IP 地址,将 cs. sdu. edu. cn 对应的 IP 地址发给 DNS 客户。

⑤完成 DNS 地址解析任务。

4. 域名注册

域名注册通常分为国内域名注册和国际域名注册。目前,国内域名注册统一由中国互联网络信息中心进行管理,具体注册工作由通过中心认证授权的各代理商执行。不带国家代码的域名也叫"国际域名",国际域名注册现在是由一个来自多国私营部门人员组成的非营利性民间机构,即国际域名管理中心统一管理,具体注册工作也是由通过中心授权认证的各代理商执行。

目前,国际域名有效期在注册时可以选择一年或更长,国内域名有效期是一年。注意,在域名到期之前,用户务必将下一年的费用及时交上,以免域名因此停止运行甚至被删除。

目前,国内比较知名的域名注册代理商有中国万网(阿里云)、新网等,通过这些代理机构,可以注册国内和国际域名。域名注册通常分机构用户和个人用户,不同的域名,注册流程不同。利用网络搜索,找到万网和新网的网址,可以很容易地在网上完成所需域名的注册工作。此外,这些网站通常还提供虚拟主机等服务。

5. 本地域名解析与 DNS 缓存

如果用户每一次访问 Web 都需要做域名解析的话,这将是非常麻烦的,不仅浪费了用户的上网时间,同时还增加了大量的互联网流量。因为绝大多数网站的域名是不变化的,因此,每次访问都进行域名解析是没有必要的。实际的情况是,当用户上网浏览或执行 ping 命令时,需要进行域名解析,这种解析并没有直接发给计算机 TCP/IP 属性配置中指定的首选 DNS 服务器,而是先在计算机的一个本地文本/etc/hosts 和本地 DNS 缓存中进行查找,如果没有找到,才将 DNS 查询发给指定的 DNS 服务器,启动 DNS 域名解析过程。

①本地域名解析。在 Windows 计算机中,在系统\Windows\System32\drivers\etc 文件夹中包含一个 hosts 文本文件(无扩展名),该文件保存计算机域名到 IP 地址的对应关系,默认情况下,只有一条记录:

localhost　127.0.0.1

即将本机地址 127.0.0.1 给定一个域名 localhost,这就是为什么我们在 Web 服务器配置中,经常使用 localhost 域名来访问和调试服务器的原因。利用 hosts 文件所做的 DNS 解析又称为"本地域名解析"。某些病毒或木马程序会修改 hosts 文件,把挂马网站或病毒网站的 IP 地址绑定到一些著名的域名上。可以用记事本打开 hosts 文件,进行编辑,示例文件如图 6-18 所示。

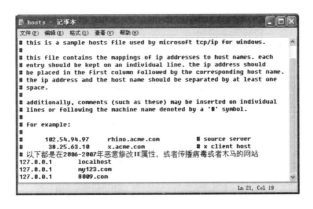

图 6-18　本地域名解析 hosts 文件示例

在上述的 hosts 文件中,增加了两条莫名其妙的域名信息,这通常是病毒或木马网站破坏的结果,可以手工删除。

②本地 DNS 缓存。用户在上网过程中,随时随地可能进行 DNS 域名解析,DNS 解析结果会自动地存储到本地计算机的一个缓存文件中,这就是 DNS 缓存。利用 DNS 缓存技术,避免了每次利用域名时的 DNS 查询任务,提高了整个互联网的效率。DNS 缓存有一定的有效期,如果查找缓存中的项目超出了有效期,系统则重新连接 DNS 服务器,进行域名解析。

在 Windows 中,DNS Cache 是由 DNS Client 后台进程控制的,可以在控制面板或管理工具中执行"服务"实用程序将其关闭,这样 Windows 就不会进行 DNS 缓存,每次都将直接查询 DNS Server。这可以保证如果在缓存的有效期内,某个域名修改了其 IP 地址导致用户域名访问出错的问题。

在 Window 操作系统中,在命令提示符窗口,可以输入 ipconfig /displaydns 命令,查看本机 DNS 缓存的内容;输入 ipconfig /flushdns 命令,清空本机 DNS 缓存。清空 DNS 缓存会强制 DNS 查询 DNS 服务器而不使用存储在缓存中的信息。在查看本机 DNS 缓存时,会看到 hosts 文件中的域名信息。同时,也显示用户曾访问的页面的域名,这可以用 ping ＜域名＞,然后执行 ipconfig /displaydns 命令来验证。

6.3.3 Web 服务与浏览器/服务器模式

在互联网中,网页浏览是人们最常使用的形式,以至于很多人认为:互联网就是万维网,万维网就是互联网,万维网成了互联网的代名词。其实不然,万维网只是互联网中许多服务的一种,它为用户提供网页浏览服务,可看作是互联网的用户界面。

1. HTTP 通信

用户网页浏览实际上就是 Web 浏览器和 Web 服务器之间通信的过程,这种通信采用应用层的 HTTP 协议进行。Web 浏览器和 Web 服务器之间采用 C/S 工作模式,工作原理的概念模型如图 6-19 所示。

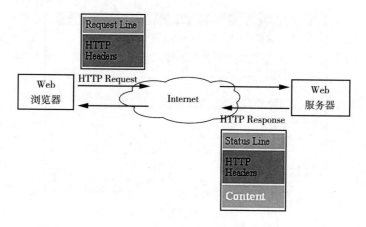

图 6-19　Web 的工作原理

在互联网中,超文本传输协议(Hyper Text Transfer Protocol,HTTP)是应用层协议,采用请求/响应模型。当浏览器中输入 URL 或单击页面中的一个超级链接时,浏览器就向 Web 服务器发送 HTTP 请求。HTTP 请求被送往 URL 指定的 Web 服务器,Web 服务器的 HTTP 驻留程序接收到请求后,进行必要的操作,返回 HTTP 相应给 Web 浏览器。

2. 浏览器/服务器模式

在应用计算机的 C/S 应用模式中,人们很快就发现了它的不足,就是用户端需要安装应用软件,且安装和维护都很麻烦。随着万维网的兴起,人们意识到,可以将用户的业务逻辑,即原先的客户程序,都以网页的形式存储到 Web 服务器上,实现用户应用程序的集中式管理,便于系统的升级和维护,同时还减少了客户端计算机的维护工作。客户端不再需要安装不同的应用软件,只需要安装 Web 浏览器就可。同时,Web 浏览器和 Web 服务器通过 HTTP 通信,用户只要能连接到互联网,就可以访问 Web 服务器,实现了哪里有网络,哪里就是办公室的现代办公理念。计算机的浏览器/服务器应用模式及三层架构概念如图 6-20 所示。

图 6-20 浏览器/服务器三层体系结构

在浏览器地址栏中,用户输入要访问的网页网址 URL(http://网址/路径/文件名.扩展名),向 Web 服务器提出 HTTP 请求。Web 服务器根据 URL 中指定的网址、路径和网页文件,调出相应的 HTML、XML 文档或 Jsp、Asp 文件,根据文档类型,Web 服务器决定是执行文档中的脚本程序,还是直接将网页文件传送到客户端。

一般情况下,所有的 Web 应用几乎都要用到数据库管理数据。对数据库的管理和操作都是通过数据库服务器完成的,这些程序代码被以服务器端脚本的方式编写在 Asp、Jsp 等服务器页面中,负责和数据库服务器建立连接并完成必要的数据查询、添加、修改、删除等更新数据库操作,产生一个新的包含动态数据的 HTML 或 XML 文档,并将其发送给客户端 Web 浏览器。最后由 Web 浏览器解释该文档,在浏览器窗口中显示给用户。

3.统一资源定位符

一个 Web 站点是由主目录、子目录及包含的大量网页文件、图片文件及其他各类文件构成的。所谓"访问 Web 站点",就是从网站中下载网页文件并在浏览器中显示的过程。因此,在浏览器地址栏中输入网址,即指定站点、文件路径和文件名,称为"统一资源定位符"(Uniform Resource Locator,URL),又称"网页地址",简称"网址"。

统一资源定位符 URL 最初是由蒂姆·伯纳斯-李发明用来作为万维网地址的,目前是万维网联盟编制的互联网标准的一部分。URL 可以唯一标识一个 Web 页、网页中的一个图片或互联网上其他资源的一个地址,它将互联网提供的各类服务统一编址,以便用户通过 Web 客户浏览程序进行信息查询。URL 的一般形式为:

资源类型://网址[:端口号][/[文件路径/文件名]][? 参数名=参数值 & 参数名=参数值…]

在 URL 中,网址为必选项,可以是域名,也可以是 IP 地址。除了网址,其他内容都是可选的。各部分含义如下:

①服务类型,对应 TCP/IP 的应用层协议,表明要连接的服务器类型,如 http、https、ftp 等。

②网址,即服务器的域名或 IP 地址,确定了互联网中唯一的一台计算机。

③端口号,对应一个特定的服务,默认端口号可以省略,如 Web 服务的默认端口为80、ftp 服务的默认端口为 21 等。

④文件路径,为网页相对于主目录的相对路径,网站后面的第一个"/"代表站点的根目录,根目录和后面的文件路径可以省略。

⑤文件名,是用户浏览器指定的要下载的网页文件,如果未指定文件名,则代表要下载网站首页文件。首页文件在 Web 站点属性中设置,并存储在 Web 站点根目录中。

⑥参数表,在访问一个网页文件时,特别是带有脚本的网页,有时候需要将一些参数传给网页中的脚本程序,这些要传递的参数在文件名后面的"?"后面以参数名/参数值对的形式列出,不同的参数名/参数值对之间用"&"分开。

在浏览器地址栏 URL 中,默认端口号可以省略不写。如果不指定文件路径和文件名,则默认访问站点根目录下的首页文件,首页文件由 Web 服务器指定。例如,如果用户在浏览器中输入的 URL 为:http://www.sdu.edu.cn/,则表明用户要下载域名为 www.sdu.edu.cn 的 Web 服务器中根目录下的首页文件。

6.3.4 电子邮件服务

在互联网中,电子邮件估计是仅次于网页浏览(Web 服务)的最常用的互联网服务了。关于第一封电子邮件有不同的说法。据《互联网周刊》报道,世界上的第一封电子邮件是由雷纳德·克兰罗克教授发给他的同事的一条简短消息,时间是 1969 年 10 月 29 日,内容只是两个字符"LO"[①]。另一种说法是 1971 年,麻省理工学院 Ray Tomlinson 博士在为 ARPA 网工作期间,为了实现科学家之间的信息交换,把一个可以在不同的计算机网络之间进行拷贝的软件和一个仅用于单机的通信软件进行了功能合并,命名为"SN-DMSG"(Send Message)。为了测试该软件,他使用这个软件在 ARPA 网上发送了第一封电子邮件,收件人是另外一台计算机上的自己。

对于多用户操作系统,在用户之间发送信息是操作系统的基本功能。例如,在 Unix 和 Linux 操作系统中,提供了多种方式让用户相互通信。它允许以文本的方式给某个用户或所有用户发送信息,信息可以是直接由键盘输入的内容,也可以是文本文件。用于用户之间发送消息的命令有 write user-name 命令、talk user-name 命令等,在系统 Shell 下,输入上述命令进入发送消息状态,可以使用 Ctrl+d 组合键等结束会话,返回 Shell。要实现互联网中用户之间发送消息,这就涉及了 DNS 解析、计算机寻址、路由和信息收发服务,是操作系统本身不能完成的,而这正是互联网中的电子邮件服务。电子邮件在互联网中的传输需要邮件客户端软件、SMTP 服务器和 POP3 服务器共同完成。

1.电子邮件的概念

关于电子邮件(Electronic mail,E-mail),并没有一个严格和准确的定义。一般认为电子邮件是一种基于互联网等通信媒体来进行信息交换的通信方式。电子邮件需要通过邮件服务器和邮件收发软件共同完成信息传输。和传统的电报、电话、邮政通信相比,电

---

① 1969 年 10 月 29 日,加州大学洛杉矶分校(UCLA)的雷纳德·克兰罗克教授主持 ARPA 网加州大学洛杉矶分校第一节点与斯坦福研究院(SRI)第二节点的连通实验,对分组交换网络的远程通信进行实验。为确认分组交换技术的传输效果,UCLA 端的操作员依次输入字符 L、O 和 G,每输入一个字符,都等待对方的回答以进行确认,但第三个字符还没有输入,传输系统突然崩溃,通信无法继续进行下去。这是世界上第一次互联网络的通信实验,被历史学家认为是互联网诞生的标志。

子邮件最大的特点是内容数字化、形式多样化,可以包含文字、图片等各种各样的内容。此外,电子邮件还具有传递快捷、费用低廉、易于保存和管理等诸多优点。因此,电子邮件已经成为互联网中人与人之间最主要的信息交流手段。

2. SMTP、POP3 和 IMAP 协议

邮件服务作为互联网应用,必须有应用层的协议。在邮件服务中,涉及的协议有SMTP、POP3 和 IMAP 协议,这些协议都属于 TCP/IP 协议的组成部分。在整个电子邮件服务中,分别负责邮件的发送、转发和接收。

SMTP(Simple Mail Transfer Protocol),即简单邮件传输协议,用来管理邮件传输代理之间进行的电子邮件交换,默认端口号为 25。安装了 SMTP 服务的计算机称为"外发邮件服务器",即 SMTP 服务器,负责将客户的邮件发送出去。当客户通过邮件客户端软件执行发送命令时,将利用 SMTP 协议把邮件传送到客户邮件账户的 SMTP 邮件服务器,邮件服务器之间也通过 SMTP 协议传递邮件。SMTP 服务则根据设置的规则定期地检查其收到的用户邮件,并按照邮件的收信人地址发送到邮件账户的 POP3 服务器。

POP3(Post Office Protocol),即邮局协议,默认端口号为 110。安装了 POP3 服务的计算机称为"接收邮件服务器",即 POP3 服务器,负责客户端的登录以及当用户在邮件客户软件中执行接收命令时将邮件发送到客户端。

IMAP(Internet Mail Access Protocol)为互联网邮件访问协议,是斯坦福大学于1986 年开发的一种邮件获取协议。IMAP 的主要作用是邮件客户端(如 MS Outlook Express)可以通过这种协议从邮件服务器上获取邮件的信息、下载邮件等。IMAP 协议运行在 TCP/IP 协议之上,使用的端口是 143。它与 POP3 协议的主要区别是用户可以不用把所有的邮件全部下载,可以通过客户端直接对服务器上的邮件进行操作,支持多台设备同时访问同一邮箱,对邮件的操作均实时地反映到邮件服务器的用户邮箱中。

一个完整的邮件服务器应该支持 SMTP 和 POP3/IMAP 两种协议,对于邮件接收来说,早期用得较多的是 POP3 协议,现在的邮箱系统使用 IMAP 协议更多。可以将SMTP 和 POP3/IMAP 安装在一台服务器上,也可以将两种服务装在不同的计算机上,一台负责发送邮件,一台负责接收邮件。

3. 邮件传输过程

假设 Jane 使用 E-mail 客户端软件 Outlook Express 给 Cherry 发送一封电子邮件,Jane 的邮箱为 Jane@mail.abc.com(账号对应的 SMTP 服务器和 POP3 服务器均为mail.abc.com),Cherry 的邮箱为 Cherry@mail.xyz.com,下面是邮件的传输过程。

①Jane 在 Outlook Express 中打开"工具"菜单,执行"账号…"命令,添加自己的 E-mail 账户 Jane@mail.abc.com,设置自己的 SMTP 服务器和 POP3 服务器均为 mail.abc.com。

当 Jane 在 Outlook Express 中编辑完邮件,执行"发送"命令时,Outlook Express 将根据 Jane 账户的 SMTP 服务器设置,连接到 SMTP 服务器,将邮件通过 SMTP 协议传送到 Jane 的外发邮件服务器 mail.abc.com 中。

②Jane 的 SMTP 邮件服务器根据邮件收件人地址，调用 DNS 对收件人的 E-mail 服务器域名进行解析，得到收件人 Cherry 的 E-mail 服务器的 IP 地址。

③Jane 的 SMTP 服务器通过 SMTP 协议将邮件传给 Cherry 的 POP3 服务器，邮件存到 Cherry 的专用文件夹（即信箱）中。

④Cherry 通过 Outlook Express 执行邮件"发送/接收"命令时，将登录到自己的 POP3/IMAP 服务器，来下载和阅读邮件。邮件传输过程如图 6-21 所示。

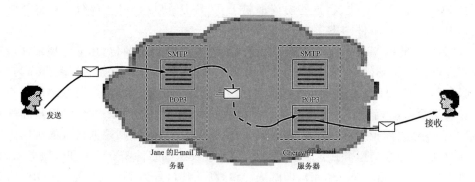

图 6-21　E-mail 服务中的邮件传输过程示意图

4.本地邮件和远程邮件

当 SMTP 服务器收到邮件后，将根据邮件的收件人地址判断该邮件是本地邮件还是远程邮件。若收件人邮箱地址与该 SMTP 的 DNS 域名相同，则该邮件为本地邮件（Local Mail），否则为远程邮件（Remote Mail）。

对于本地邮件，SMTP 服务器将它存储到 Drop 文件夹。如为远程邮件，则服务器根据其设置是否要中继（Relay），来决定是否对邮件分类。将目标地址相同的邮件归为一类，以便整批发送，节省时间。

5.邮件服务器

邮件服务器是指提供电子邮件服务的计算机。要提供电子邮件服务，需要安装 SMTP 服务和 POP3/IMAP 服务。可以将邮件服务器分为两大类：一类是操作系统自带的邮件服务器，如 Windows 服务器操作系统中内置的邮件服务器组件；另一类就是不隶属于具体的操作系统的第三方专用 E-mail 服务器，如 Winmail Server、Imail Server、WebEasyMail 等，这些 E-mail 服务器均支持标准的 SMTP 服务、POP3/IMAP 服务，具有丰富的功能。同时，它们大都还提供了 Web 方式注册及收发邮件手段，极大地方便了用户的使用。

目前，在互联网中，许多门户网站和 ISP 都提供免费邮件服务，用户可以很容易地申请一个免费的邮箱来收发电子邮件。对于一个 ISP 来讲，虽然为用户提供免费邮箱服务将占用和消耗其资源，但是，免费邮箱服务可以大大增加其站点点击量，然后通过广告投放的形式来获取商业利润。

6.3.5　远程维护与远程控制

　　每一项现代技术的出现,对人类的传统理念都会产生冲击和改变。望远镜的发明,让我们看到了更远的世界,甚至茫茫宇宙。电报、电话的发明,让我们远隔千里就可以直接通话。计算机网络,特别是互联网的发展,把我们带入了一个远程管理和维护的时代。所谓"远程维护"(Remote Maintenance),是指在管理人员或维护人员利用计算机网络,特别是互联网,在不直接接触产品、装备或系统的情况下,对所要管理和维护的远程对象进行安装、配置、维护、监控和管理,解决以往必须亲临现场才能解决的问题。系统的远程管理和维护不仅节省了响应时间,提高了工作效率,还大大降低了系统的维护成本,提高了服务质量。

　　系统的远程维护是如何实现的呢? 首先,不是所有的东西都可以实施远程维护,能够实施远程维护的对象首先应该是智能的。也就是说,对象本身可以运行程序,并且需要连接到互联网。远程维护的思想就是在智能对象上安装一个服务程序,实现和远程客户程序的通信,并接受远程客户程序的控制,从而实现对智能对象的安装、配置、管理、监控和维护。这是一种典型的 C/S 模式计算机应用。随着物联网技术的发展,越来越多的系统开始智能化,远程管理和维护会越来越普遍。

1.操作系统中的远程管理服务组件

　　最典型的远程管理和维护是在计算机系统上进行的,操作系统的设计者看到了这种实际的需求。在计算机发展的早期,大多数的客户计算机硬件配置较低,很多程序无法独立运行,这导致了 Telnet 协议①的产生。Telnet 协议是一种 C/S 模式,客户机可以通过Telnet 登录到高配置的服务器上。登录服务器通常需要输入用户名和密码。登录服务器后,即启动一个 telnet 会话,用户在 Telnet 程序窗口输入命令,命令会发往服务器,并在服务器上运行。当程序运行时,所有的运算与存储都是交给服务器来完成的。当运算结束后,服务器把结果返回给客户机,这样就可以在客户机配置不够的情况下完成程序的运行工作。可以说,Telnet 开启了计算机远程应用的先河。为此,在 TCP/IP 中,设计开发了专用的 Telnet 协议。Telnet 程序也是早期计算机操作系统中都包含的实用程序。

　　随着计算机技术的发展,微软公司在 2001 年发布 Windows XP 操作系统时,推出了全新的远程管理和维护工具,这就是 Windows 的远程桌面。在 Windows 计算机上,无论是服务器操作系统还是客户机操作系统,都默认安装了远程桌面服务组件,同时在"开始"菜单中,也安装了相应的客户端程序,即远程桌面连接,两者采用 C/S 模式工作。要使用远程桌面服务,首先要在需要远程管理的计算机上启用远程服务,这样在任何一台 Win-

---

　　① Telnet 协议是 TCP/IP 协议族中的一员,属于应用层协议,是 Internet 远程登录服务的标准协议和主要方式。它为用户提供了在本地计算机上完成远程主机工作的能力。在终端使用者的计算机上使用 Telnet 程序,用它连接到服务器。终端使用者可以在 Telnet 程序中输入命令,这些命令会在服务器上运行,就像直接在服务器的控制台上输入一样。早期的操作系统都内置 Telnet 客户端程序,由于 Windows 远程桌面等的发展,命令行界面的 Telnet 显示出了明显的不足。在 Windows7 等新的操作系统中,Telnet 客户端程序默认情况下处于关闭状态。

dows 计算机上,运行远程桌面连接程序,输入远程主机的 IP 地址,即可显示远程主机桌面,用户就可以和在远程主机的现场一样进行操作了。

在 Windows 操作系统中,如果是服务器操作系统,如 Windows Server 2003/2008 等,还内置了一种称为"终端服务"的服务程序,同样具有远程管理和维护的功能,并且还提供搭建应用服务器的功能。终端服务同样采用 C/S 模式,当客户端通过终端服务连接上服务器时,在客户端显示远程服务器桌面,用户可以执行服务器上的程序。此时,这台远程服务器就成为应用服务器。客户端所有的工作都是利用服务器的资源来完成的,包括 CPU、内存储器、硬盘空间等。客户端的计算机不进行运算,只是将鼠标、键盘的操作通过网络传送到终端服务器上,服务器处理完成后,将显示传回客户端。

终端服务和远程管理看上去很相似,但两者也有很大的不同。终端服务有远程管理和终端服务两种应用模式,且应用服务器是其主流的应用模式,它实现了 Windows 服务器的多用户功能,远程管理模式和 Windows 的远程桌面功能相同。因此,如果不是为了配置应用服务器,只是为了远程管理,则不需要安装终端服务,只需要启用远程桌面即可。Windows 2000 以后,终端服务和远程桌面采用统一的客户端程序,即远程桌面连接,而不再有专用的终端服务客户端软件。

2.远程控制专用工具软件

实施计算机系统远程控制,除了操作系统自带的远程桌面、终端服务等工具,还有大量的专用工具软件。

(1)常见的工具软件

①TightVNC,一款免费、开源、跨平台(Windows/Linux)远程桌面工具,软件分服务器端与客户端两部分。在被控的计算机上安装软件服务器端,通过做相关设置用户还可以利用 Web 浏览器访问远程被控计算机。

②TeamViewer,有 Windows 和 Mac 两个版本,功能同 LogMeIn 接近,不提供浏览器远程访问模式,使用时需要安装客户端。因为客户端很小,可以复制到 U 盘,便于随身携带。

③RemotelyAnywhere,采用 B/S 模式工作,只需要在被控的目标主机上安装该软件,用户就可以通过浏览器对远程计算机进行控制。

④灰鸽子,常常被用于黑客工具,来窃取个人隐私,如屏幕捕获、视频控制、录音设置等。

⑤冰河,采用 C/S 模式工作,在被控主机上安装冰河服务端软件,主控端安装"冰河"客户端软件。该软件具有木马特征,杀毒软件通常将其作为病毒清除。

(2)基本功能

虽然远程控制软件各不相同,但基本功能是相似的,包括:

①远程监控,监控远程主机屏幕、摄像头、话筒等,查看远程主机进程信息,记录对方键盘操作,从而记录对方的账号密码、聊天记录、网页访问记录等。

②远程控制,控制远程主机的键盘、鼠标操作,强行打开网页,关闭软件,关机,重启计算机等。

③文件操作,对远程被控主机进行任意的文件操作,包括创建、上传、下载、复制、删除文件或目录、远程打开文件等多项文件操作功能,甚至操作注册表。

此外,远程控制工具还有多画面网络监视器等,在被监控的计算机和监控计算机上分别运行监控软件的服务端和客户端,可以同时监视多台计算机的屏幕,并可进行控制、发送文字信息等,可用于公司对员工使用计算机的管理、学校机房管理等。

从原理上讲,Windows 自带的远程桌面、终端服务、Telnet 服务等都属于远程控制软件的范畴。木马、黑客攻击软件等也属于一种对计算机系统的远程控制,只是其目的不是对系统实施有效管理。因此,实施计算机系统远程控制在给管理带来便利的同时,往往也为非法攻击留下隐患,计算机系统的安全保护至关重要。

6.4　网络与信息安全

计算机网络,特别是互联网在给我们的生活和工作提供无限便利的同时,网络信息安全问题也日渐突出。信息安全包括的范围很广,大到国家的军事、政治机密的安全,小到防止企业及商业机密暴露、个人信息保护,甚至防范青少年对不良信息的浏览等。从频频见诸报端的黑客攻击事件,到 2013 年 6 月爆出的美国"棱镜门"事件[①],以及 2017 年 5 月 12 日全球爆发的勒索病毒[②],网络信息安全已经成为计算机网络中最敏感,也是最核心的问题。

6.4.1　网络信息安全问题

在网络中,由于操作系统、通信协议以及应用软件等存在的漏洞以及一些人为因素,大量的共享数据以及数据在存储和传输的过程中,都有可能被暴露、盗用或篡改,网络信息安全威胁无处不在。安全问题可以分成网络信息安全和网络系统安全两个方面,网络信息安全是我们的最终目标,而网络系统安全是保证信息安全的重要技术手段。

所谓"网络信息安全",是指对网络信息系统中的硬件、软件及系统中的数据进行有效的保护,防止因为偶然或恶意的原因使系统数据遭到破坏、更改、泄露,保证信息系统的连续、可靠、正常运行,信息服务不中断。信息安全包括信息的保密性、真实性、完整性、未授

---

① 2013 年 6 月,中情局(CIA)前职员爱德华·斯诺顿(Edward Joseph Snowden)将两份绝密资料交给英国《卫报》和美国《华盛顿邮报》,并告之媒体何时发表。按照设定的计划,6 月 5 日,英国《卫报》先扔出了第一颗舆论炸弹:美国国家安全局有一项代号为"棱镜"的秘密项目,要求电信巨头威瑞森公司必须每天上交数百万用户的通话记录。6 月 6 日,美国《华盛顿邮报》披露称,过去 6 年间,美国国家安全局和联邦调查局通过进入微软、谷歌、苹果、雅虎等九大网络巨头的服务器,监控美国公民的电子邮件、聊天记录、视频及照片等秘密资料。美国舆论哗然,并引起一系列的连锁反应。

② 2017 年 5 月 12 日,一种名为 WannaCry(又叫 Wanna Decryptor)的"蠕虫式"勒索病毒在全球爆发。该病毒由不法分子利用美国国家安全局(National Security Agency,NSA)泄露的危险漏洞"EternalBlue"(永恒之蓝)进行传播。这是一场全球性的互联网灾难,给广大计算机用户造成了巨大损失。

权拷贝和所寄生系统的安全性。信息安全不仅涉及计算机科学、网络技术和通信技术,还涉及密码技术、应用数学、数论、信息论等多种学科。

对于网络信息安全,涉及的内容很多,既有数据加密、数字签名及数字认证等信息安全机制,又有通信协议、应用系统、计算机操作系统和计算机网络技术。从学科上讲,信息安全是一门涉及应用数学、数论、密码学、计算机科学、计算机网络技术、通信技术、信息安全技术、信息论等多种学科的综合性学科。

所有的信息安全技术都是为了达到一定的安全目标,包括5个方面的内容,也就是5个安全目标:

①保密性(Confidentiality),是指阻止非授权的主体阅读信息。通俗地讲,就是指未经授权的用户不能够获取敏感信息。对纸质文档信息,只需要保护好文件,不被非授权者接触即可。而对计算机及网络环境中的信息,不仅要制止非授权者对信息的阅读,也要阻止授权者将其访问的信息传递给非授权者,以致信息被泄漏。

②完整性(Integrity),是指防止信息被未经授权的篡改,使信息保持原始状态,保证信息的真实性。

③可用性(Usability),是指授权主体在需要信息时能及时得到信息服务的能力。可用性是在保证信息安全的基础上,信息系统应该具备的功能。

④可控性(Controlability),是指对信息和信息系统实施安全监控管理,防止非法利用信息和信息系统。

⑤不可否认性(Non-repudiation),是指在网络环境中,信息交换的双方不能否认其在交换过程中发送信息或接收信息的行为。

除了上述信息安全的目标,信息安全还包括可审计性(Audiability)、可鉴别性(Authenticity)等。信息安全的可审计性是指信息系统的行为人不能否认自己的信息处理行为。与不可否认性的信息交换过程中行为可认定性相比,可审计性的含义更加宽泛。信息安全的可鉴别性是指信息的接收者能对信息的发送者的身份进行判定。它也是一个与不可否认性相关的概念。

对于网络信息安全,除了技术上的手段,建立健全信息安全法律法规也是非常重要的。通过完善操作信息行为的法律法规,可以有效地防止很多人打法律擦边球,减小信息窃取、信息破坏行为发生的可能性。总之,严格的安全管理、法律约束和安全教育,对于保证网络信息安全具有极其重要的作用。

6.4.2 信息安全的主要威胁

在信息系统的运行过程中,除了自然灾害、意外事故等非人为因素,信息安全威胁主要来自人为因素。

1. 信息泄露

对于存在网络中的数据文件或进行网络通信时,如果不采取任何保密措施,数据文件或通信内容就有可能被其他人看到,造成信息泄露。如果是未经系统授权而使用网络或计算机资源,这就是一种非授权访问。或是由于内部人员人为错误,如使用不当、安全意识差等而泄露信息,是一种内部泄密行为。

2. 信息窃取

非法用户通过数据窃听、流量分析等各种可能的合法或非法的手段窃取系统中的信息资源和敏感信息。例如,对通信线路中传输的信号搭线监听,或利用通信设备在工作过程中产生的电磁泄漏截取有用信息等。业务流分析则是通过对系统进行长期监听,利用统计分析方法对诸如通信频度、通信的信息流向、通信总量的变化等参数进行研究,从中发现有价值的信息和规律。

信息窃听通常是一种被动威胁,它不改变系统中的数据,只是读取系统数据,从中获取利益。由于没有篡改信息,被动威胁留下的可供审计的痕迹很少,难以发现。在一个网络中,实施信息窃听被动威胁包括侵入者窃取系统泄露的数据,或通过流量分析来确定通信双方的位置和身份等敏感数据。被动威胁往往为下一步实施主动威胁做准备,有效地阻止被动威胁的主要技术手段就是数据加密技术。

3. 冒名顶替

冒名顶替是指通过欺骗通信系统(或用户)达到非法用户冒充成为合法用户,或特权小的用户冒充成为特权大的用户的目的。侵入者通常通过一个合法的用户账号和密码,来使用合法用户可以获得的网络服务。例如,甲和乙是系统的合法用户,丙是侵入者,如果丙向甲发送一份报文"晚上7点钟,小树林见,乙"。用户甲又如何确定发送报文的人一定是乙,而不是一个冒名者呢?我们平常所说的黑客大多采用的就是假冒攻击。

4. 篡改信息

非法用户对合法用户之间的通信信息进行修改,生成伪造数据,再发送给接收者。信息篡改是一种严重的主动威胁,其危害程度比主动威胁更甚。主动威胁可以发生在通信线路上的任何地方,如电缆、微波线路、卫星信道、路由节点、主机或客户计算机系统等。

5. 行为否认

行为否认又称为"抵赖"。在网络中,对于合法用户,在电子商务等交易活动中,不能否认其曾经发出的报文。在传统的交易活动中,可以通过用户的亲笔签名或印章来保证合同的有效性。在网络中,要保证发送者对报文的不可抵赖,是通过数字签名来实现的。同时,数字签名还保证了接收者不能够伪造发送者的报文。

6. 授权侵犯

授权侵犯指被授权以某一目的使用某一系统或资源的某个人,却将此权限用于其他非授权的目的,也称作"内部攻击"。

7.恶意攻击

恶意攻击是当前网络中存在的最大信息安全威胁。通过一些专用的黑客程序,按照网段持续的扫描指定的网段,查找计算机系统漏洞,从而传播病毒、设置木马,以达到控制对方计算机的目的,被控制的计算机称之为"肉鸡"。当黑客控制很多"肉鸡"后,通常会采用拒绝服务攻击和注入漏洞攻击的方式对网络进行攻击。

所谓"拒绝服务攻击",就是同时向被攻击网站发起请求访问,其流量远远超过对方所承受的范围,从而导致正常用户无法使用,造成系统瘫痪。而注入漏洞攻击则是根据网站的网页代码漏洞,直接获取管理员账号、密码,然后控制网站的网页修改。当前 SQL 注入是常见的一种注入攻击方式。它利用站点页面中的用户程序漏洞,通常是 SQL 查询语句漏洞,来进入系统。

现在,恶意攻击发生的频率越来越高,攻击者出于不同的目的实施网络攻击,严重地影响了网络的正常运行,是当前网络信息安全中最难于防范的安全威胁。

6.4.3 数据加密技术

数据加密技术是解决网络中数据安全性的主要技术手段,是网络安全技术的基石。通过数据加密,将要传输的明文变成加密后的密文,可以有效地解决信息泄露、信息篡改、冒名顶替、行为否认等网络信息安全威胁。

1.数据加密概念模型

所谓"数据加密"(Data Encryption),就是指将明文(待传递的信息)经过加密密钥及加密算法转换,变成无意义的密文;接收方则经过解密钥匙和解密算法,将接收到的密文还原成明文,从而获得发送者发送的信息。数据加密概念模型如图 6-22 所示。

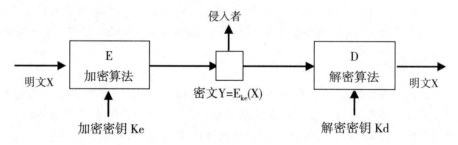

图 6-22 数据加密概念模型

数据加密和密码学紧密相关。密码学是一门古老而年轻的学科,分为密码编码学和密码分析学两个分支。密码编码学是密码体制的设计学,密码分析学则是在未知密钥的情况下从密文推演出明文或密钥的技术。

如果不管侵入者截取了多少密文,但在密文中没有足够的信息来确定对应的明文,这样的密码体制称为"无条件安全的",也称为"理论上不可破的"。在无价格体系限制的条件下,理论上讲,所有的密码体制都是可破的。人们关心的是研制出即使是使用高速的计算机,其密码也是不可破的密码体制。如果一个密码体制的密码不能被可以使用的计算资源破译,则这样的密码体制称为"计算上是安全的"。

1949 年,信息论创始人香农[①]论证了一般经典的加密方法得到的密文几乎都是可破的,引起了密码学研究的危机。20 世纪 60 年代起,随着现代电子计算机技术的发展,以及结构代数、可计算性以及计算复杂性理论的研究,密码学进入了一个新的发展时期。20 世纪 70 年代后期,美国数据加密标准 DES(Data Encryption Standard)和公开密钥密码体制(Public Key Crypt System)的出现,成为近代密码学发展史上的两个重要里程碑。

2. 常规密钥密码体制

所谓"常规密钥密码体制",是指加密密钥和解密密钥相同的密码体制。该加密体制又称为"对称密码体制"或"私有密钥密码体制",是一种传统的密码体制。在早期的常规密码密钥体制中,有两种常用的密码:代替密码和置换密码。

代替密码的原理非常简单,就是将明文中的每一个字符用另外的一个字符代替,来生成密文。例如,将字符 a~z 中的每一个字符用字母表中它后面的第 2 个字符所代替,如果明文为 caesar cipher,则得到的密文为 ecfvct ekijgt,此时密钥为 2。由于英文字符的使用频度研究很多,这种替换密码很容易被破译。

置换密码比替换密码复杂,基本原理是按照某种规则,对明文中的字符或比特进行重新排序,而得到密文。例如,以单词 cipher 为密钥,将明文每六个字符一组写出,若明文为"attack begins at four",列表如下:

密钥	c	i	p	h	e	r
	1	4	5	3	2	6
	a	t	t	a	c	k
	b	e	g	i	n	s
	a	t	f	o	u	r

按密钥中字母在字母表中的顺序对明文按列重新排列得到:abacnuaiotettgfksr,即得到密文。接收者按照密钥中的字母顺序按列写出,然后按行读出,即得到明文。

在现代的加密技术中,比较著名的常规密钥密码算法有:美国的 DES 及其各种变形,如 Triple DES、GDES、New DES 和 DES 的前身 Lucifer;欧洲的 IDEA 以及以代替密码和置换密码为代表的古典密码等。在众多的常规密码中,影响最大的是 DES 密码。

数据加密标准 DES 的原始思想与第二次世界大战时德国的恩格玛密码机[②]大致相同。传统的密码加密都是由循环移位思想而来,恩格玛密码机在这个基础之上进行了扩散模糊,但本质原理还是一样的。现代 DES 则是在二进制级别进行替代模糊,以增加分析的难度。

---

① 克劳德·艾尔伍德·香农(Claude Elwood Shannon,1916 年 4 月 30 日~2001 年 2 月 24 日),美国著名科学家,信息论及数字通信的奠基人。1948 年创立信息论(Information Theory),提出信息熵概念。

② 恩格玛密码机(德语:Enigma),又译"哑谜机",是一种用于加密与解密文件的密码机,是第二次世界大战时期纳粹德国使用的一系列相似的转子机械加解密机器的统称。尽管此机器的安全性较高,但盟军的密码学家们还是成功地破译了大量由这种机器加密的信息。

DES 采用长度为 64 位的密钥(实际密钥为 56 位,8 位用于奇偶校验),对 64 位二进制数据加密,产生最大 64 位的分组大小。这是一个迭代的分组密码,使用称为 Feistel 的技术,其中将加密的文本块分成两半。使用子密钥对其中一半应用循环功能,然后将输出与另一半进行异或运算;接着交换这两半,这一过程会继续下去,但最后一个循环不交换。DES 使用 16 个循环,使用异或、置换、代换、移位操作 4 种基本运算,最终得到 64 位密文数据。

DES 的保密性取决于对密钥的保密,算法是公开的。攻击 DES 的主要形式被称为"蛮力的"或"彻底密钥搜索",即重复尝试各种密钥直到有一个符合为止。如果 DES 使用 56 位的密钥,则可能的密钥数量是 2^{56} 个。到目前为止,虽然国际上在破译 DES 方面取得了一些进展,但仍未找到比穷举搜索密钥更有效的方法。但是随着计算机系统能力的不断发展,DES 的安全性比它刚出现时会弱得多,然而从非关键性质的实际出发,仍可以认为它是足够的。不过,DES 现在仅用于旧系统的鉴定,新系统更多地选择新的加密标准,即高级加密标准(Advanced Encryption Standard,AES)。

常规密码的优点是有很强的保密强度,且经受住时间的检验和攻击,但其密钥必须通过安全的途径传送。因此,其密钥管理成为系统安全的重要因素。

3. 公开密码密钥体制

1976 年,美国斯坦福大学学者威特菲尔德·迪菲(Whitfield Diffie)与马丁·赫尔曼(Martin Hellman)发表了关于公钥密码技术的极具创造性的论文 *New Directions in Cryptography*,提出了一个奇妙的密钥交换协议算法,即 Diffie-Hellman 密钥交换,非常出色地阐述了事先互不了解的人们如何利用一个共享公钥和专用密钥实现安全通信的问题。该算法受到了拉尔夫·默克尔(Ralph Merkle)关于公钥分配工作的影响。2002 年,赫尔曼建议将该算法改名为 Diffie-Hellman-Merkle 密钥交换,以表明默克尔对于公钥加密算法的贡献。

在公开密码密钥体制中,加密密钥和解密密钥不同,是一种根据加密密钥 K_e 来推导解密密钥 K_d 在计算上是不可行的密码体制,属于非对称密码体制。公开密码密钥体制的产生有两方面的原因:一是常规密码密钥体制的密码分配问题,二是数字签名的需求。

在常规密码密钥体制中,加密密钥和解密密钥是相同的。双方进行保密通信的前提就是必须持有相同的密码,如何做到这一点呢? 一种方法是事先约定,另一种方法是通过信使来传送。在现代通信中,这两种方法显然都是很难实行的。例如,有 n 个人要进行保密通信,采用事先约定,每个人就要保存另外 $n-1$ 个人的密码,整个网络中就会有 $n(n-1)/2$ 个密钥,这给密钥的管理和更换带来了极大的困难。此外,通过信使来传递密钥是不安全的。

在公钥密码中,收信方和发信方使用密钥互不相同,而且几乎不可能从加密密钥推导解密密钥。著名的公钥密码算法有:基于数论中大树分解问题的 RSA 体制①、基于 NP 完全理论的 Merkel-Hellman 背包体制、基于编码理论的 McEliece 密码体制,此外,还有零知识证明的算法、椭圆曲线、ElGamal 算法等。其中,最有影响的公钥密码算法是 RSA,它能抵抗目前为止已知的所有密码攻击。

在公开密码密钥体制中,加密密钥 PK、加密算法 E、解密算法 D 都是公开的,但解密密钥 SK 是保密的。虽然 SK 是由 PK 决定的,但通过 PK 计算出 SK 是不可能的。公开密钥算法的特点如下:

①用加密算法 E 和公开密钥 PK 对明文 X 加密后,可以用解密算法和私有密钥 SK 解密,恢复出明文 X,即:

$$D_{SK}(E_{PK}(X)) = X$$

这就意味着,如果 A 公布了其 PK,则其他人,如 B 就可以利用 PK 加密信息,然后发送给 A 了,A 可以通过其 SK 对 B 发来的加密信息进行解密。反之亦然,A 可以利用 B 的公开密钥 PK 来加密信息,发送给 B。这样,就实现了 A 与 B 的保密通信。

此外,加密和解密的运算可以对调,即:

$$E_{PK}(D_{SK}(X)) = X$$

发送者通过自己的私有密钥对明文 X 进行运算,可以实现对明文 X 的签名。接收者通过发送者的公开密钥可以恢复出明文。

②加密密钥不能用来解密,即:

$$D_{PK}(E_{PK}(X)) \neq X$$

这样,即使侵入者得到了密文,因为没有解密密钥 SK,也无法恢复出明文,避免了信息的泄露。

③在计算机上,可以很容易地产生成对的 PK 和 SK。

④从公开的 PK 得到 SK 在计算上是不可能的。

4. 数字签名

公开密码密钥体制解决了保密通信问题,但是在电子通信中还必须保证通信双方是可信的,避免相互猜疑,即数字签名。数字签名包括 3 个方面的问题:接收者能够核实发送者对报文的签名;发送者事后不能抵赖对报文的签名;接收者不能伪造对报文的签名。

根据公开密码密钥体制的特点,可以很容易地实现数字签名,基本思想如下:

发送者 A 用其解密密钥 SK_A(私有密钥),对报文 X 进行 D 运算,得到 $D_{SK_A}(X)$,传送给接收者 B,B 用 A 的公开密钥进行 E 运算得到 $E_{PK_A}(D_{SK_A}(X)) = X$。因为除了 A,其他人没有 A 的私有密钥 SK_A,因此,除了 A 没有人能产生密文 $D_{SK_A}(X)$。这样,报文 X 就被签名了。

假如 A 要抵赖曾发送报文 X 给 B,B 可以出示收到的 $D_{SK_A}(X)$ 和 X 给第三者,第三

---

① RSA 公钥加密算法由罗纳德·李维斯特(Ron Rivest)、阿迪·萨莫尔(Adi Shamirh)和伦纳德·阿德曼(Leonard Adleman)于 1977 年在美国麻省理工学院开发完成。RSA 取名自他们三者的名字。RSA 是目前最有影响力的公钥加密算法,能够抵抗目前为止已知的所有密码攻击,已被 ISO 推荐为公钥数据加密标准。RSA 算法基于一个十分简单的数论事实:将两个大素数相乘十分容易,但想要对其乘积进行因式分解却极其困难,因此,可以将乘积公开作为加密密钥。

者可以很容易地用 PK_A 来证实 A 确实发出了消息 X。反之,如果 B 将消息 X 伪造为 X',则 B 不能给第三者出示 D_{SK_A}(X'),这样就证明了报文 X' 是 B 伪造的。可见,数字签名同时也保证了报文的不可抵赖性和避免了对报文的篡改风险。

5.密钥分配与管理

在公开密钥密码体制中,由于加密密钥是公开的,网络的安全性完全取决于解密密钥(私有密钥)的保护,因此,密钥管理成为重要的研究内容。密钥管理包括密钥产生、分配、注入、验证和使用几个方面。其中,密钥分配是最主要的问题。对于密钥分配,常用的方法是设立密钥分配中心(Key Distribution Center,KDC),通过它来分配密钥。

在 KDC 中,通常通过密钥分配协议进行密钥分配(关于密钥分配协议的介绍,请自行参考其他密码学书籍)。

6.4.4　信息安全措施

目前的网络完全,主要的安全威胁来自恶意攻击,因此,必须对面临的威胁进行风险评估,选择相应的安全机制,集成先进的安全技术,形成一个全方位的安全系统。信息安全策略可分为技术和管理两方面。

1.信息安全技术

通过信息技术产品,从技术上解决信息技术安全问题,包括:数据备份与恢复问题、灾难恢复问题;网络攻击与攻击检测、防范问题;安全漏洞与安全对策问题;防病毒问题;信息安全保密问题。下面是一些主要的技术安全产品。

(1)防火墙

防火墙(Firewall)在某种意义上可以说是一种访问控制产品。它在内部网络与不安全的外部网络之间设置障碍,既阻止外界对内部资源的非法访问,又防止内部对外部的不安全访问。主要技术有包过滤技术、应用网关技术、代理服务技术。防火墙能够较为有效地防止黑客利用不安全的服务对内部网络的攻击,并且能够实现数据流的监控、过滤、记录和报告功能,较好地隔断内部网络与外部网络的连接。但是,防火墙本身可能存在安全问题,也可能会成为一个瓶颈。

(2)用户认证产品

例如,IC 卡①被更为广泛地用于用户认证产品中,用来存储用户的个人私钥,并与其他技术如动态口令相结合,对用户身份进行有效的识别。同时,还可利用 IC 卡上的个人私钥与数字签名技术结合,实现数字签名机制。随着模式识别技术的发展,如指纹、视网

---

① IC 卡 (Integrated Circuit Card,集成电路卡),也称"智能卡"(Smart Card)、"智慧卡"(Intelligent Card)、"微电路卡"(Microcircuit Card)、"微芯片卡"等。它是将一个微电子芯片嵌入符合 ISO 7816 标准的卡基中,做成卡片形式,通过卡里的集成电路存储信息。IC 卡采用射频技术与 IC 卡的读卡器进行通信。非接触式 IC 卡又称"射频卡",解决了无源(卡中无电源)和免接触这一难题,且比传统的磁卡保密性更好。

膜、脸部特征等高级的身份识别技术也将投入应用,并与数字签名等现有技术结合,必将使得对于用户身份的认证和识别更趋完善。

（3）CA 和 PKI

电子认证机构（Certification Authority,CA）作为通信的第三方,为各种服务提供可信任的认证服务。CA 可向用户发行电子签证证书,为用户提供成员身份验证和密钥管理等功能。公钥基础设施（Public Key Infrastructure,PKI）产品可以提供更多的功能和更好的服务,将成为所有应用的计算基础结构的核心部件。

（4）安全管理中心

由于网上的安全产品较多,且分布在不同的位置,这就需要建立一套集中管理的机制和设备,即安全管理中心。它用来给各网络安全设备分发密钥,监控网络安全设备的运行状态,负责收集网络安全设备的审计信息等。

2. 信息安全管理

计算机网络使用机构和个人,建立相应的网络安全管理办法,加强内部管理,建立合适的网络安全管理系统,加强用户管理和授权管理,建立安全审计和跟踪体系,建立有效的计算机系统安全策略等,提高整体网络安全意识。

在当前的网络环境中,只要将计算机连接到网络,系统就存在遭受病毒、木马和黑客程序等恶意攻击的威胁。保证计算机系统安全是保证网络和信息安全的基础。一般情况下,为了保证系统安全,用户通常会安装防火墙、杀病毒软件等,而忽视操作系统本身的安全性设置。其实,操作系统本身有严格的安全性机制,结合 NTFS 权限和注册表权限,完全可以实现系统的全方位安全配置。同时由于这是系统内置的功能,与系统无缝结合,不会占用额外的 CPU 及内存资源。此外,由于其位于系统的最底层,其拦截能力也是其他软件所无法比拟的,不足之处是其设置复杂。

6.4.5　病毒与木马及其防范

1988 年 11 月 2 日,美国康奈尔大学一年级研究生莫里斯（Morris）把一个被称为"蠕虫"的程序送进互联网。因能够自我复制,它迅速地占满计算机内存,而导致机器死机,并通过网络自动传播到其他计算机中。当晚,美国互联网用户陷入一片恐慌。到 11 月 3 日清晨 5 点,当加州大学伯克利分校的专家找出阻止病毒蔓延的办法时,短短 12h 内,已造成 6200 台装有 Unix 操作系统的计算机瘫痪。这就是著名的莫里斯蠕虫事件。1990 年 5 月 5 日,纽约地方法庭根据莫里斯设计病毒程序,造成包括国家航空和航天局、军事基地和主要大学的计算机停止运行的重大事故,判处莫里斯三年缓刑,罚款一万美金,义务为社区服务 400h。从此,计算机病毒开始引起人们的广泛重视。

1998 年,24 岁的中国台湾大同工学院学生陈盈豪制作了 CIH 病毒。这是一款恶性病毒,共造成全球 6000 万台计算机瘫痪,直接经济损失达数十亿美元。CIH 病毒发作被称为"电脑大屠杀",这也促进了人们关于计算机网络安全的研究和发展。2017 年 5 月 12 日,一种被称为 WannaCry 的"蠕虫式"勒索病毒软件全球爆发,许多 Windows 操作系统用户遭受感染。校园网用户首当其冲,大量实验室数据和毕业设计被锁定加密,部分大型企业的应用系统和数据库文件被加密后,无法正常工作,影响巨大。

1.计算机病毒及其特征

1994年2月18日,我国正式颁布实施了《中华人民共和国计算机信息系统安全保护条例》,第二十八条中明确指出:"计算机病毒,是指编制或者在计算机程序中插入的破坏计算机功能或者毁坏数据,影响计算机使用,并能自我复制的一组计算机指令或者程序代码。"

(1)寄生性

病毒程序通常隐藏在正常程序之中,也有个别的以隐含文件形式出现,如果不经过代码分析,很难区别病毒程序与正常程序。大部分病毒程序具有很高的程序设计技巧,代码短小精悍,一般只有几百字节,非常隐蔽。

(2)潜伏性

大部分计算机病毒感染系统之后不一定马上发作,可长期隐藏在系统中,只有在满足特定条件时才启动其破坏模块。例如,CIH病毒26日发作,"黑色星期五"病毒在逢13号的星期五发作等。

(3)破坏性

病毒对计算机系统具有破坏性。根据破坏程度,病毒分为良性病毒和恶性病毒。良性病毒通常并不破坏系统,主要是占用系统资源,造成计算机工作效率降低。恶性病毒主要是破坏数据、删除文件、加密磁盘或格式化磁盘,甚至导致系统崩溃,造成不可挽回的损失。CIH、红色代码等均属于这类恶性病毒。

(4)传染性

传染性是指病毒具有把自身复制到其他程序中的特性。计算机病毒是一段人为编制的计算机程序代码。这段程序代码一旦进入计算机并得以执行,就会搜寻其他符合其传染条件的程序或存储介质,确定目标后再将自身代码插入其中,进行自我繁殖,从而导致病毒迅速扩散。

正常的计算机程序不会将自身的代码强行连接到其他程序上,而病毒却能使自身的代码强行传染到一切符合其传染条件的未受到传染的程序之上,是否具有传染性是判别一个程序是否为计算机病毒的最重要条件。

2.计算机病毒的分类

(1)文件型病毒

文件型病毒通过在执行过程中插入指令,把自己依附在可执行文件上,然后利用这些指令来调用附在文件中某处的病毒代码。当文件执行时,病毒会调出自己的代码来执行,接着又返回到正常的执行指令序列。

(2)引导扇区病毒

引导扇区病毒驻留在磁盘的引导扇区,通常先执行自身的代码,然后再继续计算机的启动进程。

（3）宏病毒

宏病毒是利用宏语言编写的，不只是感染可执行文件，还感染一般软件文件。其转播不受操作平台约束，可以在 Windows、Unix 等不同系统中传播。宏病毒不会对计算机系统造成严重危害，但会影响系统的性能以及用户的工作效率。

（4）变形病毒

变形病毒随着每次复制而发生变化，不同的感染操作会使病毒在文件中以不同的方式出现，使传统的模式匹配法杀毒软件对这种病毒的查杀更加困难。

3. 木马及其检测与防范

随着网络在线游戏的普及和升温，网络游戏中的金钱、装备等虚拟财富与现实财富之间的界限越来越模糊。与此同时，以盗取网游账号及密码为目的的木马（Trojan）病毒也随之发展泛滥起来。与一般的病毒不同，它不会自我繁殖，也并不"刻意"地去感染其他文件。它通过将自身伪装吸引用户下载执行，向施种木马者提供打开被种者电脑的门户，使施种者可以任意毁坏、窃取被种者的文件，甚至远程操控被种者的电脑。

从原理上讲，木马是一种带有恶意性质的远程控制软件。木马攻击采用客户/服务器模式，木马程序被安装到用户的计算机中，这个程序是一个服务程序，称为"被控制端"；攻击者在自己的计算机上安装客户端程序，称为"控制端"，通过安装在用户计算机上的木马服务程序，从而达到控制用户计算机系统的目的。木马服务程序运行后，将和木马客户程序建立连接，利用互联网进行通信。木马客户端可以控制木马服务程序在用户计算机系统中的行为。例如，获取管理员账户和口令，浏览、移动、复制、删除文件，修改注册表，更改计算机配置等。

在互联网中，木马比病毒更加危险，它直接影响系统安全。根据木马的工作原理，可以从以下两方面防止木马攻击：

①安装杀毒软件和防火墙，防止恶意网站在自己计算机上安装不明软件和浏览器插件，以免被木马趁机侵入。

②阻止未知的网络服务，防止未知程序（如木马服务程序）向外传送数据。此时，需要阻止部分可疑的 TCP 和 UDP 通信端口，这样即使木马运行，也无法向外传送数据。

对于木马攻击，除了采用安全产品，通过配置本地安全策略、防火墙以及 TCP/IP 筛选策略，也可以有效地预防可能的木马攻击。除此之外，还应该检查可疑通信端口：

①利用命令行命令"netstat -a -n"查看当前的系统正在进行通信的协议端口。

②查看当前的通信进程及所使用的端口号。在 360 安全卫士的常用功能中，单击"高级工具"，通过网络连接查看器可显示目前正在连接网络的程序；或运行瑞星防火墙的瑞星卡卡上网安全助手，在高级工具的联网程序管理中可显示当前正在访问网络的程序及通信双方使用的协议端口号。

③分别利用 TCP/IP 筛选策略、本地安全策略、Windows 内置防火墙以及 360 安全卫士等关闭可疑的通信端口。

在计算机信息系统安全中，病毒和木马等恶意程序攻击已经成为重要的安全隐患。要确保计算机系统安全，除了在操作系统层上进行相应安全配置，还要安装软硬件防火墙,了解病毒、木马的原理、特征、危害性、传播方式等,对病毒和木马进行防治和查杀,才能更好地保证网络与信息的安全。

6.5 互联网社会效应

美国人建立 ARPA 网的初衷是建立一个没有中央控制节点的资源共享的分布式计算机网络。回首互联网蹒跚而行的每一步,无不留着军方的影子,从 ARPA 网计划的制订,到网络的联通,无不是出于军方的需要,甚至 1983 年 1 月 1 日这一天 TCP/IP 的切换,也是在军方的干预下实现的。1989 年,英国人蒂姆·伯纳斯-李研发的万维网服务彻底改变了互联网的应用方式,也改变了互联网的发展路线。从此,互联网就如一匹脱缰的野马,进入了一种"不怕做不到,就怕想不到"的境界。

6.5.1 新兴的传播媒介

走向民用和大众的互联网,挣脱了科学家和工程师们单调枯燥的文件资源共享应用,信息发布和传播功能迅速崛起。今天,互联网已经成为继报刊、广播电视以后的一种大众媒体,而且其传播和影响力都是传统媒体无法比拟的。对绝大多数的普通上网用户来讲,互联网首先是一个信息系统。在互联网中,信息的数量惊人,种类繁多。根据信息的用途不同,有商业上的产品信息、广告信息、人员招聘信息、培训信息等,有政府部门发布的政策法规信息、社会发展报告等,还有各种各样的新闻、论坛、个人博客等。无论是什么用途的信息,最终都将以数据的形式存储在互联网中各种各样的服务器(如 Web 服务器、FTP 服务器等),或用户的计算机中。

我们可以将信息在互联网中的存在形式分成三类。

①网页。将信息组织成一个个网页文件,存储在 Web 服务器上,用户通过 Web 浏览器访问网页,网页之间通过超链接导航。网页信息是一种半结构化的信息,也可能来自数据库的查询数据。

②数据库。有大量的网上信息以数据库的形式存储、管理和应用,用户通过程序对数据库中的数据进行访问。数据库信息是一种结构化的信息,便于查找和利用,如数字图书馆、数字博物馆等信息。

③其他形式的文档。除了数据库和网页,还有其他各种各样的数据文件。例如,存储在个人计算机中的电子表格、文本文档、演示文稿、数码照片等,它们也构成了互联网信息系统的信息资源。

信息是为用户服务的,无论是对信息的发布者还是信息用户,信息都有其相应的应用价值。用户可以通过 Web 浏览器上网浏览,也可以发布信息,或利用搜索引擎等信息查询工具进行网上信息查询。今天,每一位用户不仅是信息的消费者,还是信息的制造者,互联网成了全球最大的信息发布和分享平台。

6.5.2 网络通信

讲到通信,人们会不自觉地想到电话通信。今天,基于电信的互联网为人们提供了形式多样的网络通信手段,而为构建互联网提供通信线路支持的传统电信业务用户却是感觉不到的,对用户是透明的。据统计,在电信线路上,传统电话的语音通信占的比例越来越小,而来自互联网的通信量正在不断增大。由于互联网上网费用低廉,基于互联网的网络通信对传统的电话语音通信正在产生巨大的挑战。

传统的电话通信利用固定电话或移动手机完成,而基于互联网的通信是通过计算机程序来实现的,通信软件可以在计算机、智能手机等智能设备上运行,更加灵活和易于控制。基于互联网的网络通信可以分为在线实时通信和离线通信2种形式。在线实时通信是指通信双方都在线时的通信形式,常见的是利用即时消息(Instant Message)程序的通信,如 MSN、QQ、微信(Wechat)程序等。由于这些即时消息工具采用服务器转发方式,因此,也支持用户留言等离线消息转发,同时还支持语音和视频交流。离线通信主要包括 E-mail 等通信形式,以数字文本或附件的形式在用户之间传递信息,不要求用户必须在线,信息的发送是通过电子邮件服务器存储和转发的。

6.5.3 电子商务的兴起

早在亚马逊[①]开业一年前,美国新罕布什尔州纳舒厄市成立了一家企业,名为 Net-Market。该公司在 1994 年 8 月 11 日,成功完成了全球第一笔网络零售交易,卖出了全球第一件网络交易的商品——斯汀(Sting)的一张专辑,加上送货费共计 12.48 美元。购买者来自美国费城,整个买卖过程受到加密技术保护。由此,基于互联网的电子商务产业开始兴起。

1996 年,IBM 公司提出了 Electronic Commerce 的概念。到了 1997 年,它又提出了 Electronic Business 的概念。在我国,它们都被翻译成电子商务。事实上,它们在概念及内容上有区别的。E-Commerce 是指实现整个贸易过程中各阶段贸易活动的电子化,E-Business 是指利用网络实现所有商务活动业务流程的电子化。E-Commerce 集中于电子交易,强调企业与外部的交易与合作,而 E-Business 则把涵盖范围扩大了很多。通常把 E-Commerce 称为"狭义的电子商务",E-Business 称为"广义的电子商务"。

关于电子商务,各国政府、学者、企业界根据自己所处的地位和对电子商务参与的角度和程度的不同,都有不同的解释,做一个统一的定义意义不大。通常情况下,电子商务是指在全球各地广泛的商业贸易活动中,借助于互联网等电子手段,买卖双方不谋面地进

---

① 亚马逊公司(Amazon.com,简称亚马逊),是美国最大的网络电子商务公司,于 1995 年 7 月 16 日由杰夫·贝佐斯(Jeff Bezos)成立,位于华盛顿州的西雅图。公司开始只经营网络的书籍销售业务,现在则扩展了范围相当广的其他产品,包括 DVD、音乐光碟、计算机、软件、电视游戏、电子产品、衣服、家具等。1995 年 7 月,亚马逊卖出了第一本书——《流动性理念和创造性类比:思维基本机制的电脑模式》(*Fluid Concepts & Creative Analogies：Computer Models of the Fundamental Mechanisms of Thought*)。

行各种商贸活动,实现消费者的网上购物、商户之间的网上交易和在线电子支付以及各种商务活动、交易活动、金融活动和相关的综合服务活动的一种新型的商业运营模式。

1.电子商务模式

电子商务一般分为企业对企业(Business to Business,B2B)、企业对消费者(Business to Consumer,B2C)、个人对消费者(Consumer to Consumer、C2C)、企业对政府(Business to Government,B2G)等不同模式。

(1)B2B 模式

商家(泛指企业)对商家的电子商务,即企业与企业之间通过互联网进行产品、服务及信息的交换。通俗的说法是指进行电子商务交易的供需双方都是商家(或企业、公司),它们使用互联网的技术或各种商务网络平台,完成商务交易的过程。这些过程包括:发布供求信息,订货及确认订货,支付过程,票据的签发、传送和接收,确定配送方案并监控配送过程等。

(2)B2C 模式

商家对消费者的模式,是我国最早产生的电子商务模式,以 8848 网上商城正式运营为标志。如今的 B2C 电子商务网站非常多,比较大型的有京东商城、天猫商城等。

(3)C2C 模式

C2C 商务平台就是通过为买卖双方提供一个在线交易平台,使卖方可以主动提供商品上网拍卖,而买方可以自行选择商品进行竞价。

(4)B2M 模式

B2M(Business to Manager)模式是一种全新的电子商务模式。相对于以上 3 种有着本质的不同。其根本的区别在于目标客户群的性质不同。前三者的目标客户群都是作为一种消费者的身份出现,而 B2M 所针对的客户群是该企业或该产品的销售者或为其工作者,而不是最终消费者。

(5)B2G(B2A)模式

B2G 模式是企业与政府管理部门之间的电子商务,如海关报税的平台、国税局和地税局报税的平台等。

(6)M2C 模式

M2C(Manager to Consumer)是针对 B2M 的电子商务模式而出现的延伸概念。在 B2M 环节中,企业通过网络平台发布该企业的产品或服务,职业经理人通过网络获取该企业的产品或服务信息,并且为该企业提供产品;销售或提供企业服务,企业通过经理人的服务达到销售产品或获得服务的目的。

(7)O2O 模式

O2O(Online to Offline)是新兴起的一种电子商务新商业模式,即将线下商务的机会与互联网结合在了一起,让互联网成为线下交易的前台。这样线下服务就可以用线上来揽客,消费者可以用线上来筛选服务,还有成交可以在线结算,很快达到规模。该模式最重要的特点是:推广效果可查,每笔交易可跟踪。

(8)C2B 模式

C2B(Customer to Business)最先由美国流行起来的,也许是一个值得关注的尝试。C2B 模式的核心,是通过聚合分散分布但数量庞大的用户,形成一个强大的采购集团,以此来改变 B2C 模式中用户一对一出价的弱势地位,使之享受到以大批发商的价格买单件商品的利益。

(9)B2B2C 模式

B2B2C(Business To Business To Customers)是一种新的网络通信销售方式。第一个 B 指广义的卖方(即成品、半成品、材料提供商等),第二个 B 指交易平台,即提供卖方与买方的联系平台,同时提供优质的附加服务,C 即指买方。卖方不仅仅是公司,可以是个人,即一种逻辑上的买卖关系中的卖方。

(10)B2T 模式

B2T(Business To Team)是为一个团队向商家采购的团购模式,本来是"团体采购"的定义,而今,网络的普及让团购成了人们广泛参与的消费革命。所谓"网络团购",就是互不认识的消费者,借助互联网的"网聚人的力量"来聚集资金,加大与商家的谈判能力,以求得最优的价格。尽管网络团购的出现只有短短几年的时间,却已经成为在网民中流行的一种新消费方式。

(11)ABC 模式

ABC(Agents-Business-Consumer)是由代理商(Agents)、商家(Business)和消费者(Consumer)共同搭建的集生产、经营、消费为一体的电子商务平台,被誉为继阿里巴巴 B2B 模式、京东商城 B2C 模式以及天猫 B2C、淘宝 C2C 模式之后电子商务界的第四大模式。

2. 电子商务功能

电子商务可提供网上交易和管理等全过程的服务。因此,它具有广告宣传、咨询洽谈、网上定购、网上支付、电子账户、服务传递、意见征询、交易管理等各项功能。

(1)广告宣传

企业利用自己的 Web 服务器在互联网上发布各类商业信息,客户可借助网上搜索引擎找到所需商品信息,从而实现广告宣传作用。与传统广告相比,网上宣传成本最为低廉,而给顾客的信息量却最为丰富。

(2)咨询洽谈

电子商务平台通常提供非实时的电子邮件、留言板、在线交流等功能,支持商务各方的交流和咨询洽谈。

(3)网上订购

电子商务平台通常为用户提供网上订购功能,在产品页面上提供订单填写和提交功能,当客户填完订购单后,系统会以邮件、短信方式回复确认信息。

(4)网上支付

客户和商家之间可采用信用卡账号实施支付。网上支付必须要有电子金融来支持,即银行或信用卡公司及保险公司等金融单位要为金融服务提供网上操作的服务。

（5）服务传递

用户付款后，销售方将通过合作的物流将用户订购的货物尽快地传递到他们的手中。

（6）意见反馈

电子商务平台支持消费者对所购商品、服务的意见反馈，使企业的市场运营能形成一个封闭的回路，以改进产品质量、提高售后服务的水平、发现市场商机。

随着全球电子商务的迅速发展，不仅企业可以建立自己的商务平台，农民、个体手工业者、SOHO 人士及其他人也可以利用电子商务平台，开设自己的网店，将他们的物品或服务向世界各地销售。而对于消费者，网购、团购已成为时尚的潮流，大大小小的商品遍及方方面面，足不出户就能买到生活所需的一切商品，"宅男""宅女"一度成为网络的热门词汇。

6.5.4　社交网络

没有什么技术能和互联网一样吸引大众如此的兴趣和广泛的参与，并且乐此不疲。除了网络通信、网购给人们带来的便利，还有一个很重要的因素要归功于互联网的社交功能。社交本来是指社会上人与人的交际往来，是人们为了达到某种目的而开展的社会活动。当今时代，经济和社会环境的变化使得人与人之间的交往显得更加重要，一个人的生存和发展不可能离开社会交往。技术的进步不仅提高了生产力，也必然影响着我们生活的方方面面。从电子邮件开始，利用互联网，人们迈出了网络社交的第一步。

1. 网络社交工具

在互联网发展的早期，和 E-mail 一起，还有一种常用的交流工具，就是 BBS（Bulletin Board System），中文翻译为"电子公告板"。就如 BBS 的名字一样，它为用户提供了一块公共的电子白板，用户可以在上面发布信息或发表看法。这类似于现实生活中的车站、码头等公共场所，用于张贴寻物启事、招领启事等的布告栏。不同的是，BBS 是利用计算机来完成信息发布的，要查看 BBS 信息，需要使用 Telnet 程序①登录 BBS 站点。

BBS 把网络社交推进了一步，从单纯的点对点交流，推进到了点对面的交流。但是，使用 Telnet 访问 BBS，文本界面在阅读时还是显得不够直观和方便，因此，早期的 BBS 主要流行于大学校园和专业人士。随着 WWW 的出现，在 1997 年前后，一种和 BBS 非常相似的服务出现了，这就是网络论坛，又称"Web 论坛"，简称"论坛"。论坛和 BBS 非常相似，所不同的是传统的 BBS 采用 Telnet 协议，而论坛则是 Web 页面，采用 HTTP 访问。网络论坛的易用性，一下子吸引了大量的用户，用户数量的增多，"物以类聚，人以群分"的特性显现。为更好地为不同的人群提供特定的服务，在网络论坛中，网络社区的概念出现了。

---

①　Telnet 程序是早期 Unix、Windows 操作系统自带的一个应用程序，用于计算机的远程登录。随着网络技术的发展，计算机系统的远程登录需求日益减少，方式也更加多样。例如，Windows 的远程桌面即可看作是一种图形化的 Telnet 程序。

今天,在若干年的喧闹和此起彼伏的发展中,网民开始向一些活跃的论坛汇聚,例如,人民网的强国论坛(http://bbs1.www.people.com.cn/)、海南在线的天涯社区(http://www.tianya.cn/)等都是人气很旺的论坛。此外,也有一些人气未必很高,但深受专业人士喜爱的专业论坛,如新浪的 IT 业界论坛等。

1996 年,三位刚服完兵役的以色列年轻人维斯格、瓦迪和高德芬格聚在一起,决定开发一种使人与人在互联网上能够快速直接交流的软件。他们为新软件取名 ICQ,意为"I Seek You(我在找你)"。它支持在互联网上聊天、发送消息和文件等,这是一种前所未有的创意,从此开启了即时通信发展的历程。所谓"即时通信"(Instant Message,IM),就是一种利用互联网,可以在线实时发送和接收消息的通信程序。

和 E-mail 与 BBS 相比,即时通信最大的特点就是可以实时通信,而不是离线通信。目前,在 IM 市场,使用最为广泛的是 MSN(Microsoft Service Network)和腾讯 QQ 等。其中,MSN 是微软公司于 1999 年 7 月推出的即时消息软件,可以与亲人、朋友、工作伙伴进行文字聊天、语音对话、视频会议等即时交流,还可以查看联系人是否联机等。腾讯 QQ 是腾讯公司于 1999 年 2 月开发的一款基于互联网的即时通信软件,支持在线聊天、视频电话、点对点断点续传文件、共享文件、网络硬盘、QQ 邮箱等多种功能。

在国内,即时通信工具按照使用对象分为两类:一类是个人 IM,如 QQ、百度 hi、网易泡泡、盛大圈圈、淘宝旺旺等。另一类是企业用 IM,简称"EIM",如 E 话通、UC、EC 企业即时通信软件、商务通等。现在的 IM 工具不仅是一个聊天工具,其功能日益丰富,逐渐集成了电子邮件、博客、音乐、电视、游戏、搜索、网络存储等众多功能。但是,庞大的功能也导致了软件的臃肿,用户并不是需要所有的这些功能,这会导致用户的流失。

随着 IM 功能日益丰富,特别是即时通信增强软件的某些功能如 IP 电话等,已经在分流和替代传统的电信业务,使得电信运营商不得不采取措施应对这种挑战。2006 年 6 月,中国移动推出了自己的即时通信工具,即飞信(Fetion)。中国联通也推出了即时通信工具——超信。2007 年 4 月,中国网通推出了灵信等 IM 工具。电信运营商的 IM 服务可以将互联网和手机很好的集成,提供免费的短信发送功能。但是,和 AOL、微软、腾讯等即时通信服务商相比,由于进入市场较晚,其用户规模和品牌知名度还较低。

1997 年 12 月,乔恩·巴杰(Jorn Barger)第一次使用了 Weblog 一词。它是 Web 和 log 两个单词的组合,意为"网络日志",后简称"Blog"(博客)。它是继 E-mail、BBS、IM 之后出现的第四种网络交流方式。和前 3 种形式相比,Blog 则开始体现社会学和心理学的理论,信息发布节点开始体现越来越强的个体意识。博客算不上是一种技术创新,确切地讲它是一种逐渐演变的网络应用。它与个人网站、社区、网上刊物、新闻网页等最大的不同就是内容的个性化和以时间为序的组织形式。

从技术上讲,博客通常是一个由个人管理、不定期张贴新文章的网站。博客上的文章通常根据张贴时间,以倒序方式由新到旧排列。许多博客专注在特定的主题上发表评论或新闻,其他则被作为比较个人的日记。一个典型的博客通常还提供相关博客或网站的链接及其他与主题相关的媒体,能够让读者以互动的方式留下意见等。2002 年 8 月,博客中国网站开通。"博客"现象在中国互联网界出现,名人博客、个人博客,企业博客等,成为互联网的时尚。

现在,许多门户网站(如新浪、网易等)都提供博客功能,用户免费注册后就可以发表文章了。博客作为一种新表达的方式,传播的不仅仅是情绪,还包括大量的智慧、意见和思想。从某种意义上说,它也是一种新的文化现象。博客的出现和繁荣,真正凸现了网络的知识价值,标志着互联网发展开始步入更高的阶段。

微博,即微博客(MicroBlog)的简称,是一个基于用户关系的信息分享、传播以及获取的平台。用户可以通过 Web、WAP 以及各种客户端软件来更新或获取信息,以 140 字左右的文字更新信息,并实现即时分享。最早也是最著名的微博是美国的推特(Twitter)。2009 年8 月,新浪网推出"新浪微博",提供微博服务,微博正式进入中文上网主流人群视野。

和博客相比,微博是一种通过关注机制分享简短实时信息的广播式的社交网络平台。它具有可以单向或双向关注机制、内容简短、实时广播的特点。2010 年开始,微博像雨后春笋般崛起,四大门户网站均开设微博服务。据我国互联网络信息中心(CNNIC)发布的《第 28 次中国互联网络发展状况统计报告》显示,2011 年上半年,我国微博用户从 6331万增至 1.95 亿,增长约 2 倍。微博在网民中的普及率从 13.8% 增至 40.2%,手机微博在网民中的使用率从 15.5% 上升到 34%。

随着网络社交工具的不断进步,在互联网中,一个新的概念,即社交网络(Social Network Service,SNS)出现了。社交网络即社交网络服务,中文直译为"社会性网络服务"或"社会化网络服务",意译为"社交网络服务"。由于四字构成的词组更符合中国人的构词习惯,因此,人们习惯上用社交网络来代指 SNS。

2. 社交网站

在互联网这个虚拟又真实的世界里,新的事物和应用总是层出不穷。2004 年,美国人马克·扎克伯格(Mark Zuckerberg)、达斯汀·莫斯科维茨(Dustin Moskovitz)、克里斯·休斯(Chris Hughes)及爱德华多·萨维林(Eduardo Saverin)一起,在哈佛大学的一间宿舍里,静悄悄地开始了他们的社交网络征程。2004 年 2 月 4 日,一个非常有创意的社交网络服务站点 Facebook 上线。网站的名字 Facebook 来自传统的纸质花名册。通常,美国的大学和预科学校会把这种印有学校社区所有成员的花名册发放给新来的学生和教职员工,帮助大家认识学校的其他成员。建立 Facebook 的理念就是要建立一个网络空间,让所有哈佛的学生"露个脸",更加方便认识彼此,并成为朋友。Facebook 的中文翻译为"脸谱",可以说是对 Facebook 网站理念的点睛之译。

从诞生之日起,Facebook 服务迅速走红,推出后第二个月,Facebook 便向常青藤联盟其他三所学校开放注册,此后,Facebook 的扩张步伐便再未停止。Facebook 不仅是世界排名第一的照片分享站点,除了传统的用户档案页的"墙"功能(用户留言)、"捅"功能(引起对方注意)、"礼物"功能,业务还不断向外扩展,陆续推出了团购、直播频道、搜索等一系列新的互联网业务,活跃的应用程序超过 55 万个,有超过 10000 台服务器。2012 年5 月 18 日,Facebook 上市。

社交网站在提供正常服务功能的背后,必然也存在着其他的商业和政治、军事用途。2010 年,中国社会科学院在北京发布的《中国新媒体发展报告(2010)》指出,社交网站的病毒式营销手段、泄露个人隐私以及政治、军事、商业机密信息等问题也引发质疑,Facebook 等社交网站被西方国家情报机构所利用,其特殊的政治功能则让人心生恐惧。

2006 年 6 月,微博客网站 Twitter(中文译名:推特)横空出世。Twitter 是即时信息的一个变种,允许用户将自己的最新动态和想法以短信息的形式发送给手机和个性化网站群,而不仅仅是发送给个人。名字总是折射人的理念。Twitter 是一种鸟叫声,网站的联合创始人杰克·多尔西(Jack Dorsey)认为鸟叫是短、频、快的,这就是网站建站的理念。

Twitter 是一个可让用户播报短消息给自己的 followers(关注人)在线服务,同样也可以将自己设定为其他 Twitter 用户的 follower,从而来接收其他人发布的信息。这类似于邮箱服务的发送邮件和接收邮件,不同的是 Twitter 是实时的。此外,Twitter 还具有和手机、IM 工具的连接功能。目前,Twitter 是继 Facebook 之后的第二大社交网站。

3. 社交网络的相关理论

互联网上出现的一系列新事物、新工具,推动了网络社交的发展,传统的社交活动从线下走入互联网。社交网站的理论模型是哈佛大学著名心理学教授斯坦利·米尔格拉姆(Stanley Milgram)于 1967 年所创立的六度分隔理论。该理论的核心思想为:你和任何一个陌生人之间所间隔的人不会超过 6 个。也就是说,最多通过 6 个人你就能够认识任何一个陌生人。按照六度分隔理论,每个个体的社交圈都不断放大,最后成为一个大型网络,这就是社会性网络(Social Network)的早期理解。根据该理论,利用互联网,通过熟人的熟人可以进行网络社交拓展。

关于社交的第二个理论是主我与客我理论。美国学者米德在研究人的自我意识与内省活动之际发现:自我可以分解为相互联系和相互作用两方面。一方面是作为意志和行为主体的主我,它通过个人对事物的行为和反应具体表现出来;另一方面是作为他人的社会评价和社会期待之代表的客我,它是自我意识的社会关系的体现,人的思维内省活动就是一个主我和客我之间双向互动的传播过程。根据这个理论,可以说明人在很大程度上是活在他人的判断之下的。人们渴望认识客我,渴望得到他人的肯定,这可以通过社交网站来实现。

有人将社交网络的发展分为了几个阶段:早期概念化阶段,即六度分隔理论为代表的初期酝酿阶段;结交陌生人阶段;交友阶段,即建立弱关系从而带来更高的社会资本;娱乐化阶段,创造丰富的多媒体个性化空间吸引注意力;社交图阶段,复制线下真实人际网络来到线上,进行低成本管理。SNS 的发展表现出人们逐渐将线下生活的更完整的信息流转移到线上进行低成本管理的发展趋势,这让虚拟社交越来越与现实世界的社交出现交叉。

6.5.5 网络社会生态学

网络对人类社会的影响远远超出了技术的范畴。当人们逐渐从线下向线上转移时,这不仅仅是工作方式和生活方式的转变,也冲击着我们的心理、思维、价值取向,乃至人类的进化。由于网络所带来的社会问题,如网络依赖、社交恐惧等已经屡见不鲜,人类学家、社会学家、心理学家,这些和网络没有多少联系的人,也从不同的方向向网络汇集,网络社会生态成为我们不得不面对的崭新的研究领域。

生态学(Ecology)是德国生物学家恩斯特·海克尔于 1869 年定义的一个概念:生态学是研究生物体与其周围环境(包括非生物环境和生物环境)相互关系及相互作用机理的科学。生物的生存、活动、繁殖需要一定的空间、物质与能量。生物在长期进化过程中,逐渐形成对周围环境某些物理条件和化学成分,如空气、光照、水分、热量和无机盐类等的特殊需要。各种生物所需要的物质、能量以及它们所适应的理化条件是不同的,这种特性称为"物种的生态特性"。由于人口的快速增长和人类活动干扰对环境与资源造成的极大压力,人类迫切需要掌握生态学理论来调整人与自然、资源以及环境的关系,协调社会经济发展和生态环境的关系,促进可持续发展。

任何生物的生存都不是孤立的,同种个体之间既有互助也有竞争,植物、动物、微生物之间也存在复杂的相生相克关系。人类为满足自身的需要,不断改造环境,环境反过来又影响人类。随着人类活动范围的扩大与多样化,人类与环境的关系问题越来越突出。由于世界上的生态系统大都受人类活动的影响,社会经济生产系统与生态系统相互交织,实际形成了庞大的复合系统。因此近代生态学研究的范围,除生物个体、种群和生物群落,已扩大到包括人类社会在内的多种类型生态系统的复合系统。人类面临的人口、资源、环境等问题都是生态学的研究内容。

互联网的发展,特别是人们对社交网络的热衷和依赖,越来越多地表现出生态学的特性,如个体、种群、群落、网络竞争等。网络社会生态学(Ecology of Cybersociety)就是要运用生态学的理论知识,结合社会学、数学、运筹学、系统论、环境科学以及计算机科学来分析网络社会的生态学属性和本质性规律,旨在通过各学科的相关知识和理论的有机结合,形成一套系统、完整地分析网络社会较为有效的理论和方法,从而为网络社会相关研究领域的专家、学者和决策者们提供新启示、新方法和新思路,以推进网络社会生态研究方面的学术发展。网络社会生态学研究还面向包括网民、企业以及政府在内的所有参与者,使其更加理性地认识网络社会,确保互联网技术和互联网社会的健康、和谐、有序发展。

本章小结

本章讲解了计算机网络技术、互联网及互联网社会相应三方面的内容。对于计算机网络技术,从网络的诞生讲起,讲解了网络的功能和分类。通过 OSI 参考模型,讲解了数据封装和解封装的基本过程,然后介绍了 TCP/IP 网络模型及网络协议的概念,从而清晰地解释了计算机网络通信的基本原理和过程。对于互联网,讲解了互联网的产生和发展历程,特别介绍了推动互联网每一步发展的重要动因,让大家感悟科学研究和发明的执著的科学精神。在互联网的社会效用中,介绍了当今社会重要的互联网应用,以及它们的技术、文化和社会意义,相信这对我们的技术创新、思想创新和应用创新都将有启发意义。

思考题

1.和计算机的发明相比,计算机网络可以说是计算机发展史上的又一次革命,你认为为什么会出现计算机网络? 从技术上讲,计算机网络的发展经历了哪些阶段?

2. 什么是 OSI 参考模型? 简述数据封装的基本过程。

3. 什么是网络协议? 简述你对网络协议的理解。

4. 仔细阅读有关 TCP/IP 模型的研发,它的成功带给你什么样的启示呢? 它如何实现了不同网络之间的互联?

5. 研究 ARPA 网的背景是什么? 它的研究目标是什么?

6. 互联网不是一蹴而就的,在互联网的混沌之初,许多互联网的先驱从不同的方面对互联网的建立做出了开拓性的贡献,回答下列问题:

(1)简述雷纳德·克兰罗克、拉里·罗伯茨、文顿·瑟夫和罗伯特·卡恩对互联网的主要贡献。

(2)深入理解互联网发展历程,简述互联网发展经历了哪几个阶段。

7. 看一下你的笔记本计算机,都有哪些不同的网络接口? 将一台计算机连接到互联网有哪些连接方式。

8. 什么是客户/服务器(C/S)模式?

9. 关于 World Wide Web,回答下列问题:

(1)什么是万维网?

(2)什么是 Web 服务器?

(3)画出 WWW 的基本工作原理图,并简要说明。

(4)写出 URL 的一般形式,说明各个部分的含义。

10. 什么是计算机应用的浏览器/服务器(B/S)模式? 画出其三层体系架构,并简要说明其工作过程。和计算机应用的 C/S 模式相比,B/S 计算机应用模式有何优点?

11. 关于互联网的域名服务,回答下列问题:

(1)什么是域名和域名解析?

(2)域名解析采用 C/S 模式工作,什么是 DNS 客户?

(3)什么是本地域名解析? 为什么使用 DNS 缓存?

12. 举例说明电子邮件服务的基本过程。

13. 什么是远程维护? 如果有一台 Windows 服务器,运行一个网站,要实现对网站的远程维护,应如何配置服务器?

14. 什么是网络信息安全? 简述有哪些主要的网络信息安全威胁。

15. 什么是数据加密? 画出数据加密的概念模型。

16. 在公开密钥密码体制中,说明秘密通信是如何实现的?

17. 什么是数字签名? 解释数字签名的基本原理。

18. 什么是电子商务? 有哪些常见的电子上商务模式?

19. 什么是网络社交? 列举你常用的网络社交工具,并说明它们的主要功能。

20. 互联网就在我们身边,你从互联网应用的发展中,特别是即时通信、脸谱、推特这些社交网站的巨大成功中受到了什么样的启发?

主要参考文献

［1］教育部高等学校大学计算机课程教学指导委员会. 大学计算机基础课程教学基本要求. 北京:高等教育出版社,2016.

［2］张效祥. 计算机科学技术百科全书. 2 版. 北京:清华大学出版社,2005.

［3］王晖. 科学研究方法论. 2 版. 上海:上海财经大学出版社,2009.

［4］王亚辉. 数学方法论——问题解决的理论. 北京:北京大学出版社,2007.

［5］[荷]约翰·范本特姆,逻辑、认识论和方法论. 北京:科学出版社,2013.

［6］黄俊民. 计算机史话. 北京:机械工业出版社,2009.

［7］Jeannette M Wing. Computational Thinking. Communications of the ACM,2006,49(3):33-35.

［8］李廉. 计算思维——概念与挑战. 中国大学教学,2012(1):7-12.

［9］[美]John L. Hennessy,David A. Patterson 著. 贾洪峰译. 计算机体系结构:量化研究方法. 5 版. 北京:人民邮电出版社,2013.

［10］王志英. 计算机体系结构. 北京:清华大学出版社,2010.

［11］白中英. 计算机组成原理. 5 版. 北京:科学出版社,2013.

［12］[美]William Stallings 著. 陈向群,陈渝译. 操作系统——精髓与设计原理. 7 版. 北京:电子工业出版社,2012.

［13］郝兴伟. Web 技术导论. 3 版. 北京:清华大学出版社,2011.

［14］郝兴伟. 计算机网络技术及应用. 3 版. 北京:高等教育出版社,2013.

［15］百度百科. http://baike. baidu. com/.

［16］维基百科. http://www. wikipedia. org/.

［17］互联网时代(The Internet Age). 中视创新文化发展有限公司,2014.